本成果为国家社科基金项目 20CJL022 的科研成果，受到重庆工商大学专著出版基金（631915008）资助

长江上游沿江工业环境风险空间识别及化解路径研究

唐中林　付　敏　薛晶月　著

中国财经出版传媒集团
中国财政经济出版社
·北京·

图书在版编目（CIP）数据

长江上游沿江工业环境风险空间识别及化解路径研究 / 唐中林，付敏，薛晶月著. -- 北京：中国财政经济出版社，2025.6. -- ISBN 978-7-5223-4042-5

Ⅰ.X822

中国国家版本馆 CIP 数据核字第 20256H1M45 号

责任编辑：彭　波　　　　　责任校对：张　凡
封面设计：孙俪铭　　　　　责任印制：史大鹏

长江上游沿江工业环境风险空间识别及化解路径研究
CHANGJIANG SHANGYOU YANJIANG GONGYE HUANJING FENGXIAN
KONGJIAN SHIBIE JI HUAJIE LUJING YANJIU

中国财政经济出版社 出版

URL：http：//www.cfeph.cn
E-mail：cfeph@cfeph.cn

（版权所有　翻印必究）

社址：北京市海淀区阜成路甲 28 号　邮政编码：100142
营销中心电话：010-88191522
天猫网店：中国财政经济出版社旗舰店
网址：https：//zgczjjcbs.tmall.com
涿州汇美亿浓印刷有限公司印刷　各地新华书店经销
成品尺寸：170mm×240mm　16 开　23.25 印张　361 000 字
2025 年 6 月第 1 版　2025 年 6 月河北第 1 次印刷
定价：78.00 元
ISBN 978-7-5223-4042-5
（图书出现印装问题，本社负责调换，电话：010-88190548）
本社图书质量投诉电话：010-88190744
打击盗版举报热线：010-88191661　QQ：2242791300

前　　言

　　长期以来，受益于便捷的水运通道、丰富的水利能源以及充足的用水条件，长江上游干支流沿线广泛分布了大量的化工、电力、冶金、造纸等重化工行业集群，这些行业不仅是地区经济的重要支柱，同时也是环境污染的主要来源。由于长期以来工业化进程中的不合理、不均衡发展和环境监管失位，导致长江上游沿江"重化工围江"等类似问题凸显，带来了包括工业废水、废气排放严重超标，大气污染加重，土壤污染日益严重等恶果。这些环境风险问题不仅会对长江上游沿线城市居民的健康和社会经济生态的可持续发展构成严重的威胁，同时作为上游流域，环境风险也极易传导至中下游地区，从而引发更为严重的生态灾难。

　　因此，以长江上游工业环境风险防范为目标，本研究以长江上游沿江工业环境风险空间识别及化解路径为题，以长江上游流域整体、长江上游沿江省市、长江上游干流左右岸不同空间距离3个尺度，拓展了"沿江"内涵。并以微观企业为着力点，以长江上游沿江工业企业为研究对象，点面结合系统摸排了长江上游沿江工业企业空间分布情况，以及其主要的环境风险物质及风险受体。同时，基于POI、AOI数据获取（截至2021年1月），综合运用遥感、空间信息技术和计量分析方法，对长江上游沿江工业企业环境风险进行了系统评价，形成了沿江工业环境风险量化成果及相应的工业环境风险地图，并结合动态风险地图及协同管理策略构建，综合形成了沿江工业环境风险防范路径体系。

　　本研究以除云南省外的贵、川、渝三省市及湖北省恩施土家族苗族自治州、宜昌等长江上游地区为区域研究对象，从长江上游沿江"重化工围江"

和"工业企业生态环境风险"的重大现实问题出发,立足于解决当前长江上游工业企业生态环境风险空间识别、评价与防范问题,并构建一套多层级跨流域的环境风险识别、评价和防范体系,进一步丰富流域生态环境风险防范体系。本研究基于"资料准备→理论构建→企业分布→风险评价→风险地图构建→风险治理路径"的研究思路,以长江上游沿江工业企业(不仅局限于工业企业,本研究对具有环境风险的多门类企业均进行了研究)为研究对象,系统摸排了长江上游沿江的工业企业空间分布情况、环境风险物质及风险受体等,并基于POI、AOI数据获取,综合运用遥感、空间信息技术和计量分析方法,对长江上游沿江工业企业环境风险进行了系统评价,形成了沿江工业环境风险量化成果及相应的工业环境风险地图,并从长江上游沿江工业环境风险识别、风险动态监测与防控及风险协同管理策略3个层面构建了长江上游沿江"1+1+1"工业环境风险化解路径体系。

本研究的主要研究内容如下:

(1)报告阐述了本研究的研究背景、研究目的及意义,回顾国内外相关研究进展;在对相关理论进行系统梳理的基础上,阐释了工业布局、工业环境风险、工业区位、工业环境风险化解等相关概念和理论基础;并对国内外工业环境风险评价与风险防范进行了系统分析,探讨工业企业环境风险的定量评价、空间识别、红线划定、协同治理等内容,构建工业环境风险的系统分析框架。

(2)基于POI数据、遥感影像数据、企业生产经营数据,结合大数据、深度学习及空间信息技术,构建"流域—工业""政域—工业"的沿江工业分布及工业布局数据"一张图",宏微观数据相结合,实现长江上游沿江不同尺度下工业企业布局的空间要素表达。

(3)结合《企业突发环境事件风险分级方法》《涉及危险化学品安全风险的行业品种目录》等规范文件,基于专家意见,结合AHP法,对长江上游沿江15个涉及危险化学品的行业门类的风险企业、风险类别、风险物质等进行了精准识别,构建了长江上游沿江工业企业环境风险的系统评价体系。基于MATLAB、QGIS与ArcMap 10.4平台开展工业企业环境风险定量评价,并基于风险类型、作用强度等风险要素综合,进行工业环境风险等级划分。

(4)基于空间信息技术,结合工业环境风险评价数据,开展长江上游沿江工业企业风险赋值、风险缓冲区分析、影响范围评价等空间识别及制图。结合水体、人口、自然保护区等环境风险受体与沿江工业企业环境风险图,基于 ArcMap 10.4 的空间统计及空间分析功能,进行流域、政域等地理分类尺度下的工业环境风险空间识别。

(5)本研究不仅从微观角度观察的企业对长江上游沿江环境风险的影响进行了识别,还从长江上游沿江工业环境风险识别、风险动态监测与防控及风险协同管理策略3个层面构建了长江上游沿江"1+1+1"沿江工业环境风险化解体系。

目 录

第1章 绪论 ·· 1
1.1 研究背景及意义 ··· 1
1.2 研究内容及框架 ··· 5
1.3 研究创新与不足 ··· 10

第2章 相关概念及理论基础 ·· 13
2.1 相关概念 ·· 13
2.2 理论基础 ·· 16
2.3 研究综述 ·· 26
2.4 理论分析框架 ··· 38

第3章 研究方法 ··· 41
3.1 工业企业目录及空间分布 ·· 41
3.2 工业企业环境风险评价 ··· 46
3.3 工业企业空间分布特征分析 ······································ 55
3.4 地理探测器 ·· 58

第4章 长江上游沿江工业企业的空间分布 ··························· 59
4.1 长江上游沿江工业企业目录 ······································ 59
4.2 长江上游沿江工业企业的空间分布特征 ···················· 68

    4.3 长江上游沿江工业空间布局的影响因素分析 …………………… 76
    4.4 本章小结 ……………………………………………………… 101

第5章 长江上游沿江工业环境风险评价与空间分布 ……………… 104
    5.1 长江上游沿江工业环境风险评价 ……………………………… 104
    5.2 长江上游沿江工业环境风险空间分布 ………………………… 121
    5.3 本章小结 ……………………………………………………… 165

第6章 长江上游沿江工业环境风险的影响特征识别 ……………… 167
    6.1 长江上游沿江工业环境风险的风险受体空间识别 …………… 167
    6.2 长江上游沿江工业环境风险的影响分析 ……………………… 200
    6.3 本章小结 ……………………………………………………… 280

第7章 长江上游沿江工业环境风险化解路径 ……………………… 282
    7.1 工业环境风险的多要素空间识别与集成 ……………………… 282
    7.2 长江上游沿江工业环境风险动态监测及防控系统设计 ……… 303
    7.3 长江上游沿江环境风险跨域协同治理策略 …………………… 319
    7.4 本章小结 ……………………………………………………… 328

第8章 主要结论、政策建议与讨论 ………………………………… 331
    8.1 主要结论 ……………………………………………………… 331
    8.2 政策建议 ……………………………………………………… 338
    8.3 研究讨论 ……………………………………………………… 344

参考文献 ……………………………………………………………… 346

第 1 章

绪 论

1.1 研究背景及意义

1.1.1 研究背景

长江是我国重要的生态安全屏障,是中华民族永续发展的重要支撑,推动长江经济带的发展是党中央作出的重大决策,被视为关系国家发展全局的重大战略。自2016年以来,习近平总书记先后在重庆、武汉、南京、南昌主持召开长江经济带发展座谈会并发表重要讲话,为长江经济带发展作出系统、全面的部署。在四次座谈会上,会议地点从上游到中下游,会议名称从"推动"到"深入推动""全面推动",再到"进一步推动长江经济带高质量发展",习近平总书记为长江经济带发展指明了方向。从"要把修复长江生态环境摆在压倒性位置",到"明确生态环境保护和经济发展是辩证统一的关系",到提出"构建综合治理新体系",再到2023年在南昌,强调"在高水平保护上下更大功夫",围绕长江经济带,习近平总书记亲自谋划、亲自部署,层层推进、久久为功。

2016年5月,中共中央、国务院印发《长江经济带发展规划纲要》,提出要将长江经济带打造成为生态文明建设的先行示范带、引领全国转型发展的创新驱动带、具有全球影响力的内河经济带、东中西互动合作的协调发展带,确立了长江经济带"一轴、两翼、三极、多点"的发展新格局。同时,为贯彻习近平总书记关于推动长江经济带发展系列重要讲话和批示精神,国家发展改革委、生态环境部等部门先后印发实施《长江保护修复攻坚战行动计划》，发布以《"十四五"长江经济带发展实施方案》为统领的"十四五"长江经济带发展"1+N"规划政策体系、《关于打好污染防治攻坚战的意见》以及《深入打好长江保护修复攻坚战行动方案》等政策文件，明确了长江大保护的总体要求、重点任务和保障措施，强化了长江经济带发展的战略支撑。近年来，国务院各有关部门和长江经济带11省（市）坚持问题导向和目标导向，突出重点，开展系列专项行动，推动解决了一大批老大难环境问题，长江生态环境保护发生了转折性变化，长江大保护和长江经济带取得显著成效。但长江经济带协同发展、长江大保护依然任重道远。长江经济带发展不平衡、跨域协调机制不健全、生态保护与经济发展不协调等问题依旧突出。

其中，以"重化工围江"为代表的工业环境污染是长江流域水环境污染的重要源头之一。长期以来，受益于便捷的水运通道、丰富的水利能源以及充足的用水条件，长江及其干支流沿线广泛分布了大量的化工、电力、冶金、造纸等重化工行业集群，这些行业不仅是地区经济的重要支柱，同时也是环境污染的主要来源。它们产生的废水、废气和废渣等污染物，往往通过直接或间接排放至河流、湖泊或以地下水的形式进入长江流域水体，从而导致长江的水质恶化和生态系统的严重破坏。以沱江为例，作为长江重要支流之一，它流经成都、德阳、内江、自贡、资阳、绵阳、遂宁、泸州等重要的大中城市，这些城市不仅是四川省的重要工业聚集区，也是区域经济发展中心。沱江流域内分布的大量的工业企业和工业园区，一方面使得沱江流域形成了具有区域特色的工业经济带，另一方面随着工农业的持续发展和城镇化进程的加快，高强度的开发活动以及各种工业废水、生活废水、农牧业生产废水的大量排放，不断加剧了沱江流域的污染问题，这一度使得沱江成为四川乃至长江上游污染最严重的河流，严重影响了沿江居民的正常生活和生态环境质量，也对地区的可持续发展构成了严重威胁。

值得指出的是，在当前事件驱动型的被动风险管理机制影响下，沱江流域污染式的长江流域生态环境风险"红灯"频现。长江上游沿江[①]，作为长江流

---

① 注：本研究以除云南省外的贵、川、渝三省市及湖北省恩施土家族苗族自治州、宜昌等长江上游地区为区域研究对象，全书同。

域最敏感、最脆弱、最复杂的生态系统,在长江上游干流川江段1080公里河道的左右岸,仅以重化工业为例,即沿江布局各级化工业园区46个,约800家规模以上的重化工企业。其中,成渝双城经济圈内约46%的重化工项目集中于沱江和岷江一带,约42%的重化工业沿长江干流布局,长江上游工业布局与生态环境保护的结构性、布局性矛盾突出。而与此对应的是,长江上游沿江工业环境风险的主动防范机制明显缺失,工业环境风险的空间治理举措严重滞后。因此,作为长江经济带"生态优先、绿色发展"战略实施的关键区域,长江上游如何打好防范和抵御风险的有准备之战,如何开展精准的工业环境风险评价及空间识别、科学化解工业环境风险,是实现长江经济带生态环境治理体系和治理能力现代化的重要抓手,也是破题"生态优先、绿色发展"实践、促进重要生态系统的保护和永续利用,以及实现长江经济带高质量发展的关键。

1.1.2 研究意义

目前,受制于发展水平及传统产业发展惯性,长江上游沿江岸线资源开发利用粗放、岸线利用结构和空间布局方面存在欠合理之处,部分生态敏感岸段遭到占用和干扰,工业、城镇、农业等方面的水污染防治仍有不少薄弱环节。其中,工业企业危险物质泄漏、燃爆等工业环境风险被视为重大的环境安全事件,对长江流域,乃至国家的生态安全和环境安全构成了巨大的威胁。一方面,随着我国城镇化进程的快速推进,长江上游沿线城市人口大量涌入,工业企业也随之布局在城市周边,使得工业园区与城乡居民"三生"空间的时空距离被进一步拉近,工业企业的水环境污染风险随之加大。另一方面,流域大尺度的环境风险主动防范机制并不健全。围绕工业企业的生态环境风险分类、评价方法、预警体系构建等问题,国内外学者开展了大量的研究,但受限于工业分布数据获取困难、多工业门类评价体系的复杂程度等因素,目前的研究多集中在单一类型的工业门类、点状及线状等微观尺度的生态环境风险评价,对多门类、多尺度及"面"上的风险评价研究不足,尤其是在流域尺度及省市尺度方面的研究显得较为缺乏。特别是随着对长江水环境保护的日益重视及整治力度的加强,长江经济带中的重化工企业集聚并向上游转移的势头愈发明显。作为长江经济带"生态优先、绿色发展"战略实施的关键区域，以重庆为代表的长江上游城市面临着较为严峻的"重化工围江"风险问题，沿江高耗能、高污染、高排放的工业企业数量众多，导致"重化工围江"、面源污染等工业生态环境污染现象严重，这也将不可避免地影响到中游及下游城市。因此，对于长江上游沿江工业企业的生态环境风险精准识别和科学防范应引起各界的广泛关注。

此外，在流域环境风险整体防控层面，对于长江上游等重点流域而言，其作为重要的生态屏障，生态系统重要性、脆弱性同样突出，环境风险防控的责任更重、压力更大，而目前覆盖长江上游流域整体的上游环境风险协同防控机制尚不健全。现有的协防协控体系多集中在局域，如川江段，川渝两地实施的川渝跨界水源地风险联合防控体系等，以及单一风险类型防控，如危险废物（上游四省市危险废物联防联控机制协议等），涉及上游整体、多要素的环境风险防控协作机制缺乏。因此，本研究立足于长江上游"重化工围江"的严峻环境态势，以长江上游工业环境风险防范为目标，以长江上游流域整体、长江上游沿江省市、长江上游干流左右岸不同空间距离3个尺度，拓展"沿江"内涵，对长江上游沿江地区开展多门类、多尺度的工业企业生态环境风险评价及化解路径探索，以期为区域生态环境保护和可持续发展提供科学依据和决策支持。

本研究的理论意义及现实意义如下：

（1）理论意义

①理论系统化及深化：通过本研究不仅对现有关于工业布局、工业环境风险、工业区位和工业环境风险化解等相关理论进行了全面的系统梳理和解析，进一步拓展了长江流域环境治理的"空间"和"流域"内涵，为流域环境管理提供了新的视角。并且立足于微观视角，通过对微观企业的空间分布、环境风险评价、与相关主体的空间关系解析为深入理解流域生产经营活动与生态环境之间的复杂互动关系提供了理论支撑。

②多学科融合：本研究实施过程中有机融合了经济地理、大数据和空间信息技术等学科理论及手段。通过跨学科的方法论结合，不仅增强了研究的深度和广度，提高了研究结果的准确性和实用性，还为类似研究提供了良好的方法论支持，特别是在解决复杂的环境问题方面。

③多层级跨流域体系构建：本研究以沿江为题，覆盖了长江上游流域、沿江省市、长江干流左右岸不同距离空间等不同沿江空间尺度，构建了一个多层级、跨域的环境风险识别、评价和防范体系。这个体系不仅适用于长江上游沿江地区，也为其他流域或区域提供借鉴和模仿的可能性。

（2）现实意义

①环境风险防控：本研究的研究对象不仅是工业企业，而是将具有相关环境风险的所有门类企业均纳入在内，以更全面地解释长江上游流域企业生产的环境风险。同时，立足于政域、流域等层面的工业环境风险地图构建，本研究提供了一个综合的、可视化的工具，为基于证据的风险管理提供了科学依据，使决策者能够基于实际数据和分析结果来规划风险防控策略，而非仅凭经验或直觉，为打好防范和抵御风险的有准备之战提供了良好的数据支持。

②政策制定与执行：研究成果能为相关职能部门提供实证基础，用以制定更为精准和有效的环境保护政策、规划和措施。这些政策和措施可以更好地针对特定的风险点和脆弱区域，实现更有针对性的保护和管理。同时，本研究提供的数据和分析工具可以用于沿江环境风险监测及预警，以及时识别潜在的环境风险，实现工业环境风险的主动防控。

③区域协同发展：本研究提出的目标协同、区域协同、制度协同、治理协同、技术协同、部门协同6个方面的策略，能为跨域合作提供一定的路径支持。这些策略强调了不同区域、不同部门间协同合作的重要性，为实现区域间的协调发展和共赢提供了理论和实践基础，以更好地促进长江上游沿江生态环境的可持续发展。

1.2 研究内容及框架

1.2.1 研究内容

长江上游沿线分布了大量的重化工企业，是重要的工业产业区域，对助推本地区经济发展具有重要意义。然而，由于长期以来工业化进程中的不合理发展和环境监管失位,导致"重化工围江"等类似问题凸显,带来了包括工业废水、废气排放严重超标,水质下降,大气污染加重,土壤污染日益严重等在内的恶果。这些环境风险问题不仅会对长江上游沿线城市居民的健康和社会经济生态的可持续发展构成严重的威胁,同时作为上游流域,环境风险也极易传导至中下游地区,从而引发更为严重的生态灾难。因此,为了防范长江上游沿江工业环境风险,打好防范和抵御风险的有准备之战,本研究以长江上游沿江工业环境风险为研究对象,系统摸排了长江上游江段的工业企业空间分布情况,以及其主要的环境风险物质及风险受体,并对不同工业企业的环境风险等级进行分类,并基于 POI(Point of Interest)、AOI(Area of Interest)数据获取(截至 2021 年 1 月),综合运用遥感、空间信息技术和计量分析方法,对长江上游沿江工业环境风险进行了系统评价,形成了沿江工业环境风险量化成果及相应的工业环境风险地图,并尝试从动态风险地图构建、协同管理策略的视角构建沿江工业环境风险防范体系。值得指出的是,本研究对长江上游"沿江"工业环境风险的界定不仅是指空间距离上的"沿江"(沿江范围内多少米),而是进一步拓展了"沿江"内涵,即一是长江上游流域整体;二是长江上游流域内沿江各省市;三是长江上游沿江左右岸不同距离的缓冲区。

具体研究内容如下:

(1)理论构建:工业环境风险化解的理论建构

在相关文献梳理基础上,本研究进行了工业布局、工业环境风险、工业环境风险空间识别、工业环境风险化解的概念辨析;对工业区位理论、工业布局理论、环境风险系统理论等进行了梳理和陈述,同时探讨了工业环境风险的量化评价、空间制图、布局性及结构化治理等内容;并在此基础上构建了工业环境风险的"点—面"系统分析框架。

(2)现状调查:长江上游沿江工业空间分布现状

一方面通过实地走访各大工业园区、工业企业以及政府相关部门,采集企业生产、分布数据,另一方面通过收集、整理《中国工商企业名录》《中国塑料工业名录》《中国电机制造业厂商名录》《全国化纤企业名录》等 70 余部全国性企业名录,获取长江上游流域的企业名录。同时,基于 POI、AOI 等数据、遥感影像数据、企业经营数据,结合大数据、深度学习及空间信息技术,构建"流域—工业""政域—工业"的工业分布数据"一张图";此外,宏微观数据结合,实现长江上游干流左右岸不同距离(缓冲区)的工业企业布局的空间要素表达。

(3)风险评价:长江上游沿江工业环境风险评价

本研究结合专家意见,在参考《行政区域突发环境事件风险评估推荐方法》《建设项目环境风险评价技术导则(征求意见稿)》与《企业突发环境事件风险分级方法》,以及国务院安全生产委员会《涉及危险化学品安全风险的行业品种目录》等相关规范文件的基础上,基于工业企业的环境风险物质、生产设施风险、次生环境风险、环境风险受体等风险维度,利用层次分析法来开展大尺度的环境风险评价工作。并基于 MATLAB 与 ArcMap 10.4 平台开展工业企业环境风险定量评价,进行工业环境风险等级划分。此外,本研究不仅对长江上游沿江的工业企业环境风险进行了评价,还对工业企业以外的其他具有风险特征的行业门类企业的环境风险进行了评价。

(4)空间识别:长江上游沿江工业环境风险空间制图

本研究基于遥感、空间信息技术,结合工业环境风险评价数据,开展长江上游沿江工业企业风险赋值、风险缓冲区分析、影响范围评价等空间识别及制图;并从企业(含工业企业)环境风险的微观受体,如水体、居住设施、自然保护区等出发,构建了沿江工业企业环境风险图,对工业企业可能产生的环境风险作用半径、作用范围进行了空间制图。并基于 ArcMap 10.4 的空间统计及空间分析功能,进行流域、政域等地理分类尺度下的工业环境风险进行了空间识别。

(5)化解路径:长江上游沿江工业环境风险化解路径

本研究综合构建了一套结合风险识别、风险动态监测与防控和风险协同管理的综合防控举措的"1+1+1"沿江工业环境风险化解体系。立足风险防控的底线思维,首先,本研究基于工业企业及其风险的空间分布,其与水体、居住设施、自然保护区等微观受体,及与生态功能区、生态红线等宏观生态环境要素的空间关系认知,从空间静态层面对长江上游沿江工业企业的环境风险进行了评估与分析。其次,本研究也指出对于工业环境风险防控而言,仅有静态的风险环境认知是远远不够的,具有实时动态、多要素、多部门的协同参与的风险监测及防控体系至关重要,因此,本研究从设计定位、设计内容等方面对原型系统的构建提出了设想。最后，从管理策略方面，本研究进一步从目标协同、区域协同、制度协同、治理协同、技术协同、部门协同6个方面提出长江上游沿江工业环境风险防控和治理的协同策略建议。

（6）启示建议：理论启示与政策建议

本研究综合对工业环境风险化解的理论阐释及实证研究，总结归纳出对工业环境风险防控及环境治理等领域的理论知识，为破解长江上游流域"重化工围江"式的工业环境困境提出相应的技术支持及决策建议。

1.2.2 研究框架

本研究在深入探讨长江上游流域工业环境风险及其空间治理的基础上，构建了一个综合的研究框架，该框架包括"资料准备—理论构建—工业分布—风险评价—风险地图构建—风险治理路径"6个阶段（见图1-1）。这一框架不仅关注流域工业分布及其风险评价，而且注重从多尺度（整体、政域、干流左右岸等）和多要素视角对工业环境风险进行基础性认知的构建。

首先，工业环境风险化解的理论构建阶段对相关概念和理论基础进行了分析和阐述，这对于确保后续研究的准确性和系统性至关重要。通过文献梳理，本阶段不仅强化了对工业布局、工业环境风险及工业区位等概念的理解，而且构建了一套面向流域尺度的工业环境风险系统分析框架。

其次，长江上游沿江工业企业的现状调查阶段通过实地走访和数据采集，为理论与实践的结合提供了坚实基础。利用现代技术手段，如大数据、深度学习和空间信息技术，结合POI数据和遥感影像数据，能够详细地展现长江上游流域工业企业的具体布局。这种方法不仅有助于深入了解工业分布的实际情况，而且为后续的风险评价提供了重要的基础数据。

再次，长江上游沿江工业环境风险评价及空间制图阶段是本研究的核心。通过运用层次分析法和MATLAB与ArcMap 10.4平台，本研究不仅对工业企业的环境风险进行了定量评估，而且在空间尺度上识别了工业分布、环境风险和影响范围，形成了具有预警功能的空间风险地图。这一步骤不仅显示了工业环境风险的实际分布，而且为风险化解和治理提供了重要的视觉辅助工具。

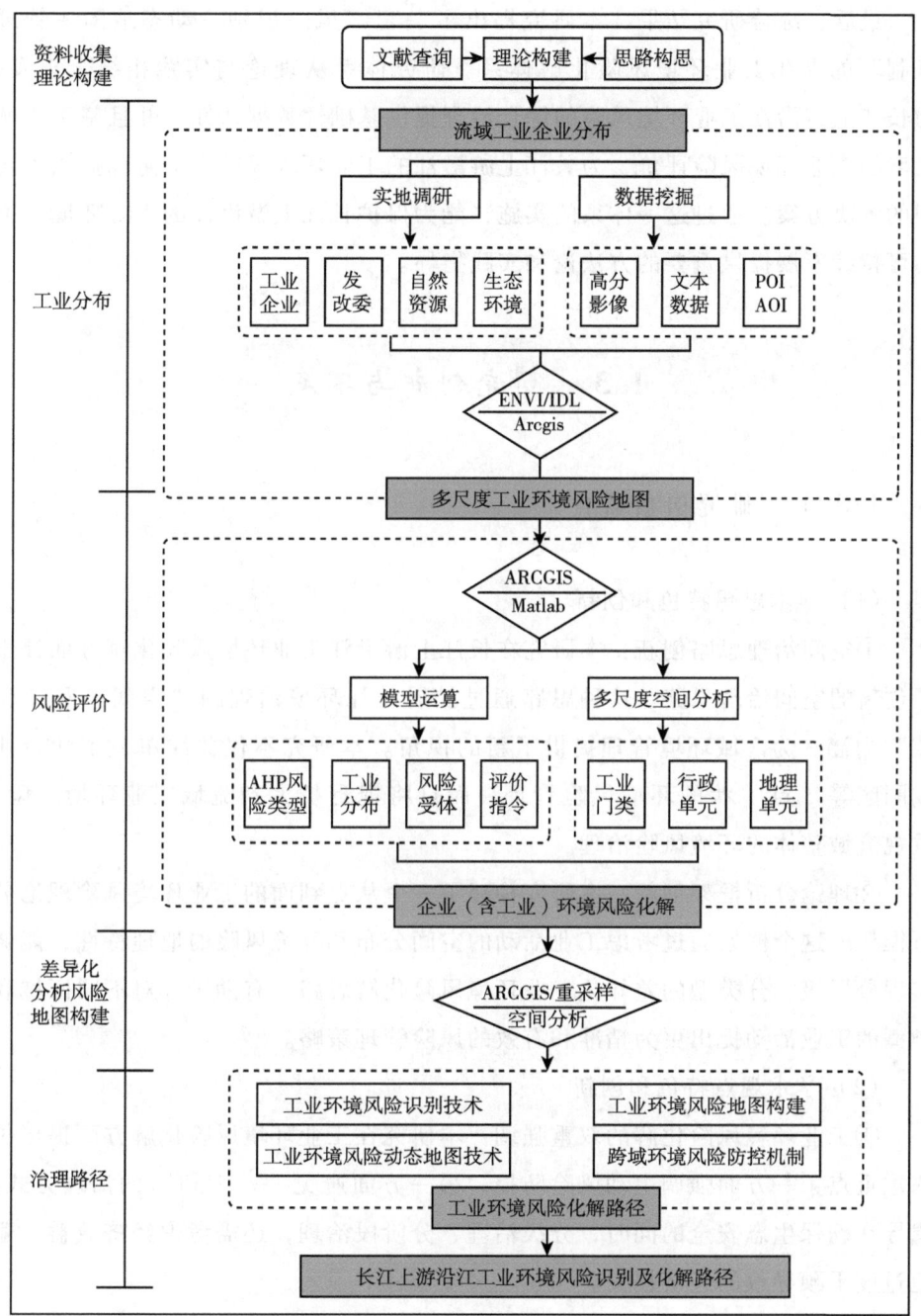

图 1-1 技术路线图

最后，综合研究结果，本研究提出了一套"风险识别+动态地图+管理机制"的沿江工业环境风险化解体系。研究体系从理论与实践相结合出发，为长江上游沿江工业环境风险的综合治理提供基础性数据认知，并且基于流域尺度的工业环境风险评价，为长江上游沿江的工业环境风险主动防范提供了实用的解决方案。通过这一体系的实施，能为保护长江上游沿江的生态环境和推动可持续发展提供重要的方法论和实践指导。

1.3 研究创新与不足

1.3.1 研究的创新点

（1）学术思想特色和创新

①空间治理思路创新：本研究在长江上游沿江工业环境风险化解方面提出了创新的空间治理思路。这种思路通过扩展长江环境治理的"空间"和"流域"内涵，为区域环境管理提供了新的视角。本研究不仅关注单一工业企业或园区等"点"状的环境风险管理，而且将视野扩大到流域工业环境风险，重视流域整体的环境风险治理。

②理论分析框架创新：本研究构建了一个从点到面的工业环境风险理论分析框架。这个框架通过考虑工业活动的空间分布和环境风险的地理特性，能够实现分层级、分类型的差异化工业环境风险化解思路，有助于针对不同区域和类型的工业活动提出更为精准和有效的风险管理策略。

（2）学术观点特色和创新

①工业环境风险化解的双重强调：本研究在工业环境风险化解方面提出了双重重点：一方面强调主动风险防控，另一方面避免"一刀切"的治理方式。倡导在确保生态安全的同时，分级治理、分阶段治理，还需考虑经济效益，避免过度干预导致的经济损失。

②"1+1+1"主动防控体系的创新：研究提出的"1+1+1"工业环境风险主动防控体系，是一种结合风险识别、风险动态监测与防控及风险协同管

理的综合防控策略。这种体系通过整合管理规则、实时监控数据和严格的控制措施，为工业环境风险的主动预防和有效控制提供了一种新的方法论。

(3) 研究方法创新

①数据整合与分析方法的创新：本研究在传统的点状企业环境风险评价方法的基础上，引入 POI 数据和 AOI 数据，点—面结合，从微观到宏观，这些数据的融合使得研究能够更加精准地识别和评估工业企业对环境的影响。

②跨学科方法应用的创新：通过结合环境科学、大数据与数据挖掘、经济地理和空间信息技术，本研究在环境风险评价领域实现了多学科的交叉融合，点面结合提高了评价模型的全面性和适用性，为环境管理和政策制定提供了更加科学的依据。

1.3.2 研究中存在的不足

本研究对长江上游沿江工业企业环境风险进行研究，其中所构建的环境风险评价体系以及对于风险防范的思路创新可对长江流域其他地区的研究与政策制定提供参考。由于数据的可获取性、研究方法的局限性、技术实现等问题，本研究在进行过程中尚存在一定的缺陷和不足：

(1) 研究数据获取的多源性、准确性及动态性有待进一步提升。本研究基于 POI 数据、AOI 数据、遥感影像数据、企业经营数据等开展长江上游沿江工业企业分布、风险评价、风险缓冲区分析等空间识别及制图。但由于工业企业分布数据量大、获取的难度高，研究数据的准确性受到一定约束。另外，数据动态性不足，受限于研究周期、研究基础设施等，不足以开展连续、多时相、动态的企业更新调查，从而满足风险主动/超前防控需要。上述问题的解决需要集成更高效、更多元、更高算力的数据更新和处理系统，以满足环境风险的主动、超前防控。

(2) 流域工业企业环境风险评价方法有待进一步完善。当前，工业企业评价多集中在单个企业、产业园区等微观层面，风险评价方法较为多元。但在政域、流域等大尺度的环境风险整体认知方面，尚无太多先例可借鉴，因此本研究结合专家意见，在参考《行政区域突发环境事件风险评估推荐方法》《建设项目环境风险评价技术导则（征求意见稿）》与《企业突发环境事件风险分级方法》，以及国务院安全生产委员会《涉及危险化学品安全风险的行业品种目录》等相关规范文件的基础上，采用了层次分析法来开展大尺度的环境风险评价工作。一方面，专家意见虽然提供了丰富的专业知识和实践经验，但其意见的主观性可能一定程度上会影响到评价结果的客观性和全面性。因此，当前的工业环境风险评价方法在客观性和科学性方面有待进一步完善。另一方面，虽然层次分析法在行业风险等级划分中发挥了重要作用，但在流域层面的环境风险评价中，该方法可能无法充分考虑流域内不同工业活动间的相互作用和综合影响。因此，未来的研究需探索更为全面和系统的评价方法，以提高流域层面环境风险评价的准确性和适用性。

（3）工业环境风险化解路径有待进一步深化。本研究在长江上游沿江工业环境风险的定量评价、空间识别及制图研究的基础之上，从长江上游沿江工业环境风险识别、风险动态监测与防控、风险协同管理策略3个层面构建长江上游沿江"1+1+1"工业环境风险化解体系。尽管本研究充分讨论了长江上游沿江各省市的空间分布差异，构建了一套跨流域、多层级的风险防控与协同治理体系，但一方面，本研究所提出的长江上游沿江工业环境风险动态监测及防控系统仅为系统建设构想，其发挥效能需要更多元、更大体量的数据支持及算力支撑。另一方面，长江上游省市经济发展不均衡、资源禀赋优势各异，统筹长江上游省市的沿江工业环境风险防控需要充分考量各地区的差异化特征，以制定更为精细的防控策略、生态补偿措施。

第 2 章

相关概念及理论基础

2.1 相关概念

2.1.1 风险与环境风险

风险通常是指产生危害的事件发生的可能性和程度。美国学者威利特（Willett，A. H）在他的著作《风险与保险的经济理论》一书中首次系统地提出了风险的定义，他指出风险是与个人意愿相悖的事情发生的不确定性的客观反映。来曼（Luhmann）则认为风险是事件发生情况与个人预计发生的情境不符的可能性和程度。我国学者朱淑珍将风险的定义概括为"损失的大小和损失发生的可能性的大小"。综合上述观点，对于风险的定义主要分为两类：一类是强调风险发生的不确定性；另一类是强调风险发生的可能性和危害程度。

风险有多种，而环境风险是指由自然原因或人类活动导致的环境质量下降和生态服务功能减弱，从而对人体健康、自然环境和生态系统造成潜在危害的可能性和影响。环境风险根据产生的风险源的不同，可进一步划分为化学、物理和自然灾害等导致的风险；根据风险受体的不同，环境风险又可划分为人体健康风险、生态环境风险和建设项目风险；根据其产生源头不同又可分为工业源风险、农业源风险及生活污染源风险，其中工业环境风险又是造成环境风险的主要来源。与一般意义上的风险不同，环境风险有其自身的特点：一是非精确计量性，人们对环境风险事件发生的时间、地点和强度等要素事先无法准确预料；二是危害性，一旦事件发生，就会对环境风险的承受者造成危害和损失；三是相互性，各种环境风险是相互联系的，降低一种环境风险可能增加另一种环境风险；四是效益相关性，环境风险是与社会效益、经济效益和环境效益相互联系的。

2.1.2 环境风险评价

风险评价是指用系统、科学的理论方法，定量或定性地对系统的安全性进行预测和分析，以找到最佳的应对措施来控制和处理危险事故，从而确保系统的安全运行的过程。环境风险评价是风险评价的一种，主要包括环境风险识别、风险源项分析、风险后果预测、风险的表征与防范4个步骤。环境风险评价旨在采用定性或定量的方法评估人类活动对社会经济发展、人类身体健康和生态系统安全可能造成的破坏程度，并根据评价结果开展风险管理和防范的过程。除此之外，国内外很多学者也对环境风险评价进行了阐释，国内学者胡二邦等认为环境风险评价是评价人类或环境受到损害的严重程度，这些危害主要是由自然原因或人为因素引发，并且通过环境作为介质进行传播。陆雍森认为："一般地，环境风险评价是指对一种危险因素对环境、人体健康和社会经济发展产生危害的可能性和严重性进行评估的过程"。综上而言，大部分学者对环境风险评价的研究主要聚焦在评价事件的发生对人类健康和生态系统带来危害的程度及危害发生的概率。

环境风险评价源于毒理学家对毒物质给人体带来的风险的评估，后经过不断地完善和发展，形成了环境风险的基本评价体系。关于环境风险评价的发展大体上可以分为3个阶段。20世纪30年代到60年代是环境风险评价研究的起始阶段。该阶段研究主要是采用定性研究方法对人体健康风险进行评价，即评估有毒、有害化学物对人体健康产生的风险。到了50年代，美国原子能机构发表了一篇关于评估核电站发生事故风险的研究报告，风险评价的领域得到进一步的拓展。直到60年代，定量研究的方法才开始被毒理学家运用到致癌风险评价中去。第二阶段是20世纪70年代到80年代，环境风险评价研究处于快速发展阶段，环境风险评价体系基本形成。90年代以后环境风险评价进入第三个发展阶段，环境风险评价得到持续完善，同时环境风险评价技术也不断发展，环境风险评价崭露头角，成为该研究领域新的焦点。关于环境风险评价的研究，主要由有毒有害物质的健康风险评价转移到了环境风险评价。我国的环境风险评价研究起步较晚，开始于20世纪80年代，该阶段主要是以借鉴和学习国外环境风险研究成果，并未形成一套符合中国实际状况的风险评价技术和体系。90年代以后，一些国家颁布的政策指导文件和法规制度中明确对风险评价进行了描述，推动风险评价相关研究迅速发展起来。如1993年颁布的《环境影响评价技术导则总则》对建设工程项目的环境风险评价进行了规定，提高了建设项目环境风险评价的科学性和规范性。近些年，多数国家在环境管理中将环境风险作为关键环节纳入到评价体系中，环境风险评价在建设项目、区域开发和政策制定的环境影响评价中发挥着越来越重要的作用。并且环境风险评价在工业行业，特别是石油化工业、冶金业等风险评价中得到了广泛应用，但由于环境风险评价的技术手段、评价流程还不够成熟，评价体系还不够完备，其应用受到一定限制。

2.1.3 环境风险治理

治理一词，原意是指控制、引导和操纵的行动和方式。环境风险治理是治理理论在环境风险问题上的具体体现，它是一个连续的、循环的、动态的过程。关于环境风险治理的定义是指在环境风险评价结果的基础上，政府、社会组织、公众个人等多元治理主体，朝着统一的目标共同合作、协商，运用多样化的治理方式和治理手段，解决环境风险问题、实现生态环境修复的多元治理过程。环境风险治理的对象是存在风险的特定事物和事件，治理目的是将事件发生对环境造成的损害降低到可以接受的水平之上。环境风险治理是借助多个而非单一的权利主体共同治理公共事务，强调治理主体之间的互动共治。治理过程中不应该只包含政府，也要注重企业、社会组织、公众个人等非政府主体的参与，各治理主体在治理过程中发挥各自的优势作用，形成多元主体治理模式。

目前，我国已初步建立了环境风险防范体系：一是实施以政府为主导的环境安全综合监管体系，各级政府在制定环境安全相关政策措施时，应综合考虑环境风险相关因素，采取有效措施控制和降低重大环境风险，消除或减少可能产生的不良社会影响；二是实施以企业为主体的环境安全管理体系。企业应建立健全内部环境风险防控机制和规章制度，定期开展风险评估和排查，排查事故隐患，确保生产经营过程中不产生重大环境污染事故。

2.1.4 绿色发展

绿色发展是顺应自然、促进人与自然和谐共生的发展，坚持走生态优先、绿色发展之路，是立足新发展阶段、贯彻新发展理念、构建新发展格局的必然要求。绿色发展以实现可持续发展为目标，是在传统发展方式基础上创新的一种经济增长和社会发展方式。它强调在经济社会发展中注重环境保护和资源节约，强调人与自然的和谐共生，通过减少污染、提高资源利用效率和推动清洁能源的发展，来降低对自然环境的负面影响。它的核心要义可以凝练为"人与自然和谐共生"的价值取向，"生态兴则文明兴、生态衰则文明衰"的文明要义以及"绿水青山就是金山银山"的科学理念。绿色发展追求的是最大限度地减少环境破坏和资源消耗，同时最大限度地增加经济和社会效益。它以生态优先的原则来引导发展，确保生态系统的稳定和生态环境的健康，同时促进经济的良性循环和社会的可持续发展。具体来说，包括以下3个要点：一是强调将环境资源纳入经济发展的考量范畴，并将其视为实现可持续发展的重要内在要素；二是要实现经济、社会和环境3个系统的可持续发展；三是要把经济活动生产过程和结果绿色化、生态化。

2.2 理论基础

2.2.1 工业区位理论

工业区位论是工业经济地理中研究工业生产活动的空间分布和空间区位选择规律的理论。德国经济学家马克斯·韦伯（Max Weber）在1909年发表了《工业区位论：区位德纯理论》，开创了工业区位论研究的新领域。韦伯工业区位论的核心就是通过对影响区位选择的因素进行分析、计算，找寻一个能够以最低的成本生产工业产品的地点作为工业企业布局的最优区位。同时韦伯提出了"区位因子"这一概念，将其划分为一般性和特殊性区位因子两种，并着重讨论了运费、劳动费、集聚与分散3个一般性区位因子。在区位因子的基础上韦伯进行了工业企业受运输成本、劳动力成本、集聚与分散因素影响的工业区位分析，发现了工业区位布局的理论机制，形成了运费指向论、劳动力指向论及集聚指向论3个基础理论。在他看来，工业企业布局的最佳区位是使得企业总运费最小的地方，运费高低由运距与运量两个因素决定。除此之外，还引入了劳动力成本和集聚两个因素，劳动力成本的确定会引起运输成本确定的最优区位发生第一次变形，而集聚因素形成的聚集经济效益又会导致运费和劳动力成本确定的最佳工业区位产生偏离，导致工业区位的第二次变形。在韦伯工业区位理论的基础上，奥古斯丁·廖什（August Lösch）将空间均衡分析运用于考察工业区位的选择，并提出了市场区位论。该理论从生产和消费两个方面入手，以追求最大利润为出发点，取代了韦伯提出的追求最小运费的原则，认为工业企业的最佳区位是能够让企业收入减费用的差最大的点，即最大利润的点。廖什市场区位论下最佳的空间市场结构是蜂窝状的正六边形结构。1948年，埃德加·胡佛（Edgar M. Hoover）在其发表的《经济活动的区位》一书中提出了运输区位理论。该理论是对韦伯工业区位论的修正，韦伯认为运输成本与运输距离成比例；而胡佛则认为不同的运输结构、运输方式和运费定价都会影响工业区位的选择。其中，运输成本包含两个部分：一是线路运营费用，与运输距离有关；二是站场费用，与运输距离无关。

2.2.2 工业布局理论

工业布局是工业企业在地域上的空间分布与组合。工业布局分微观和宏观两个层面，微观上是指单个工业企业的选址，宏观上是指多类型工业企业、多种工业部门的总体布局。工业布局受多方面因素影响，如生产力发展水平、自然资源禀赋、交通运输网络格局、地形地貌因素等。不同国家及不同时期和发展阶段的同一国家的不同地区，其工业布局模式不尽相同。法国学者弗朗索瓦·佩鲁（François Perroux）提出的增长极理论是区域空间布局的重要理论之一，被约翰·弗里德曼（John Friedmann）、阿尔伯特·赫希曼（Albert O. Hirschman）以及让·布代维尔（Jean Boudeville）等多名学者进行了进一步研究和发展。增长极理论认为，经济发展通常先发生在少数区位条件好的地区，这些地区各要素作用力强，对作用力弱的经济要素产生支配效应并影响其发展，被称作增长极。增长极的形成过程中通常产生两种效应。一是极化效应，增长极的形成需要吸收周围地区的经济、生产要素，使这些要素在该地区集中，从而加强其支配作用；二是扩散效应，当增长极极化作用达到一定程度时，增长极会对周围地区产生扩散作用，辐射带动周围地区的发展。

在增长极理论的基础上又有按点—轴系统布局的工业模式，点—轴布局模式是在增长极模式基础上的延伸，以增长极为"点"，以交通干线为"轴"。点—轴理论认为，区域经济发展首先集中在少数经济条件较好的区位，在区域中呈点状分布。这些区位条件较好的点就是区域空间结构中的增长极，也即点轴中的"点"。随着在区域空间结构中的"点"的增加，不同的"点"之间必然产生一定联系，点与点之间也就形成了包括交通运输线、通信设施、管道运输线、水运航道等在内的轴。点与轴连接也就形成了一个有机空间结构体，使得轴线周围对经济、生产、工业、人力等要素产生吸引力，从而使经济、工业等在轴线附近布局。

在更小范围内，还有工业区、工业企业的成组布局、沿交通线布局或"一厂一点"式布局模式等。沿交通线布局是点—轴开发模型中沿轴线布局的一种空间模式，其主要分为3类：一是沿铁路线布局；二是沿航道布局（天然航道与运河）；三是布局在高速公路交叉点和飞机场附近。沿铁路线布局和沿航道布局的主要是传统工业部门，特别是运量大的钢铁、化工、电力、纺织、建材等部门需要依靠火车和大型船舶等进行运输，布局在高速公路交叉点和飞机场附近则主要是运量小但要求快速运输以适应市场需要的电子工业生产等。随着工业设备和企业规模的不断扩大，联合企业和工业成组布局能带来外部经济效益的节省，必然引起同类生产在地理分布上的相对集中。

2.2.3 环境风险系统理论

环境风险事件并不是由突发事故产生的一种或多种有害因素引起的结果，

而是由对风险产生影响的所有因素所构成的一个有机整体。通常来说，该有机整体包括风险源、风险受体和风险控制机制3个部分。

(1) 环境风险源

环境风险源的定义是直接或间接导致周围生态系统环境受到污染的来源。环境风险源是形成环境风险的前提条件，在长时间的存在下会造成一系列环境事件发生。环境风险源隐藏在生产、生活和社会经济发展的各领域中，而重大风险源通常存在于工业企业生产领域里，主要体现在其产业链上的加工、生产、储存和运输环节。如化工、石油企业等，其生产过程中使用的有毒、易燃和易爆化学物质，在生产、储存与运输过程中如果管理不善，可能会导致火灾、爆炸、化学物质泄漏等严重风险事故。此外，还有一些诸如加油站、核电站、垃圾处理站、污水处理厂、矿山、尾矿等的设施，存在一定危险物质并且可能会对周围生态环境造成危害，因此也被视为环境风险源。

(2) 环境风险受体

环境风险受体即环境风险的承受者，是指在突发环境事件中，可能受到污染影响的潜在承受体，包括人群和生态环境等敏感目标。如环境风险源附近的居住区、学校、医院等人群聚集区；饮用水源保护区、自然保护区等生态系统；水体、土壤和大气等环境要素。除此之外，有些研究的环境风险受体也将环境风险场包含进来。环境风险受体具有脆弱性，通常是指环境受体暴露在风险场中一定时间所受到的污染程度，也是度量环境风险受体遭受风险损害程度大小的一种指标。

(3) 风险控制机制

环境风险控制机制包括两个部分：一是初级控制机制，初级控制机制主要是对环境风险源进行控制，属于源头控制。因为潜在的环境风险源需要数量足够多时才能成为实际的环境风险源，这需要经过一个复杂的转化过程，因此在转化前可以通过人为手段加以管理和控制，比如改革生产工艺或改进生产设备、迁移厂址等，防止风险源的转化。简单来说，初级控制机制是一种手段或措施，用于控制环境风险因子的释放。通过对环境风险源头的把控、预防和监测，同时控制环境风险因子释放，使环境风险因子持续保持在低风险的状态；二是次级控制机制。次级控制机制是环境风险源已经转化并释放风险因子，为减轻风险因子对环境风险受体的作用程度，降低环境风险水平，通过疏散人群、隔离相关设施等措施，将环境风险受体与风险发生地隔离开，以降低风险因子对风险受体的影响，是对环境事故发生过程中进行风险防控的一种方式，属于过程控制。

2.2.4 环境风险管理理论

环境风险管理是权衡某项人类活动的收益和风险的决策过程，是在一定时间内对环境风险进行科学评估、系统分析和有效控制。环境风险管理是环境风险评价的一个重要环节，同时也是环境风险评价所追求的最终目标，主要涵盖了两个部分：一是环境风险的减缓措施；二是环境风险的应急预案。

第一，环境风险的减缓措施。风险的减缓措施是风险评价的重要一环，为了使事件发生对人类和生态环境产生的影响和损害降到可接受的水平之上，在风险识别、后果分析和风险评价的基础上，提出相应的降低事故发生概率、减轻事故的损害及影响的措施。其应从两个方面考虑：一是开发建设活动特点、强度与过程；二是所处环境的特点与敏感性。

第二，应急预案。应急预案应确定不同的事故应急响应级别，根据不同级别制定应急预案。应急预案是事先策划、为了减轻环境污染和降低人员伤害的一种突发事故处理方案，并针对引起事故发生的危险物的特质，提出减轻对周围环境影响的应急处置方案。目前，我国已经形成了"一案三制"的应急管理体系，分别是指应急预案、应急管理体制、应急管理机制和应急管理法制，这对紧急情况的应急准备和响应行动提供了有力保障，但是依旧缺乏针对工业园区风险的应急预案。

近年来，区域环境风险管理在统筹个体风险方面取得了显著成果，并实现了将环境风险从个体层面提升到区域层面的管理。在环境风险管理中，全过程管理和优先管理已逐渐成为主要管理模式，同时由事后风险管控向事前风险管控转变的趋势进一步加强。

首先，全过程管理。全过程管理主要涵盖了事前防范、事中控制和事后处理3个环节。事前预防强调在源头上协调风险受体和风险源的空间位置关系，其中风险受体的保护主要聚集于对人和主要环境敏感要素的保护。事中控制是指在污染发生后,对污染源进行控制与治理,防止污染扩散或转移。事后处理则是在环境污染发生后,及时采取有效措施处理污染问题,减轻污染对人类身体健康及生态环境造成的影响,遏制更大损失的产生。当前,我国在突发环境事故的全过程管理中更加重视事故的应急处理工作,而针对风险防控以及污染损害追责等方面还相对比较薄弱。

其次,优先管理。在环境保护的规划、标准、政策、管理中,要以环境风险分析为基础,优先考虑环境风险较大的项目和设施,以减少环境风险。优先管理是在确定了一定优先顺序的前提下,基于环境风险的空间异质性及相对聚集性,实现具有先后次序的环境风险管理。优先管理主要包括敏感区划和风险分级两种手段,两者确定优先次序的标准均是风险的相对大小,区别在于,风险分级基于敏感区划理论,能够综合考虑风险的区域性、系统性和行业性特征,打破行政管理的边界限制,实现区域内部或区域间的优化管理,优化区域环境资源配置。

2.2.5 环境风险评估方法

总体来说,环境风险评价方法可分为两类:一是定性方法,其主要根据经验和直觉得到风险评价结果,此类方法过程简单易于理解,但通常带有一定的主观色彩,评价结果缺乏可比性,如层次分析法等。二是定量方法,是将数学模型引入到环境风险评价中,通过计算定量指标,从而得到风险评价结果,主要包括信息扩散法、模糊数学法、综合评价法、基于突变多维评价法和逻辑分析法等。其中层次分析法,基于模糊数学发展起来的模糊综合评价法以及基于突变理论建立起的多维评价方法等方法对环境风险的评价更具代表性,被广泛应用于环境风险评价中。

(1)层次分析法

19世纪70年代,美国学者赛剀提出了层次分析法(Analytic Hierarchy Process,AHP)用于评估环境风险。该方法旨在建立一个能够运用定性或定量的方法对风险进行评估的多层次的复杂模型,该计算模型首先构建了一个判断矩阵模型,然后通过将判断矩阵进行两两比对,最终根据某一特定标准来计算备选元素的相对权重,并进行一致性检验。层次分析法通常包含4个步骤:一是建立层次结构模型;二是进行成对比较,构造各级判断矩阵;三是对每个层次的标准进行排序并检查一致性;四是确定备选方案的总体优先级并检查一致性。层次分析法是综合考虑复杂决策问题的特点、决定因素和内在机制,挖掘少量的定量信息帮助进行决策的评估方法,因其具备系统化、简明实用和对定量数据需求较少的优点,在定量方法难以适用且需要分层的风险评价系统中得到了广泛应用。但是层次分析法也有一定的局限性,即当评价指标过多且风险权值难以明确时,可能导致数据空间统计量过于庞大,进而使一致性检验无法通过。在这种情况下,通过层次分析法构建的判断矩阵所求得的特征向量(权重)可能在合理性上存在不足,从而影响评价结果的科学性和可靠性。

(2) 模糊综合评价法

1965年,美国自动控制学家扎德首次提出了模糊数学理论,模糊综合评价法(Fuzzy Comprehensive Evaluation,FCE)便是在模糊数学基础之上发展起来的一种综合性评价方法。模糊综合评价法主要运用了模糊数学理论中的隶属度原理,将定性风险评价转化为定量风险评价。简单而言,该方法就是运用数学计算求出一个风险评价值,然后将求得的风险评价值与风险等级的数值进行对比,得出相应风险等级。这一方法主要用于处理非确定性问题,具有较强的逻辑性,能够减少专家打分对结果的不确定性影响,且结果一目了然,在风险评价中运用较多。其步骤通常包括评价因素、评价细则、权重分配和评标。模糊综合评价中的"评价"就是指按给定的评价指标对想要评价的对象的好坏进行对比、评判,"综合"则是指评价指标体系包含多个因素。因此,"综合评价"是指对受到多个因素影响的评价对象作出总体、全面的优劣评判。在使用模糊综合评价法进行风险评价时,首先应综合考虑各种风险因素对评价对象的影响程度;其次对各风险因素的重要性程度进行对比打分,并设置指标风险权重;最后建立模糊矩阵,推算出各种风险可能发生的概率。

(3) 基于突变理论的多维评价法

突变理论是由法国数学家雷内·托姆(Rene.Thom)创立的一门新兴数学学科,其与奇点理论、拓扑学等数学知识有关,是阐述一系列量变如何转变为质变的理论。在突变理论基础之上构建的多维评价方法是对多种冲突因素进行归一化处理，从而得到突变模糊隶属度函数。突变理论与一般的效用函数、层次分析法和模糊评价法等其他评价方法相比具有其独特的优点，该方法在进行复杂的系统风险评价分析时，只需要按重要程度对多种冲突的因素进行排序，不需要任何人为主观上的确定风险权重。并且，突变理论在多目标评价分析中能对多个环境影响因素进行合理排序，从而确定各评价指标的权重，可得到较为准确的环境评价结果。虽然突变理论的数学证明过程相对比较复杂，但是其模型在实际应用时比较简单，因此体现出较强的适用性。常见的突变模型包括尖点突变模型、蝴蝶突变模型和燕尾突变模型等。

突变理论也被广泛应用于环境风险评价及风险预测等方面的研究，对于环境风险评价具有重要意义。在应用方面，2003年，周绍江较早地在国内介绍了基于突变理论的多准则评价方法，并系统地阐述了该方法在环境影响评价中的空气质量监测中的应用。2012年，陈克亮等基于该理论建立了"富营养化—重金属—有机污染"3种类型的近岸海域环境风险综合评价指标体系和"无、低、中、高"4级评判标准，对罗源湾进行了环境风险综合评价。2020年，陈伟炯等综合考虑目前研究现状和专家意见，运用突变级数法构建评价模型对航道通航环境关键要素进行系统分析，确定了航道通航环境风险评价指标体系。

2.2.6 绿色发展理念

绿色发展理念是关系我国全局发展的重要理念，是突破资源环境瓶颈制约、实现可持续发展的必然选择。绿色发展理念以环境保护为核心，以人与自然和谐为价值取向，以绿色低碳循环为主要原则，以绿色科技创新为技术支撑，以生态文明建设为基本抓手，强调生态恢复、清洁能源、循环经济、生态文明、社会公平和创新技术的支持，旨在实现经济发展与环境保护的良性循环，推动可持续发展，促进人类和自然的可持续共存。绿色发展理念的提出打破了传统发展观念的束缚，重新定义了经济发展与环境保护之间的关系，注重解决人与自然和谐问题，强调经济发展、社会进步和自然环境保护的统一与协调，具有丰富内涵。对于绿色发展理念可以从以下 4 个方面进行理解：第一，绿色发展理念强调建立人与自然和谐共生的关系。人与自然关系是人类社会最基本的关系，人与自然是生命共同体。第二，绿色发展理念的核心是在环境保护中推动经济发展。绿色发展理念强调绿色与发展相结合，强调以绿色生态为导向，以经济发展为目标，在低碳环保中推动经济向前发展。第三，绿色发展理念强调科技创新的驱动作用。科技是第一生产力、创新是第一动力，科技创新能够提高资源利用效率，降低能源消耗和环境污染，推动绿色经济的发展，实现可持续发展。第四，绿色发展理念注重打造美好的生存生产环境。绿色的生态环境包含着经济价值和综合效益，是人们追求美好生活的重要体现，也是人们对良好环境的殷切期盼。

2015 年，中共十八届五中全会通过《中共中央关于制定国民经济和社会发展第十三个五年规划的建议》完善了新发展理念，将绿色发展与创新、协调、开放、共享等发展理念共同构成五大发展理念。2017 年，中共十九大报告明确指出："加快建立绿色生产和消费的法律制度和政策导向，建立健全绿色低碳循环发展的经济体系"。2022 年，党的二十大报告则指出，"推动绿色发展，促进人与自然和谐共生""必须牢固树立和践行绿水青山就是金山银山理念，站在人与自然和谐共生的高度谋划发展""要推进美丽中国建设，坚持山水林田湖草沙一体化保护和系统治理，统筹产业结构调整、污染治理、生态保护、应对气候变化，协同推进降碳、减污、扩绿、增长，推进生态优先，节约集约、绿色低碳发展"。

2.2.7 地理学第一定律

地理学第一定律（Tobler's First Law of Geography，TFL）也称空间相关性定律，作为定量地理空间分析的基础概念，在地理学及相关学科应用广泛。地理学第一定律是由美国地理学家沃尔多·托布勒（Waldo R. Tobler）于 1970 年提出的用以描述地理现象空间相互作用的："Everything is related to everything else, but near things are more related than distant things"。该理论的实质是地物之间的相关性与距离有关，一般来说，距离越近，地物间的相关性越大；距离越远，地物之间的相异性越大。地理事物或属性在空间分布上互为相关，通常呈现出 3 种分布情况，即集群性、随机性和均匀性。长江上游沿江工业企业的空间分布呈现出一定的空间集聚性特征，所以集聚的工业企业之间相关性越强，受共同影响因素的影响越大。

2.2.8 流域经济理论

流域是对特定区域的一种描述，通常具有双重属性，既是以河流为中心、由分水岭包围的自然单元，又是一个以水资源开发为核心的经济单元，是经济区域系统的重要组成成分。流域经济就是指在特定的流域范围内发展，以江河为通道、以物流为纽带或轴心，围绕水资源的综合开发利用的一种特殊区域经济活动。流域经济作为特殊类型的区域经济，兼有区域经济和水资源的共同特征。一是整体性和关联性，流域经济是一种系统性很强、关联度很高的特殊区域经济，不仅是流域内各自然要素联系紧密，而且流域上中下游、干支流、各省市之间的关联程度也很高；二是区段性和差异性，流域通常横跨不同的地区和省市，地理跨度大，各地区在自然禀赋、经济发展水平、人力资本以及区位条件等方面都存在差异性；三是层次性和网络性，流域是一个由多级支流组成的多层次复杂网络系统，有上中下游、干支流之分，具有多层次、复杂性等特征；四是开放性和耗散性，不同的流域与流域之间、流域系统内部不断进行着物质、能量与信息的交换，是一种开放型的耗散结构系统。此外，流域经济还呈现出多种功能。作为一种特殊的区域经济，流域经济不仅具有区域经济的一般功能，同时还是国民经济增长的动力、国民财富的源泉，具有空间集聚、经济结构优化、空间结构组织等作用。

2.2.9 流域协同治理

协同治理理论是在协同学的基础上与公共治理理论融合发展起来的结果，在流域跨界水污染治理中得到了广泛应用。协同治理是指政府、市场、社会、个人等多个治理主体共同参与，基于共识和复杂的开放式系统，也是多元主体基于平等、相互配合、合作协商的关系，通过协同、合作等方式实现社会资源的配置和公共事务的解决。协同学的创始人赫尔曼·哈肯（Hermann Haken）提出协同学指的是在复杂的系统内部中，各个主体通过建立统一的目标而采取联合行动、共同努力的过程。由此看来，协同本身就是涵盖了多元主体联合行动的过程。协同治理即是由政府、市场、社会、个人等多个不同的主体组成的一个参与处理公共事务和解决公共问题的过程。流域污染治理等复杂公共问题通常只依靠政府部门单独管理很难得到有效地解决，政府部门不再是流域公共污染问题唯一的治理主体，社会组织、企业部门、公众个人也在流域污染治理发挥着越来越重要的作用。协同治理主要包含4个特征：一是该协同行动是由政府部门等组织发起的，政府在该行动中发挥领头作用；二是治理主体的多元性，行动的参与者不仅包括政府，还包括企业、社会组织、公众个人等其他不同主体；三是该行动是基于利益共识而达成的合作，不同的参与主体为了实现共同的目标、并维护自身的利益参与到决策行动中来；四是协同治理的领域是复杂的社会公共问题，该问题通常依靠某一方单独管理无法得到有效解决。该理论强调了多元行为主体参与治理活动的必要性，在解决流域污染等复杂公共问题中起到了关键作用。

2.3　研究综述

2.3.1　国外相关研究梳理

国外对工业环境风险的研究起步较早。相关研究主要涉及工业空间分布、工业环境风险评价及工业环境风险防范等领域。

（1）关于工业空间分布

工业空间分布是指工业在空间上的动态分布或工业生产的地域组织。工业空间分布作为城镇空间分布的组成部分之一，其发展是城镇经济发展的重要动力。国外早期关于工业空间分布的研究主要聚焦在对工业区位理论的研究上，后期随着城市一系列问题的涌现逐步转向工业郊区化。近年来，不少学者则对工业布局模式、工业布局演变及工业空间集聚等方面进行了广泛的研究。工业空间分布的研究最早可追溯至19世纪末霍华德（Ebenezer Howard）提出的田园城市理论中关于城市工业用地布局的论述，城市由一系列同心圆组成，工业用地布局在城市的最外围。随着工业区位理论的兴起，阿尔弗雷德·韦伯（Alfred Weber）在工业区位论中将工业空间布局要素简化为原料指向、市场指向和劳动力指向，并通过原料指数和劳动力指数来衡量工业是应布局于运输区位还是偏离运输区位。奥古斯丁·廖什（August Lösch）则在此基础上提出了市场区位论，认为工业企业应布局到能够获得最大利润的市场地域。20世纪50年代，由于工业过度集中在城市中心带来了一系列交通拥挤、环境破坏等弊端，工业逐渐向郊区化转移，工业郊区化成为研究热点。在这一时期，大卫·沃克（David F. Walker）观察到温哥华工业向郊区转移的现象，从多方面因素探讨了导致这种转移现象的原因，总结出了工业郊区化的机制。莫里斯·耶茨（Maurice Yeates）等指明了英国工业空间布局与工业种类和性质相关联，并围绕工业企业空间分布与市场的关系将工业企业划分为周围集聚、中心集聚等多种类型。随后，斯科特（Scott P. J.）等注意到了工业郊区化导致的问题，并提出了相应解决措施。当前，国外工业空间分布领域的研究多集中如下4个方面：

一是工业空间集聚。工业空间集聚多指一定地理区域内工业活动的密集聚集。作为工业空间布局理论的重要组成，早期以阿尔弗雷德·马歇尔（Alfred Marshall）为代表的经济地理学者对工业集聚进行了系统性研究，关注了工业如何依赖于地理位置、资源分布和劳动力市场，并形成了早期的区位理论。20世纪中叶，保罗·克鲁格曼（Paul Krugman）等空间经济学家开展了对于市场规模、运输成本和区域间的经济互动对工业集聚的影响研究。再到当前，随着全球化的加深和信息技术的发展，工业集聚的研究逐渐关注全球生产网络、供应链管理以及数字化对工业集聚的影响。以及伴随着气候变化、环境污染等问题，近年来研究开始集中于工业集聚如何促进可持续发展、环境保护和技术创新，绿色工业园区、生态工业园等概念应运而生。目前，工业集聚的研究不仅局限于经济学和地理学，还涉及社会学、环境科学、政策研究等多个领域，形成了一个多学科交叉的综合研究领域。在研究主题方面，当前该领域的研究多聚焦于不同地区工业集聚的模式、原因及其对区域经济和社会发展的影响。如工业集聚的成因方面，工业集聚通常被认为是与区域特定的社会、经济和政策因素有关，如市场接近性、劳动力供应、资本可获得性和政府政策等。在工业集聚对经济增长的影响方面，研究多聚焦于工业集聚如何通过促进技术创新、提高生产效率和增强地区竞争力来推动经济增长。随着对环境问题的日益重视，工业集聚的研究更多地集聚于对环境影响的考量，以及如何通过规划和政策干预以实现更加可持续的工业发展。

二是技术集聚的空间认知。除工业集聚外，技术集聚作为重要的空间分布现象引发了学界广泛的关注。从20世纪中叶，自以奥古斯特·洛施（August Lösch）为代表的空间经济学家开始注意到技术创新与地理位置之间的关系开始，围绕自然资源、劳动力市场和基础设施在技术发展中的作用，形成了对技术集聚的初步认知。随后，伴随全球化和信息技术的发展，研究者开始关注技术创新如何在特定的地理环境中孕育。这一时期，出现了"区域创新系统"（Regional Innovation Systems）和"学习区域"（Learning Regions）等概念，重视地方政府、高校和企业之间的互动。当前随着全球生产网络、知识经济的兴起使得技术创新的地理分布更加复杂。研究开始着眼于全球创新网络、跨国公司的研发布局、城市创新生态系统等更宏观和动态的视角。就研究主题而言，当前的研究多聚焦于科技创新如何影响工业空间布局，尤其是在高科技产业和知识密集型产业中的表现。这些研究探讨了科技创新对工业区位选择、产业集群形成以及区域经济发展的影响。Poloskov等通过研究表明高科技产业和知识密集型产业倾向于集中在具有强大研发能力、高素质劳动力和先进基础设施的区域。而此类集聚又进一步促进了知识共享和技术扩散，从而加速了创新进程和经济增长。这些研究为理解技术创新如何塑造现代工业空间布局提供了重要的参考。

三是环境可持续性与工业布局的研究。20世纪中叶，随着工业化的推进和环境污染问题的显现，学者和政策制定者开始关注工业活动对环境的影响。这一时期的研究主要集中在工业污染的识别和控制。到20世纪90年代，环境可持续性理念开始融入工业布局的考虑中。美国的环境规划师约翰·托德（John Todd）和南希·杰克·托德（Nancy Jack Todd）最早提出了生态工业园区（Eco-Industrial Park）的概念，强调工业之间的物质循环、能源共享和环境协同。进入21世纪，随着可持续发展目标的全球推广和气候变化问题的日益严峻，工业布局的研究越来越多地考虑环境因素，研究重点包括减少碳排放、提高资源效率和促进循环经济等。在研究主题方面，当前相关研究更多地聚焦于实现工业发展与环境保护之间的平衡，并探索如何推动工业活动的绿色转型，以及如何通过改进生产过程、采用清洁能源、减少废物排放和提高资源效率来降低工业对环境的影响等。此外，Lasi H 等还探讨了政策制定、技术创新和社会意识对推动工业绿色转型的重要性。在研究方法层面，相关领域的研究方法更加系统和综合，不仅考虑单个工业园区的环境影响，还关注整个供应链和区域环境的互动。

四是城市规划与工业空间优化的研究。自工业区位理论提出以来，城市规划与工业空间优化的结合一直是学界的研究重点。从传统的工业区位理论探讨工业企业在特定地点集聚的规律性认知及成因探索，再到20世纪80年代，随着环境问题的日益突出和城市化的快速发展，研究开始关注工业布局与城市整体规划的协调发展，以及工业活动对环境的影响。这一时期开始出现了将工业区域规划纳入更广泛的城市和区域规划中的观点。进入21世纪以来，随着可持续发展理念的普及和数字化技术的进步，城市规划与工业空间优化的研究更加强调环境、经济和社会三重底线的平衡。智慧城市和循环经济等概念的兴起也为工业空间优化提供了新的视角。从发展趋势来看，当代研究不仅考虑经济效益，还兼顾环境保护和社会影响。工业空间的规划和优化越来越多地考虑与城市的其他功能区如住宅区、商业区的相互关系；同时，注重工业活动的可持续性，通过促进清洁生产、节能减排和循环经济等措施，减少工业对环境的负面影响。此外，GIS（地理信息系统）、大数据分析和人工智能等新兴技术越来越多地应用于工业空间布局优化，以提高决策的精准度和效率。在研究主题方面，当前的研究多关注在城市化背景下，如何通过有效的规划和政策干预来优化工业空间布局，以减轻其对环境和社会的负面影响。这方面的研究强调工业布局的战略性规划，以实现经济效益和环境可持续性之间的平衡。关键措施包括确定适合工业发展的区域、制定环境友好的工业政策、鼓励绿色技术的采用，以及增强社区参与和治理。通过这些策略，工业空间的优化可以促进城市的可持续发展，同时减少工业活动对环境和居民生活的影响。

(2) 关于工业环境风险评价

工业在空间上的分布、集聚存在较大的环境风险效应。工业环境风险评价是对生态系统中由工业生产活动引起的潜在环境风险进行评估的一种方法，主要包括两大类：一是物质风险评价；二是环境质量评价。物质风险评价是指确定某种物质是否对环境和人类产生危害，而环境质量评估则是根据环境质量标准对生态系统受到危害的程度进行定量评估。早期国外对于工业环境风险评价的研究多采用定性评价方法，且多集中在对单一工业类型、单一污染物类型或单一地理分类单元进行环境风险评价，如毒理学家采用定性研究和毒理学方法进行的健康风险评价、核电站系统的环境风险评价以及日本的六阶段法化工企业风险评价等。20 世纪 90 年代，美国相继颁布了《暴露评价指南》《神经毒物风险评价指南》及《环境风险评价指南》等文件，提出了一系列环境风险定量评价方法，构建了环境风险评价新框架。在此过程中，学者不仅仅关注有毒化学品的风险，还关注到了物理、生物等因子的影响，研究从单一风险物质作用进展到多种风险物质组合作用的研究。随着相关研究的发展，国内外研究人员围绕工业企业环境风险的定量评价、环境风险效应等开展了大量研究，围绕多种风险物质和多风险受体的工业环境风险评价的技术体系、评价流程进行不断改进。当前，国外工业环境风险评价领域的研究多集中如下 3 个方面：

一是工业环境风险评估模型优化。随着工业化进程加快，环境污染和工业事故引起了人们的关注。最初的工业环境风险评估主要集中在识别潜在的污染源和危险因素，如化学品泄漏、工业废物处理等，环境风险评价种类少、模型相对单一。20 世纪 70 年代开始，环境法规和标准的建立推动了风险评估方法的发展。这一时期开始出现了更为系统和定量化的风险评估模型，如环境影响评估（Environmental Impact Assessment，EIA）和风险管理框架。进入 21 世纪，随着对可持续发展和全面风险管理的重视，工业环境风险评估开始融合更多的维度，如生态影响、社会经济影响和气候变化。同时，预防性和全过程的风险管理理念被广泛采纳。从工业环境风险评价来讲，在工业环境风险评估的定量模型的发展主要聚焦于以下方面：第一，评价的污染物种类更加多元，如包括化学物质（如重金属、有机污染物）、物理因素（如辐射、噪音）和生物因素（如病原体）等。第二，风险受体考察更加多维、全面，包括生态风险评价、人类健康风险评价、暴露评价等。研究方法通常涉及污染物的释放、传输、暴露和效应评估。第三，标准和规范化趋势更加明显。政府和国际组织制定了一系列标准和指南，指导企业和组织进行有效的风险评估和管理。第四，大数据分析、人工智能（AI）等技术被更多地应用于环境风险评价，以提高风险评估的准确性和效率。第五，强调风险评估的系统性，考虑不同工业活动、环境要素和社会经济因素的相互作用，强化动态模型跟踪和预测风险的演变研究。

二是社会经济因素对工业环境风险的影响。随着人类社会环境意识的提高，学者们开始探讨如收入水平、教育和政策制定等社会经济因素对工业环境风险的影响。早期研究多聚焦于不同社会经济背景下的环境公正问题。进入21世纪以来，研究领域开始更加综合地考虑社会经济因素对工业环境风险的影响。这包括全球化、城市化、社会不平等、政策和法规等领域。同时，对于如何在保障经济发展的同时减少环境风险提出了可持续发展的要求。从相关领域发展的现状来看，既有的研究具有如下4个特点：①系统性和多维度分析。当前的研究不仅考虑经济增长和产业结构与工业环境风险的关联，还涵盖了教育、健康、收入不平等、社会资本等多个维度。②全球化与地方化视角。研究同时关注全球经济活动对本地环境风险的影响，以及地方政策和社会结构如何影响工业环境风险。③政策和治理。研究强调政策制定和治理结构在管理工业环境风险中的作用，特别是在促进环境公正和可持续发展方面。④参与和沟通。强调公众参与和多方利益相关者的沟通在防治工业环境风险中的重要性。

三是工业环境风险评价更多地纳入政策和法规的制定。20世纪中叶，随着工业化进程的加快，工业环境问题开始显现，引起了政府和公众的关注。最初，政策和法规的制定主要集中在显性的环境污染和健康问题上，如废水排放、空气污染等。而随着环境科学和风险评估方法的发展，部分国家政府开始采用更为系统的方法来评估工业环境风险，并将这些评估纳入政策和法规的制定，如环境影响评估（EIA）、ISO 14001环境管理体系、风险评估与风险管理框架等。近年来，工业环境风险评价在政策和法规制定中的角色变得更加重要，政策制定者开始考虑更广泛的社会、经济和环境因素，强调综合管理和可持续发展。这种趋势体现在环境保护法律的制定和实施中，以及在工业规划和审批过程中对环境影响的全面考虑。政策制定者利用环境风险评价的数据和结论来形成更加全面和有效的环境保护措施，确保工业发展不会对生态系统造成不可逆的损害。例如，欧盟制定了一系列法规，如 REACH（注册、评估、许可和限制化学品法规）和工业排放指令，要求企业进行详尽的环境风险评估，确保化学品的安全使用和排放的环境友好性。此外，美国环保署（Environmental Protection Agency，EPA）也要求在工业项目规划和批准中进行全面的环境影响评估（EIA）。这些法规要求企业在生产和发展过程中考虑环境风险，采取必要措施减轻负面影响，促进工业的可持续发展。

(3) 关于工业环境风险防范

随着工业的迅速发展，工业企业的生态环境污染风险进一步加大，对工业企业的生态环境风险识别、科学防范引起了各界的广泛关注。整体来讲，工业环境风险防范经历了从事后管理到防治结合、从单一风险向系统管理的发展演进过程。20世纪中叶，随着工业化带来的环境问题日益突出，各国的主要关注点主要在于控制工业排放和处理工业废弃物，这一时期的环境管理主要是事后处理，注重污染的减排和治理。到了20世纪90年代，环境科学的发展和对环境风险更深入的认识促使了环境风险评估和管理方法的发展。在这一时期，开始由各国政府主导采用系统的方法来评估和管理工业活动带来的环境风险，如法国国家工业环境与风险研究院（INERIS）、欧盟理事会为代表的决策部门围绕工业环境风险评价发布了一系列评价指标体系、政策指令。其中，欧盟的Seveso指令从发布至今，历经3次系统修订。Seveso Ⅲ指令主要用来评估工业事故潜在风险，通过其评价量化体系，明晰对区域工业造成影响的危险物质的生态环境风险源，并通过风险源的界定对区域工业环境风险防控提出管理要求，该套体系结构完善、体系明确，是当前欧盟范围内应用最广泛的工业环境风险评价体系。当前，随着对生态系统复杂性和人地互动关系的认识加深，工业环境风险管理开始采用更加综合和预防性的方法。这包括对整个生态系统的影响评估，以及采取措施以预防环境风险的产生。具体包括如下3个方面：①对生态系统的整体考量。传统的环境风险管理主要关注特定污染源和污染物。然而，现代方法强调理解和评估工业活动对整个生态系统的影响，包括生物多样性、生态系统服务（如水净化、空气质量维持、碳储存等）以及生态系统的稳定性和恢复力。②预防与适应性措施相协调。其中预防性措施是指在环境风险实际发生之前采取的行动，以减少或消除风险。这包括采用更清洁的生产技术、改进废物管理和循环利用资源。适应性措施则是指对已发生的或不可避免的环境变化进行适应，以减轻其影响，如增强生态系统的恢复力和适应能力。③工业环境风险管理。环境影响评估（EIA）、生命周期评估（LCA）等工具当前被广泛应用于评估工业活动对环境的潜在影响认知，这些工具可以帮助决策者和管理者从更广泛的视角考虑环境风险。

2.3.2 国内相关研究现状梳理

尽管我国工业发展相较于国外起步较晚，工业布局研究、工业环境风险评价与防范等研究相对滞后，但近年来发展较为迅速。国外相关理论、应用在我国普遍经历了"吸收"—"引进"—"实践应用"—"创新"的发展历程。

（1）关于工业空间分布

工业布局对工业经济的发展具有十分重要的意义。从借鉴前苏联的工业布局模式到发展独具我国特色的工业空间布局，我国工业空间布局理论研究在改革开放前后发生了阶段性的变化。从工业布局的时间阶段性特征来看，新中国成立初期，我国的工业主要集中在东部沿海城市和一些内陆省会城市，例如上海、天津、沈阳等。这些地区由于其地理位置、交通网络以及历史上的工业基础，成为了工业发展的重点。到20世纪50年代至60年代，在"一五"计划和后续的发展计划中，我国开始推动内陆地区的工业化，特别是在西部和中部地区。例如，重庆、成都、西安等内陆城市开始发展重工业，旨在平衡国家的工业布局，减少地区间经济差距。20世纪60年代后期，我国实施了著名的"三线建设"，这是一项旨在响应当时冷战背景下的国防需要，同时促进内陆地区工业化的国家战略。在这一战略下，大量的工业资源和企业被迁移到中西部地区，如四川、陕西等省份。在这一时期，工业布局方面的研究主要是基于计划经济背景展开的，重点聚焦于政府政策以及行政手段对工业布局所起到的作用。

改革开放后，随着沿海地区的经济特区建设加速了沿海地区的工业化和城市化进程，在此背景下，我国的工业空间分布研究进入了一个新阶段。这一时期的研究主要着力于工业布局与促进区域经济增长的关系研究和工业转型研究。如珠江三角洲和长江三角洲地区因其优越的地理位置和经济特区政策，吸引了大量的外资和国内投资，成为中国最重要的制造业基地和出口基地。这一时期，工业空间研究多聚焦于类似区域工业的空间要素、空间条件、地域性工业体系组合等方面的研究，以及关注如何调整工业布局，通过产业聚集、技术创新和市场连接推动区域经济发展等主题。而近年来，随着全球化挑战和国内经济转型需求下的策略调整，工业空间分布研究更多地聚焦于区域均衡发展、工业集聚、绿色可持续发展、新型城镇化与工业发展融合等命题上。如在区域均衡发展与产业转移方面，李拥军、陈仲常等聚焦于东部沿海地区与中西部地区之间的发展差距，探讨如何通过工业布局优化促进区域均衡发展。在绿色可持续发展方面，钟书华、夏之平等聚焦于如何通过生态工业园区构建、政策和制度创新等支持工业空间的合理布局，以促进区域绿色、可持续发展。此外，部分学者在工业空间分布的基础上进行了进一步的研究，以探寻工业企业空间布局集中或扩散的影响因素及其背后形成机制。传统的对于工业空间分布影响因素的研究主要运用空间计量模型、参数回归、泊松回归和负二项回归模型等统计学方法，假设条件多且对样本数据的要求高。而地理探测器要求的样本数据和假设条件少，因此被广泛应用于工业空间分布影响因素的相关研究当中。如张杰等运用该方法分析了影响浙江省工业企业空间分布格局的主要地理因素，包括信息化、地形、市场规模、城镇化和技术创新等。张辉等采用地理探测器的方法进一步发现产业结构、要素成本以及政策因素也是引起工业空间分布格局变动的主要影响因素。

其中，作为"三线建设"的重要区域和长江上游重要的生态屏障，围绕长江上游工业布局变迁，张雷、彭劲松等先后围绕长江上游的工业发展历程、产业结构进行工业布局研究。王毅进一步探讨了川渝地区三线建设工业企业布局与工业发展之间的关系，发现工业企业主要以成都、重庆为轴心，沿铁路线呈"H"形分布。程伟按照"空间统计—空间分析—原因探讨"的递进逻辑，深入探讨了川渝地区工业企业发展格局及空间演化规律。上述研究对长江上游沿江的工业布局、产业发展等问题进行了梳理，具有重要的科学价值。但仍有3点不足：一是既有研究多基于统计年鉴数据开展分析，对长江上游沿江的各类工业企业的空间分布现状、行业信息等缺乏基础性认知；二是既有研究多以长江全域、川江段（川渝）等为研究对象，缺乏对长江上游流域整体的工业布局、企业分布规律的整体性认知；三是既有研究多集中于"三线"企业、化学工业等特定工业类型的探索，缺乏对多行业门类企业的布局性认知。

（2）关于工业环境风险评价

随着我国工业化进程的快速推进，工业环境污染和生态破坏问题开始受到关注。整体而言，我国有关工业环境风险评价的研究起点较高，大致经历了"单一个体评价到整体综合评价""定性评价到定量评价"的发展过程。早期的风险评价主要集中在识别明显的污染源和危害，例如工业废水、废气排放等，国内关于工业环境风险的评价较多地集中于单一工业门类、单一污染物类型、单一地理分类单元等，研究方法上定性研究居多。而随着国外先进的工业环境风险评价体系的应用，我国开始引入和发展更为系统化的环境风险评价方法。这包括环境影响评估（EIA）、工业生产工艺的风险评估，以及工业生命周期的风险评估等。在国内的工业门类环境风险研究中，制造业、石油与天然气等化工业、冶金业等工业门类的研究较为集中。地理分类单元上，流域、工业园区等地理分类单元的研究较多，但大尺度的工业环境风险研究依然缺乏。在研究手段上，层次分析法、模糊数学评价模型、TCLP 模型（Toxicity Characteristic Leaching Produce，TCLP）等均被广泛应用于工业环境风险评价。如董怡华等采用层次分析—模糊综合评价法对辽河流域 10 种典型的面源污染治理技术进行了综合量化评价，为面源污染评价技术和相关政策的制定提供了有效参考。周海怡等基于层次分析法和模糊理论对杭州市余杭区小型水库土石坝进行了安全风险评价，为小型水库土石坝的安全风险评价提供了借鉴。随着 2015 年，Seveso Ⅲ 指令在欧盟的全面应用推广，周振瑶等通过引入该评价体系，并结合晋江流域实际情况，进行模型改进，从化工园区着手，系统评价了晋江流域的工业环境风险；滕彦国通过利用该指令模型，建立了区域尺度下地下水污染风险评价理论模型，探讨了流域饮用水水源保护及管理。刘奕慧在 Seveso Ⅲ 指令模型的基础上，构建了区域环境风险评估方法，并将该方法应用于评估北江流域内各工业企业固定点源及典型非点源对饮用水水源等受体的区域环境风险。

在长江上游沿江的工业环境风险评价方面，相关研究成果较为丰富。如在工业企业环境风险评价领域，周贤波、于兰等分别围绕重庆市重点行业企业化学品的环境风险，及单一工业园区的环境风险指数进行了评估；在工业园区的环境风险评价方面，杨铭、杨慧敏等分别围绕长江经济带工业园区的工业废水问题、长江宜宾段的工业园区环境风险问题开展了评估工作；在更大的空间尺度，如流域尺度上，赵玉婷等通过对长江上中下游不同流域的重化产业环境风险进行了分析，并提出了差异化对策，张金洋等对沱江干流内江段沉积物汞和铬污染状况进行了评估。长江上游沿江工业环境风险研究覆盖区域广、风险评估类型相对多元，但值得指出的是：①既有研究多集中在单一工业企业、园区或行业类型，缺乏对覆盖长江上游沿江的多门类、多企业的工业环境风险认知；②既有研究多集中于工业行业领域，而对其他非工业领域的环境风险认知不足；③既有研究多集中在点状、线状的工业环境风险认知，对长江上游流域整体的工业环境风险缺乏深入分析。

（3）关于工业环境风险防范

我国的工业环境风险防范的研究和实践也经历了与西方国家类似的发展过程，并呈现出一些独特的特点和趋势。在早期的工业环境管理实践中，与国际发展趋势相似，我国的工业环境风险管理主要集中在对具体污染源的控制和治理上。这一阶段，重点是应对已发生的污染问题，如工业废水和废气的处理。而随着环境科学的发展和社会对环境问题认识的加深，我国开始采用更系统的环境风险评估和管理方法。例如，环境影响评估（EIA）和生命周期评估（LCA）等工具被引入和广泛应用。以及近年来工业环境风险防治由"事后管理"向"事前预防"的转向，我国的工业环境风险管理开始采用更综合和预防性的方法。这包括了对整个生态系统的影响评估，以及采取措施以预防环境风险的产生。特别是党的十八大以来，在生态文明建设和绿色发展的战略指引下，我国日益重视生态系统服务的保护和恢复，同时加强了预防和适应性措施的协调。在工业环境风险管理方面，我国制定了一系列政策和法规，旨在加强工业污染的控制和环境保护。例如，《环境保护法》的修订、《大气污染防治行动计划》的实施等。近年来，围绕石油化工业、制造业等相关企业、园区、行业的工业企业环境风险防治，我国学者开展了大量研究。在尺度研究方面，赵玉婷等围绕长江经济带长江湖口以下干流区域、汉江、乌江3个典型流域的重化产业环境风险进行了分析，识别了重化产业可能带来的环境风险问题及其演变趋势，并从不同流域的实际情况出发，提出了对策。田培、周振瑶等分别围绕红枫湖、晋江流域的工业环境风险防治开展了流域尺度研究。但整体而言，当前我国工业环境风险评估及防范工作仍存在不足。主要表现在工业环境风险评估及防范工作多围绕工业建设项目实施的环境风险评价等"点"上工作为主，对于"面"上的关注度相对较低，涉及的领域仍以单一企业、单一行业为主，在流域、政域等大尺度层面上针对多工业门类、多治理主体的环境风险防范的系统研究相对较少。同时，在风险防治方面，主动性仍然不足，缺乏对区域系统性、布局性的工业环境风险认知。

具体到长江上游沿江，由于对长江上游流域整体的工业布局、多门类的企业环境风险认知不足，既有研究中对于工业环境风险的防治多集中在"点"状的工业企业、工业园区层面，缺乏对长江上游流域整体的"面"上风险防控研究，且既有研究多以静态研究为主，缺乏对工业环境风险的动态认知。而从上游地区各省市的风险防控来看，作为重要的生态屏障，生态系统重要性、脆弱性同样突出，环境风险防控的责任更重、压力更大，而目前覆盖长江上游流域整体的上游环境风险协同防控机制尚不健全。现有的协防协控体系多集中在局域，如川江段，川渝两地实施的川渝跨界水源地风险联合防控体系等，以及单一风险类型防控，如危险废物（上游四省市危险废物联防联控机制协议等），而涉及上游整体、多要素的环境风险防控协作机制相对缺乏。

2.3.3 研究述评

国内外学者的前期研究可为本研究提供有益借鉴，但仍存有不足：①研究尺度方面。受限于数据获取难度，既有研究多集中于企业、工业园区等"点"状层面，较少开展政域、流域等"面"上工业环境风险的结构性、布局性研究，尤其是长江上游流域等重要生态系统的工业企业空间分布、工业环境风险评价及空间受体识别、影响等方面的研究较少。②研究方法方面。首先，受限于广域尺度的数据获取，既有研究存在较为明显的统计年鉴数据依赖，难以有效耦合工业企业环境风险认知的微观观察及区域整体的宏观评价；其次，既有研究对工业环境风险的测度过程中，在指标权重及评价标准选择时存在较大主观性，评价结果的客观性及准确性有待进一步提高；最后，既有研究对于环境风险的认知多集中在工业企业，而对其他具有环境风险的企业类型缺乏深入考察。③风险化解策略方面。既有研究多侧重于单一企业、园区等微观对象的工业环境风险量化、化解研究及大尺度空间工业环境风险化解的定性研究，较少开展多尺度工业环境风险量化及空间治理的差异化策略探索。同时，既有研究多集中于工业环境风险的静态认知，对工业环境风险的变化动态缺乏足够的讨论。

因此，立足上述研究不足，本研究在回顾国内外相关研究进展基础上，进一步明确工业布局、工业环境风险、工业区位、工业环境风险化解等相关概念，并在对国内外工业环境风险评价与风险防范研究进行了系统分析和梳理的基础上，围绕当前长江上游"重化工围江"等现实问题，构建了一套基于"资料准备→理论构建→企业分布→风险评价→风险地图构建→风险治理路径"的理论分析框架。通过扩展长江上游沿江工业环境风险治理的"空间"和"流域"内涵，本研究将为区域环境风险防治提供新的视角。本研究倡导在工业环境风险治理过程中，不仅要关注单一工业点的风险管理，而且将视野扩大到流域工业环境风险，重视流域整体的环境风险治理。在后续章节中，本研究将围绕从点到面的工业环境风险理论分析框架开展长江上游沿江工业企业的环境风险评价及风险化解路径研究。通过本框架，将充分考虑工业活动的空间分布和环境风险的地理特性，有利于形成实现分层级、分类型的差异化工业环境风险化解思路，以及有助于针对不同区域和类型的工业活动提出更为精准和有效的风险管理策略。

2.4 理论分析框架

基于相关概念及理论梳理，本研究对长江上游流域工业空间分布及其环境风险识别、治理进行了文献综述，对既有研究中存在的不足进行了梳理。综上所述，本研究认为流域工业环境风险研究是一个由流域工业空间分布认知、流域尺度环境风险评价和流域尺度环境风险防控3个子系统构成的开放复杂系统，各子系统之间环环相扣，子系统与子系统内部相互影响、相互作用，从而共同构成了本研究所提出的流域视角下工业环境风险防控研究的理论框架。

从演绎的层面，本研究基于既有理论和已有研究，构建了一个适用于长江上游沿江的工业环境风险评估和管理框架。本研究基于长江上游沿江"重化工围江"和"工业企业生态环境风险"的重大现实问题，从工业环境风险评价、风险防范的一般理论出发，构建适用于特定流域的环境风险评价以及环境风险防范体系。基于3个子系统层层递进，着眼于解决长江上游流域工业企业生态环境风险的空间识别、评价与防范问题，构建多层级跨流域的环境风险识别、评价和防范体系。通过"资料准备→理论构建→企业分布→风险评价→风险地图构建→风险治理路径"的研究思路，以长江上游沿江工业企业为研究对象，系统摸排工业企业空间分布、环境风险物质及主要风险受体，并综合运用遥感、空间信息技术和计量分析方法进行系统评价，形成沿江工业环境风险量化成果及相应的工业环境风险地图。

在归纳的过程中，本研究遵循从特殊到一般的推理过程，通过实际收集长江上游沿江的工业企业数据、进行风险评估和空间分析，进而归纳出关于流域工业环境风险的空间特征和管理策略。首先，阐述研究背景、目的及意义，回顾国内外相关研究进展，并在相关理论的基础上，对工业布局及形成、工业环境风险、工业环境风险化解等进行系统分析，构建工业环境风险的三层子系统分析框架。其次，基于POI数据、遥感影像数据、企业生产经营数据，结合大数据、深度学习及空间信息技术，构建"流域—工业""政域—工业"的工业分布及工业布局数据"一张图"。通过结合《企业突发环境事件风险分级方法》等规范文件及专家意见，运用AHP方法进行长江上游沿江工业企业环境风险的系统评价。最后，本研究通过空间信息技术进行长江上游沿江工业企业风险赋值、风险缓冲区分析、影响范围评价等空间识别及制图工作，并从准入、监管、生态补偿、跨流域协同等多方面构建沿江工业环境风险防范路径，为长江上游沿江"1+1+1"工业环境风险化解体系提供支持。

此外，POI及AOI技术、AHP方法、空间分析方法、核密度分析方法、地理探测器等一系列数学或空间分析方法运用至实证研究,可以将 3 个子系统有机联结,进一步揭示长江上游沿江工业环境风险。

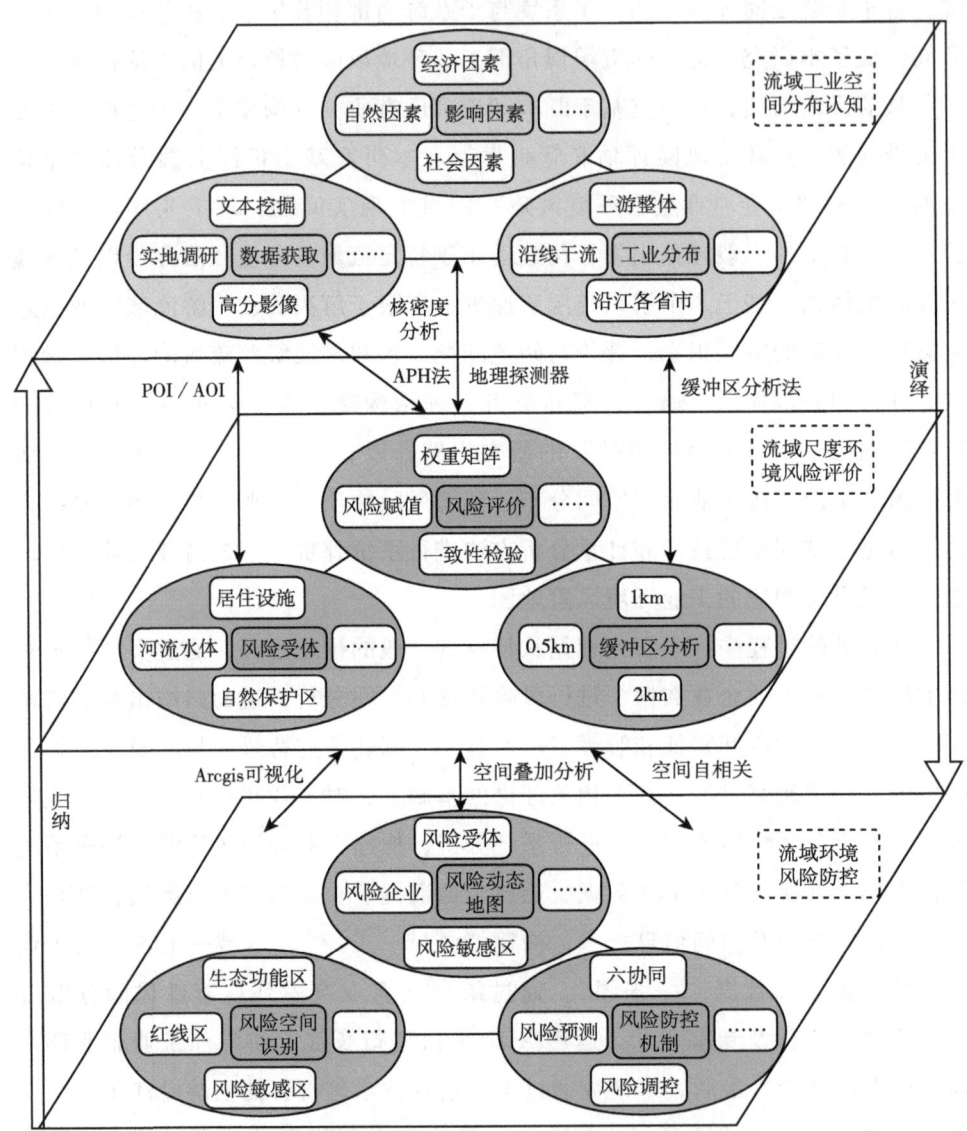

图 2-1　流域视角下长江上游沿江工业环境风险研究理论框架

第 3 章

研究方法

3.1 工业企业目录及空间分布

（1）文本数据挖掘

工业企业名录及其空间分布等微观层面的工业行业数据，作为本研究中的基础数据输入要素，由于人工获取难度较大，当前相关资料严重匮乏。为此，本研究一方面通过实地走访各大工业园区、工业企业以及政府相关部门，采集企业生产、仓储数据；另一方面通过收集、整理《中国工商企业名录》《中国塑料工业名录》《中国电机制造业厂商名录》《全国化纤企业名录》等 70 余部全国性企业名录，获取长江上游企业名录。并结合百度、高德等在线地图发布平台最新的 POI 数据，经筛选、整理、剔除非存续状态企业等处理，获取了带地理空间坐标的长江上游企业名录数据集。但由于该数据仅仅包含企业名称、地址等基础信息，缺乏对企业行业分类、企业经营范围、企业注册资本等基础信息的详细描述。因此，本研究进一步通过在线文本数据挖掘的方式对相关企业名录的行业分类、企业经营范围、企业注册资本等基础属性信息进行挖掘。

在线文本数据挖掘能够对在线文本文件等半结构式或非结构式的数据信息进行提取、分析和处理，从而得到潜在的、有价值的信息。在线文本数据挖掘是信息挖掘的一个重要组成部分，它是以人工智能算法为基础，以相关文字处理技术为辅助，通过在一系列繁杂的在线文本中提取出有用信息、高频字和文字间的相互联系等来得到有价值的文本信息，从而运用于所需要的研究。本研究运用 Python，基于百度百科、企查查、黄页 88 等在线网站公开发布的企业数据及部分企业官方网站发布的公司信息开展文本数据挖掘工作，具体流程涉及数据采集、数据清洗、词条匹配及验证、文本分类等流程。其中，文本分类是文本数据挖掘最为关键的一个环节，该流程将所有采集的多源、异构文件作为一个集合，考虑文件间的某种指标或者特性将其进行分组，使得同组文本间具有组内相似性，不同组别的文本内容具有组间差异性。其处理过程大致可以分为：文本预处理、文本表示、特征提取、文本分类（聚类）或结果集的数据挖掘等步骤。

一般地，文本分类模型主要包括两种：一是有监督学习过程的分类，即人为地利用训练场来建立带有参数的分类器模型；二是无监督学习过程的分类，它不需要事先获得有分类标签的文本，不需要传入训练参数，但是需要定义任务的事项算法。本研究主要采用的分类模型为有监督分类的人工神经网络模型（BacK - Propagation）。神经网络模型通常用于机器学习和人工智能领域，以解决分类、回归、聚类等任务。神经网络模型是一种受生物神经系统启发的计算模型，由大量人工神经元（也称为节点）组成，这些神经元通过连接进行信息传递和处理。在神经网络模型中，神经元通常被组织成不同的层级，包括输入层、隐藏层和输出层。输入层接收原始数据，隐藏层执行特征提取和表示学习，输出层则产生最终的预测或输出结果。神经元之间的连接具有权重，这些权重决定了信息在网络中传播的方式。神经网络模型内部通过调整大量神经节点之间的相互关系进行分布式信息处理，每个神经单元通过映射函数得到对应的输出值，属于有监督分类的范畴。下面以单个神经元模型进行阐述，单个神经网络模型的原理如图 3 - 1 所示：

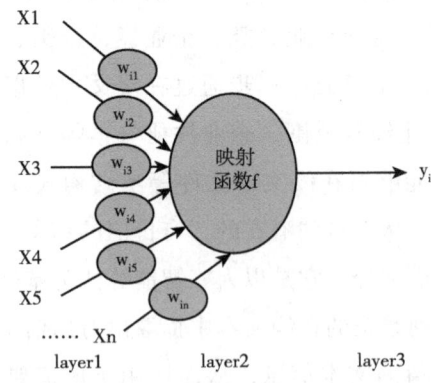

图 3 - 1　单个人工神经网络模型原理示意图

BP 人工神经网络模型通常包括输入层、隐藏层和输出层 3 个层级，如图 3-1 中所示：layer1 指的是输入层、layer2 指的是隐藏层、layer3 指的是输出层，layer1 层中的 $X_1 - X_n$ 为从其他神经元传来的输入信息，w_{ij} 表示神经元 i 到神经元 j 之间的连接值，layer2 为映射函数 f，layer3 为激活函数，y_i 表示神经元 i 的映射函数值，映射函数和激活函数的计算公式如下所示：

$$f_i = \sum_{j=1}^{n} w_{ij} x_j - u \tag{3.1}$$

$$y_i = F(f_i) \tag{3.2}$$

式中：u 表示偏执 $u = w_{i0}$，如果用 X 表示向量，则可以表示成：$W = [w_{i0}, w_{i1}, w_{i2}, \cdots, w_{in}]$。

（2）POI 数据获取

POI 数据（Point of Interest），即空间兴趣点数据，指的是地理信息系统（GIS）中标识特定地点或区域的数据。作为目前地理空间信息行业的主要数据来源之一，其在城市空间结构研究、城市精细化治理等领域具有广阔的应用前景。一般来讲，POI 数据主要通过开放数据平台，如一些政府部门或私营机构会提供开放的地理信息数据平台（如百度、高德或腾讯地图等）进行获取，内容通常包括城市实体的名称、位置坐标（经纬度）、分类信息（如类型、名称、所在行政区）、地址、联系方式以及其他相关属性的信息，代表了城市空间实体所有的行业类别。结合本研究实际，POI 数据主要来源于高德地图，数据处理包括数据获取、数据清洗、数据整理等流程。

①数据获取。根据研究实际，本研究首先运用 Python 软件从高德开放平台（https://lbs.amap.com/）获取了相关 POI 数据。高德地图针对开发者提供了适用于各种终端支持 HTML5 特性的地图开发，因此可以利用高德地图 JavaScript API 采用适当方法来获取地图的 POI 信息。抽取高德地图 POI 信息主要是利用了高德地图 JavaScript API 的服务类接口，服务类主要提供 LBS 相关检索和服务。因此，首先需要确定抽取 POI 区域坐标范围，根据坐标范围设定步长逐坐标指定关键词或不指定关键词检索相关 POI，获取返回的 POI 信息，如图 3-2 所示。

②数据清洗。由 Python 所获取的原始 POI 数据是 json 格式的文件，该格式文件数据中含有大量的冗余和无用信息，因此本研究对该数据进行了清洗，

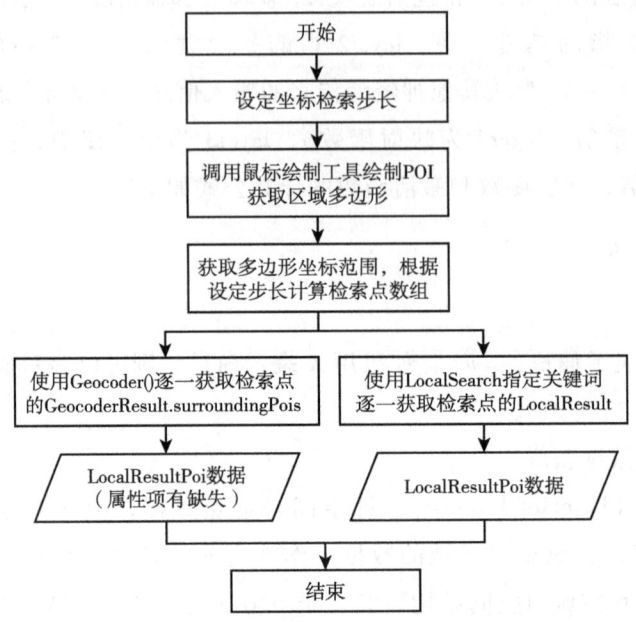

图 3-2　高德地图 POI 获取流程

以消除冗余、重复、错误和无用的信息。数据清洗一般包括两个部分：一是数据的重构。这一步骤包括解析原始 json 文件，提取出 POI 数据中的经度、纬度、名称、分类等空间属性信息，并将其整理成多维表格的形式。在整理过程中，需要注意对文本信息进行统一化处理，以确保数据的一致性和准确性；二是数据的修正。该环节主要是对数据进行修正及补缺，在数据重构阶段筛选条件严格，可能会导致一些数据的缺失或错误表示，例如空间位置精度的不一致导致的数据遗漏。因此，需要通过重新编辑代码进行数据的查漏补缺，并对不符合规范的数据进行补充修正，以确保数据的完整性和准确性。

另外，还需要对上述处理完的数据进行重复数据的剔除。重复数据的剔除是通过匹配 POI 点的空间位置信息和名称信息，识别出可能重复的 POI 点，并对其进行清除。同时为了避免数据的错误剔除，还需要将所有消除重复的数据结果以 csv 格式文件输出，并进行人工复检。除此之外，清洗后的 POI 数据还需要进行重新分类和坐标转换。即对原始 POI 数据进行重新分类，主要是对部分 POI 类型进行合并，并清除类别中数据量过小的 POI 数据。同时，由于高德平台 POI 数据通常使用的是 GCJ-02 坐标系，需要进行坐标转换，将其转换为常用的 WGS-84 坐标系，以便后续的地理空间分析和应用。

③数据整理。在数据清洗的基础之上，进一步将获取到的 POI 数据导入到 ArcMap 10.4，依据《高德地图 API POI 分类对照表》并按照 POI 自带属性字段进行筛选预分类，包含餐饮服务、道路设施服务、地名地址信息、风景名胜、公共设施、公司企业、农林牧渔基地、购物服务、交通设施服务、金融保险服务、科教文化服务、摩托车服务、汽车服务、商务住宅、生活服务、体育休闲服务、通行设施、医疗保健服务、政府机构及社会团体、住宿服务等 20 大类。在此基础上挑选出与本研究项目关联度高的几大业态，分别为 120000 商务住宅；商务住宅相关；商务住宅相关、120100 商务住宅；产业园区；产业园区、120200 商务住宅；楼宇；楼宇相关、120201 商务住宅；楼；商务写字楼、120202 商务住宅；楼宇；工业大厦建筑物、120203 商务住宅；楼宇；商住两用楼宇、120300 商务住宅；住宅区；住宅区、120301 商务住宅；住宅区；别墅、120302 商务住宅；住宅区；住宅小区、120303 商务住宅；住宅区；宿舍、120304 商务住宅；住宅区；社区中心。然后对筛选出的 POI 数据进行去重，并通过高德地图对数据进行补充完善，得到长江上游流域主要风险受体（居住设施）的地理空间信息数据库。此外，为了便于空间统计分析和平面距离测量等实际操作，本研究进一步将所有 POI 数据坐标进行投影转换。采集数据默认地理坐标系为 GCS_WGS_1984，通过 ArcMap 10.4 数据管理工具将其投影转换为 China_Lambert_Conformal_Conic 平面坐标系统。

（3）AOI 数据获取

POI 在互联网电子地图上指的是兴趣点，每一个 POI 至少包含 4 项基本信息：名称、地址、类别、经纬度坐标。而 AOI 数据通常指代"Area of Interest"，即感兴趣区域的数据，是面数据。这种数据主要用于描述特定区域内的地理空间信息，包括但不限于地点名称、地理坐标、行政区划、交通设施、商业设施等内容。AOI 数据对于地理信息系统（GIS）和位置服务（LBS）等领域具有重要作用。它可以被用来进行地图显示、路径规划、位置定位、空间分析、市场研究等应用。AOI 数据被广泛应用于商业选址分析、客流量预测、竞争对手分析等业务决策过程中。AOI 是在 POI 基础上更高一级的抽象，由多边形围栏边界和特征数据组成。通常可以通过开放数据源、商业数据提供商或者自行采集数据等多种渠道获取 AOI 数据。开放数据源如政府部门、研究机构或非营利组织发布的地理信息数据，包括卫星影像、地理标记数据等；商业数据提供商则提供高质量、高精度的地理数据服务；此外，用户也可以自行采集数据，包括使用 GPS 设备、地图绘制工具等来收集感兴趣区域的地理数据。与 POI 数据获取方式类似，本研究基于高德地图提供的 AOI 开放接口，在获取了 AOI 数据后，对原始数据进行了数据清洗和处理（与 POI 类似，不再赘述）。数据清洗是为了去除数据中的错误、噪声、重复或不一致的部分，这个过程包括数据去重、纠正坐标偏移、填补缺失值、处理异常点等步骤。数据处理包括数据格式转换、投影转换、数据融合等步骤，以确保数据能够被系统正确识别和应用。

3.2 工业企业环境风险评价

相较于单一点状尺度的工业企业环境风险评价，大尺度层面的工业环境风险评价由于风险类型更多元、风险源不确定性高、风险源数量更多，传统的环境风险评价方法并不适用。因此，本研究参考赵玉婷、刘健等有关区域环境风险的评价方法体系，开展长江上游沿江工业环境风险评价。本研究的基本流程为运用层次分析法对涉危行业门类及每个门类中的行业大类进行打分，得到相应的风险分值，并将风险分值汇总，划分行业门类、行业大类的风险分级。其中层次分析法（AHP）是一种多准则决策分析方法，通过将复杂的问题层次化，结合专家意见和定量数据，对各层次因素进行相对重要性的评估，从而得出最终的决策方案。其基本方法如下：

首先，构建层次模型。根据问题的性质和预期的目标，将影响决策的因素进行分层，确定各层次准则因素，建立评价指标体系并构建分析模型。其次，形成判断矩阵。根据建立的评价指标体系，结合专家意见和定量数据，对各层次的准则因素的重要程度进行打分，将打分结果转化为判断矩阵。再次，进行一致性检验。层次分析法是基于人的主观判断进行的，因此为了消除主观判断导致判断矩阵的不一致性，需要进行一致性检验。最后，计算权重并进行评价。根据判断矩阵，计算每个准则因素对上一层因素的影响权重。通过层层递推，最终得出各指标对总目标的组合权重，作为进行方案评价的依据。

在风险评价方面，为了全面评估相关企业在生产、仓储和运输过程中可能存在的生态环境风险，本研究的范围不仅限于《国民经济行业分类》（GB/T 4754 – 2017）中包括的行业门类，而是按照《涉及危险化学品安全风险的行业品种目录》所列出的涉危行业来进行研究，扩大了研究对象的范围，涵盖更多行业种类，以确保风险评价更加精确、全面。《涉及危险化学品安全风险的行业品种目录》于2016年由国务院安全生产委员会发布，该目录对20个行业门类和95个大类进行了系统梳理和辨析，全面排查了危险化学品安全风险，重点列出15个行业门类涉及的典型危险化学品和主要安全风险。

本研究的主要研究思路如图3 – 3所示：首先，根据国务院安全生产委员会发布的《涉及危险化学品安全风险的行业品种目录》所列出的涉危行业及主要安全风险，对《国民经济行业分类》（GB/T 4754 – 2017）中的行业门类进行筛选，并确定其中涉及危险化学品的行业门类。其次，结合专家意见，运用AHP法对每个层次的准则因素的相对重要性进行打分，打分结果形成判断矩阵。并根据各行业门类的风险分值，划分中、高、低风险行业门类。最后，同样运用层次分析法对每个门类的行业大类的风险程度进行两两对比，根据其相对重要性程度打分，形成判断矩阵，并综合各行业大类风险分值。根据风险分值的高低，将行业大类划分为高风险性、较高风险性、中风险性、较低风险性与低风险性行业大类5个等级。

（1）风险程度打分方法

依据《国民经济行业分类》中的行业门类，并参考《涉及危险化学品安全风险的行业品种目录》中所列的涉危行业与主要危险品类别，结合专家意见，综合考虑行业可能产生的风险种类、数量与影响途径、涉及危险物质的种类与储量、典型风险的影响程度等因素，运用层次分析法对行业门类风险程度按照同一比较基准进行成对比较，并对其相对风险程度进行打分。分值越高，表示前者对后者越重要，打分结果形成判断矩阵。此外，为了降低层次分析法的主观性并确保判断矩阵的结果合理，需要运用MATLAB软件对判断矩阵进行一致性检验。

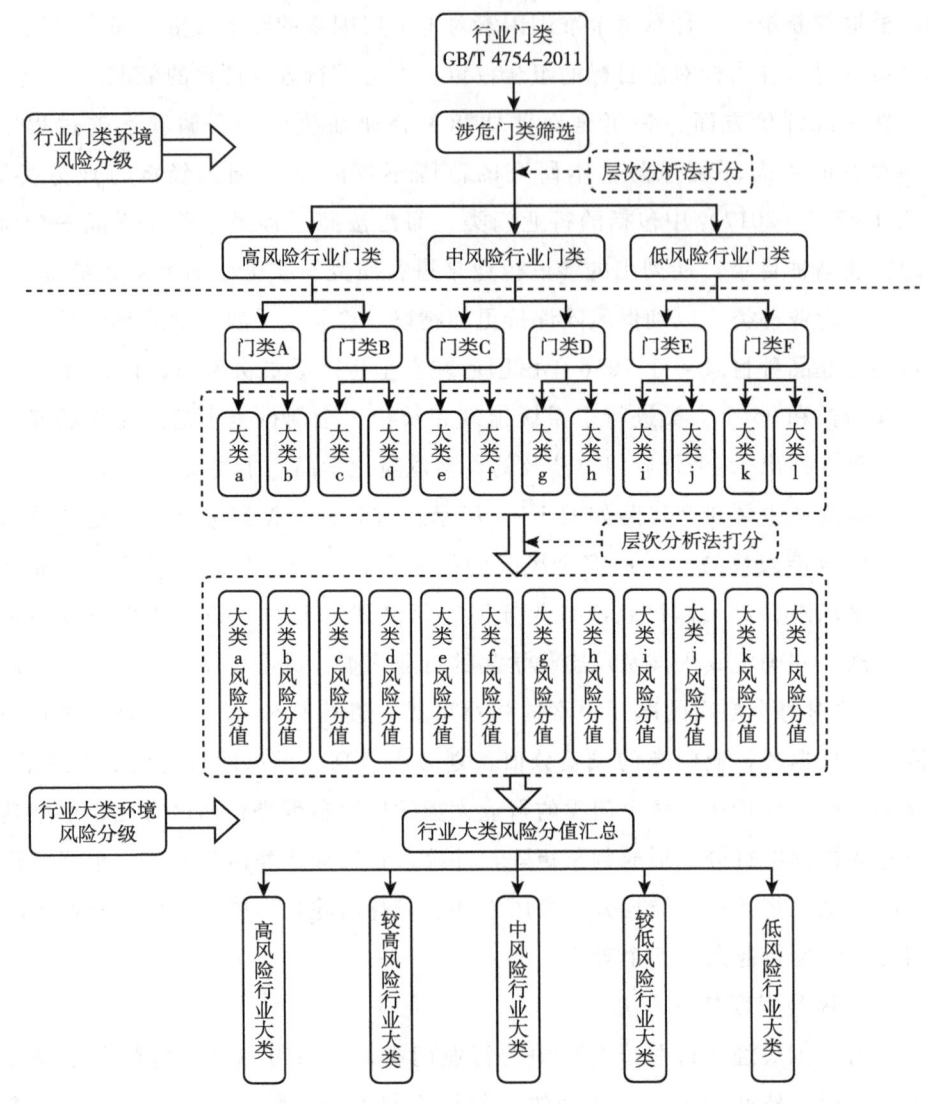

图 3-3　行业大类风险等级划分思路图

　　类似的方法也同样适用于行业大类风险分级。同样是运用层次分析法对行业大类风险程度进行成对比较，并根据其相对风险程度进行打分，形成判断矩阵。《涉及危险化学品安全风险的行业品种目录》中仅对行业涉及的典型危险化学品与主要安全风险进行了定性描述。但在实际风险评估中，同一类型的风险物质或同一风险物质可能对不同的行业大类产生不同的影响程度。因此，在计算过程中，通常会采用行业门类风险对比所得权值作为系数，对下层次的行业大类风险得分进行调整，以得出最终的行业大类风险分值。并进行一致性检验，消除主观因素的影响，如图3-4所示。

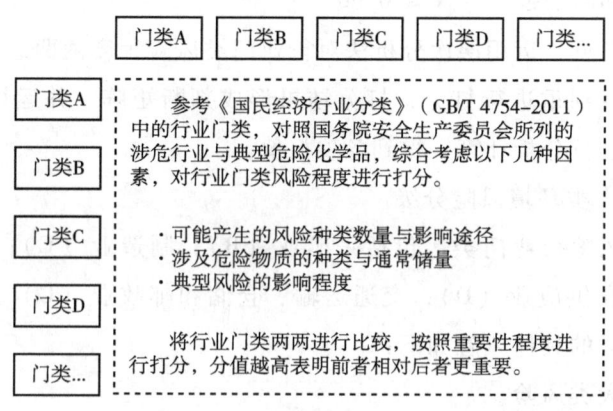

图3-4　行业大类风险程度评价因素与打分方法

（2）行业门类环境风险分级

本研究按照层次分析法，将各行业门类中的行业大类环境风险权值汇总，并通过公约数处理使各行业大类风险权值横向比较，将15类行业系统划分为5个等级。具体步骤如下：

①涉危门类筛选。国务院安全生产委员会发布的《涉及危险化学品安全风险的行业品种目录》对《国民经济行业分类》（GB/T 4754-2011）中所有20个行业门类进行了系统梳理和辨析，筛选出的可能涉及生态环境风险的15个行业门类包括：农、林、牧、渔业（A）；采矿业（B）；制造业（C）；电力、热力、燃气及水生产和供应业（D）；建筑业（E）；批发和零售业（F）；交通运输、仓储和邮政业（G）；住宿和餐饮业（H）；房地产业（K）；科学研究和技术服务业（M）；水利、环境和公共设施管理业（N）；居民服务、修理和其他服务业（O）；教育（P）；卫生和社会工作（Q）；文化、体育和娱乐业（R）。

②中、高、低风险门类划分。综合分析行业门类涉及的环境风险与典型危险化学品，采用层次分析法对比计算各行业门类风险程度。根据风险对比矩阵与权值计算结果，将权值大于0.10的行业门类划为高风险性行业门类；将权值在0.06~0.10的行业门类划为中风险性行业门类；将权值在0.06以下的行

业门类划为低风险性行业门类。其中，x 表示权值大小。

$$\begin{cases} 高风险行业门类 & 0.10 < x \\ 中风险行业门类 & 0.06 < x \leqslant 0.01 \\ 低风险行业门类 & x \leqslant 0.06 \end{cases}$$

结合专家意见，运用层次分析法对行业门类风险程度两两进行比较，按相对风险程度由轻到重进行打分，打分结果形成判断矩阵。并运用 MATLAB 软件对判断矩阵进行分析计算，得到各项权值。

（3）行业大类环境风险分级

首先是高风险行业门类，包括采矿业（B）；制造业（C）；电力、热力、燃气及水生产和供应业（D）；交通运输、仓储和邮政业（G）四类。各行业门类中行业大类的具体风险如下：

①采矿业大类风险。

据《涉及危险化学品安全风险的行业品种目录》中显示，采矿各行业大类主要包括以下 6 种风险：

一是煤炭开采和洗选业（B06）中煤矿使用的膨化硝铵炸药存在爆炸风险；焊接使用的乙炔、氧气可能引发爆炸、火灾；铅酸蓄电池使用的硫酸等存在腐蚀风险；煤炭洗选中使用的煤油、轻柴油等非极性烃类作为捕收剂可能导致火灾、爆炸；煤炭洗选以盐酸作为调整剂可能引发腐蚀、中毒；瓦斯、一氧化碳等有毒有害气体可能导致中毒、火灾和爆炸；煤炭洗选以三溴甲烷、四氯化碳等作为重介质存在中毒风险。

二是石油和天然气开采业（B07）中油气田勘探过程中使用硝铵炸药存在爆炸风险；油气田开采、集输、油气分离、净化处理、存储等过程以及井喷事故中涉及的原油、天然气、液化烃和硫化氢等可能引发火灾、爆炸和中毒；采油过程中的压裂、酸化等增产作业使用过硫酸铵、盐酸、甲酸甲酯、氢氟酸等可能导致中毒、腐蚀、火灾和爆炸。

三是黑色金属矿采选业（B08）中金属矿开采使用的硝铵炸药、硝化甘油等存在爆炸风险；金属矿选矿以松油、松节油、戊醇、甲酚等作为起泡剂，用氯化锌、四溴乙烷等作重液可能引发火灾、中毒。

四是有色金属矿采选业（B09）中金属矿开采使用硝铵炸药、硝化甘油等存在爆炸风险；金属矿选矿用氰化物、硫酸、盐酸、氢氧化钠等作调整剂，用松油、煤油、乙醇、甲酚等作起泡剂可能引发火灾、爆炸、中毒与腐蚀。

五是非金属矿采选业（B10）中非金属矿开采使用硝铵炸药、硝化甘油等存在爆炸风险；非金属矿开采过程中涉及五氧化二磷、硫磺、硝酸钾等可能引发腐蚀、火灾、爆炸和中毒。

六是其他采矿业（B12）矿物开采使用硝铵炸药、硝化甘油等存在爆炸风险。

②制造业大类风险。

制造业中涉及环境风险的行业大类较多，从行业类型上，可大致将其分为食品和服装、家具和日用品、石油化工、冶金、装备制造、电子信息及其他6个类型。为尽量降低矩阵阶数过多造成的主观性误差，将制造业门类按照上述6个类型进一步细分，再分别对比每个类型中每个行业大类的风险程度。

③电力、热力、燃气及水生产和供应业大类风险。

电力、热力、燃气及水生产和供应各行业大类主要包括以下3种风险：一是电力、热力生产和供应业（D44）中热电厂涉及天然气、柴油、液氨、氢气、一氧化碳、二氧化硫等，可能导致爆炸、火灾、中毒与腐蚀。二是燃气生产和供应业（D45）中燃气生产涉及液化石油气、天然气、煤气等易燃气体、液氨、硫化氢等有毒气体，原料涉及石油化工产品等易燃气体和易燃液体、盐酸、氢氧化钠等，可能引起爆炸、火灾、中毒与腐蚀。三是水的生产和供应业（D46）中消毒使用液氯、次氯酸钠等，可能引发中毒、腐蚀；污水处理中使用盐酸、氢氧化钠、双氧水等，可能造成腐蚀；污水中含有的汽油等易燃液体和硫化氢等有毒物质可能引发火灾、爆炸和中毒。

④交通运输、仓储和邮政业大类风险。

交通运输、仓储和邮政各行业大类主要风险包括以下7种：

一是铁路运输业（G53）使用硝铵炸药、硝化棉、震源弹、液化石油气、液氨、原油、成品油、甲苯、乙醇、黄磷、电石、硝酸铵、氯酸钾、硝酸钾等肥料，使用氰化钠、氰化钾、呋喃丹、速灭磷、盐酸、硫酸、硝酸、氢氧化钠等化学品以及各种危险货物的运输产生的爆炸、火灾、中毒、腐蚀。

二是道路运输业（G54）使用盐酸、氢氧化钠、硝铵炸药、硝化棉、液氨、乙醇等，液氯、氰化钠等剧毒化学品，硝酸铵等化肥，速灭磷等农药，原油、成品油等油品，以及各种专用化学品的仓储运输可能导致的爆炸、火灾、中毒、腐蚀。

三是水上运输业（G55）使用盐酸、氢氧化钠、硝铵炸药、硝化棉、液氨、乙醇等，硝酸铵等化肥，速灭磷等农药，原油、成品油等油品，以及各种专用化学品的仓储运输可能导致的爆炸、火灾、中毒、腐蚀等。

四是航空运输业（G56）使用航空煤油等油品、航空货运的各类危险化学品可能导致的爆炸、火灾、中毒、腐蚀。

五是管道运输业（G57）中天然气、乙烯、乙醇、汽油、煤气、沼气等的运输导致的爆炸、火灾、中毒等风险。

六是装卸搬运和运输代理业（G58）使用盐酸、氢氧化钠、硝铵炸药、硝化棉、液氨、乙醇等化学品，硝酸铵等化肥，速灭磷等农药，以及各种专用化学品的仓储可能产生的爆炸、火灾、中毒、腐蚀等风险。

七是仓储业（G59）使用盐酸、氢氧化钠、硝铵炸药、硝化棉、液氨、乙醇等化学品，硝酸铵等化肥，储粮害虫防治使用磷化铝等农药，以及各种专用化学品的仓储爆炸、火灾、中毒、腐蚀等风险。

其次是中风险性行业门类，包括建筑业（E），科学研究和技术服务业（M），水利、环境和公共设施管理业（N）3类。各行业门类中行业大类的具体风险如下：

①建筑业大类风险。

建筑各行业大类中风险主要包括以下3种：一是房屋建筑业（E47）焊接使用的乙炔、氧气可能引发火灾、爆炸。二是土木工程建筑业（E48）焊接使用的乙炔、氧气可能引发火灾、爆炸；油漆稀释剂涉及的丙酮、乙醇等可能导致火灾、爆炸和中毒；水利水电工程建设使用的硝铵炸药可能引发爆炸。三是建筑装饰、装修和其他建筑业（E50）油漆稀释剂涉及的丙酮、乙醇等可能导致火灾、爆炸和中毒。

②科学研究和技术服务业大类风险。

科学研究和技术服务各行业大类风险主要包括以下两种：一是研究和试验发展（M73）使用的硫酸、盐酸、硝酸、氢氧化钠等可能导致火灾、爆炸、中毒和腐蚀。二是专业技术服务业（M74）中测试、监测、勘探等使用的硫酸、盐酸、硝酸、氢氧化钾等可能引发火灾、爆炸、中毒和腐蚀；油气田勘探过程中使用的硝铵炸药、丙烯酰胺等助剂可能导致爆炸、腐蚀和中毒；用于集成电路板制造的氢氟酸可能引发中毒、腐蚀；金属器件电镀使用的氰化钾、硫酸、盐酸等可能导致中毒、腐蚀；电子元件焊接过程使用的松香水等可能引发火灾、爆炸和中毒。

③水利、环境和公共设施管理业大类风险。

在水利、环境和公共设施管理各行业大类风险主要包括以下3种：

一是水利管理业（N76）水质监测使用的硫酸、盐酸、高锰酸钾、碘化汞等可能造成腐蚀和中毒；水保监测使用的氧气、乙炔、氢气气瓶以及三氯甲烷、硫酸、盐酸等可能引发火灾、爆炸、中毒和腐蚀；水利水电工程使用汽油、氧气、乙炔等可能引发火灾、爆炸；水文实验室使用氟化氢、硫酸、盐酸等试剂，重铬酸钾、氰化钠、叠氮化钠等剧毒化学品可能引发火灾、爆炸、中毒和腐蚀；水利科研实验室使用的乙炔、丙烷、甲醛、苯等可能引发中毒、腐蚀、火灾和爆炸。

二是生态保护和环境治理业（N77）中植物培育防治病虫害使用的毒杀芬等农药、硝酸铵肥料等可能引发中毒、爆炸；污水治理使用的次氯酸钠、液氯、盐酸、氢氧化钠等化学品，固废和污水含有的易燃、有毒、腐蚀等特性的化学品可能引发中毒、腐蚀、火灾和爆炸；大气治理使用的氨气等可能导致中毒、腐蚀、火灾和爆炸。

三是公共设施管理业（N78）中化粪池等场所涉及的沼气、硫化氢、盐酸等可能导致火灾、爆炸、中毒和腐蚀；绿化使用的硝酸铵肥料和氧乐果等可能引发爆炸、中毒；市政设施抢修使用的乙炔、氧气等可能引发火灾、爆炸。

再次是低风险性行业门类，包括农、林、牧、渔业（A）；批发和零售业（F）；住宿和餐饮业（H）；房地产业（K）；居民服务、修理和其他服务业（O）；教育（P）；卫生和社会工作（Q）；文化、体育和娱乐业（R）八类。各行业门类中行业大类的具体风险如下：

①农、林、牧、渔业。

农、林、牧、渔各行业大类风险主要包括以下几种：农业（A01）、林业

（A02）种植使用硝酸铵、硝酸钾肥料可能引发爆炸、火灾；农业种植使用农药可能导致的中毒。渔业（A04）生产中渔船、冷库的制冷使用液氨可能导致中毒、火灾和爆炸。农、林、牧、渔专业及辅助性活动（A05）中防治病虫害使用毒杀芬等农药可能导致中毒；使用硝酸铵、硝酸钾肥料可能引发爆炸火灾；制冷使用液氨可能导致中毒、火灾、爆炸。

②批发和零售业大类风险。

批发和零售各行业大类风险主要包括以下两种：一是批发业（F51）使用盐酸、氢氧化钠、乙醇、硝铵炸药、氯乙烯、油漆、溶剂油等危险化学品，硝酸铵等化肥，速灭磷等农药，医用氧气、酒精等，乙醇、丙酮等实验室用化学品可能引发爆炸、火灾、中毒、腐蚀；冷冻涉及的液氨等可能导致中毒、火灾和爆炸。二是零售业（F52）使用盐酸、氢氧化钠、乙醇、硝铵炸药、氯乙烯、油漆、溶剂油等危险化学品，硝酸铵等化肥，速灭磷等农药，医用氧气、酒精等，乙醇、丙酮等实验室用化学品可能产生的爆炸、火灾、中毒、腐蚀。

③住宿和餐饮业大类风险。

住宿和餐饮各行业大类风险主要包括以下几种：住宿业（H61）取暖涉及天然气、煤气等可能导致火灾、爆炸和中毒等风险。餐饮业（H62）烹饪使用天然气、液化石油气、二甲醚、酒精、煤气等可能导致火灾、爆炸和中毒等风险。

④房地产业大类风险。

房地产业（K70）主要是使用的溶剂油、丙酮作为胶黏剂的稀释剂可能导致火灾、爆炸和中毒；涂料涉及的溶剂油等可能引发火灾、爆炸和中毒；焊接使用的乙炔、氧气可能造成火灾、爆炸等风险。

⑤居民服务、修理和其他服务业大类风险。

居民服务、修理和其他服务各行业大类风险主要包括以下两种：一是居民服务业（O80）使用的燃气、甲醛、乙醇溶液可能引发火灾、爆炸和中毒；过氧化氢、次氯酸钙和过硼酸钠等漂白剂可能造成腐蚀和中毒；美发行业发胶中含乙醇、丙烷、丁烷等，可能引发火灾、爆炸和中毒。二是机动车、电子产品和日用产品修理业（O81）焊接使用的乙炔、氧气可能引发火灾、爆炸；金属器件电镀使用氰化钾、硫酸、盐酸等可能造成中毒、腐蚀；金属漆稀释剂使用甲苯、二甲苯等可能引发火灾、爆炸和中毒；金属表面抛光产生镁铝粉等可能造成火灾、粉尘爆炸；表面清洗使用松香水、天拿水等可能引发火灾、爆炸和中毒。

⑥教育业大类风险。

教育业风险主要为学校实验室使用金属钠、氢气、硫酸、盐酸、硝酸、氢氧化钠、氢氧化钾等试剂可能引发的火灾、爆炸、中毒和腐蚀。

⑦卫生和社会工作大类风险。

卫生和社会工作大类风险主要集中在卫生（Q84）大类，包括消毒使用乙醇、高锰酸钾、次氯酸钠等可能引发火灾、爆炸和腐蚀；检查使用甲醛溶液、氰化物等可能导致火灾、中毒和腐蚀；麻醉使用乙醚，医疗使用压缩氧气及液氧可能引发火灾、爆炸。

⑧文化、体育和娱乐业大类风险。

文化、体育和娱乐各行业大类风险主要包括两种：一是新闻和出版业（R86）中印刷使用油墨，可能导致火灾、中毒。二是文化艺术业（R88）储存使用的甲醛溶液可能导致火灾、中毒；舞台使用的二氧化碳可能引发窒息和物理爆炸。

最后，在明确了上述各行业门类中行业大类风险的基础上，运用层次分析法对各行业大类风险程度进行两两比较，按其相对重要性进行打分，并将各行业大类的环境风险分值进行汇总，形成判断矩阵，通过公约数处理使各行业大类风险权值横向可比，得到的结果乘以调整系数即行业大类风险权值，并得到行业大类环境风险性对比结果。按照得分由高到低，分为 A、B、C、D、E 5 个等级。

3.3 工业企业空间分布特征分析

（1）Ripley's K 函数

Ripley's K 函数是一种用于评估点模式空间分布特征的重要工具，在地理学、城市规划、自然资源管理、景观生态学、环境保护等领域中得到了广泛应用。$K(d)$ 函数空间统计结果在一定程度上会受到研究区域面积大小的影响，点分布的研究区域面积大小不同，点的空间分布特征也具有差异性，从而呈现出不同的聚类或离散模式。Ripley 提出的 $K(d)$ 函数空间统计分析方法克服了传统方法只能从单一尺度进行空间分布格局分析的局限性，使研究者能够在不同的空间尺度下对地理实体的空间分布特征进行全面性和系统性的分析，从而更好地理解地理实体的空间分布规律。通过 $K(d)$ 函数中参数的计算和组合，我们可以得到点在不同空间尺度上的分布格局。其计算公式为：

$$K(d) = A \times \sum \left(\frac{\delta_{ij}(d_{ij})}{n} \right) \quad (1 < i \& j < n, i \neq j, d_{ij} \leq d) \tag{3.3}$$

其中，A 表示的是所在研究区域的面积；n 表示研究区域内景点个数；d 表示空间尺度，d_{ij} 表示点 i 到点 j 之间的距离；而 $\delta_{ij}(d)$ 则代表点 i 和点 j 之间在特定尺度下的空间关系。通过计算具体的距离和对应的 $\delta_{ij}(d)$ 值，可以得到不同尺度下点之间的关联程度，从而揭示出点的空间分布特征。当 $d_{ij} \leq d$ 时，$\delta_{ij}(d) = 1$，当 $d_{ij} > d$ 时，则 $\delta_{ij}(d) = 0$。此外，由于边界效应可能会影响到分析结果的准确性，可以通过权重校正由边界效应所导致的误差，这里的范围圆是指以 d_{ij} 为半径、i 为圆心所形成的圆；权重是指范围圆所在研究区域内的弧长和圆周长的比值。在随机分布的模式下，$K(d)/\pi$ 的平方根更能实现方差的稳定，在格局关系表现的相关研究上更常用。同时，$K(d)/\pi$ 的平方根与 d 之间存在线性关系，这也为进一步的分析和解释提供了便利。

（2）核密度分析（KDE）

对于概率密度的估计方法通常有参数估计和非参数估计两种，核密度分析是一种用于估计连续概率密度的非参数估计方法。KDE 主要用于计算指标表面密度，通过样本数据估计数据聚集情况，若某个区域内数据点多，则表示该区域密度较大；数据点少，则该区域密度较小。若 $x_1, x_2, \cdots, x_n$ 为变量 x 的独立同分布的 n 个样本，则 x 要服从的密度函数的公式为：

$$f(x) = \frac{1}{nh} \sum_{i=1}^{n} K\left(\frac{x - x_i}{h} \right) \tag{3.4}$$

式中，$K(\cdot)$ 为核密度函数；n 为样本数据中数据点的个数；h 为带宽，是公式中的关键部分，其大小直接影响核密度计算结果。

（3）缓冲区分析

缓冲区是指地理空间实体的一种影响范围或服务范围。缓冲区分析是地理信息系统（GIS）中常用的一种空间分析方法，一般通过给定一个空间实体或集合，确定其领域范围，以及该范围内其他地物的分布情况。缓冲区范围的大小通常由缓冲区半径进行确定。

在缓冲区分析中，主要以点、线、面等地理要素为基础，自动生成这些地理要素周围一定宽度范围内的缓冲区多边形图层，接着通过将这些缓冲区图层与其他目标图层进行叠加分析，以获得特定的空间信息和结果。缓冲区分析常用于解决邻近度问题，描述两个地物之间的空间关系和距离程度。例如，可以利用缓冲区分析来确定某个设施（如学校、医院、商场等）对周围区域的服务范围，或者评估某个区域内距离某个地质灾害隐患点的安全距离范围等。通过缓冲区分析，可以更好地理解和描述地理空间中不同地物之间的邻近关系，为规划、决策和空间分析提供重要的支持和依据如图3-5所示。

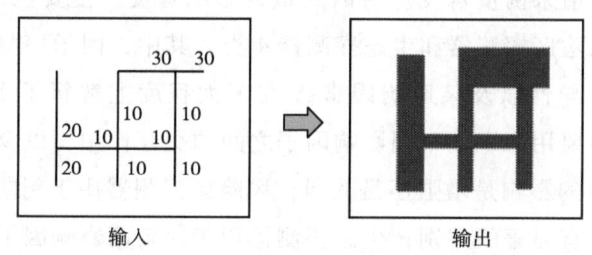

图3-5　缓冲区分析输入输出示意图

（4）最邻近指数分析

点状要素在空间分布上通常由均匀、凝聚和随机三种状态，用最邻近指数（Nearest Neighbor Index，NNI）可以衡量点状要素的空间分布类型。空间上点与点之间的最邻近距离值不同，最邻近指数主要是用来计算研究区域中点状目标与其最邻近点之间的距离，通常用实际最邻近距离与理论邻近距离的比值表示。其计算公式为：

$$NNI = \frac{\overline{r_1}}{r_E} \tag{3.5}$$

$$r_E = \frac{1}{2\sqrt{n/A}} \tag{3.6}$$

其中，NNI为最邻近指数。r_E为研究兴趣点在空间上的平均最邻近距离，（r_1为兴趣点在空间上的实际最邻近距离，n为兴趣点的数量，A为研究区域的面积。当 $NNI = 1$ 时，$(r_1 = r_E$，说明点状要素在空间分布上呈随机分布；当 $NNI < 1$ 时，$(r_1 < r_E$，说明点状要素在空间分布上呈集聚分布；当 $NNI > 1$ 时，$(r_1 > r_E$，说明点状要素在空间分布上呈均匀分布。

3.4 地理探测器

地理探测器是探测空间分异性，并揭示其背后驱动因素的一种新的统计方法。其思想的基本假设是：若某个自变量是因变量的重要影响因素，则自变量和因变量应具有相似的空间分布。该方法是通过计算各自变量方差之和与因变量方差之和的比值来衡量自变量对因变量的影响程度，主要包括因子探测器、交互探测器、风险区探测器和生态探测器4类。其中，因子探测器用于探测自变量 Y 的空间分异性以及某影响因素 X 在多大程度上解释了 Y 的空间分异；交互探测器则主要用来识别不同影响因子之间的交互作用，以及评估该交互作用对 Y 的解释力的影响是增强还是减弱；风险区探测器用于判断两个子区域间的属性均值是否有显著的差别；生态探测器用于比较两影响因子对自变量 Y 的空间分布的影响是否存在显著差异。

地理探测器中的 q 统计量可用以度量空间分异性，以及探测解释因子、分析变量之间交互关系。q 值的取值范围为 [0, 1]，数值越大说明自变量 X 对因变量 Y 的解释力越强。其计算公式如下：

$$q = 1 - \frac{1}{N\sigma^2} \sum_{h=1}^{L} N_h \sigma_h^2 \tag{3.7}$$

其中，L 为因变量 Y 或自变量 X 的分层，即分类或分区；N_h 和 σ_h^2 分别为层 h 内的单元数和方差；N 和 σ 分别为研究区整体的单元数和方差。

第 4 章

长江上游沿江工业企业的空间分布

长江上游沿江地区工业企业及其空间分布情况、行业门类及生产经营情况等信息获取是本研究的重要起点和数据支撑，而这部分数据通常获取难度极大，资料严重匮乏，因此本研究通过实地走访、企业名录转录、POI 数据等多源数据、多元手段集成，获取了长江上游企业名录。本章将围绕长江上游流域企业名录生成、空间信息提取及其在各省市的空间分布情况以及分布的影响因素进行充分论述。为充分呈现长江上游流域工业分布的空间特征，本研究以沿江为空间分类标志，覆盖了长江上游流域、沿江省市、长江干流左右岸不同距离空间等不同沿江空间尺度。

4.1 长江上游沿江工业企业目录

工业企业名录及其空间分布等微观层面的工业行业数据，作为本研究中的基础数据输入要素，由于人工获取难度较大，当前相关资料严重匮乏。为此，本研究一方面通过实地走访各大工业园区、工业企业以及政府相关部门，采集工业企业生产、分布数据，另一方面通过收集、整理《中国工商企业名录》《中国塑料工业名录》《中国电机制造业厂商名录》《全国化纤企业名录》等 70 余部全国性企业名录，获取长江上游流域企业名录。并结合在线地图发布平台最新的 POI 数据（截至 2021 年 1 月），经筛选、整理、剔除非存续状态企业等处理，获取了长江上游流域企业名录数据集。但该数据由于仅仅包含企业名称、地址等基础信息，缺乏对企业行业分类、企业经营范围、企业注册资本等基础信息的描述，因此，出于研究目的的考量，本研究进一步通过文本数据挖掘的方式对相关企业名录的行业分类、企业经营范围、企业注册资本等基础属性信息进行挖掘。

本研究共获取除云南省外的长江上游流域省市企业数据782.61万条。鉴于名录数据量较大，结合本研究实际，仅筛选企业注册资本大于100万元的企业作为研究对象，共获取企业201.40万例，工业企业14.00万条（以下如无特指，企业均为注册资本大于100万元的部分）。本研究所涉及的工业企业是《国民经济行业分类》（GB/T 4754-2017）中所提到的"采矿业（B）；制造业（C）；电力、热力、燃气及水生产和供应业（D）"等工业门类。

其中，长江上游流域工业企业在各省市的分布情况如表4-1所示。整体来看，各省市工业企业数目分布有一定的差异。其中，四川省是工业企业最多的省份，共有71821家，占比43.69%；贵州省的工业企业数量为29065，占比17.68%；重庆市工业企业23920家，占比14.55%；湖北省（上游段）的工业企业数量最少，仅有15209家，占比仅为9.25%。值得注意的是，涵盖所有企业（包括工业企业）的分布情况与工业企业基本一致。四川省仍然是企业数量最多的省份，共有1139176家企业，占比高达45.76%；湖北省（上游段）的企业数量相对较少，只有50441家，占比仅为2.03%。

表4-1 长江上游工业企业目录

省市	工业企业数目	企业占比	企业数目	企业占比
重庆市	23920	14.55%	260207	10.45%
四川省	71821	43.69%	1139176	45.76%
贵州省	29065	17.68%	564197	22.66%
湖北省（上游段）	15209	9.25%	50441	2.03%

4.1.1 重庆市工业企业目录

近年来，重庆市产业结构不断优化。农业发展平稳，基础地位持续巩固；工业发展逐步由以高投资、规模化发展向调结构、重升级方向转变，逐步形成了汽车、电子双轮驱动，装备、材料和消费品等产业多点支撑的格局，以信息技术、新能源及智能网联汽车等为代表的战略性新兴产业快速发展；在信息传输、软件和技术服务等现代服务业的推动下，服务业的发展趋势也稳步向好。

从整体来看，重庆市工业企业数量在各个板块的分布具有一定差异，主城都市区的工业企业数量最多，而渝东南和渝东北地区的工业企业数量相对较少。包括渝中区、大渡口区、江北区、南岸区等在内的重庆主城都市区共有19521家工业企业，占比高达81.61%。其次是渝东北三峡库区城镇群，主要包括万州区、梁平区、开州区等在内的11个区县，共有3034家工业企业，占比12.69%。而渝东南武陵山区城镇群工业企业数量最少，其主要有黔江区、武隆区等在内的6个区县，共1365家，占比5.7%。

从县域层面来看，重庆市各个区县工业企业数目也存在差距。其中，工业企业数量最多是九龙坡区，有13496家。从行业门类来看，九龙坡区主要以汽车摩托车、智能产业、新材料、高端装备和现代服务业为主导产业，其中以铝为重点的材料产业，是九龙坡区最具优势、最有潜力的产业之一。其次是渝北区，有13329家工业企业，渝北区主要是以战略性新兴产业、高技术产业为主，目前渝北区已初步形成汽车、电子两大支柱产业，集群及装备、消费品、软件和信息服务等"多点发展"的产业格局。南岸区共有7296家工业企业，其数量与九龙坡区和渝北区相比存在一定差距。除主城几区以外，万州、江津、涪陵和永川等传统区域性中心地区工业企业数量相对较多。其中，又以万州区工业企业数量最多，共4042家。城口县的数量最少，仅有548家，与主城各区工业企业数量存在较大差距。

另外，为进一步全面呈现重庆市各行业企业的空间分布状况，本研究对涵盖工业企业在内的所有企业也进行了空间统计、整理及空间呈现。总体来看，重庆市各类企业在各个板块中的分布也不均衡，主城都市区的企业数量最多，共有209379家企业，共占比80.42%。其次是渝东北三峡库区城镇群，共有企业33628家，占比12.92%。而渝东南武陵山区城镇群企业数量最少，仅有企业17200家，占比6.61%。从县域层面来看，重庆市各个区县拥有的企业数量排名前三位的分别是渝北区、九龙坡区和江北区。其中，企业数量最多的是渝北区，有 36466 家企业，占比高达 14.00%。其次是九龙坡区，有 33330 家企业，占总比例的 12.80%。而江北区企业的数目为 19236 家，占比 7.39%，相较于前两个区企业占比下降了很多。在主城区中企业数目最少的则是大渡口区，共有 5219 家企业，占总体比例的 2.00%。区县中企业又主要聚集在江津区、万州区以及永川区。对整个重庆来说，企业数目最少的是巫溪县和城口县，其中巫溪县有 1736 家，占比 0.67%；而城口县有 886 家，仅占整个重庆企业数目的 0.34%，且主要以农业企业、商服企业为主见表 4-2。

表 4-2　　　　　　　　　　　重庆市企业目录

板块	区县	工业企业数目	工业企业占比	企业数目	企业占比
主城都市区	渝中区	316	1.32%	13527	5.20%
	大渡口区	614	2.57%	5219	2.00%
	江北区	780	3.26%	19236	7.39%
	南岸区	997	4.17%	19208	7.38%
	沙坪坝区	1421	5.94%	14774	5.67%
	九龙坡区	2824	11.80%	33330	12.80%
	北碚区	897	3.75%	5502	2.11%
	渝北区	2009	8.40%	36466	14.01%
	巴南区	1028	4.30%	9740	3.74%
	涪陵区	636	2.66%	5819	2.23%
	长寿区	490	2.05%	3773	1.45%
	江津区	1496	6.25%	7424	2.85%
	合川区	820	3.43%	4318	1.66%
	永川区	811	3.39%	5112	1.96%
	南川区	395	1.65%	3397	1.30%
	綦江区	603	2.52%	4413	1.70%
	大足区	677	2.83%	3718	1.43%
	璧山区	1008	4.21%	4300	1.65%
	铜梁区	566	2.37%	2902	1.11%
	潼南区	478	2.00%	3340	1.28%
	荣昌区	655	2.74%	3861	1.48%

续表

板块	区县	工业企业数目	工业企业占比	企业数目	企业占比
渝东北三峡库区城镇群	万州区	531	2.22%	7962	3.06%
	梁平区	306	1.28%	1845	0.71%
	开州区	401	1.68%	4072	1.56%
	城口县	107	0.45%	886	0.34%
	丰都县	240	1.00%	2223	0.85%
	垫江县	312	1.30%	2655	1.02%
	忠县	198	0.83%	2152	0.83%
	云阳县	280	1.17%	2783	1.09%
	奉节县	267	1.12%	4971	1.91%
	巫山县	208	0.87%	2343	0.90%
	巫溪县	184	0.77%	1736	0.67%
渝东南武陵山区城镇群	黔江区	300	1.25%	4889	1.88%
	武隆区	192	0.80%	1991	0.76%
	石柱土家族自治县	240	1.00%	2042	0.78%
	秀山土家族苗族自治县	231	0.97%	2598	1.00%
	酉阳土家族苗族自治县	238	0.99%	3115	1.20%
	彭水苗族土家族自治县	164	0.69%	2565	0.99%

4.1.2 四川省工业企业目录

四川省是中国西部地区最大的经济体。其经济总量长期稳居中国西部各省份之首，产业结构多元化，在农业、工业和服务业等多个领域都有较强的实力，经济发展势头良好。目前四川省已形成了电子信息、装备制造、能源电力、油气化工、钒钛钢铁、饮料食品、现代中药等优势产业和航空航天、汽车制造、生物工程以及新材料等潜力产业。近年来，四川制造业主导作用愈发突出，高技术产业、现代服务业也加快发展。其中，四川省的电子信息产业发展迅猛，成为中国西南地区的重要电子信息制造基地。

从工业企业数量来看，四川省各个地级市拥有的工业企业数量存在较大差距。工业企业的分布主要集中在成都市，共22292家，占比高达60.99%。首先,成都市是西南地区的制造强市,工业基础雄厚。目前已建立起涵盖38个大类、184个小类的综合性工业体系,形成了以电子信息和装备制造两个万亿级产业、航天航空和高端软件两个千亿级产业为主的特色优势产业集群,打造了12个产业生态圈和26个重点产业链,并且在航空航天、新能源汽车、集成电路等产业赢得了先发优势。完整的产业链和产业集群能够促进企业创新,降低企业交流成本,吸引了一大批工业企业在此布局。其次,是绵阳市,共有6173家工业企业,占比8.49%。绵阳市作为四川省第二大城市,是我国重要国防科技和电子工业生产基地,有"西部硅谷"之称。绵阳市主要以电子信息、装备制造、先进材料、能源化工、食品饮料等为支柱产业,在积极推动支柱产业发展的同时,绵阳市也大力发展了核技术应用、人工智能、卫星导航等特色产业,工业发展稳步向好。凉山彝族自治州工业企业数量最少,仅有532家,仅占比0.73%。凉山彝族自治州距离成都、绵阳等经济发达地区较远,交通基础设施落后,工业化水平较低。因此,相对于成都、绵阳等发达地区工业企业数量较少。

另外,为进一步全面呈现四川省各行业企业的分布状况,本研究对涵盖工业企业在内的所有企业也进行了空间统计、整理及空间呈现。总体来看,四川省各个地级市拥有的企业数量也存在较大差距。企业的分布主要集中在成都市,共481216家,占比高达41.58%。其次是绵阳市,共有80630家企业,占比6.97%。甘孜藏族自治州企业数量最少,仅有14647家,仅占比1.27%,见表4-3。

表4-3　　　　　　　　　四川省企业目录

地级市	工业企业数目	工业企业占比	企业数目	企业占比
成都市	22292	30.64%	481216	41.58%
绵阳市	6173	8.49%	80630	6.97%
德阳市	4701	6.46%	36288	3.14%
乐山市	2410	3.31%	36867	3.19%
遂宁市	1996	2.74%	31297	2.70%
资阳市	1487	2.04%	20595	1.78%
眉山市	2794	3.84%	38822	3.35%
雅安市	2523	3.47%	21980	1.90%

续表

地级市	工业企业数目	工业企业占比	企业数目	企业占比
自贡市	3704	5.09%	25933	2.24%
泸州市	4066	5.59%	48688	4.21%
内江市	1483	2.04%	24375	2.11%
宜宾市	2904	3.99%	39617	3.42%
南充市	2740	3.77%	60114	5.20%
广安市	1535	2.11%	20655	1.78%
达州市	2458	3.38%	40526	3.50%
巴中市	1294	1.78%	20831	1.80%
广元市	1744	2.40%	26134	2.26%
甘孜藏族自治州	963	1.32%	14647	1.27%
凉山彝族自治州	532	0.73%	36937	3.19%
阿坝藏族羌族自治州	1388	1.91%	18345	1.59%
攀枝花市	2634	3.62%	14679	1.27%

4.1.3 贵州省工业企业目录

立足资源比较优势，贵州省把能源产业作为战略性支柱产业，其中煤炭、金属冶炼和化工等行业仍占有重要地位。同时，白酒产业持续增长，充分发挥世界酱香白酒原产地和主产区优势；新型建材、新能源电池、材料产业、现代化工、基础材料、食品和医药等产业稳步增长。近年来，贵州省进一步提出了包括基础能源、清洁高效电力、优质烟酒、新型建材、现代化工、先进装备制造、基础材料、生态特色食品、大数据电子信息、健康医药10大千亿级工业产业振兴行动，初步形成了贵州特色的工业产业体系，贵州省经济发展稳中向好。

在工业企业数量上，贵州省各个地级市拥有的工业企业数量存在一定差距。工业企业占比最高的是遵义市，共有5523家工业企业，占比18.89%。遵义市是贵州省第二大城市，第一大工业城市，属于贵州省传统的工业强市之一。其中白酒产业对于遵义市工业的发展具有巨大拉动力，增加值高达70%

以上；其次装备制造、新型建材、健康医药、生态食品、基础材料等重点产业增长较快；同时遵义市积极推动茶叶、辣椒精深加工、页岩气规模化开采、大数据电子信息产业、新能源汽车等产业发展，经济总体保持了稳中有进的发展趋势。贵阳市次之，共有 5069 家工业企业，占比达 17.34%。贵阳市作为贵州省的政治、经济和文化中心，交通便利，人口众多，消费市场广阔，有利于企业的产品销售和市场拓展。近年来，贵阳市坚定不移地走"工业强市"战略，工业发展实现重大突破。其中，优质烟酒和现代化工是贵阳市支柱产业，航天航空及装备制造、基础材料、新型建材、能源、大数据电子信息、化工等行业也得到迅速发展。贵阳已形成了较为完整的产业链，大大降低了企业物流成本和时间成本，提高了企业生产效率。安顺市的工业企业数量最少，仅有 1361 家，占比仅为 4.66%。安顺市工业体量较小，基础设施比较薄弱，发展相对落后。

另外，为进一步全面呈现贵州省各行业企业的分布状况，本研究对涵盖工业企业在内的所有企业也进行了空间统计、整理及空间呈现。总体来看，贵州省企业数量排名前 3 的分别是贵阳市、遵义市和毕节市。其中，贵阳市企业数量最多，共有 133568 家，占比达 23.53%；其次是遵义市，共有 79854 家企业，占比 14.07%；毕节市共有 67633 家工业企业，占比 11.91%。黔西南布依族苗族自治州和安顺市的企业数量较少，分别为 45182 家和 36541 家，占比分别为 7.96% 和 6.44%。

表 4-4　　　　　　　　　贵州省企业目录

地级市	工业企业数目	工业企业占比	企业数目	企业占比
安顺市	1361	4.66%	36541	6.44%
毕节市	3476	11.89%	67633	11.91%
贵阳市	5069	17.34%	133568	23.53%
六盘水市	1735	5.94%	46407	8.17%
黔东南苗族侗族自治州	2776	9.50%	48905	8.61%
黔南布依族苗族自治州	3767	12.89%	55468	9.77%
黔西南布依族苗族自治州	1866	6.38%	45182	7.96%
铜仁市	3492	11.95%	50639	8.92%
遵义市	5523	18.89%	79854	14.07%

4.1.4 湖北省工业企业目录（上游段）

长江干流宜昌以上为上游段，即湖北省在长江上游沿江包含恩施土家族苗族自治州和宜昌市两个地级市。表4-5呈现了湖北省（上游段）工业企业在各个地区的数量分布情况。首先，湖北省长江上游段的两个地级市分布的工业企业数量存在较大差距。其中，恩施土家族苗族自治州工业企业数量相对较多，共有9301家，占比高达61.15%；而宜昌市工业企业数量相对较少，为5908家，占比为38.85%。

表4-5　　　　　　　　　湖北省企业目录（上游段）

地级市	工业企业数目	工业企业占比	企业数目	企业占比
恩施土家族苗族自治州	9301	61.15%	34213	67.83%
宜昌市	5908	38.85%	16228	32.17%

另外，为进一步全面呈现湖北省（上游段）各行业企业的空间分布状况，本研究对涵盖工业企业在内的所有企业也进行了空间统计、整理及空间呈现。总体来看，恩施土家族苗族自治州企业数目相对较多，共有34213家，占比约为67.83%；而宜昌市企业数量相对较少，仅有16228家，占比约为32.17%。

4.1.5 长江上游干流沿江工业企业目录

为呈现长江上游干流左右岸的工业企业分布情况，本研究对长江上游干流左右岸不同缓冲区（0.5km~50km）内的工业企业分布情况进一步进行了空间统计，长江上游干流沿江不同缓冲区内工业企业数目分布如表4-6所示。结果表明，随着缓冲区半径的增大，长江上游干流沿江缓冲区内覆盖的工业企业数量也随之增长。据统计，0.5km的缓冲区内共有2469家工业企业，占比仅为2.06%；2km的缓冲区内则有9465家工业企业，占比达到7.91%；而10km的缓冲区内有20463家工业企业，占比达17.11%；最远的50km缓冲区内，工业企业数量为40608家，占比达到33.96%。

另外，为进一步全面呈现长江上游干流沿岸各行业企业的空间分布状况，本研究对长江上游干流沿岸涵盖工业企业在内的所有企业也进行了空间统计、整理及空间呈现。与工业企业一样，随着缓冲区半径的增大，缓冲区内所覆盖的企业数目也随之增长。其中，0.5km 缓冲区内共有 39608 家企业，占比 2.59%；2km 缓冲区内则有 138110 家企业，共占比 9.03%；而 20km 缓冲区内共有 321594 家企业，占比 21.04%；50km 内缓冲区内共有 462764 家企业，占比达到 30.27%。

表 4-6　　　　　　　　　长江上游干流沿江企业目录

缓冲带	工业企业数目	工业企业占比	企业数目	企业占比
0.5km	2469	2.06%	39608	2.59%
1km	5340	4.47%	78100	5.11%
2km	9465	7.91%	138110	9.03%
5km	15637	13.08%	216887	14.19%
10km	20463	17.11%	271660	17.77%
20km	25605	21.41%	321594	21.04%
50km	40608	33.96%	462764	30.27%

4.2　长江上游沿江工业企业的空间分布特征

在基于企业名称、POI、企业行业属性、生产信息等信息收集的基础上，本研究基于"3S"技术集成，绘制出长江上游沿江及其各省市工业企业的空间分布图。并采用核密度分析方法进行密度分析，识别工业企业空间分布集聚程度。

长江上游沿江工业企业空间分布及其核密度特征分析结果如图 4-1 所示，由图中可以看出，长江上游沿江工业企业空间分布呈现一定的集聚特征。工业企业主要集中于长江上游中部和东部，如川东地区、重庆市主城都市区以及湖北省（上游段）的两个州市，而西北部工业企业分布较少。从工业企业核密度分析结果来看，长江上游工业企业核密度分布呈现从各省会城市及重庆市主城区向周围区域递减的趋势。

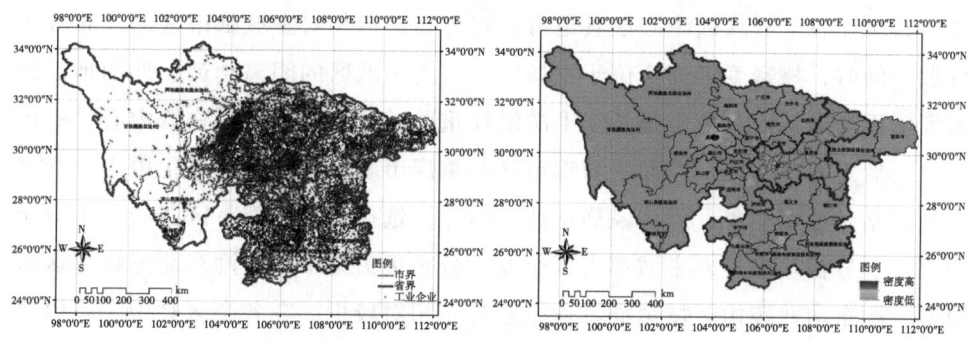

图4-1　长江上游工业企业空间分布及其核密度特征

如图4-2所示，从涵盖工业企业在内的所有企业来看，长江上游企业的空间分布及其核密度特征与工业企业基本一致，长江上游东北部和南部的企业分布相对较多，形成了企业集聚，而西北部的企业分布相对较少。此外，从核密度特征分析结果来看，各省会城市及重庆市主城区核密度值最高，同样呈从中心向周围区域递减的趋势。但与工业企业不同的是，企业分布核密度高值区数量更多，除各省会城市及重庆市主城区外，周围大多数地级市的中心城区企业分布密度也较高。

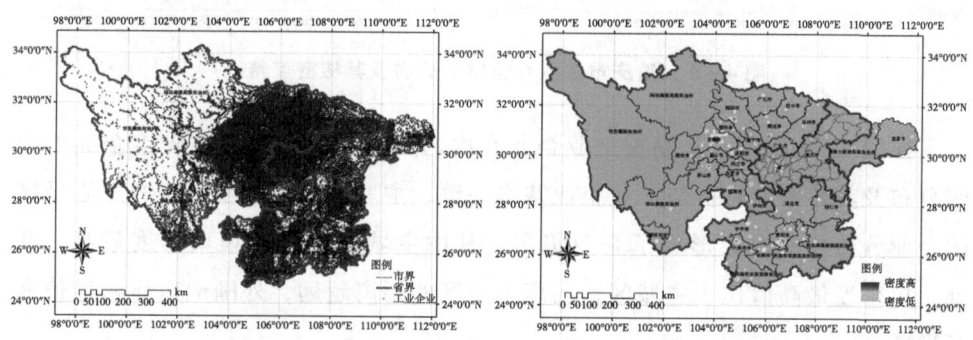

图4-2　长江上游企业空间分布及其核密度特征

4.2.1　重庆市工业企业的空间分布特征

重庆市工业企业空间分布及其核密度特征分析结果如图4-3所示，表明重庆市工业企业空间分布呈现出一定的集聚特征，主要集中在重庆市主城都市区，其次在各个板块的中心区县也有一定分布，但相对主城都市区的分布较为分散。同时，核密度最高值位于主城区，随离主城区的距离越远，外围地区核密度值逐渐递减。重庆市是长江上游沿江重要的经济、科创、物流中心，是国家六大老工业基地之一。而主城都市区是重庆市政治、经济、文化中心，交通便利，基础设施完善，经济发展迅速，因此，选择在主城都市区布局的工业企业更多。分板块来看，主城都市区企业的分布更为集中，而渝东北三峡库区城镇群、渝东南武陵山区城镇群工业企业分布相对较少。在各个区县中，又以主城周围的江津区、合川区、永川区等主城都市区中的城市以及万州区、长寿区、涪陵区等区域性中心城市工业企业分布较多，其他区县分布较少。

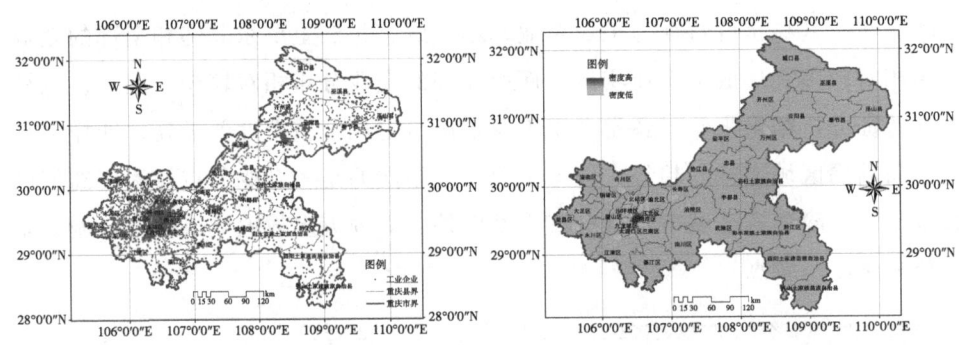

图 4-3 重庆市工业企业空间分布及其核密度特征

如图 4-4 所示，从涵盖工业企业在内的所有企业来看，重庆市企业的空间分布及其核密度特征与工业企业基本一致，主城都市区及各版块的中心城区的企业分布相对多，形成了企业集聚，其中主城都市区的集聚程度最高。此外，核密度最高值位于主城区，随离主城区的距离越远，外围地区核密度值逐渐递减。

4.2.2 四川省工业企业的空间分布特征

四川省工业企业空间分布及其核密度特征分析结果如图 4-5 所示，可以看出四川省工业企业空间分布集聚特征明显，主要集中于东部，而西部分布较少。其中，以成都市的空间集聚特征最为明显，核密度值最高。从板块的划分

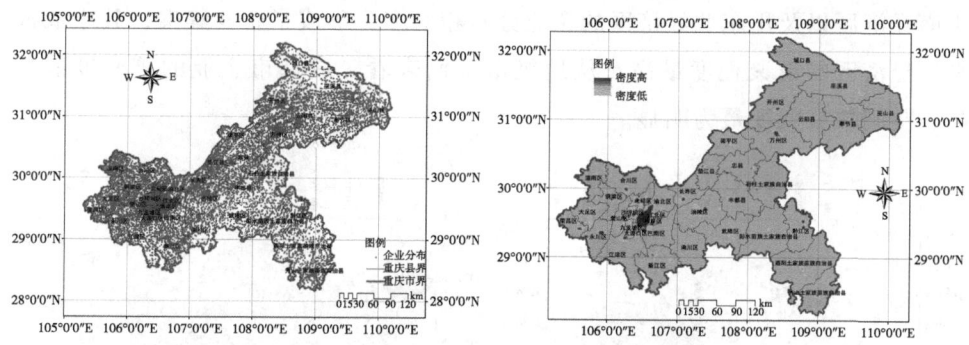

图 4-4　重庆市企业空间分布及其核密度特征

来看，四川省东部的成都平原经济区、川南经济区及川东北经济区工业企业分布较多，西部的川西北生态经济带和攀西经济区工业企业分布较少。由于攀西经济区和川西北生态经济带交通条件不发达，其产业以发展现代农业、清洁能源以及旅游资源为主，现代工业基础相对薄弱，工业发展相对于成都平原经济区较为落后，工业企业分布较少。而成都平原经济区包含成都市、绵阳市和德阳市等工业强市，经济发展迅猛，工业企业分布较多。最后，从地级市层面上来看，地理位置较为偏远、经济基础相对薄弱的甘孜藏族自治州、凉山彝族自治州、阿坝藏族羌族自治州等少数民族自治州工业企业分布较少。

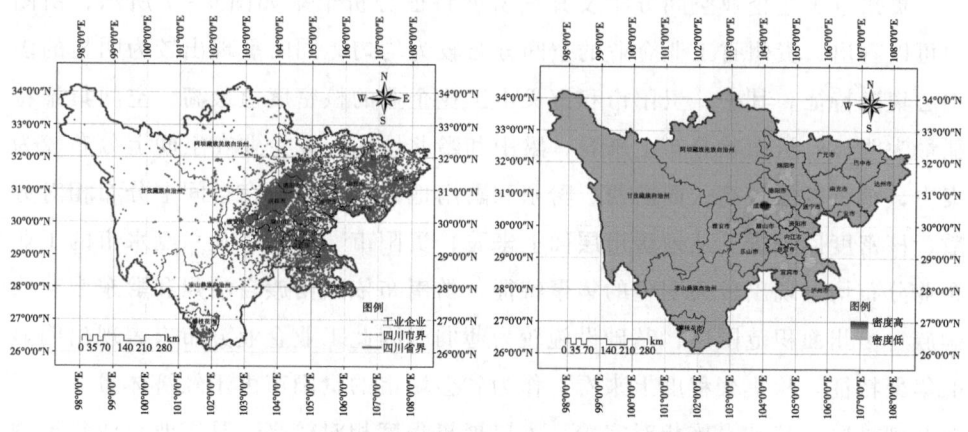

图 4-5　四川省工业企业空间分布及其核密度特征

如图 4-6 所示，从涵盖工业企业在内的所有企业来看，四川省企业的空间分布及其核密度特征与工业企业基本一致，四川省东部的成都平原经济区、川南经济区以及川东北经济区的企业分布相对多，形成了企业集聚，其中成都平原经济区的集聚程度最高。从地级市层面来看，成都市企业的核密度值最高，空间集聚特征最为明显。

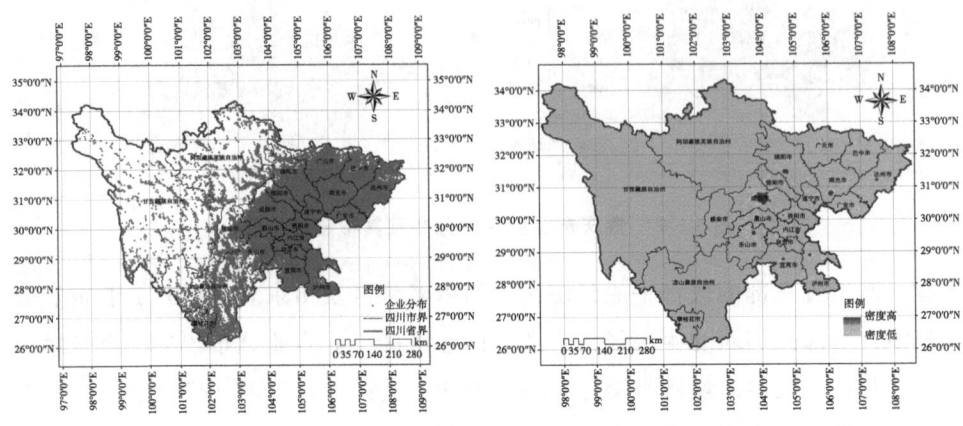

图4-6　四川省企业空间分布及其核密度特征

4.2.3　贵州省工业企业的空间分布特征

贵州省工业企业空间分布及其核密度特征分析结果如图4-7所示，由图中可以看出，贵州省工业企业的空间分布较为均匀，同时呈现出较为明显的多中心集聚特征。其中，贵阳市和遵义市工业企业的核密度值最高，空间集聚特征最为明显。从面状分布上来看，黔中和黔北地区工业企业在空间上分布较为集中，核密度值较高；而黔西、黔东和黔南地区工业企业在空间上分布相对分散，核密度值较低。从地级市层面上来看，贵阳市、遵义市及六盘水市的工业企业分布均呈现出较为明显的集聚特征，黔南布依族苗族自治州和黔东南苗族侗族自治州面积范围广，基础设施较为薄弱，因此工业企业分布未表现出明显的集聚特征。从集聚程度上来看，作为省会城市的贵阳市由于经济体量大、工业基础雄厚、基础设施相对完善、人口聚集程度相对较高，是工业企业集聚程度最高的地区。

如图4-8所示，从涵盖工业企业在内的所有企业来看，贵州省企业的空间分布及其核密度特征与工业企业不同，其数量更多，空间分布更为均匀。从

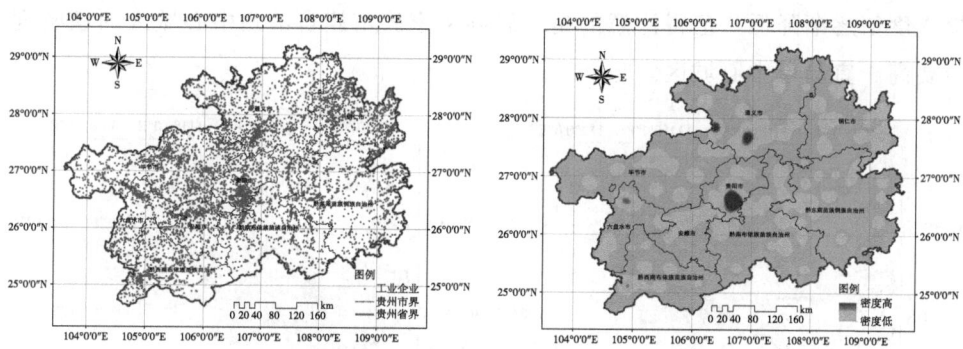

图 4-7 贵州省工业企业空间分布及其核密度特征

核密度特征来看,与工业企业不同的是,企业分布的核密度高值区数量更多,且贵阳市和遵义市高值区范围有所缩减。其中,核密度高值区主要分布在各地级市的中心城区,表明各地级市中心城区密度大,企业分布更为集中。

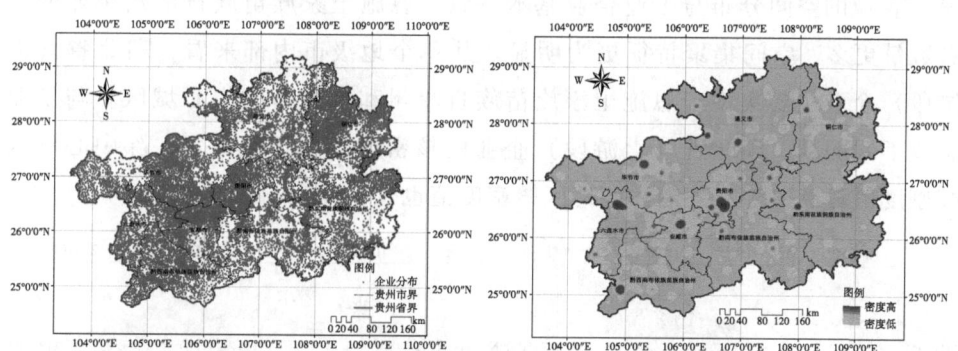

图 4-8 贵州省企业空间分布及其核密度特征

4.2.4 湖北省工业企业的空间分布特征(上游段)

湖北省(上游段)工业企业空间分布特征如图4-9所示,由图中可以看出,湖北省(上游段)工业企业在恩施土家族苗族自治州和宜昌市均有一定分布,但恩施土家族苗族自治州工业企业的分布数量更多。从单个地级市内部来看,湖北省(上游段)工业企业的分布也存在一定的集聚特征,主要集中于恩施土家族苗族自治州和宜昌市的中心城区。随着与中心城区距离的增加,核密度值逐渐降低。值得注意的是，恩施土家族苗族自治州中心城区的核密度值要高于宜昌市中心城区。

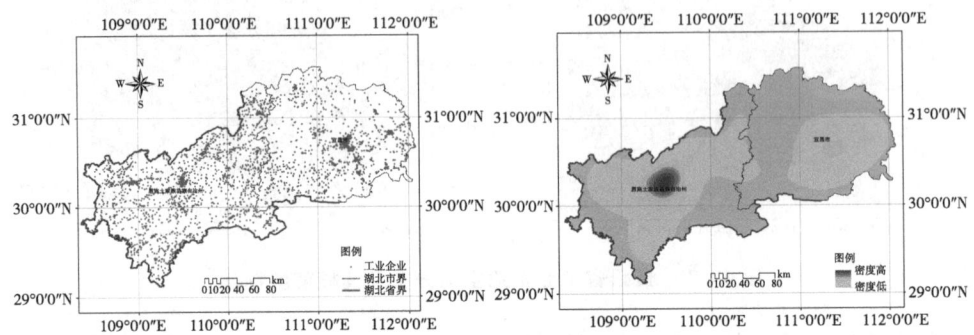

图4-9　湖北省工业企业空间分布及其核密度特征（上游段）

如图4-10所示，从涵盖工业企业在内的所有企业来看，湖北省（上游段）企业的空间分布与工业企业基本一致。恩施土家族苗族自治州企业的分布数量更多，空间集聚特征更为明显。从单个地级市内部来看，湖北省（上游段）企业主要集中于恩施土家族苗族自治州和宜昌市的中心城区。与工业企业不同的是，湖北省（上游段）企业的核密度高值地区更多，除中心城区核密度值较高以外，外围一些地区核密度值也比较高。

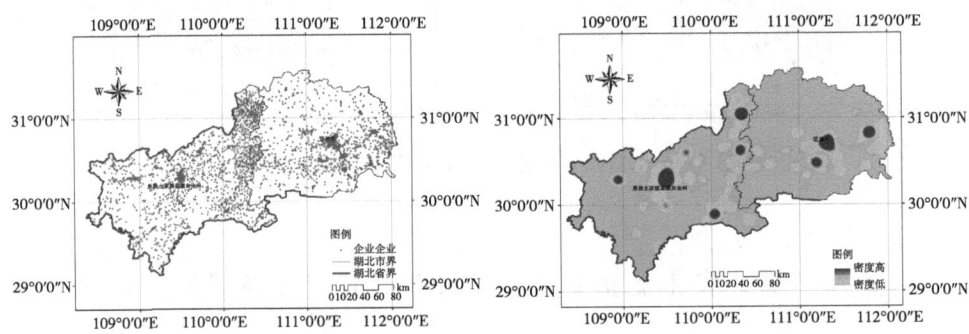

图4-10　湖北省企业空间分布及其核密度特征（上游段）

4.2.5　长江上游干流沿江工业企业的空间分布特征

长江上游干流沿江0.5km～50km缓冲区内工业企业的空间分布如图4-11

所示。随着缓冲区半径的增大，分布的工业企业数量也随之增多。其中，工业企业主要集中于长江上游干流流经的宜宾市到重庆市之间的沿江的各级缓冲区内。此外，湖北省宜昌市和四川省攀枝花市的沿江各级缓冲区内也有一定数量的分布，而其他地区工业企业的分布相对较少。

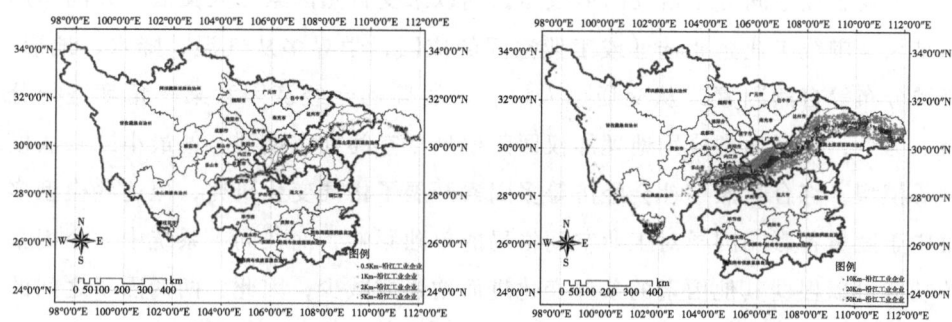

图4-11　长江上游干流沿江0.5km~50km缓冲区内工业企业分布

长江上游干流沿江0.5km~50km缓冲区内涵盖工业企业在内的所有企业的空间分布如图4-12所示。随着缓冲区半径的增大，分布的企业数量也随之增多。可以看出，企业空间分布特征与工业企业存在一定的相似性，都集中于长江上游干流流经的宜宾市到重庆市之间以及宜昌市的沿江的各级缓冲区内。但与工业企业空间分布不同的是，企业在攀枝花市到宜宾市之间（即金沙江段）的沿江各级缓冲区内也有一定的分布。

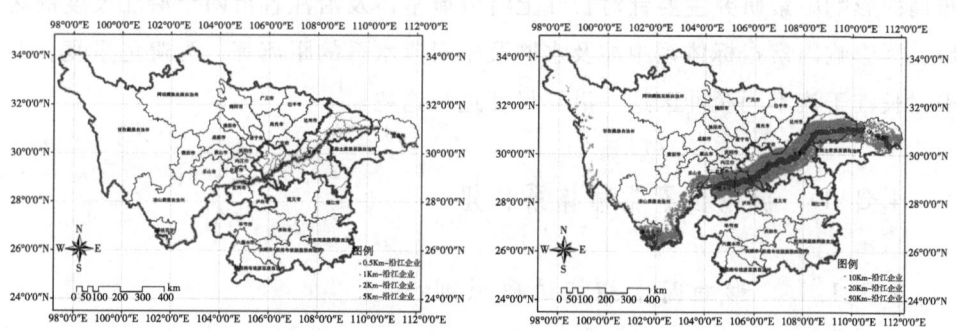

图4-12　长江上游干流沿江0.5km~1km缓冲区内企业分布

4.3 长江上游沿江工业空间布局的影响因素分析

工业企业空间分布格局的形成是长期以来受自然因素和人类活动共同作用的结果。围绕工业企业选址或工业空间的成因,学界多从气温、降水、地形、资源分布等自然因素或从交通、人口、市场等社会经济因素某一角度进行分析。另外,学者通常应用地理加权回归模型、空间杜宾模型、偏最小二乘法模型等模型,综合自然—社会经济等多因素开展了格局变化研究,但这些模型多集中于度量各影响因子对工业空间格局的单独影响,而在同一系统中一个因素的功能可以根据其他因素的条件变化进而增强或减少,因此,两两因子之间的交互影响研究也十分必要。地理探测器则提供了有效的解决方案,该模型作为一种基于格网分析地理现象和因素之间关系的空间统计模型,一方面,能实现对空间现象成因的量化、高效拟合,另一方面,由于该模型无线性假设,保证了其对多自变量共线性免疫,而传统的统计方法,如回归模型、主成分分析和障碍模型,则无法避免影响因素之间的多重共线性,也无法实现几个因素对因变量的同时影响。地理探测主要由4个子模块组成:生态探测、因子探测、风险探测和交互探测。结合实际,本研究主要采用因子探测和交互探测来分析影响长江上游沿江工业企业空间分异的影响因素。值得指出的是,本节有关工业布局的影响因素研究主要针对长江上游流域整体及沿江省市两个沿江尺度的区域,因影响因素指标体系中涉及水网及距河流水系的距离等,为避免重复,并未对长江干流不同缓冲区这一沿江尺度进行论述。

4.3.1 影响因素指标体系构建

4.3.1.1 影响因素指标选取原则

(1) 系统性原则

系统性原则要求构建的整个指标体系能全面地反映所研究的对象,突出主要的影响因素,并能够准确反映出工业企业空间布局的直接效果。此外,指标体系中各个指标的构成应能够显示出影响工业企业空间布局的协调性，以确保所选取的指标是全面、综合且可靠的。

（2）典型性原则

典型性原则是指选取的影响因素指标必须具有典型性。在构建企业空间分异影响因素指标体系时，选取的指标要能反映企业空间分布效果，抓住关键的影响因素，并选出具有典型性、代表性的指标。首先要选择核心影响指标，不同影响因素起到的影响程度有所不同，要考虑不同影响因素指标对工业企业空间分异的重要程度；其次选取的指标要具有代表性，不同影响因素之间可能是相互联系或相互制约的，要注意甄别，提高工作效率。

（3）科学性原则

企业空间布局影响因素指标的选取要遵循科学性原则。在选择影响因素指标时，要在充分认识工业企业的发展规律与基本特征的基础上，遵循其客观规律。

（4）可比、可操作、可量化原则

在选取影响因素指标时需要关注指标的一致性与方法的统一性、可行性，以便于后续指标数据的收集、量化与分析。

（5）易获性原则

在选取影响因素指标时，应结合现实情况，考虑数据的易获得性，指标所包含的数据要便于搜集。同时还需考虑搜集到的数据是否便于进行定性定量分析，以及数据的来源是否可信。

4.3.1.2 影响因素指标选取及说明

对已有关于工业企业空间布局或其他类似地理空间现象空间分布的影响因素研究进行梳理，多数学者在影响因素研究中多用到气温、降水、地形等基础地理条件指标，人口密度、GDP等反映社会经济发展水平的指标，以及距离市场远近、道路交通远近等区位指标来开展企业空间分布的特征分析。因此，参考其他学者的类似研究，结合数据的可获得性，本研究从经济人口、地理环境和要素距离3个维度选取13个具有代表性的影响因子进行地理探测器探测（见表4-7）。

表4-7　　企业空间分布影响因素指标体系

一级指标	二级指标	代码及单位	指标释义
经济人口条件	经济条件	GDP，元/km²	提取企业对应的GDP
	人口条件	POP，人/km²	提取企业对应的人口密度
资源环境	海拔高程	DEM，m	提取企业对应的DEM值
	年降水量	PRE，mm	提取企业对应的年降水量
	年均温	TEM，℃	提取企业对应的年均气温
	水网密度	WD，无量纲	提取企业对应的水网密度值。水网密度由各栅格单元河流总长度、水域面积和水资源量与该区域面积的比值表示
	路网密度	RD，无量纲	提取企业对应的路网密度值。路网密度值由各栅格单元道路总里程与该区域面积的比值表示
要素距离	距国道距离	DNW，km	各企业距国道距离
	距河流距离	DR，km	各企业距河流距离
	距省道距离	DPW，km	各企业距省道距离
	距县道距离	DCW，km	各企业距县道距离
	距县城距离	DZD，km	各企业距县城距离
	距高速距离	DHW，km	各企业距高速距离

根据地理探测器方法的数据处理要求，本研究将工业企业和企业的核密度值（Y）作为因变量，13个影响因子作为自变量。在地理探测器中，因变量是数值量，自变量是类型量。本研究所使用的13个自变量均非类型量，因此需要对自变量进行离散化处理，基于QGIS平台，应用自然断点法将各自变量分为10级。

表4-8　　影响因素指标分级标准

中断值\指标	1级	2级	3级	4级	5级	6级	7级	8级	9级	10级
GDP	608	1874	4611	10190	19781	42122	79028	141217	257303	988550
POP	10	788	2890	6306	10511	13927	17343	21283	25227	67009
DEM	615	1003	1377	1767	2190	2690	3271	3838	4353	6448
PRE	662	797	918	1024	1133	1245	1382	1554	1819	2370
TEM	-1.7	0.0	0.7	3.5	6.7	9.9	12.6	15.0	17.7	24.8

续表

指标\中断值	1级	2级	3级	4级	5级	6级	7级	8级	9级	10级
WD	0.71%	2.12%	4.20%	7.36%	12.28%	18.59%	27.72%	35.78%	49.82%	100%
RD	0.42%	1.15%	2.09%	3.36%	5.21%	8.13%	13.07%	20.65%	35.45%	100%
DNW	11.61	24.92	34.83	47.67	59.82	66.78	78.45	91.21	109.86	128.53
DR	5.19	11.24	14.85	19.47	23.25	31.29	34.58	42.36	45.29	57.64
DPW	6.88	17.52	23.36	33.51	41.23	47.22	52.39	64.28	69.32	79.56
DCW	6.54	14.37	24.14	29.54	39.85	46.23	56.22	68.57	74.39	78.21
DZD	4.98	9.87	13.26	20.43	24.59	33.21	35.29	43.56	44.58	52.06
DHW	39.24	65.28	108.29	157.36	212.04	237.52	274.33	320.85	390.75	415.28

表4-9 不同分级区内的工业企业分布统计

指标\占比	1级	2级	3级	4级	5级	6级	7级	8级	9级	10级
GDP	55.97%	28.62%	10.74%	2.88%	0.97%	0.55%	0.17%	0.07%	0.02%	0.01%
POP	0.00%	94.35%	5.00%	0.44%	0.10%	0.03%	0.05%	0.02%	0.01%	0.01%
DEM	37.45%	21.12%	15.99%	11.23%	9.94%	2.70%	0.95%	0.53%	0.09%	0.01%
PRE	0.92%	2.78%	9.50%	16.72%	27.70%	20.80%	12.15%	6.74%	2.44%	0.26%
TEM	0.00%	0.02%	0.16%	0.43%	0.70%	2.63%	10.95%	34.84%	44.75%	5.54%
WD	71.09%	19.07%	6.23%	1.89%	0.71%	0.36%	0.41%	0.09%	0.11%	0.05%
RD	24.81%	24.99%	20.82%	12.86%	8.36%	4.09%	2.38%	1.21%	0.26%	0.24%
DNW	38.54%	22.30%	16.96%	11.39%	6.22%	2.74%	1.37%	0.31%	0.15%	0.02%
DR	54.00%	24.49%	11.95%	5.53%	2.41%	1.03%	0.37%	0.16%	0.05%	0.01%
DPW	55.56%	24.44%	12.34%	4.84%	1.79%	0.65%	0.19%	0.05%	0.05%	0.09%
DCW	81.54%	14.30%	2.61%	0.60%	0.34%	0.12%	0.20%	0.14%	0.11%	0.05%
DZD	10.88%	18.17%	21.40%	19.38%	14.06%	8.38%	4.64%	2.14%	0.71%	0.24%
DHW	87.65%	8.67%	2.17%	0.83%	0.30%	0.23%	0.04%	0.06%	0.04%	0.01%

表4-10 不同分级区内的企业分布统计

指标\占比	1级	2级	3级	4级	5级	6级	7级	8级	9级	10级
GDP	65.62%	22.32%	8.78%	1.88%	0.59%	0.64%	0.11%	0.03%	0.01%	0.01%
POP	0.00%	96.48%	3.01%	0.39%	0.06%	0.00%	0.02%	0.01%	0.01%	0.01%

续表

占比 指标	1级	2级	3级	4级	5级	6级	7级	8级	9级	10级
DEM	23.07%	22.42%	19.58%	16.17%	14.69%	3.58%	0.43%	0.07%	0.00%	0.00%
PRE	27.10%	39.63%	14.88%	8.32%	6.28%	2.61%	1.02%	0.16%	0.00%	0.01%
TEM	0.00%	0.00%	0.00%	0.01%	0.08%	2.31%	12.34%	42.18%	34.57%	8.51%
WD	27.10%	39.63%	14.88%	8.32%	6.28%	2.61%	1.02%	0.16%	0.00%	0.01%
RD	65.62%	30.69%	2.34%	0.88%	0.37%	0.05%	0.02%	0.01%	0.01%	0.01%
DNW	33.75%	20.07%	17.01%	12.42%	7.73%	4.80%	2.28%	1.47%	0.38%	0.09%
DR	47.70%	26.27%	13.95%	7.35%	2.87%	1.30%	0.38%	0.11%	0.07%	0.01%
DPW	46.93%	21.69%	14.26%	9.11%	4.66%	1.97%	0.79%	0.37%	0.15%	0.08%
DCW	56.44%	21.37%	11.87%	5.95%	2.67%	1.03%	0.35%	0.19%	0.07%	0.07%
DZD	9.99%	15.53%	20.38%	19.46%	15.14%	9.56%	6.08%	2.69%	0.96%	0.23%
DHW	62.02%	23.80%	8.70%	2.30%	0.98%	1.23%	0.67%	0.20%	0.06%	0.05%

(1) 经济人口条件

如图4-13所示，经济人口条件由经济条件和人口条件构成，主要是指社会经济发展的经济体量和人口规模。其中，GDP和人口密度是衡量经济的重要指标。本研究选取2020年上游流域的GDP、人口密度量化各栅格分类单元的经济条件。2020年的公里网格人口、GDP等数据主要来源于中国科学院资源环境科学数据中心数据注册与出版系统（http:\\ www.Resdc.cn）。

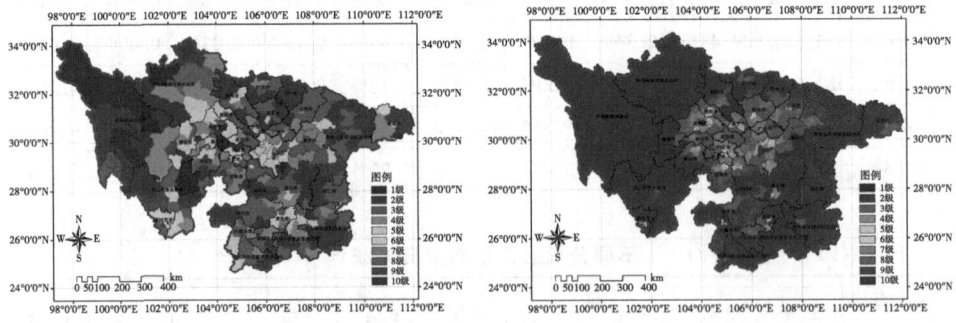

图4-13 长江上游沿江经济人口条件指标分布示意（左图表征经济条件，右图表征人口条件）

表4-9及表4-10分别对工业企业、企业在经济人口条件分级图中的分布情况进行了统计。结果表明，约95.33%的工业企业分布在经济条件分级图中的1~3级区，其中，55.90%的工业企业主要分布在1级区，28.60%的工业企业分布在2级区。约94.35%的工业企业分布在本研究所划定的人口密度二级分区内（见表4-8）。从涵盖工业企业在内的全部企业来看，其占比与工业企业基本类似，约有96.72%的企业布局在本研究划定的经济条件分级图中的1~3级区，约96.48%的企业分布在本研究所划定的人口密度二级分区内。

（2）资源环境

资源环境是产业发展的基础，是吸引企业布局发展的先天条件，资源环境的空间分异对企业的空间布局会产生较大影响，鉴于本研究的多元企业类型，吸引或反映企业空间布局要素的资源环境条件更加多样。因此，基于其他学者的研究，本研究选取了年降水量、年均温、海拔高程、路网密度、水网密度5类基础要素表征资源环境要素。气温、降水作为反映区域地理环境的气候特征因子在大尺度的空间研究中十分必要，在一定程度上气候条件对产业空间的塑造及空间分异影响深刻。DEM数据作为一种常规的地形地貌研究手段和工具，对于企业选址、产业适宜性评价均具有重要的指导意义。而水网密度、路网密度作为反映地区资源发展禀赋的综合性指标，多用于产业发展布局研究中。路网、水网、海拔高程、气温、降水等数据（2020年）来源于国家科技基础条件平台国家地球系统科学数据中心（http:\\ www.geodata.cn）。

通过对不同资源环境要素分级区内的工业企业及企业分布情况进行统计，结果表明，约95.73%的工业企业分布在海拔2190米内的区域里，其中海拔1000米范围内分布的工业企业数最多，约占总量的58.57%。从气候因素来看，约86.87%的工业企业分布在年降雨量918~1554mm的区域内，90.54%的企业布局在年均温12.6℃~17.7℃的区域。此外，约90.16%的工业企业分布在路网密度1~2级区内，约91.84%的工业企业分布在路网密度1~6级区内。从企业分布的资源环境条件来看，约95.93%的企业分布在海拔2190米内的区域里，其中海拔1000米范围内分布的企业数最多，约占总量的45.49%。从气候因素来看，约81.61%的工业企业分布在年降雨量1000mm的区域内，89.09%的企业布局在年均温12.6℃~17.7℃的区域。此外，约81.61%的工

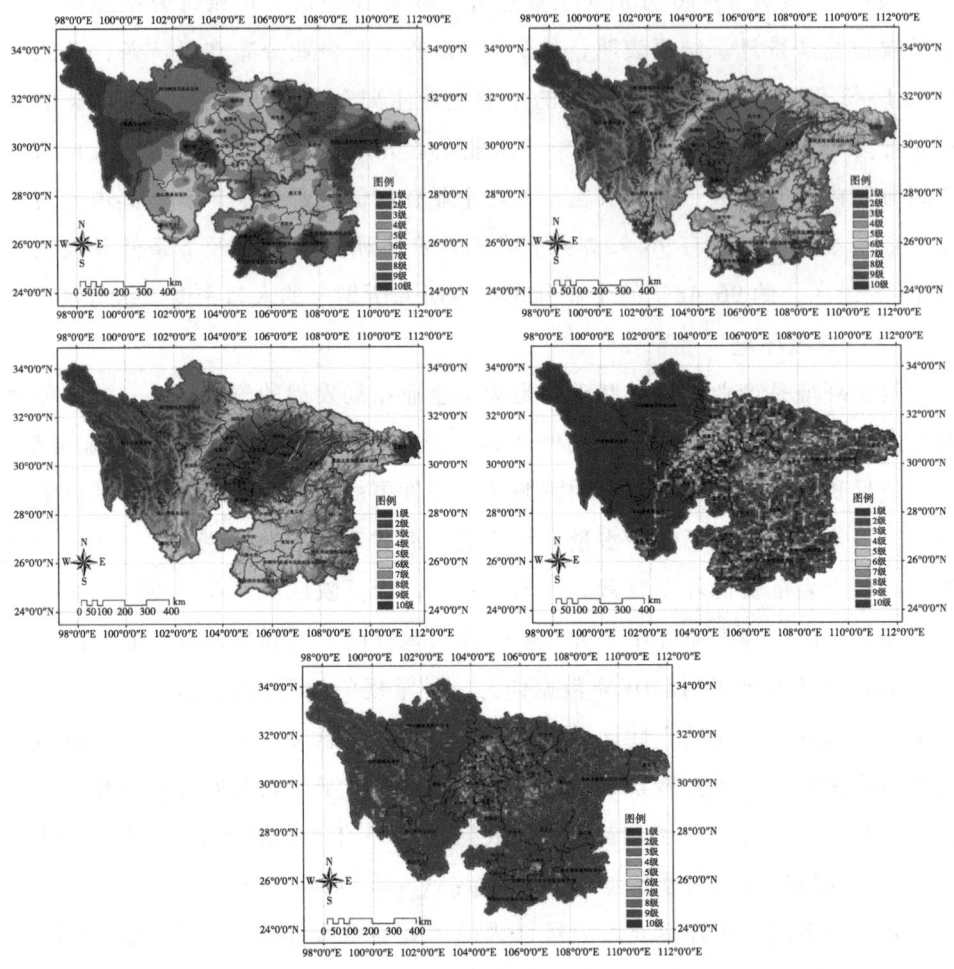

图4-14　长江上游沿江资源环境指标分布示意（从上至下、由左到右分别表征年降水量、年均温、海拔高程、路网密度、水网密度）

业企业分布在路网密度1~3级区内，约96.31%的工业企业分布在路网密度2级区内如图4-14所示。

（3）要素距离

如图4-15所示，距离河流水系、市场、交通路网等区位要素的空间距离是企业选址和产业空间布局的重要参考因素。其中，河流水系作为满足企业生产生活用水、航运等需求的重要资源，距离河流远近成为部分企业选址的重要依据。

同时，距离市场的远近也是企业选址的重要因素，如啤酒厂、食品加工行业等。因此，结合长江上游沿江的实际情况及研究需求，本研究以区、县级单位的政府驻地作为县城驻地，通过计算企业到县城驻地的空间距离反映到市场要素的距离。此外，为反映交通路网对企业空间布局的影响，本研究结合上游地区的交通布局实际，分别选择了距国道距离、距省道距离、距县道距离、距高速距离等来反映企业的交通区位条件。河流、路网、驻地等数据（2020年）来源于国家科技基础条件平台国家地球系统科学数据中心（http：\\ www. geodata. cn）。

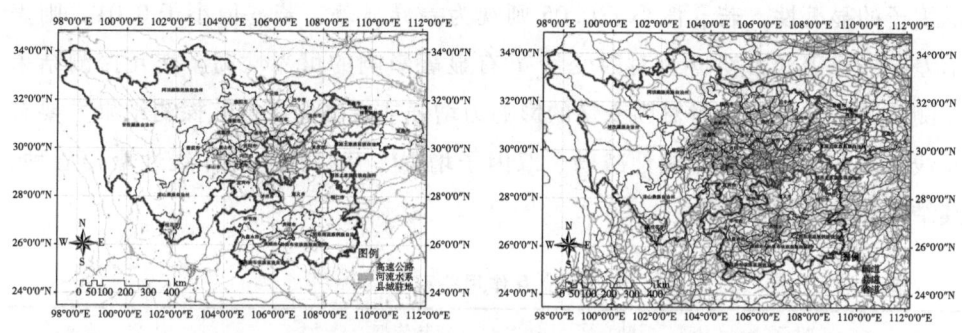

图4-15　长江上游沿江要素距离指标分布示意

通过对不同要素距离分级区内的工业企业及企业分布情况进行统计，结果表明，除县城驻地外，工业企业多分布在本研究所划定的距河流水系、国道、省道、县道、高速公路等级图的1~3级区域，1~3级区域工业企业分布量分别约占总量的90.44%、78.49%、92.34%、98.45%、98.49%，其中1~2级区域工业企业分布数量最多，分别约占总量的78.49%、60.84%、80.01%、95.84%、96.32%。从距县城驻地距离来看，约92.27%的工业企业布局在1~6级区内。从包含工业企业在内的全部企业分布情况来看，距河流水系、国道、省道、县道、高速公路等级图的1~4级区域分布的企业数量占比较高，分别约占企业总量的95.27%、83.25%、91.99%、95.63%、96.82%，其中1~2级区域工业企业分布数量最多，分别约占总量的73.97%、53.82%、68.62%、77.81%、85.82%。从距县城驻地距离来看，约90.06%的工业企业布局在1~6级区内。

4.3.2 地理探测器结果分析

本研究主要采用地理探测器中的因子探测和交互探测来分析影响长江上游沿江工业企业空间分异的影响因素。其中,单因子探测结果探测自变量控制因变量空间分布的程度,可以用 q 值来衡量。q 值取值范围为 0 到 1,q 值越大表示该单因子对长江上游工业企业及企业的空间分异的影响程度越大。p 值表示因子的显著性,若 p 值小于 0.05 则视为差异显著,若 p 值小于 0.01,则表示差异极显著,自变量 X 对因变量 Y 有显著影响的可靠性高。交互探测结果探测两因子交互作用时对因变量的影响力增强或者减弱。交互探测结果主要有非线性减弱、单因子非线性减弱、双因子增强、互相独立和非线性增强五种,其结果依据见表 4–11。

表 4–11　　　　　　　　　　交互作用关系

图示	判断依据	交互结果
	$q(X1 \cap X2) < \text{Min}(q(X1), q(X2))$	非线性减弱
	$\text{Min}(q(X1), q(X2)) < q(X1 \cap X2) < \text{Max}(q(X1), q(X2))$	单因子非线性减弱
	$q(X1 \cap X2) > \text{Max}(q(X1), q(X2))$	双因子增强
	$q(X1 \cap X2) = q(X1) + q(X2)$	独立
	$q(X1 \cap X2) > q(X1) + q(X2)$	非线性增强

4.3.2.1 长江上游沿江工业企业空间布局集聚度特征测度

从空间分布的定性层面来看,长江上游各省市的工业企业空间分布具有较为明显的空间集聚特征,且存在一定的空间差异。为进一步量化、明确长江上游沿江工业企业的空间分布集聚特征,本研究在应用地理探测器前基于最邻近指数(Nearest Neighbor Index,NNI)对长江上游流域整体、各省市的工业企业空间分布的集聚状态进行了定量分析。该指数根据各个工业企业与其最邻近工业企业间的平均距离，通过计算得到最邻近指数，从而确定不同地理尺度上工业企业的空间分布类型。结果如表4-12所示。

表4-12　　　　　　　　长江上游沿江工业企业最邻近指数

区域	最邻近指数	Z检验值	p值
重庆	0.046	-743.523	0.000
四川	0.016	-507.289	0.000
贵州	0.026	-317.801	0.000
湖北（上游段）	0.011	-237.460	0.000
长江上游流域整体	0.142	-546.781	0.000

从表4-12、表4-13中可以看出，长江上游流域整体工业企业的最邻近指数为0.142，总体上呈现了高度集聚模式。从沿江省市来看，5个省市的NNI值均小于1，呈现高度聚集模式。其中，湖北（上游段）的NNI值最小，表明工业企业在湖北（上游段）的分布最为集中，而重庆市的工业企业分布则相对更为分散，这种分布特征符合前述章节关于工业企业的空间分布认知。即湖北（上游段）的工业企业主要集中分布于恩施州、宜昌市的中心城区附近，工业企业集聚度高，从而工业企业的最邻近指数更低，而重庆市的工业企业分布相对较为分散，主城都市区、各区域板块均分布有一定量的工业企业。此外，从涵盖工业企业在内的所有企业的空间分布来看，长江上游企业最邻近指数NNI为0.136，小于1，因此长江上游沿江企业分布总体上也呈现出高度集聚模式。其中四川省的企业分布在空间上集聚程度更高，这也与前述章节所呈现的企业沿省会、区域核心城市的空间分布特征基本一致。

表4-13　　　　　　　　长江上游沿江企业最邻近指数

区域	最邻近指数	Z检验值	p值
重庆	0.051	-414.420	0.000
四川	0.015	-1658.134	0.000
贵州	0.055	-1112.080	0.000
湖北（上游段）	0.083	-393.961	0.000
长江上游流域整体	0.136	-670.469	0.000

4.3.2.2 因子探测结果分析

从表4-14及表4-15可以看出，各影响因素对不同地区工业企业及企业空间布局的影响程度表现出一定差异。从长江上游流域工业企业整体来看，q值大于0.40的指标一共有4个，其中经济条件对长江上游工业企业的影响程度最大，q值达到了0.61，其次是路网密度、水网密度与人口条件，q值分别为0.51、0.51与0.49，其余指标的q值都小于0.10，p值均为0.00，说明所有指标都对长江上游流域整体工业企业空间布局有一定的影响。从涵盖工业企业在内的所有企业来看，各影响因素对长江上游流域整体企业空间分布的影响程度与工业企业的空间分布的影响结果略有差异，其中路网密度对长江上游企业的影响程度最大，q值为0.56，其次是经济条件、人口条件与水网密度，q值分别为0.55、0.47、0.41，其余指标q值均小于0.10，影响程度差异不大。

表4-14　　　　长江上游沿江工业企业因子探测结果

	长江上游流域整体		四川省		重庆市		贵州省		湖北省（上游段）	
	q统计量	p值	q统计量	p值	q统计量	p值	q统计量	p值	q统计量	p值
DEM	0.06	0.00	0.06	0.00	0.06	0.00	0.03	0.00	0.07	0.00
GDP	0.61	0.00	0.69	0.00	0.68	0.00	0.57	0.00	0.10	0.00
POP	0.49	0.00	0.52	0.00	0.54	0.00	0.41	0.00	0.07	0.03
PRE	0.03	0.00	0.06	0.00	0.07	0.00	0.04	0.00	0.08	0.00
TEM	0.02	0.00	0.04	0.00	0.10	0.00	0.01	0.00	0.11	0.00
WD	0.51	0.00	0.54	0.00	0.71	0.00	0.47	0.00	0.27	0.00
RD	0.51	0.00	0.60	0.00	0.55	0.00	0.59	0.00	0.39	0.00
DNW	0.05	0.00	0.06	0.00	0.08	0.00	0.07	0.00	0.15	0.00
DR	0.05	0.00	0.06	0.00	0.05	0.00	0.06	0.00	0.05	0.00
DPW	0.02	0.00	0.03	0.00	0.01	0.01	0.03	0.00	0.02	0.00
DCW	0.02	0.00	0.03	0.00	0.02	0.00	0.01	0.00	0.02	0.00
DZD	0.08	0.00	0.08	0.00	0.12	0.00	0.12	0.00	0.29	0.00
DHW	0.02	0.00	0.03	0.00	0.00	0.01	0.01	0.00	0.01	0.00

表 4-15　　长江上游沿江企业因子探测结果

	长江上游流域整体		四川省		重庆市		贵州省		湖北省（上游段）	
	q统计量	p值	q统计量	p值	q统计量	p值	q统计量	p值	q统计量	p值
DEM	0.04	0.00	0.08	0.00	0.06	0.00	0.03	0.00	0.08	0.00
GDP	0.55	0.00	0.64	0.00	0.66	0.00	0.51	0.00	0.11	0.01
POP	0.47	0.00	0.53	0.00	0.50	0.00	0.35	0.00	0.09	0.09
PRE	0.03	0.00	0.06	0.00	0.07	0.00	0.04	0.00	0.11	0.00
TEM	0.01	0.00	0.02	0.00	0.09	0.00	0.02	0.00	0.11	0.00
WD	0.41	0.00	0.52	0.00	0.57	0.00	0.41	0.00	0.07	0.01
RD	0.56	0.00	0.64	0.00	0.64	0.00	0.47	0.00	0.10	0.04
DNW	0.06	0.00	0.06	0.00	0.08	0.00	0.07	0.00	0.14	0.00
DR	0.05	0.00	0.06	0.00	0.04	0.00	0.06	0.00	0.06	0.00
DPW	0.03	0.00	0.02	0.00	0.01	0.00	0.04	0.00	0.02	0.00
DCW	0.01	0.00	0.01	0.00	0.02	0.00	0.02	0.00	0.03	0.01
DZD	0.09	0.00	0.12	0.00	0.15	0.00			0.31	0.00
DHW	0.05	0.00	0.06	0.00	0.03	0.00	0.06	0.00	0.10	0.00

在省市层面，影响重庆市工业企业分布的各因子中，q值大于0.50的指标共有4个，其中水网密度对重庆市工业企业的影响力最大，q值达到了0.71，其次是经济条件、路网密度与人口条件，q值分别为0.68、0.55与0.54，再次是距县城距离与年均温，q值分别为0.12与0.10，其余指标的q值都小于0.10，除距省道距离与距高速距离p值为0.01，其余指标的p值均为0.00。从涵盖工业企业在内的所有企业来看，各影响因素对重庆市企业空间布局的影响程度与工业企业的空间布局的影响结果略有差异，其中经济条件对重庆市企业的影响程度最大，q值为0.56，其次是路网密度、水网密度与人口条件，q值分别为0.64、0.57、0.50。

从影响四川省工业企业空间分布的影响因子来看，q值大于0.50的指标一共有4个，其中经济条件对本省工业企业空间分布的影响程度最大，q值达到了0.69，其次是路网密度、水网密度与人口条件，q值分别为0.60、0.54与0.52，然后是年均温，q值为0.10，其余指标的q值都小于0.10，但p值均为0.00，说明所有指标都对四川省工业企业空间布局有一定的影响。从涵盖工业企业在内的所有企业来看，各影响因素对四川省企业空间布局的影响力与工业企业的空间布局的影响结果略有差异，其中路网密度与经济条件对四川省企业的影响程度最大，q值都为 0.64，其次是人口条件与水网密度，q值分别为 0.53 与 0.52，其余指标 q 值均小于 0.10，影响程度差异不大。

从影响贵州省工业企业空间分布的影响因子来看，q值大于 0.40 的指标一共有 4 个，其中路网密度对贵州省工业企业的影响力最大，q值达到了 0.59，其次是经济条件、水网密度与人口条件，q值分别为 0.57、0.47 与 0.41，再次是距县城距离，q值为 0.12，其余指标的 q值都小于 0.10，p值均为 0.00，说明所有指标都对贵州省工业企业空间分布有一定的影响。从涵盖工业企业在内的所有企业来看，各影响因素对贵州省企业空间分布的影响力与工业企业的空间分布的影响结果略有差异，其中经济条件对贵州省企业的影响程度最大，q值为 0.51，其次是路网密度、水网密度与人口条件，q值分别为 0.47、0.41、0.35，其余指标 q 值均小于 0.10，影响程度差异不大。

从影响湖北省（上游段）工业企业空间分布的影响因子来看，q值大于或等于 0.10 的指标一共有 6 个，其中路网密度对湖北省（上游段）工业企业的影响力最大，q值达到了 0.39，其次是距县城距离、水网密度、距国道距离、年均温与经济条件，q值分别为 0.29、0.27、0.15、0.11 与 0.10，其余指标的 q 值都小于 0.10，除人口条件的 p 值分别为 0.03，剩余变量的 p 值均为 0.00，说明所有指标都对湖北省（上游段）工业企业空间布局有一定的影响。从涵盖工业企业在内的所有企业来看，各影响因素对湖北省（上游段）企业空间布局的影响程度与工业企业的空间布局的影响结果略有差异，q值大于或等于 0.10 的指标一共有 7 个，其中距县城距离对湖北省（上游段）企业的影响程度最大，q值为 0.31，其次是距国道距离、年均温、年降水量、经济条件、距高速距离与路网密度，q值分别为 0.14、0.11、0.11、0.11、0.10、0.10，路网密度的 p 值为 0.03，经济条件、人口条件的 p 值为 0.09，水网密度与距县道距离的 p 值为 0.01，其余指标 q 值均小于 0.10，影响程度差异不大。

首先，在所有指标中，路网密度、水网密度均对长江上游流域整体及各省市的工业企业布局具有显著的影响，其 q 值大小在各分类单元中均能位列各影响因素的前四位。其次，经济条件与人口条件两项因素，除湖北省（上游段）

外，也基本位列各影响因素 q 值大小的前四位。最后，年均温、距县城距离以及经济条件对不同地区工业企业空间布局有一定影响，但其影响力与前面几项指标相比较弱，其中年均温对重庆市工业企业空间分布影响较大，q 值为 0.10，距县城距离对重庆市、贵州省工业企业空间分布影响相对较大，q 值均为 0.12，经济条件与年均温对湖北省（上游段）的工业企业空间分布影响相对较小，q 值分别为 0.10 与 0.11。

从涵盖工业企业在内的所有企业来看，各影响因素对不同地区企业空间布局的影响结果与工业企业的空间布局的影响结果存在一定差异。对于长江上游流域整体、重庆市、四川省与贵州省工业企业空间布局影响 q 值均排在前四位的指标分别为路网密度、经济条件、人口条件与水网密度，而湖北省（上游段）排在前四位的指标分别是距县城距离、距国道距离、年均温与年降水量，其中路网密度与人口条件对湖北省（上游段）企业空间布局的影响程度明显较弱。总的来看，几乎所有指标都对不同地区工业企业与企业的空间布局有一定的影响力，但对不同地区的影响程度有所不同。

4.3.2.3　交互探测结果分析

长江上游流域整体工业企业以及企业分布交互探测结果如表 4-17 及 4-18 所示，指标交互作用结果可分为非线性增强和双因子增强，不存在交互作用互相独立，也不存在非线性或是单因子非线性减弱。结合因子探测和交互探测的结果，可以发现几乎每个因子的交互探测结果 q 值都高于一个因子对长江上游沿江企业分布的解释程度 q 值，各因子对长江上游企业分布影响并不独立作用。这说明企业的分布状况是一个复杂的系统，不仅受单个因素的影响，还受不同因素的相互作用。

从长江上游流域整体工业企业交互探测结果（见表 4-16）可以看出，共出现 48 项双因子增强，30 项非线性增强。交互探测 q 值达到 0.60 的有 16 项：经济条件∩旅游收入（0.65），经济条件∩人口条件（0.65），经济条件∩年降水量（0.66），经济条件∩年均温（0.64），经济条件∩水网密度（0.73），经济条件∩路网密度（0.71），经济条件∩距国道距离（0.64），人口条件∩水网密度（0.65），人口条件∩路网密度（0.64），年降水量∩路网密度

(0.60)，路网密度∩水网密度（0.67），经济条件∩距河流距离（0.62），经济条件∩距省道距离（0.62），经济条件∩距县道距离（0.62），经济条件∩距县城距离（0.67），经济条件∩距高速距离（0.61）。

表4-16　　长江上游流域整体工业企业分布交互探测结果

	DEM	GDP	POP	PRE	TEM	WD	RD	DNW	DR	DPW	DCW	DZD	DHW
DEM	0.06												
GDP	0.65	0.61						双因子增强					
POP	0.54	0.65	0.49					非线性增强					
PRE	0.15	0.66	0.57	0.03									
TEM	0.07	0.64	0.53	0.09	0.02								
WD	0.57	0.73	0.65	0.58	0.54	0.51							
RD	0.59	0.71	0.64	0.60	0.56	0.67	0.51						
DNW	0.13	0.64	0.54	0.09	0.08	0.56	0.54	0.05					
DR	0.10	0.62	0.51	0.09	0.07	0.51	0.52	0.11	0.05				
DPW	0.08	0.62	0.50	0.06	0.05	0.54	0.53	0.10	0.07	0.02			
DCW	0.07	0.62	0.50	0.05	0.04	0.52	0.51	0.07	0.07	0.04	0.02		
DZD	0.15	0.67	0.54	0.13	0.11	0.56	0.56	0.12	0.13	0.09	0.10	0.08	
DHW	0.07	0.61	0.50	0.05	0.04	0.52	0.52	0.06	0.07	0.04	0.03	0.10	0.02

从长江上游沿江涵盖工业企业在内的所有企业的分布交互探测结果可以看出，在78项交互作用结果当中，共产生39项双因子增强，39项非线性增强。交互探测q值高达0.60的有7项，分别是：经济条件∩年降水量（0.63），水网密度∩路网密度（0.60），路网密度∩距国道距离（0.60），海拔高程∩距国道距离（0.60），经济条件∩距县城距离（0.64），距县城距离∩路网密度（0.64），年降水量∩路网密度（0.63）。

表4-17　　长江上游沿江企业分布交互探测结果

	DEM	GDP	POP	PRE	TEM	WD	RD	DNW	DR	DPW	DCW	DZD	DHW
DEM	0.04												
GDP	0.59	0.55						双因子增强					
POP	0.50	0.59	0.47					非线性增强					
PRE	0.11	0.63	0.51	0.03									

续表

	DEM	GDP	POP	PRE	TEM	WD	RD	DNW	DR	DPW	DCW	DZD	DHW
TEM	0.07	0.58	0.49	0.08	0.01								
WD	0.47	0.60	0.56	0.53	0.47	0.41							
RD	0.59	0.58	0.57	0.63	0.59	0.60	0.56						
DNW	0.12	0.59	0.51	0.11	0.08	0.46	0.60	0.06					
DR	0.09	0.57	0.49	0.09	0.06	0.43	0.58	0.11	0.05				
DPW	0.07	0.59	0.48	0.07	0.04	0.45	0.59	0.11	0.07	0.03			
DCW	0.06	0.56	0.47	0.05	0.03	0.43	0.57	0.08	0.06	0.05	0.01		
DZD	0.15	0.64	0.54	0.14	0.11	0.53	0.64	0.13	0.14	0.10	0.11	0.09	
DHW	0.09	0.57	0.50	0.10	0.08	0.43	0.58	0.08	0.10	0.08	0.07	0.13	0.05

重庆市工业企业交互探测结果（表4-18）出现65项双因子增强，13项非线性增强。交互探测q值高达0.70的有17项：经济条件∩年降水量（0.74），海拔高程∩水网密度（0.72），经济条件∩水网密度（0.84），人口条件∩水网密度（0.78），年降水量∩水网密度（0.75），年均温∩水网密度（0.73），经济条件∩路网密度（0.79），人口条件∩路网密度（0.71），水网密度∩路网密度（0.78），经济条件∩距国道距离（0.71），距国道距离∩水网密度（0.73），距河流距离∩水网密度（0.72），经济条件∩距县城距离（0.77），距省道距离∩水网密度（0.71），距县道距离∩水网密度（0.72），距县城距离∩水网密度（0.78）。距高速距离∩水网密度（0.71）。

表4-18 重庆市工业企业分布交互探测结果

	DEM	GDP	POP	PRE	TEM	WD	RD	DNW	DR	DPW	DCW	DZD	DHW
DEM	0.06												
GDP	0.69	0.68					双因子增强						
POP	0.57	0.70	0.54				非线性增强						
PRE	0.13	0.74	0.60	0.07									
TEM	0.11	0.70	0.58	0.19	0.10								
WD	0.72	0.84	0.78	0.75	0.73	0.71							
RD	0.56	0.79	0.71	0.61	0.58	0.78	0.55						
DNW	0.13	0.71	0.57	0.18	0.21	0.73	0.62	0.08					

续表

	DEM	GDP	POP	PRE	TEM	WD	RD	DNW	DR	DPW	DCW	DZD	DHW
DR	0.09	0.69	0.56	0.12	0.11	0.72	0.56	0.14	0.05				
DPW	0.06	0.69	0.56	0.09	0.10	0.71	0.56	0.10	0.05	0.01			
DCW	0.07	0.69	0.55	0.09	0.11	0.72	0.55	0.09	0.06	0.03	0.02		
DZD	0.16	0.77	0.64	0.21	0.20	0.78	0.64	0.21	0.16	0.13	0.14	0.12	
DHW	0.06	0.68	0.54	0.08	0.10	0.71	0.55	0.08	0.05	0.01	0.02	0.12	0.00

重庆市涵盖工业企业在内的所有企业的交互探测结果（表4-19）出现60项双因子增强，18项非线性增强。交互探测q值高达0.60的有26项：经济条件∩海拔高程（0.67），经济条件∩人口条件（0.67），经济条件∩年降水量（0.72），经济条件∩年均温（0.67），经济条件∩水网密度（0.68），人口条件∩水网密度（0.63），年降水量∩水网密度（0.68），海拔高程∩路网密度（0.65），经济条件∩路网密度（0.67），人口条件∩路网密度（0.65），年降水量∩路网密度（0.70），年均温∩路网密度（0.66），水网密度∩路网密度（0.68），距国道距离∩水网密度（0.60），距国道距离∩路网密度（0.68），距河流距离∩路网密度（0.65）。距省道距离∩路网密度（0.66），距县道距离∩路网密度（0.67）。距县城距离∩路网密度（0.74），距高速距离∩路网密度（0.65）。经济条件∩距国道距离（0.69），经济条件∩距河流距离（0.67），经济条件∩距省道距离（0.68），经济条件∩距县道距离（0.68），经济条件∩距离县城（0.77），经济条件∩距高速距离（0.67）。

表4-19　　　　　　重庆市企业分布交互探测结果

	DEM	GDP	POP	PRE	TEM	WD	RD	DNW	DR	DPW	DCW	DZD	DHW
DEM	0.06												
GDP	0.67	0.66					双因子增强						
POP	0.53	0.67	0.50				非线性增强						
PRE	0.13	0.72	0.56	0.07									
TEM	0.10	0.67	0.54	0.18	0.09								
WD	0.59	0.68	0.63	0.68	0.59	0.57							
RD	0.65	0.67	0.65	0.70	0.66	0.68	0.65						

续表

	DEM	GDP	POP	PRE	TEM	WD	RD	DNW	DR	DPW	DCW	DZD	DHW
DNW	0.14	0.69	0.53	0.18	0.21	0.60	0.68	0.08					
DR	0.09	0.67	0.52	0.12	0.11	0.58	0.65	0.14	0.05				
DPW	0.06	0.68	0.53	0.09	0.10	0.59	0.66	0.11	0.05	0.01			
DCW	0.07	0.68	0.52	0.10	0.11	0.58	0.67	0.10	0.07	0.05	0.03		
DZD	0.17	0.77	0.61	0.21	0.20	0.71	0.74	0.22	0.16	0.13	0.16	0.12	
DHW	0.07	0.67	0.51	0.09	0.11	0.57	0.65	0.09	0.07	0.03	0.05	0.13	0.03

四川省工业企业分布交互探测结果（表4-20）出现58项双因子增强，20项非线性增强。交互探测值排名前五的是：经济条件∩水网密度（0.79），经济条件∩路网密度（0.78），经济条件∩年降水量（0.74），经济条件∩距国道距离（0.73），经济条件∩距县城距离（0.72）。

表4-20　　　　　四川省工业企业分布交互探测结果

	DEM	GDP	POP	PRE	TEM	WD	RD	DNW	DR	DPW	DCW	DZD	DHW
DEM	0.06												
GDP	0.71	0.69						双因子增强					
POP	0.55	0.71	0.52					非线性增强					
PRE	0.19	0.74	0.63	0.07									
TEM	0.07	0.69	0.54	0.15	0.04								
WD	0.56	0.79	0.67	0.64	0.56	0.54							
RD	0.65	0.78	0.69	0.71	0.64	0.76	0.60						
DNW	0.12	0.73	0.57	0.17	0.10	0.61	0.64	0.06					
DR	0.08	0.70	0.54	0.13	0.07	0.55	0.61	0.10	0.05				
DPW	0.09	0.70	0.54	0.11	0.07	0.57	0.62	0.13	0.08	0.03			
DCW	0.07	0.69	0.54	0.11	0.05	0.56	0.60	0.10	0.07	0.07	0.03		
DZD	0.14	0.72	0.57	0.19	0.12	0.62	0.65	0.19	0.12	0.10	0.11	0.08	
DHW	0.06	0.69	0.53	0.11	0.05	0.55	0.60	0.08	0.06	0.06	0.04	0.11	0.03

四川省涵盖工业企业在内的所有企业的分布交互探测结果（表4-21）出现45项双因子增强，33项非线性增强。交互探测值排名前五的是：经济条件

∩距县城距离（0.73），距县城距离∩路网密度（0.73），经济条件∩年降水量（0.70），年降水量∩路网密度（0.70），经济条件∩距省道距离（0.68）。

表 4-21　　　　　　　　四川省企业分布交互探测结果

	DEM	GDP	POP	PRE	TEM	WD	RD	DNW	DR	DPW	DCW	DZD	DHW
DEM	0.08												
GDP	0.67	0.64					双因子增强						
POP	0.57	0.67	0.53				非线性增强						
PRE	0.16	0.70	0.57	0.06									
TEM	0.11	0.65	0.55	0.12	0.02								
WD	0.60	0.68	0.63	0.66	0.57	0.52							
RD	0.67	0.66	0.65	0.70	0.66	0.68	0.64						
DNW	0.16	0.66	0.56	0.16	0.10	0.54	0.67	0.06					
DR	0.12	0.64	0.55	0.13	0.07	0.54	0.65	0.13	0.06				
DPW	0.10	0.68	0.55	0.10	0.05	0.58	0.67	0.10	0.07	0.03			
DCW	0.10	0.65	0.54	0.09	0.04	0.55	0.65	0.08	0.07	0.05	0.01		
DZD	0.19	0.73	0.61	0.18	0.12	0.66	0.73	0.15	0.14	0.10	0.11	0.09	
DHW	0.12	0.64	0.55	0.14	0.09	0.53	0.65	0.10	0.11	0.08	0.08	0.14	0.06

贵州省工业企业交互探测结果（见表 4-22）出现 31 项双因子增强，47 项非线性增强。交互探测 q 值高达 0.60 的有 19 项，分别是：海拔高程∩经济条件（0.65）、海拔高程∩路网密度（0.60）、经济条件∩人口条件（0.61）、经济条件∩年降水量（0.61）、经济条件∩年均温（0.63）、经济条件∩水网密度（0.72）、经济条件∩路网密度（0.73）、经济条件∩距国道距离（0.62）、经济条件∩距河流距离（0.62）、经济条件∩距县城距离（0.70）、人口条件∩路网密度（0.68）、年降水量∩路网密度（0.71）、年均温∩路网密度（0.65）、水网密度∩路网密度（0.71）、路网密度∩距国道距离（0.71）、路网密度∩距河流距离（0.63）、路网密度∩距省道距离（0.62）、路网密度∩距省道距离（0.6）、路网密度∩距县城距离（0.68）。可以看出，经济条件与路网密度与其他影响因素相互作用对贵州省工业企业的空间布局影响较深。

表 4-22　　　　　　　贵州省工业企业交互探测结果

	DEM	GDP	POP	PRE	TEM	WD	RD	DNW	DR	DPW	DCW	DZD	DHW
DEM	0.03												
GDP	0.65	0.57					双因子增强						
POP	0.45	0.61	0.41				非线性增强						
PRE	0.08	0.61	0.45	0.04									
TEM	0.04	1.61	0.48	0.11	0.01								
WD	0.60	0.72	0.59	0.56	0.49	0.47							
RD	0.68	0.73	0.68	0.71	0.65	0.71	0.59						
DNW	0.12	0.62	0.51	0.12	0.12	0.54	0.63	0.07					
DR	0.09	0.62	0.45	0.10	0.08	0.48	0.62	0.14	0.06				
DPW	0.07	0.59	0.42	0.08	0.05	0.52	0.60	0.14	0.10	0.03			
DCW	0.04	0.57	0.41	0.05	0.03	0.48	0.59	0.09	0.07	0.06	0.01		
DZD	0.17	0.70	0.50	0.18	0.15	0.58	0.68	0.17	0.19	0.14	0.13	0.12	
DHW	0.03	0.57	0.41	0.05	0.02	0.47	0.59	0.07	0.06	0.04	0.02	0.13	0.01

从贵州省涵盖工业企业在内的所有企业的交互探测结果（如表 4-23 所示）来看，贵州省企业交互探测结果出现 26 项双因子增强，52 项非线性增强。交互探测 q 值高达 0.60 的有 3 项，分别是：经济条件 ∩ 距国道距离（0.61），经济条件 ∩ 距县城距离（0.64），水网密度 ∩ 距县城距离（0.61）。

表 4-23　　　　　　　贵州省企业交互探测结果

	DEM	GDP	POP	PRE	TEM	WD	RD	DNW	DR	DPW	DCW	DZD	DHW
DEM	0.03												
GDP	0.58	0.51					双因子增强						
POP	0.41	0.53	0.35				非线性增强						
PRE	0.09	0.57	0.40	0.04									
TEM	0.05	0.55	0.38	0.06	0.02								
WD	0.49	0.53	0.47	0.53	0.44	0.41							
RD	0.55	0.51	0.49	0.55	0.51	0.51	0.47						
DNW	0.15	0.61	0.43	0.13	0.11	0.57	0.56	0.07					

续表

	DEM	GDP	POP	PRE	TEM	WD	RD	DNW	DR	DPW	DCW	DZD	DHW
DR	0.12	0.57	0.41	0.10	0.09	0.50	0.53	0.15	0.06				
DPW	0.09	0.54	0.38	0.09	0.06	0.51	0.50	0.16	0.11	0.04			
DCW	0.07	0.52	0.37	0.07	0.04	0.45	0.48	0.11	0.09	0.08	0.02		
DZD	0.21	0.64	0.48	0.20	0.19	0.61	0.59	0.19	0.23	0.17	0.18	0.15	
DHW	0.10	0.58	0.42	0.11	0.08	0.47	0.54	0.10	0.13	0.11	0.09	0.18	0.07

湖北省（上游段）工业企业交互探测结果（如表4-24所示）出现53项双因子增强，25项非线性增强。交互探测q值高于0.50的有3项（无q值高于0.60），分别是：年降水量∩路网密度（0.55），路网密度∩距国道距离（0.51），路网密度∩距县城距离（0.57）。可以看出，路网密度与其他影响因素相互作用对湖北省（上游段）工业企业的空间布局影响最深。

表4-24　　　　湖北省工业企业交互探测结果（上游段）

	DEM	GDP	POP	PRE	TEM	WD	RD	DNW	DR	DPW	DCW	DZD	DHW
DEM	0.07												
GDP	0.16	0.10					双因子增强						
POP	0.12	0.10	0.07				非线性增强						
PRE	0.20	0.22	0.14	0.08									
TEM	0.12	0.19	0.16	0.29	0.11								
WD	0.30	0.35	0.30	0.35	0.34	0.27							
RD	0.42	0.45	0.41	0.55	0.45	0.46	0.39						
DNW	0.23	0.29	0.21	0.26	0.25	0.40	0.51	0.15					
DR	0.10	0.15	0.11	0.16	0.13	0.30	0.43	0.20	0.05				
DPW	0.09	0.12	0.08	0.13	0.13	0.29	0.43	0.19	0.08	0.02			
DCW	0.08	0.12	0.08	0.12	0.12	0.28	0.41	0.19	0.07	0.05	0.02		
DZD	0.31	0.36	0.33	0.40	0.33	0.49	0.57	0.42	0.34	0.32	0.33	0.29	
DHW	0.07	0.11	0.08	0.11	0.11	0.27	0.40	0.16	0.06	0.04	0.03	0.31	0.01

从湖北省涵盖（上游段）工业企业在内的所有企业的交互探测结果（如表4-25所示）来看，湖北省（上游段）企业交互探测结果出现43项双因子增强，35项非线性增强。交互探测q值没有出现高于0.50的。

表 4-25　　　　　　　　　湖北省企业交互探测结果（上游段）

	DEM	GDP	POP	PRE	TEM	WD	RD	DNW	DR	DPW	DCW	DZD	DHW
DEM	0.08												
GDP	0.18	0.11						双因子增强					
POP	0.16	0.11	0.09					非线性增强					
PRE	0.24	0.26	0.18	0.11									
TEM	0.13	0.21	0.19	0.29	0.11								
WD	0.17	0.16	0.11	0.21	0.20	0.07							
RD	0.17	0.11	0.10	0.22	0.20	0.16	0.10						
DNW	0.24	0.32	0.23	0.31	0.25	0.28	0.28	0.14					
DR	0.11	0.16	0.14	0.18	0.14	0.16	0.15	0.20	0.06				
DPW	0.11	0.14	0.11	0.18	0.14	0.11	0.13	0.19	0.10	0.02			
DCW	0.11	0.14	0.12	0.16	0.12	0.11	0.11	0.20	0.08	0.08	0.03		
DZD	0.34	0.38	0.36	0.45	0.36	0.39	0.37	0.44	0.37	0.34	0.41	0.31	
DHW	0.16	0.20	0.18	0.23	0.19	0.19	0.15	0.15	0.13	0.14	0.42	0.10	

对长江上游流域整体及各省市工业企业交互探测 q 值达到 0.60 的 125 个交互结果所包含因子出现频率进行分析发现，经济条件出现的频率高达 57 次，其次是水网密度 33 次，路网密度是 32 次，人口条件是 26 次，年降水量是 16 次，海拔高程是 11 次，年降温是 8 次。其中出现次数最多的前 5 个因子中，有两个是属于经济人口条件维度，其余三个是属于资源环境维度的，说明经济条件和资源环境的相互作用相较于其他影响因素对工业企业空间分布的影响程度更强。通过观察各地区工业企业的交互探测结果发现，双因子增强占比大多高于非线性增强。非线性增强在贵州省中最多，约占 60.26%。各地区工业企业交互探测结果中非线性增强共计 175 项，其中年降水量出现 60 项，其次是年降温与海拔高程分别出现 31 项、30 项。总的来看，以上结果反映四个维度各个指标之间相互作用，对长江上游沿江工业企业空间布局影响程度较高。

涵盖工业企业在内的所有企业交互探测结果与工业企业交互探测结果显示出一定的差异。其中，各个地区企业交互探测 q 值达到 0.60 的交互结果有 95 个，出现频率最多的是水网密度，出现频次为 40 次，其次是经济条件 35 次，路网密度是 20 次，人口条件是 18 次，年降水量是 12 次，海拔高程是 8 次，年降温是 6 次。出现次数最多的前 5 个因子中，有两个属于经济条件维度，另外三个属于资源环境维度,说明经济条件与资源环境的相互作用相较于其他影响因素对企业空间分布的影响程度更强。在各地区企业的交互探测结果中,双因子增强占比略低于工业企业的工业企业。各地区企业交互探测结果中非线性增强共计 223 项,比工业企业非线性增强结果多 48 项,其中年降水量出现 62 项,其次是年降温与海拔高程分别出现 40 项、35 项。这反映四个维度各个指标之间相互作用,对长江上游沿江企业空间布局影响程度较高。

4.3.3 影响因素分析

通过地理探测器分析可知,指标体系内的各影响因子对长江上游沿江工业企业及含工业企业在内的所有企业空间布局影响程度呈现一定差异,大部分影响因子对长江上游沿江企业空间分布都有正相关且较强的影响力,而且各因子相互作用对长江上游沿江企业空间分布产生的影响会更强。现从经济条件、要素距离及资源环境三个维度阐述不同影响因子对长江上游工业企业的布局所产生的影响。

(1) 经济人口条件

经济人口条件包括经济条件(GDP)、人口条件(POP)两项指标。从单因子探测结果来看,经济条件指标对各地区工业企业影响强度较大,对除湖北省(上游段)外省市的工业企业影响强度都大于 0.50,显著性水平很高,说明经济条件对各地区工业企业空间分布影响较强。人口条件指标对除湖北省(上游段)外省市的工业企业影响强度都在 0.40 以上,显著性水平较高,表明人口条件对各地区工业企业空间分布影响也较强。在长江上游流域整体交互探测结果中,经济条件与海拔高程、人口条件、年均降水量等各个指标的双因子增强都达到了 0.60,人口条件与水网密度、路网密度的双因子增强也达到了 0.60,当这两个因子与其他因素相互作用时,特别是与水网密度与路网密度相互作用时,影响力会有所提升。说明长江上游沿江的工业企业空间分异受经济条件与人口条件影响程度较深。

在涵盖工业企业在内的所有企业的单因子探测结果中,经济条件对各地区企业影响强度仍然较大,对除湖北省(上游段)外省市的企业影响强度都大于 0.50,显著性水平很高,说明经济条件对各地区企业空间分布影响较强。

人口条件指标对除湖北省（上游段）外省市的企业影响强度都在0.40以上，显著性水平较高，表明人口条件对各地区企业空间分布影响也较强。

（2）要素距离

要素距离包括距国道距离（DNW）、距河流距离（DR）、距省道距离（DPW）、距县道距离（DCW）、距县城距离（DZD）与距高速距离（DHW）。在单因子探测结果中，距县城距离（DZD）与距国道距离（DNW）两个指标对湖北省（上游段）工业企业空间分布影响强度大于0.10，显著水平很高，但对其他地区工业企业影响强度较低，说明这两个指标对湖北省（上游段）工业企业空间分布的影响力较大，而对其他地区的影响力较小。其余指标对所有地区工业企业影响力较低，但均较为显著。在长江上游流域整体交互探测结果中，距县城距离、距国道距离与经济条件双因子增强达到0.60以上，说明距县城距离、距国道距离对长江上游沿江的工业企业空间分异也有一定影响。

在涵盖工业企业在内的所有企业的单因子探测结果中，距县城距离、距国道距离两个指标对湖北省（上游段）企业空间分布影响强度大于0.10，显著水平很高，但对其他地区企业影响强度较低，说明这两个指标对湖北省（上游段）企业空间分布的影响力较大，而对其他地区的影响力较小。其余指标对所有地区企业的影响力较低，除人口条件指标外均较显著。在长江上游流域整体交互探测结果中，距县城距离、距国道距离与经济条件、路网密度双因子增强达到0.60以上，说明距县城距离、距国道距离对长江上游沿江的企业空间分异也有一定影响。

（3）资源环境

资源环境包含路网密度（RD）、水网密度（WD）、海拔高程（DEM）、年降水量（PRE）以及年均温（TEM）5个指标。从单因子探测结果来看，水网密度（WD）与路网密度（RD）是各地区工业企业分异的重要驱动因子，这两个指标对各地区工业企业影响强度均居于前列，显著性水平很高，说明其对长江上游沿江工业企业空间分布的影响较强。从长江上游流域整体双因子探测结果来看，路网密度、水网密度与海拔高程、经济条件、年均降水量等各个指标的双因子增强都达到0.50以上，当这两个因子与其他因素相互作用时，特别是与经济条件相互作用时，影响力会有所提升。这说明长江上游沿江的工业企业空间分异受水网密度与路网密度影响程度较深。

在涵盖工业企业在内的所有企业的单因子探测结果中，路网密度、水网密度、年降水量以及年均温度都是各地区企业分异的重要驱动因子，空间分布的影响强度均大于 0.10，显著性水平很高，说明其对长江上游沿江企业空间分布影响较强。从长江上游流域整体双因子探测结果来看，路网密度、水网密度、年降水量及年均温度与经济条件、距县城距离、距国道距离的双因子增强都达到 0.50 以上，当这些因子与其他因素相互作用时，影响力会有所提升。

（4）各维度影响程度

根据二级指标计算得到一级指标的算术平均数。对于重庆市工业企业来说，经济人口条件（0.61）＞资源环境（0.30）＞要素距离（0.05），经济人口条件对重庆市工业企业空间布局影响程度最大，资源环境次之。对于四川省工业企业来说，经济人口条件（0.61）＞资源环境（0.26）＞要素距离（0.05），经济人口条件对四川省工业企业空间布局影响程度最大，资源环境次之。对于贵州省工业企业来说，经济人口条件（0.49）＞资源环境（0.23）＞要素距离（0.05），经济人口条件对贵州省工业企业空间布局影响程度最大，资源环境次之。对于湖北省（上游段）工业企业来说，资源环境（0.18）＞要素距离（0.09）＞经济人口条件（0.08），资源环境对湖北省（上游段）工业企业布局影响程度最大，要素距离次之。从涵盖工业企业在内的所有企业来看，经济人口条件、资源环境、要素距离指标对长江上游沿江企业空间布局的影响程度与工业企业的空间布局的影响结果基本一致。

（5）影响因素驱动机制

从长江上游流域整体来看，经济人口条件（0.55）＞资源环境（0.23）＞要素距离（0.04），可见，经济人口条件与资源环境最能解释长江上游沿江工业企业空间部分分异现象。基于以上影响因素分析，本研究构建长江上游流域整体工业企业空间布局的影响机制，包括经济条件、资源环境、要素距离 3 个维度，共包括 13 个影响因子。

经济人口条件对长江上游沿江工业企业及企业（涵盖工业企业在内）空间布局发挥着重要的驱动作用。这一维度影响因子的 q 值，除湖北省（上游段）外都达到 0.40 以上。经济条件和人口密度对工业企业及企业空间布局的呈显著正向影响。

　　资源环境对长江上游沿江工业企业及企业（涵盖工业企业在内）空间布局有着推动作用。水网密度与路网密度因子对长江上游工业企业及企业的影响强度较大，对企业空间布局起显著推动作用。海拔高程、年降水量和年均温在和其他因素相互作用时，产生非线性增强，推动了企业的空间布局。

　　要素距离对长江上游沿江工业企业及企业（涵盖工业企业在内）空间布局有着一定影响。距国道距离、距县城距离对湖北省（上游段）工业企业及企业的影响强度 q 值大于 0.10，其他地区的 q 值都小于 0.10，其余要素距离指标对长江上游工业企业及企业的 q 值小于 0.10，可见，要素距离指标对长江上游工业企业及企业空间布局的影响强度相对较弱。但当要素距离指标与其他因素相互作用时，影响强度有所上升，从而推动企业空间布局。

　　从涵盖工业企业在内的所有企业来看，经济人口条件、资源环境、要素距离 3 个维度对长江上游沿江企业空间布局的影响驱动机制与工业企业的空间布局的影响驱动机制基本一致。

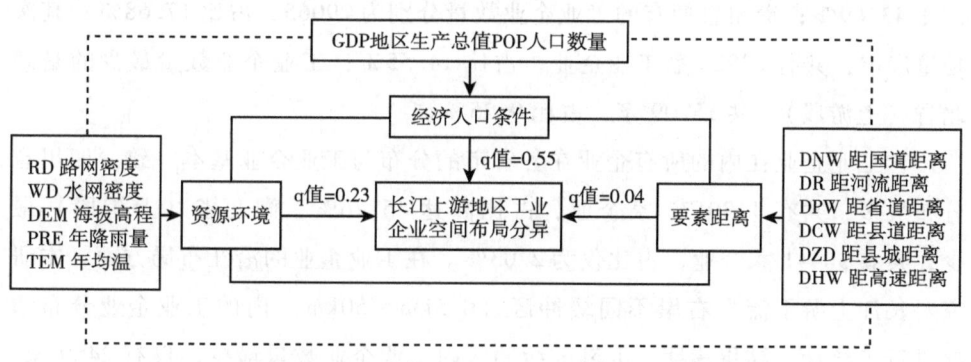

图 4-16　长江上游沿江工业企业布局空间分异影响机制

4.4　本章小结

　　长江上游沿江的企业布局现状、其空间分布情况、行业门类及生产经营情况等信息的获取是本研究的重要起点和数据支撑，而这部分数据通常获取难度极大，资料严重匮乏，因此本研究通过实地走访、企业名录转录、POI 数据等多源数据、多元手段集成，获取了长江上游企业名录。本章重点围绕长江上游企业名录生成、空间信息提取及其在不同尺度（政域尺度、流域尺度）的空间分布情况进行了论述。

结果表明，长江上游沿江的工业企业分布具有较高的空间异质性，工业及其他行业企业省际分布差异较大。本研究在前期收集、整理《中国工商企业名录》《中国塑料工业名录》《中国电机制造业厂商名录》《全国化纤企业名录》等 70 余部全国性企业名录的基础之上，结合最新 POI 数据，经筛选、整理、剔除非存续状态企业等处理，获取了长江上游各省市企业名录数据集，并进行了二次数据挖掘、清洗、整理及赋属性工作，共获取除云南省外的长江上游流域省市企业数据 782.61 万条。鉴于名录数据量较大，结合本研究实际，仅筛选企业注册资本大于 100 万的企业作为研究对象，共获取企业 201.40 万例，工业企业 14.00 万条。

从工业企业的布局来看，工业企业数目最多的是四川省，共有 71821 家，占比 43.69%；贵州省拥有的工业企业数量分别为 29065，占比 17.68%；其次是重庆市，共有 23920 家工业企业，占比 14.55%；工业企业数量最少的是湖北省（上游段），共 15209 家，占比 9.25%。

含工业企业在内的所有企业在各省市的分布与工业企业基本一致，四川省分布最多，共有 1139176 家企业，占比高达 45.76%，湖北省（上游段）最少，共有 50441 家企业，占比仅为 2.03%。在工业企业的沿江布局方面，本研究对长江上游干流左右岸不同缓冲区（0.5km～50km）内的工业企业分布情况进行了统计。结果表明，0.5km 缓冲区内工业企业数量最少，仅有 2469 家，占比 2.06%；2km 缓冲区内共有 9465 家工业企业，占比为 7.91%；10km 缓冲区内则有 20463 家工业企业，占比 17.11%；50km 缓冲区内工业企业数量最多，共有 40608 家，占比达 33.96%。从涵盖工业企业在内的所有企业来看，0.5km 缓冲区内共有 39608 家企业，占比仅为 2.59%；2km 缓冲区内共有 138110 家企业，共占比 9.03%；10km 缓冲区内共有 321594 家企业，占比 21.04%；50km 内缓冲区内共有 462764 家企业，占比达 30.27%。

利用空间信息技术，本研究对长江上游流域整体、各沿江省份、长江上游沿江不同空间距离的工业企业布局情况进行了空间可视化及空间统计，以全面、直观呈现长江上游沿江不同流域、政域尺度的工业企业布局情况。此外，本研究进一步运用地理探测器分析方法，选取影响长江上游沿江工业企业空间布局的3个维度的13个影响因素，分析了各个因素对不同地区工业企业布局的影响，并讨论了这些影响因素之间的相互作用关系。结果表明，尽管本研究构建的指标体系内的各影响因子对长江上游沿江不同省市的工业企业与涵盖工业企业在内的所有企业的空间布局影响程度存在差异，但大部分影响因子对长江上游沿江工业企业及企业空间分布都有正相关且较强的影响力，而且各因子相互作用对长江上游沿江工业企业及企业空间分布产生的影响会更强。单从长江上游流域整体的 q 值分布来看，经济人口条件（0.55）＞资源环境（0.23）＞要素距离（0.04），即经济人口条件与资源环境最能解释长江上游沿江工业企业部分空间分异现象。

第 5 章

长江上游沿江工业环境风险评价与空间分布

一般而言，工业环境风险评价多集中在单一企业、工业园区等微观个体，类似政域、流域等大尺度的工业环境风险评价受限于基础数据获取，评估难度较大，类似研究相对较少。本研究以企业环境风险为着力点，点面结合，在参考《行政区域突发环境事件风险评估推荐方法》《建设项目环境风险评价技术导则（征求意见稿）》与《企业突发环境事件风险分级方法》，以及国务院安全生产委员会《涉及危险化学品安全风险的行业品种目录》等相关文件的基础上，基于工业企业的环境风险物质、生产设施风险、次生环境风险、环境风险受体等风险维度，利用层次分析法来开展大尺度的环境风险评价工作。并基于 MATLAB 与 ArcMap 10.4 平台开展工业企业环境风险定量评价，进行工业环境风险等级划分。本章将主要围绕长江上游沿江工业企业环境风险的评价，及其空间分布特征展开论述。

5.1 长江上游沿江工业环境风险评价

（1）行业门类环境风险分级

根据前文所述企业环境风险评价方法，依据国务院安全生产委员会《涉及危险化学品安全风险的行业品种目录》，筛选《国民经济行业分类》（GB/T 4754–2017）中的行业门类，确定涉危行业门类。需要指出的是，本研究运用层次分析法对行业门类进行风险评级，确定高、中、低行业门类，并在此基础之上运用同样方法对行业大类进行风险分级后，发现不仅是工业行业门类，其他门类中也有较高风险的行业，比如交通运输、仓储和邮政业中的装卸搬运和仓储业属于高风险行业，水利、环境和公共设施管理业中的三个行业大类均属于中风险行业。但总体来看，高风险行业主要还是以工业为主。因此，为了更全面地研究长江上游各省市产业生产中所造成的生态环境风险，本研究所涉及的风险企业并不只是《国民经济行业分类》（GB/T 4754-2017）中所提到的"采矿业（B）；制造业（C）；电力、热力、燃气及水生产和供应业（D）"等工业门类，而是将所有国务院安全生产委员会《涉及危险化学品安全风险的行业品种目录》中可能涉及环境风险的行业门类进行了风险评价。

本研究基于文本数据挖掘方法，对长江上游企业目录中的各个企业的业务范围、行业门类等生产经营信息进行提取。在此基础上，结合国务院安全生产委员会《涉及危险化学品安全风险的行业品种目录》进行企业生产经营中的风险物质、风险类型等进行赋值。并结合专家意见，运用AHP法对行业门类相对风险程度进行成对比较，并对相对风险程度进行打分，打分结果形成判断矩阵。为避免结果的不合理，需运用MATLAB软件对判断矩阵进行分析计算，得到各项权值并进行一致性检验。上述15个涉及危险化学品的行业门类风险对比矩阵和风险权重结果如表5-1和表5-2所示。根据表5-2行业门类风险分值权重结果，将行业门类划分如下：高风险性行业门类包括采矿业（B）；制造业（C）；电力、热力、燃气及水生产和供应业（D）；交通运输、仓储和邮政业（G）。中风险性行业门类包括建筑业（E）；科学研究和技术服务业（M）；水利、环境和公共设施管理业（N）。低风险性行业门类包括农、林、牧、渔业（A）；批发和零售业（F）；住宿和餐饮业（H）；房地产业（K）；居民服务、修理和其他服务业（O）；教育（P）；卫生和社会工作（Q）；文化、体育和娱乐业（R）。

表5-1　　　　　　　　　各行业门类风险对比矩阵

	A	B	C	D	E	F	G	H	K	M	N	O	P	Q	R
A	1	1/2	1/3	3/7	4/7	1	6/11	5/4	5/2	1/2	1/2	5/4	5/2	5	5/2
B	2	1	5/7	4/5	7/4	7/3	5/4	7/2	13/2	3/2	6/5	7/2	13/2	9	13/2

续表

	A	B	C	D	E	F	G	H	K	M	N	O	P	Q	R
C	3	7/5	1	5/4	2	3	8/7	4	7	7/4	7/5	4	7	9	7
D	7/3	5/4	4/5	1	9/5	3	4/3	7/2	15/2	8/5	10/7	7/2	15/2	9	15/2
E	7/4	4/7	1/2	5/9	1	8/5	7/12	7/4	4	7/8	4/5	7/4	4	7	4
F	1	3/7	1/3	1/3	5/8	1	6/11	3/2	5/2	3/4	1/2	3/2	5/2	5	5/2
G	11/6	4/5	7/8	3/4	12/7	11/6	1	7/3	6	8/5	5/4	7/3	6		6
H	4/5	2/7	1/4	2/7	4/7	2/3	3/7	1	5/2	1/2	2	1	5/2	4	5/2
K	2/5	2/13	1/7	2/15	1/4	2/5	1/6	2/5	1	1/2	2/5	2/5	2	4	2
M	2	2/3	4/7	5/8	8/7	4/3	5/8	2	2	1	9/10	2	9/2	8	9/2
N	2	5/6	5/7	7/10	5/4	2	4/5	1/2	5/2	10/9	1	1/2	11/2	9	11/2
O	4/5	2/7	1/4	2/7	4/7	2/3	3/7	1	5/2	1/2	2	1	5/2	4	5/2
P	2/5	2/13	1/7	2/15	1/4	2/5	1/6	2/5	1/2	2/9	2/11	2/5	1	5/2	1
Q	1/5	1/9	1/9	1/9	1/7	1/5	1/5	1/4	1/4	1/8	1/9	1/4	5/2	1	3/4
R	2/5	2/13	1/7	2/15	1/4	2/5	1/6	2/5	1/2	2/9	2/11	2/5	1	4	1

表5-2　　　　　　　　各行业门类风险分值

	行业门类	权值	一致性检验结果	风险等级
A	农、林、牧、渔业	0.0494		低
B	采矿业	0.1180		高
C	制造业	0.1408		高
D	电力、热力、燃气及水生产和供应业	0.1321		高
E	建筑业	0.0729		中
F	批发和零售业	0.0510		低
G	交通运输、仓储和邮政业	0.1057		高
H	住宿和餐饮业	0.0481	cr = 0.0381	低
K	房地产业	0.0247		低
M	科学研究和技术服务业	0.0775		中
N	水利、环境和公共设施管理业	0.0813		中
O	居民服务、修理和其他服务业	0.0481		低
P	教育	0.0180		低
Q	卫生和社会工作	0.0132		低
R	文化、体育和娱乐业	0.0191		低

注：由于系数值较小，所以小数点保留到了后四位。

(2) 行业大类环境风险分级

一是对高风险行业中各行业大类分级,高风险性行业门类包括以下 4 类:
①采矿业。

运用层次分析法对采矿业中的行业大类风险程度进行两两比较,按其相对重要性进行打分,打分结果形成判断矩阵。同时计算出各项权值,并进行一致性检验。采矿各行业大类风险对比矩阵、风险分值及一致性检验结果如表 5-3 和表 5-4 所示。

表 5-3　　　　　　　采矿业各行业大类风险对比矩阵

	B06	B07	B08	B09	B10	B12
B06	1	3/2	3	5/2	5/2	3
B07	2/3	1	5/2	9/5	9/5	5/2
B08	1/3	2/5	1	1/2	1/2	1
B09	2/5	5/9	2	1	1	8/5
B10	2/5	5/9	2	1	1	8/5
B12	1/3	2/5	5/8	5/8	1	

表 5-4　　　　　　　采矿业各行业大类风险分值一览表

序号	行业大类		权值	一致性检验结果
1	B06	煤炭开采和洗选业	0.3123	
2	B07	石油和天然气开采业	0.2292	
3	B08	黑色金属采选业	0.0854	cr = 0.0054
4	B09	非金属矿采选业	0.1411	
5	B10	有色金属采选业	0.1411	
6	B12	其他采矿业	0.0910	

注:由于系数值较小,所以小数点保留到了后四位。

②制造业大类。

运用层次分析法对制造业中食品和服装(5 类)、家具和日用品(5 类)、石油化工(6 类)、冶金(2 类)、装备制造(6 类)、电子信息及其他(5 类)等行业大类风险程度进行两两比较,按其相对重要性进行打分,打分结果形成判断矩阵。同时计算出各项权值,并进行一致性检验。制造业中的各行业大类风险对比矩阵、风险分值及一致性检验结果见表 5-5~表 5-19。

表 5-5　　　　　　　　　各行业类型风险对比矩阵

	食品和服装 -5 类	家具和日用品 -5 类	石油化工 -6 类	冶金 -2 类	装备制造 -6 类	电子信息及其他 -5 类
食品和服装 -5 类	1	13/9	3/10	1/2	1/3	13/9
家具和日用品 -5 类	9/13	1	3/14	1/2	3/8	1
石油化工 -6 类	10/3	14/3	1	11/4	11/6	7
冶金 -2 类	2	2	4/11	1	5/6	8/3
装备制造 -6 类	3	8/3	6/11	6/5	1	4
电子信息及其他 -5 类	9/13	1	1/7	3/8	1/4	1

表 5-6　　　　　　　　　各行业类型风险分值一览表

序号	分类	权值	一致性检验结果
1	食品和服装（5 类）	0.0933	
2	家具和日用品（5 类）	0.0742	
3	石油化工（6 类）	0.3844	cr = 0.0073
4	冶金（2 类）	0.1632	
5	装备制造（6 类）	0.2235	
6	电子信息及其他（5 类）	0.0617	

注：由于系数值较小，所以小数点保留到了后四位。

表 5-7　　　　　　　　　食品和服装类行业大类风险对比矩阵

	C13	C14	C15	C17	C19
C13	1	5/4	19/2	3/1	7/1
C14	4/5	1	19/2	2	13/2
C15	2/19	2/19	1	1/15	1/5
C17	1/3	1/2	15/1	1	5/2
C19	1/7	2/13	5/1	2/5	1

表 5-8　　　　　　　　　食品和服装类行业大类风险分值一览表

序号		分类	权值	一致性检验结果
1	C13	农副食品加工业	0.3887	
2	C14	食品制造业	0.3186	
3	C15	酒、饮料和精制茶制造业	0.0252	cr = 0.0685
4	C17	纺织业	0.1962	
5	C19	皮革、毛皮、羽毛及其制品和制鞋业	0.0712	

注：由于系数值较小，所以小数点保留到了后四位。

表 5-9　　　　　　家具和日用品类行业大类风险对比矩阵

	C20	C21	C22	C23	C24
C20	1	1	9/4	3/10	1
C21	1	1	9/4	3/10	1
C22	4/9	4/9	1	2/5	5/8
C23	10/3	10/3	5/2	1	7/4
C24	1	1	8/5	4/7	1

表 5-10　　　　　　家具和日用品类行业大类风险分值一览表

序号	分类		权值	一致性检验结果
1	C20	木材加工和木、竹、藤、棕、草制品业	0.1664	
2	C21	家具制造业	0.1664	
3	C22	造纸和纸制品业	0.0914	cr = 0.0317
4	C23	印刷和记录媒介复制业	0.3917	
5	C24	文教、工美、体育和娱乐用品制造业	0.1740	

注：由于系数值较小，所以小数点保留到了后四位。

表 5-11　　　　　　石油化工类行业大类风险对比矩阵

	C25	C26	C27	C28	C29	C30
C25	1	5/4	7/6	3/2	3/2	9/5
C26	5/4	1	9/5	13/6	13/6	5/2
C27	6/7	5/9	1	6/5	6/5	4/3
C28	2/3	6/13	5/6	1	1	13/11
C29	2/3	6/13	5/6	1	1	13/11
C30	5/9	2/5	3/4	11/13	11/13	1

表 5-12　　　　　　石油化工类行业大类风险分值一览表

序号	分类		权值	一致性检验结果
1	C25	石油、煤炭及其他燃料加工业	0.2125	
2	C26	化学原料和化学制品制造业	0.2690	
3	C27	医药制造业	0.1537	cr = 0.0170
4	C28	化学纤维制造业	0.1277	
5	C29	橡胶和塑料制品业	0.1277	
6	C30	非金属矿物制品业	0.1094	

注：由于系数值较小，所以小数点保留到了后四位。

表5-13　　　　　　　　　冶金类行业大类风险对比矩阵

	C31	C32
C31	1	2/3
C32	3/2	1

表5-14　　　　　　　　冶金类行业大类风险分值一览表

序号	分类	权值
1	C31　黑色金属冶炼和压延加工业	0.40
2	C32　有色金属冶炼和压延加工业	0.60

表5-15　　　　　　　装备制造类行业大类风险对比矩阵

	C33	C34	C35	C36	C37	C38
C33	1	4/3	4/3	4/3	4/3	4/3
C34	3/4	1	7/8	1	1	1
C35	3/4	1	1	1	5/6	1
C36	3/4	8/7	1	1	1	1/2
C37	3/4	1	6/5	1	1	1
C38	3/4	1	1	2	1	1

表5-16　　　　　　装备制造类行业大类风险分值一览表

序号	分类	权值	一致性检验结果
1	C33　金属制品业	0.2085	
2	C34　通用设备制造业	0.1531	
3	C35　专用设备制造业	0.1519	0.0104
4	C36　汽车制造业	0.1458	
5	C37　铁路、船舶、航空航天和其他运输设备制造业	0.1616	
6	C38　电气机械和器材制造业	0.1791	

注：由于系数值较小，所以小数点保留到了后四位。

表5-17　　　　　　电子信息及其他类行业大类风险对比矩阵

	C39	C40	C41	C42	C43
C39	1	4/9	4/9	3/10	3/7
C40	9/4	1	1	3/10	1
C41	9/4	1	1	1/5	1

续表

	C39	C40	C41	C42	C43
C42	7/2	5	10/3	1	5/3
C43	7/3	1	1	3/5	1

表 5-18　　电子信息及其他类行业大类风险分值一览表

序号	分类		权值	一致性检验结果
1	C39	计算机、通信和其他电子设备制造业	0.0831	
2	C40	仪器仪表制造业	0.1592	
3	C41	其他制造业	0.1488	cr = 0.0394
4	C42	废弃资源综合利用业	0.4273	
5	C43	金属制品、机械和设备修理业	0.1836	

注：由于系数值较小，所以小数点保留到了后四位。

表 5-19　　制造业各行业大类风险分值一览表

序号	行业大类		权值
1	C13	农副食品加工业	0.0363
2	C14	食品制造业	0.0297
3	C15	酒、饮料和精制茶制造业	0.0024
4	C17	纺织业	0.0183
5	C19	皮革、毛皮、羽毛及其制品和制鞋业	0.0066
6	C20	木材加工和木、竹、藤、棕、草制品业	0.0123
7	C21	家具制造业	0.0123
8	C22	造纸和纸制品业	0.0068
9	C23	印刷和记录媒介复制业	0.0291
10	C24	文教、工美、体育和娱乐用品制造业	0.0129
11	C25	石油、煤炭及其他燃料加工业	0.0817
12	C26	化学原料和化学制品制造业	0.1034
13	C27	医药制造业	0.0591
14	C28	化学纤维制造业	0.0491
15	C29	橡胶和塑料制品业	0.0491
16	C30	非金属矿物制品业	0.0421
17	C31	黑色金属冶炼和压延加工业	0.0653
18	C32	有色金属冶炼和压延加工业	0.0979

续表

序号		行业大类	权值
19	C33	金属制品业	0.0466
20	C34	通用设备制造业	0.0342
21	C35	专用设备制造业	0.0339
22	C36	汽车制造业	0.0326
23	C37	铁路、船舶、航空航天和其他运输设备制造业	0.0361
24	C38	电气机械和器材制造业	0.04
25	C39	计算机、通信和其他电子设备制造业	0.0051
26	C40	仪器仪表制造业	0.0098
27	C41	其他制造业	0.0092
28	C42	废弃资源综合利用业	0.0264
29	C43	金属制品、机械和设备修理业	0.0113

注：由于系数值较小，所以小数点保留到了后四位。

③电力、热力、燃气及水生产和供应业大类。

运用层次分析法对电力、热力、燃气及水生产和供应业中的行业大类风险程度进行两两比较，按其相对重要性进行打分，打分结果形成判断矩阵。同时计算出各项权值，并进行一致性检验。电力、热力、燃气及水生产和供应各行业大类风险对比矩阵、风险分值及一致性检验结果如表5-20和表5-21所示。

表5-20 电力、热力、燃气及水生产和供应各行业大类风险对比

	D44	D45	D46
D44	1	10/9	11/6
D45	9/10	1	3/5
D46	6/11	5/3	1

表5-21 电力、热力、燃气及水生产和供应各行业大类风险分值一览表

序号		行业大类	权值	一致性检验结果
1	D44	电力、热力生产和供应业	0.4123	
2	D45	燃气生产和供应业	0.2692	cr = 0.0991
3	D46	水的生产和供应业	0.3185	

注：由于系数值较小，所以小数点保留到了后四位。

④交通运输、仓储和邮政业大类。

运用层次分析法对交通运输、仓储和邮政业中的行业大类风险程度进行两两比较，按其相对重要性进行打分，打分结果形成判断矩阵。同时计算出各项权值，并进行一致性检验。交通运输、仓储和邮政各行业大类风险对比矩阵和风险分值及一致性检验结果如表 5-22 和表 5-23 所示。

表 5-22　　交通运输、仓储和邮政各行业大类风险对比

	G53	G54	G55	G56	G57	G58	G59
G53	1	1/2	4/7	9/4	3/2	2	2/7
G54	9/4	1	9/8	5	9/4	4	4/9
G55	5/2	8/9	1	7/2	2	3	2/5
G56	4/9	1/5	2/7	1	2	2/5	2/9
G57	5/6	4/9	1/2	2	1	7/6	1/20
G58	2/3	1/4	1/3	5/2	6/7	1	1/3
G59	7	9/4	5/2	9/2	20/1	3	1

表 5-23　　交通运输、仓储和邮政各行业大类风险分值一览表

序号	行业大类		权值	一致性检验结果
1	G53	铁路运输业	0.0928	
2	G54	道路运输业	0.1809	
3	G55	水上运输业	0.1539	
4	G56	航空运输业	0.0480	cr = 0.1338
5	G57	管道运输业	0.0635	
6	G58	多式联运和运输代理业	0.0690	
7	G59	卸搬运和仓储业	0.3918	

注：由于系数值较小，所以小数点保留到了后四位。

二是对中风险性行业门类各行业大类打分，中风险行业门类包括以下 3 种：

①建筑业大类。

运用层次分析法对建筑业中的行业大类风险程度进行两两比较，按其相对重要性进行打分，打分结果形成判断矩阵。同时计算出各项权值，并进行一致

性检验。建筑各行业大类风险对比矩阵、风险分值及一致性检验结果如表 5-24 和表 5-25 所示。

表 5-24　　　　建筑各行业大类风险对比矩阵

	E47	E48	E50
E47	1	8/9	6/5
E48	9/8	1	9/7
E50	5/6	7/9	1

表 5-25　　　　建筑各行业大类风险分值一览表

序号	行业大类	权值	一致性检验结果
1	E47　房屋建筑业	0.3385	
2	E48　土木工程建筑物业	0.3747	cr = 0.0011
3	E50　建筑装饰、装修和其他建筑业	0.2876	

注：由于系数值较小，所以小数点保留到了后四位。

②科学研究和技术服务业大类。

运用层次分析法对科学研究和技术服务业中的行业大类风险程度进行比较，按其相对重要性进行打分，打分结果形成判断矩阵。同时计算出各项权值，并进行一致性检验。科学研究和技术服务各行业大类风险对比矩阵、风险分值及一致性检验结果如表 5-26 和表 5-27 所示。

表 5-26　　　　科学研究和技术服务各行业大类风险对比矩阵

	M73	M74
M73	1	5/9
M74	9/5	1

表 5-27　　　　科学研究和技术服务各行业大类风险分值一览表

序号	行业大类	权值
1	M73　研究和试验发展	0.3571
2	M74　专业技术服务业	0.6429

注：由于系数值较小，所以小数点保留到了后四位。

③水利、环境和公共设施管理业大类。

运用层次分析法对水利、环境和公共设施管理业中的行业大类风险程度进行两两比较,按其相对重要性进行打分,打分结果形成判断矩阵。同时计算出各项权值,并进行一致性检验。水利、环境和公共设施管理各行业大类风险对比矩阵、风险分值及一致性检验结果如表5-28和表5-29所示。

表5-28　水利、环境和公共设施管理业各行业大类风险对比矩阵

	N76	N77	N78
N76	1	5/6	7/8
N77	5/6	1	3/4
N78	8/7	4/3	1

表5-29　水利、环境和公共设施管理业各行业大类风险分值一览表

序号	行业大类	权值	一致性检验结果
1	N76　水利管理业	0.3108	cr = 0.0002
2	N77　生态保护和环境治理业	0.2938	
3	N78　公共设施管理业	0.3593	

注:由于系数值较小,所以小数点保留到了后四位。

三是对低风险性行业门类各行业大类打分,低风险行业门类包括以下8种:

①农、林、牧、渔业。

运用层次分析法对农、林、牧、渔业中的行业大类风险程度进行两两比较,按其相对重要性进行打分,打分结果形成判断矩阵。同时计算出各项权值,并进行一致性检验。农、林、牧、渔各行业大类风险对比矩阵、风险分值及一致性检验结果如表5-30和表5-31所示。

表5-30　农、林、牧、渔业各行业大类风险对比矩阵

	A01	A02	A04	A05
A01	1	1	5/3	2
A02	1	1	5/3	2
A04	3/5	3/5	1	8/7
A05	1/2	1/2	7/8	1

表 5-31 农、林、牧、渔业各行业大类风险分值一览表

序号	行业大类	权值	一致性检验结果
1	A01 农业	0.3227	
2	A02 林业	0.3227	cr = 0.0001
3	A04 渔业	0.1913	
4	A05 农、林、牧、渔专业及辅助性活动	0.1633	

注：由于系数值较小，所以小数点保留到了后四位。

②批发和零售业大类。

运用层次分析法对批发与零售业中的行业大类风险程度进行成对比较，按其相对重要性进行打分，打分结果形成判断矩阵。同时计算出各项权值，并进行一致性检验。批发与零售各行业大类风险对比矩阵、风险分值及一致性检验结果如表 5-32 和表 5-33 所示。

表 5-32 批发和零售各行业大类风险对比矩阵

	F51	F52
F51	1	7/9
F52	9/7	1

表 5-33 批发和零售各行业大类风险分值一览表

序号	行业大类	权值
1	F51 批发业	0.4375
2	F52 零售业	0.5625

注：由于系数值较小，所以小数点保留到了后四位。

③住宿和餐饮业大类。

运用层次分析法对住宿与餐饮业中的行业大类风险程度进行两两比较，按其相对重要性进行打分，打分结果形成判断矩阵。同时计算出各项权值，并进行一致性检验。住宿与餐饮各行业大类风险对比矩阵、风险分值及一致性检验结果如表 5-34 和表 5-35 所示。

表 5-34　　　　　住宿和餐饮各行业大类风险对比矩阵

	H61	H62
H61	1	5/6
H62	6/5	1

表 5-35　　　　　住宿和餐饮各行业大类风险分值一览表

序号	行业大类	权值
1	H61　住宿业	0.4545
2	H62　餐饮业	0.5454

注：由于系数值较小，所以小数点保留到了后四位。

④房地产业大类。

房地产中主要包含房地产业（K70）一个行业大类使用化学物品可能造成火灾、爆炸、中毒等安全风险。因此，不需要用层次分析法对房地产各行业大类进行风险对比打分。

⑤居民服务、修理和其他服务业大类。

运用层次分析法对居民服务、修理和其他服务业中的行业大类风险程度进行成对比较，按其相对重要性进行打分，打分结果形成判断矩阵。同时计算出各项权值，并进行一致性检验。居民服务、修理和其他服务各行业大类风险对比矩阵、风险分值及一致性检验结果如表 5-36 和表 5-37 所示。

表 5-36　　　　居民服务、修理和其他服务各行业大类风险对比矩阵

	O80	O81
O80	1	7/10
O81	10/7	1

表 5-37　　　　居民服务、修理和其他服务各行业大类风险分值一览表

序号	行业大类	权值
1	O80　居民服务业	0.4118
2	O81　机动车、电子产品和日用产品修理业	0.5882

注：由于系数值较小，所以小数点保留到了后四位。

⑥教育业大类。

教育中主要包含教育业（P82）一个行业大类为学校实验室使用一些化学

试剂可能引发的火灾、爆炸、中毒和腐蚀等安全风险。因此,不需要用层次分析法对教育业各行业大类进行风险对比打分。

⑦卫生和社会工作大类风险。

卫生和社会工作主要集中在卫生（Q84）一个大类消毒、检查、麻醉、医疗等过程中使用各种化学试剂和医疗物品所引发的火灾、爆炸、中毒和腐蚀等安全风险。因此,不需要用层次分析法对卫生和社会工作各行业大类进行风险对比打分。

⑧文化、体育和娱乐业大类。

运用层次分析法对文化、体育和娱乐业中的行业大类风险程度进行成对比较,按其相对重要性进行打分,打分结果形成判断矩阵。同时计算出各项权值,并进行一致性检验。文化、体育和娱乐各行业大类风险对比矩阵、风险分值及一致性检验结果如表55-38和表5-39所示。

表5-38　　　　　文化、体育和娱乐各行业大类风险对比

	R86	R88
R86	1	3/2
R88	2/3	1

表5-39　　　　文化、体育和娱乐各行业大类风险分值一览表

序号	行业大类	权值
1	R86　新闻和出版业	0.60
2	R88　文化艺术业	0.40

将上述各行业门类中的行业大类环境风险权值汇总,形成判断矩阵,并通过公约数处理使各行业大类风险权值横向比较,将15类行业系统按照得分由高到低平均划分为五个等级,如表5-40所示。

表5-40　　　　　　　行业大类环境风险等级

序号	门类	大类	等级
1	A　农、林、牧、渔业	A01　农业	D
2		A02　林业	D
3		A04　渔业	D
4		A05　农、林、牧、渔专业及辅助性活动	D

续表

序号	门类	大类	等级
5	B 采矿业	B06 煤炭开采和洗选业	B
6		B07 石油和天然气开采业	B
7		B08 黑色金属采选业	D
8		B09 有色金属采选业	C
9		B10 非金属矿采选业	C
10		B12 其他采矿业	D
11	C 制造业	C13 农副食品加工业	C
12		C14 食品制造业	C
13		C15 酒、饮料和精制茶制造业	E
14		C17 纺织业	D
15		C19 皮革、毛皮、羽毛及其制品和制鞋业	E
16		C20 木材加工和木、竹、藤、棕、草制品业	D
17		C21 家具制造业	D
18		C22 造纸和纸制品业	E
19		C23 印刷和记录媒介复制业	C
20		C24 文教、工美、体育和娱乐用品制造业	D
21		C25 石油、煤炭及其他燃料加工业	A
22		C26 化学原料和化学制品制造业	A
23		C27 医药制造业	B
24		C28 化学纤维制造业	B
25		C29 橡胶和塑料制品业	B
26		C30 非金属矿物制品业	B
27		C31 黑色金属冶炼和压延加工业	B
28		C32 有色金属冶炼和压延加工业	A
29		C33 金属制品业	B
30		C34 通用设备制造业	B
31		C35 专用设备制造业	B
32		C36 汽车制造业	B
33		C37 铁路、船舶、航空航天和其他运输设备制造业	B
34		C38 电气机械和器材制造业	B
35		C39 计算机、通信和其他电子设备制造业	E
36		C40 仪器仪表制造业	D

续表

序号	门类	大类	等级
37	C 制造业	C41 其他制造业	D
38		C42 废弃资源综合利用业	C
39		C43 金属制品、机械和设备修理业	D
40	D 电力、热力燃气及水生产和供应业	D44 电力、热力生产和供应业	B
41		D45 燃气生产和供应业	B
42		D46 水的生产和供应业	D
43	E 建筑业	E47 房屋建筑	D
44		E48 土木工程建筑物业	D
45		E50 建筑装饰、装修和其他建筑业	D
46	F 批发和零售业	F51 批发业	D
47		F52 零售业	D
48	G 交通运输、仓储和邮政业	G53 铁路运输业	D
49		G54 道路运输业	C
50		G55 水上运输业	C
51		G56 航空运输业	D
52		G57 管道运输业	D
53		G58 多式联运和运输代理业	D
54		G59 装卸搬运和仓储业	A
55	H 住宿和餐饮业	H61 住宿业	D
56		H62 餐饮业	D
57	K 房地产业	K70 房地产业	E
58	M 科学研究和技术服务业	M73 研究和试验发展	D
59		M74 专业技术服务业	C
60	N 水利、环境和公共设施管理业	N76 水利管理业	C
61		N77 生态保护和环境治理业和公共设施管理业	C
62		N78 公共设施管理业	C
63	O 居民服务、修理和其他服务业	O80 居民服务业	D
64		O81 机动车、电子产品和日用产品修理业	D
65	P 教育	P83 教育	E
66	Q 卫生和社会工作	Q84 卫生	C
67	R 文化、体育和娱乐业	R86 新闻和出版业	E
68		R88 文化艺术业	E

5.2 长江上游沿江工业环境风险空间分布

为了全面地识别长江上游沿江地区工业环境风险分布情况,本研究基于企业微观视角,从上游流域、沿江各省市及沿江左右岸不同距离的缓冲区3个层面,对涵盖风险工业企业在内的各行业风险企业的空间分布情况进行呈现,绘制出了不同等级风险企业在长江上游沿江地区的分布情况。如图5-1所示,由图中可以看出,长江上游各级风险企业在空间分布上呈现一定的空间集聚特征,风险企业主要集中于长江上游东部和中部,而西北部的阿坝藏族羌族自治州、甘孜藏族自治州和凉山彝族自治州各级风险企业的分布较少。值得一提的是,A级风险企业主要集中于成都平原经济区和川东北经济区,如成都市、德阳市、绵阳市、南充市等地,此外,长江上游其他省市的省会城市及其中心城区也是A级风险企业的主要集聚地,如重庆市主城区、贵州贵阳等地。

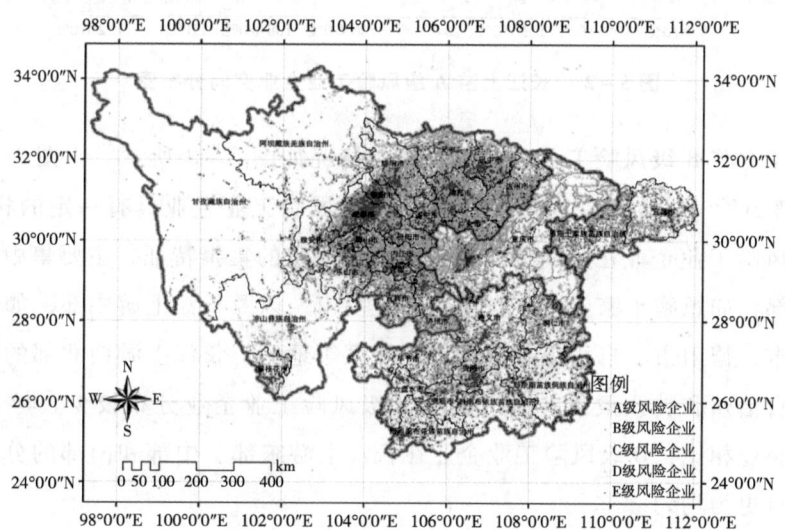

图5-1 长江上游沿江各级风险企业分布图

从工业企业的环境风险分布(A~E级)来看,长江上游A级风险工业企业在面状分布上呈现出一定的空间集聚特征(图5-2),主要集中于长江上游中部的成都市及其周边城市、重庆市主城区以及北部的南充市、巴中市等地。但长江上游西北部的阿坝藏族羌族自治州和甘孜藏族自治州等地 A 级风险工业企业分布较少。从点状分布上来看，长江上游各省会城市及其中心城区 A 级风险工业企业分布较多，而其他地区分布相对较少。

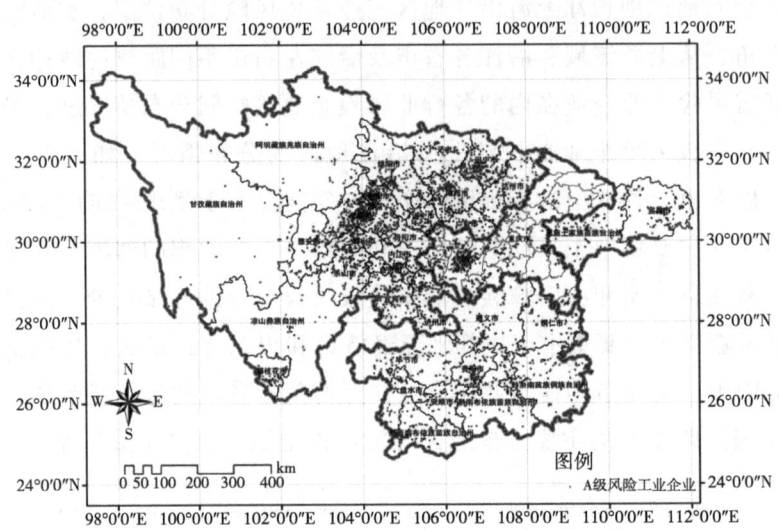

图 5-2　长江上游 A 级风险工业企业空间分布图

长江上游 B 级风险工业企业空间分布情况如图 5-3 所示。由图中可以看出，B 级风险工业企业空间分布特征与 A 级风险工业企业具有一定的相似性。即 B 级风险工业企业在空间分布上也呈现出一定的集聚特征，主要集中于长江上游东部，如恩施土家族苗族自治州和宜昌市，以及长江上游中部，如四川省的成都市、德阳市、自贡市、重庆市主城区等地。但长江上游西北部的阿坝藏族羌族自治州和甘孜藏族自治州等地 B 级风险工业企业分布较少。与 A 级风险工业企业相比，B 级风险工业企业在长江上游东部、中部和南部的分布数量更多，也更为均匀。

长江上游 C 级风险工业企业空间分布情况如图 5-4 所示。由图中可以看出，在整体上，C 级风险工业企业呈现出一定的集聚特征，主要集中于长江上游中部的成都市及其周边的德阳市、绵阳市和重庆市主城区等地，以及东南的贵州贵阳、遵义等。长江上游西北部的阿坝藏族羌族自治州和甘孜藏族自治州 C 级风险工业企业分布较少。从地级市层面来看，四川省成都市及其周边城市、重庆市主城区以及贵州省中部城市 C 级风险工业企业数量更多，更为集中。

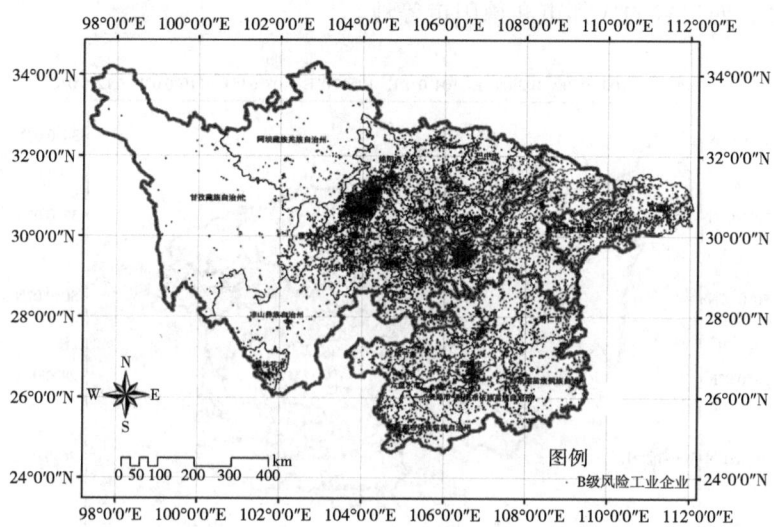

图 5-3　长江上游 B 级风险工业企业空间分布图

图 5-4　长江上游 C 级风险工业企业空间分布图

长江上游 D 级风险工业企业空间分布情况如图 5-5 所示。由图中可以看出，D 级风险工业企业与 A 级风险工业企业呈现一定的相似性。与 A 级风险工业企业一样，D级风险工业企业在面状分布上表现出一定的空间集聚特征，主要集中于长江上游各省会城市及其中心城区，如贵州省贵阳市和遵义市、重庆主城区、四川省的成都市和德阳市等地。

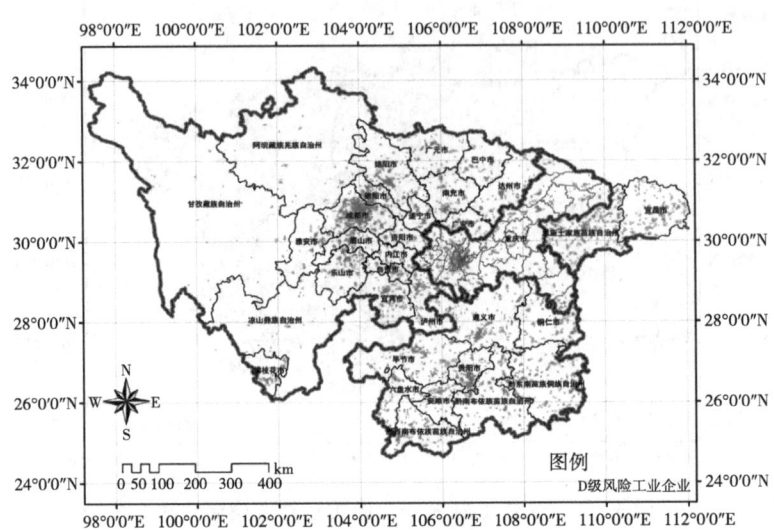

图5-5　长江上游D级风险工业企业空间分布图

长江上游E级风险工业企业空间分布情况如图5-6所示。由图中可以看出，E级风险工业企业在空间分布上呈现出多中心集聚的特征。主要集中于各省市的省会城市及其中心城区，如四川省成都市、重庆市主城区以及贵州省贵阳市、遵义市等。此外，E级风险工业企业在湖北省（上游段）恩施土家族苗族自治州的分布也比较多。从整体上来看，E级风险工业企业在长江上游东北部和南部的分布比西北部分布更多。

5.2.1　重庆市工业环境风险的空间分布特征

运用层次分析法，首先，本研究将重庆市风险工业企业划分为A~E五个等级，各级风险工业企业数目在各区县的分布情况如表5-41所示。结果表明，重庆市各级风险工业企业数目在各区县的分布并不均衡。在五个风险等级当中，重庆市A级风险工业企业数目是最少的，共有1098家。其中，仅有九

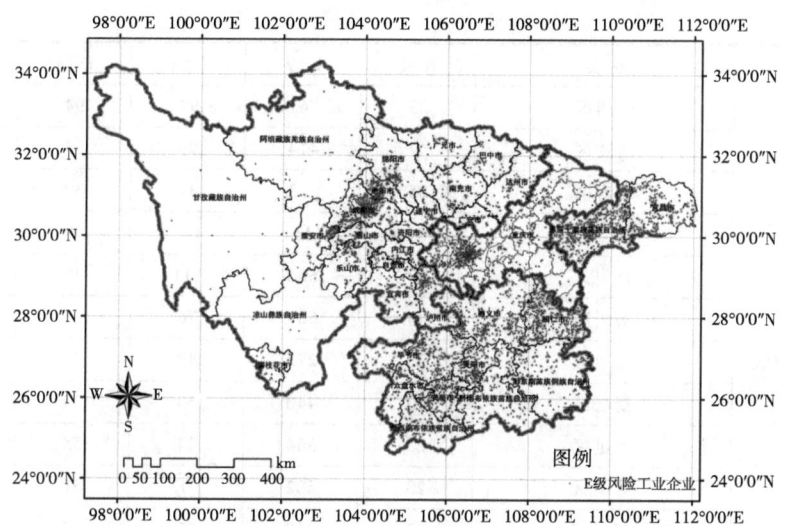

图 5-6　长江上游 E 级风险工业企业空间分布图

龙坡区超过了一百家，其 A 级风险工业企业数量最多；而数目最少的区县是彭水苗族土家族自治县，仅有一家。B 级风险工业企业的数量最多，共有 16694 家。其中，九龙坡区数量最多，有 2058 家；而城口县数量最少，仅有 71 家。C 级、D 级和 E 级风险工业企业数量相差不大，分别有 2371 家、1834 家及 1923 家。其次，从三大板块划分来看，主城都市区各级风险工业企业数目最多，渝东南各级风险工业企业数目最少，可见主城都市区的工业环境风险相对较高，而渝东南工业环境风险相对较低。

表 5-41　　　　　　　　重庆市风险工业企业等级划分

板块	区县	A 级	B 级	C 级	D 级	E 级
主城都市区	渝中区	5	224	41	31	15
	大渡口区	21	491	40	41	21
	江北区	30	567	66	62	55
	南岸区	49	677	95	71	105
	沙坪坝区	59	991	91	171	109
	九龙坡区	134	2058	159	307	166
	北碚区	15	629	38	133	82
	渝北区	67	1484	151	146	161

续表

板块	区县	A级	B级	C级	D级	E级
主城都市区	巴南区	33	761	92	94	48
	涪陵区	47	414	99	35	41
	长寿区	85	302	39	39	25
	江津区	65	1111	148	99	73
	合川区	19	600	111	40	50
	永川区	44	557	76	25	109
	南川区	36	272	42	7	38
	綦江区	50	440	53	24	36
	大足区	25	564	24	35	29
	璧山区	23	602	107	51	225
	铜梁区	33	410	37	27	59
	潼南区	25	330	23	4	96
	荣昌区	17	459	102	26	51
渝东北三峡库区城镇群	万州区	31	360	75	27	38
	梁平区	16	165	71	31	23
	开州区	13	250	55	34	49
	城口县	6	71	14	12	4
	丰都县	13	146	46	15	20
	垫江县	24	178	60	28	22
	忠县	12	130	28	9	19
	云阳县	12	194	36	19	19
	奉节县	9	175	39	28	16
	巫山县	6	145	25	20	12
	巫溪县	3	119	34	18	10
渝东南武陵山区城镇群	黔江区	18	194	46	27	15
	武隆区	5	138	33	3	13
	石柱土家族自治县	13	129	56	14	28
	秀山土家族苗族自治县	18	110	43	44	16
	酉阳土家族苗族自治县	16	145	39	26	12
	彭水苗族土家族自治县	1	102	37	11	13

值得指出的是，九龙坡区分布的各级风险工业企业的数量普遍较多。九龙坡区是重庆的老工业基地、工业大区，工业基础雄厚，区域内的制造业主要为汽车摩托车、新材料、高端装备、电子信息等，工业企业生产中所带来的环境风险也相对较高。而城口县在各级风险工业企业的数量都很少。一是因为城口县地理位置偏僻，工业基础相对薄弱，导致工业企业总量较少；二是城口县作为重点生态功能区县城之一，生态环境优越，以城口老腊肉、中药材产业等生态特色产业为主导产业，其带来的环境风险相对较低。

为了全面地识别长江上游沿江各省市的风险分布情况，本研究对涵盖风险工业企业在内的各行业风险企业的数量分布也进行了统计、整理。重庆市各级风险企业数目在各区县的分布情况如表 5–42 及图 5–7 所示。结果表明，重庆市各级风险企业数目在各区县的分布并不均衡。重庆市 A 级风险企业数目相对其他几个风险等级的风险企业数目来说较少，共有 1867 家。其中，共有两个地区 A 级风险企业超 200 家，即九龙坡区和渝北区，分别有 234 家和 218 家，A 级风险企业数量最多，其次是沙坪坝区有 132 家，排在第三名。重庆市 A 级风险企业数目最少的区县是城口县和武隆区，都只有 4 家。B 级风险企业共有 19646 家，其中九龙坡区 B 级风险企业数量最多，有 2712 家，而城口县数量最少，仅有 88 家。C 级风险企业共有 14734 家，其中数量最多的是渝北区，有 1919 家，最少的是城口县，仅有 37 家。重庆市 D 级风险企业相较其他等级的数量是最多的，共有 65455 家，其中 D 级风险企业最多的是九龙坡区，共有 7929 家，城口县最少，仅有 389 家。E 级风险企业共有 16975 家，其中，渝北区数量最多，为 2539 家，而城口县数目最少，仅有 30 家。

表 5–42　　　　　　　　　　重庆市风险企业等级划分

板块	区县	A 级	B 级	C 级	D 级	E 级
主城都市区	渝中区	27	251	591	2450	1190
	大渡口区	30	630	331	1148	279
	江北区	112	610	976	3777	1424
	南岸区	84	809	885	3980	1538
	沙坪坝区	132	1333	645	3189	1220
	九龙坡区	218	2712	1006	7929	1631
	北碚区	40	767	321	1165	389

续表

板块	区县	A级	B级	C级	D级	E级
主城都市区	渝北区	234	1746	1636	7174	2539
	巴南区	76	991	371	2548	685
	涪陵区	62	463	483	1596	341
	长寿区	107	293	336	904	212
	江津区	86	1212	478	1863	394
	合川区	26	617	318	975	336
	永川区	51	591	275	1267	511
	南川区	33	300	150	1115	198
	綦江区	58	478	438	1096	317
	大足区	39	725	150	994	226
	璧山区	35	728	306	1019	531
	铜梁区	37	453	160	748	257
	潼南区	32	416	246	993	235
	荣昌区	21	567	318	960	207
渝东北三峡库区城镇群	万州区	63	386	443	2700	450
	梁平区	30	153	149	700	115
	开州区	33	279	159	1326	243
	城口县	4	88	37	389	30
	丰都县	13	164	163	819	84
	垫江县	35	196	203	873	160
	忠县	21	138	159	748	112
	云阳县	17	195	158	1045	125
	奉节县	17	187	188	1918	123
	巫山县	16	177	104	955	98
	巫溪县	8	137	86	653	60
渝东南武陵山区城镇群	黔江区	27	167	253	1377	208
	武隆区	4	142	99	791	96
	石柱土家族自治县	14	146	163	716	109
	秀山土家族苗族自治县	21	112	187	1181	111
	酉阳土家族苗族自治县	20	169	139	1308	108
	彭水苗族土家族自治县	5	118	124	1066	83

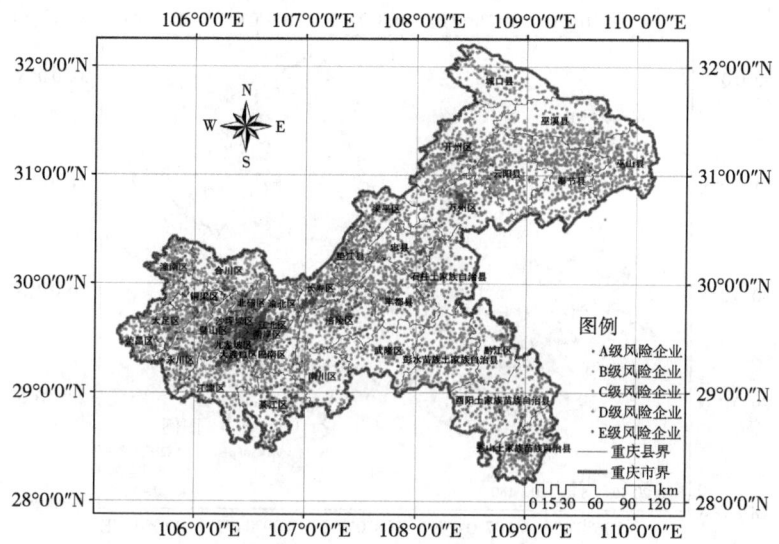

图 5-7 重庆市各级风险企业分布图

为进一步研究重庆市风险企业的空间分布特征，本研究运用 ArcMap 10.4 对重庆市各级风险工业企业和风险企业分类数据进行处理，得到重庆市各级工业企业和所有企业的风险空间分布图。重庆市 A 级风险工业企业空间分布特征如图 5-8 所示，可以看出：首先，从空间面状分布来看，重庆市 A 级风险工业企业的空间分布呈现出一定的集聚特征，主要集中在主城都市区，而各区县分布相对较少。其次，从空间点状分布来看，主城区中的渝北区、九龙坡区以及沙坪坝区 A 级风险工业企业分布相对较多，而巴南区、大渡口区以及北碚区分布相对较少。在区县中，长寿区、万州区、永川区、合川区以及涪陵区等传统型制造业中心区域分布较多，巫溪县、城口县、武隆区分布则相对较少。最后，从三个板块的划分来看，相较于渝东北和渝东南版块，重庆市主城都市区板块 A 级风险工业企业的数量更多，分布也更为集中。从涵盖 A 级风险工业企业在内的 A 级风险企业空间分布来看（图 5-9），重庆市 A 级风险企业与 A 级风险工业企业的空间分布特征基本一致，主要集聚在主城都市区及各板块的中心城区，其他区县 A 级风险企业分布则相对较少。

重庆市 B 级风险工业企业的空间分布特征如图 5-10 所示。重庆市 B 级风险工业企业相较于 A 级风险工业企业的数目更多，在各个区县的分布也更加

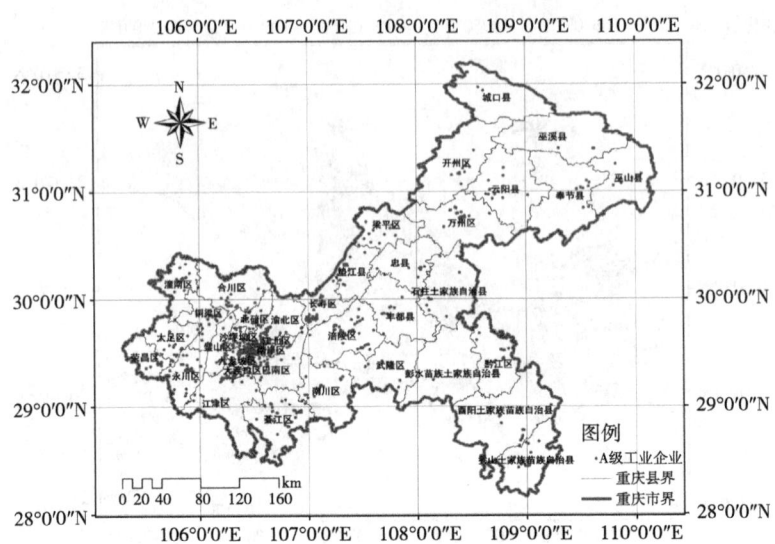

图 5-8　重庆市 A 级风险工业企业的空间分布图

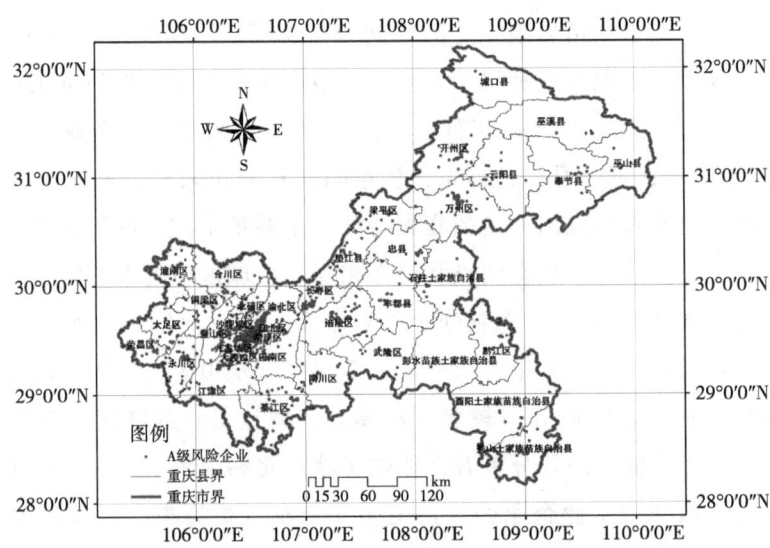

图 5-9　重庆市 A 级风险企业的空间分布图

均匀，但在空间分布上仍呈现出一定的集聚特征，主要集中在主城区，各区县分布相对较少。在主城区中的九龙坡区、渝北区以及沙坪坝区分布较多，大渡口区、北碚区以及江北区分布相对较少。相较于渝东北和渝东南板块，重庆市主城都市区板块 B 级风险工业企业分布的数量更多，也更为集中。其次，在区县中，长寿区、万州区、永川区、合川区以及涪陵区等传统型制造业中心区域 B 级风险工业企业分布较多，而渝东北板块的城口县、巫溪县以及渝东南板块的秀山土家族苗族自治县及彭水苗族土家族自治县分布相对较少。从涵盖 B 级风险工业企业在内的 B 级风险企业的空间分布来看（图 5-11），重庆市 B 级风险企业与 B 级风险工业企业的空间分布特征基本一致，主要集聚在主城都市区及各板块的中心城区，其他区县分布相对较少。

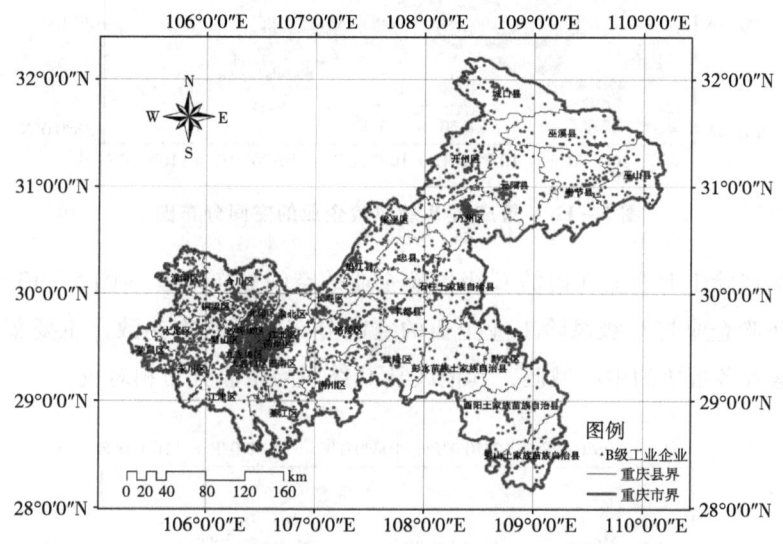

图 5-10　重庆市 B 级风险工业企业的空间分布图

重庆市 C 级风险工业企业的空间分布特征如图 5-12 所示。可以看出重庆市 C 级风险工业企业在空间分布上主要集中在主城区，各个区县的分布相对较少。从空间点状分布上来看，在主城区中，渝北区、九龙坡区、江北区及沙坪坝区分布相对较多，而巴南区、北碚区的分布相对较少。在各个区县中，涪陵区、万州区及合川区等传统型区域中心 C 级风险工业企业分布较多，武隆区、巫溪县以及城口县的分布较少。最后，从三个板块的划分来看，相较于渝东北和渝东南板块，重庆市主城都市区板块 C 级风险工业企业分布的数量更多，也更为集中。一是因为该区域涵盖的区县数目较多，二是该区域中的区县工业、制造业整体上较为发达，相应的工业企业生产中所带来的环境风险也相对较高。从

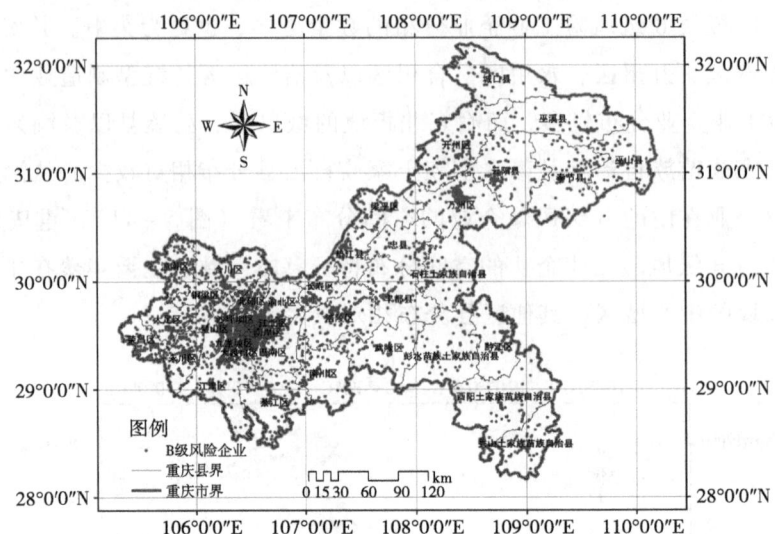

图 5-11 重庆市 B 级风险企业的空间分布图

涵盖 C 级风险工业企业在内的 C 级风险企业的空间分布来看（图 5-13），重庆市 C 级风险企业与 C 级风险工业企业的空间分布特征基本一致，主要集聚在主城都市区及各板块的中心城区，其他区县 C 级风险企业分布相对较少。

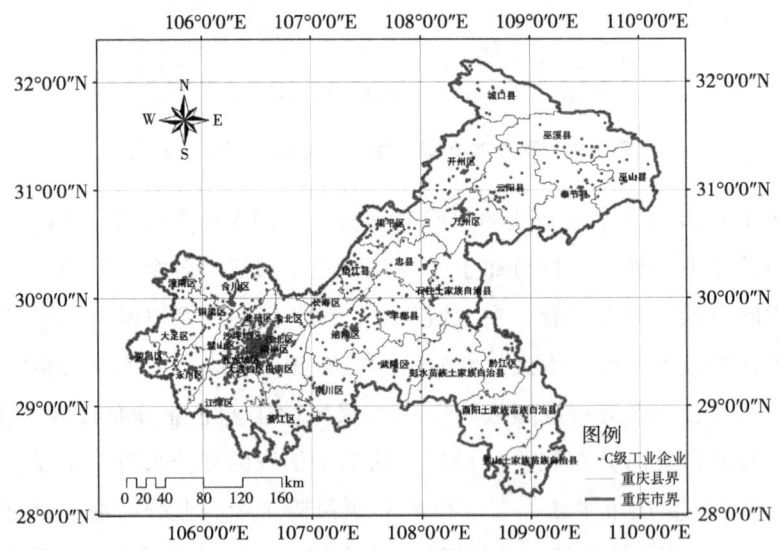

图 5-12 重庆市 C 级风险工业企业的空间分布图

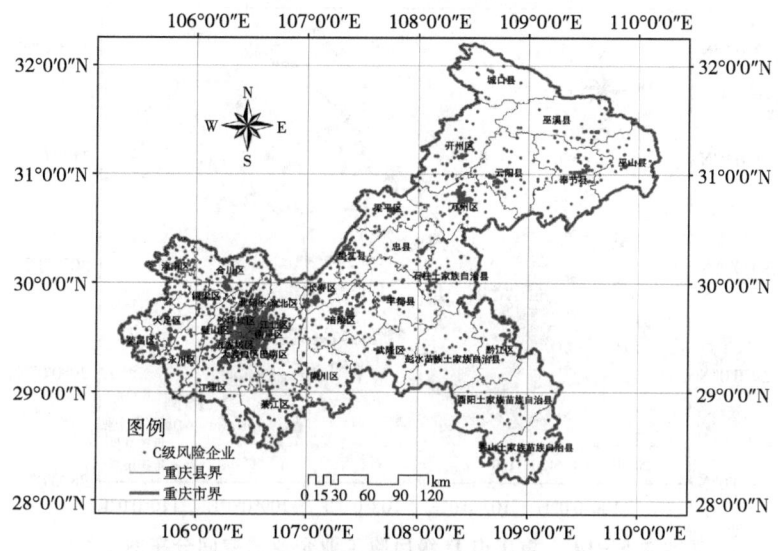

图 5-13 重庆市 C 级风险企业的空间分布图

如图 5-14 所示,在空间分布上,重庆市 D 级风险工业企业的分布集聚特征明显,其主要集中于主城区,其他区县分布较少。与 D 级风险工业企业不同,重庆市 D 级风险企业(含 D 级风险工业企业在内)的空间分布更为均匀(图 5-15),多中心化的空间分布特征较为突出。D 级风险企业在空间上分布的多中心化特征与其产业组成密不可分,这类企业多涉及住宿、餐饮及居民服务等有关基本民生的各个行业门类,其直接关系到人们的日常生活需求,因此需要在城市的各个区域都有相应的服务提供者,以满足不同区域居民的需求。这与 A、B 级风险企业在空间上的分布特征相反,因后者多以制造业为主,多集中于主城区及周边永川、江津等区。值得指出的是,重庆市 D 级风险企业的分布几乎覆盖了所有的主城区、主要的县城及乡镇、区域性核心商业区域、制造业中心区域,是重庆市风险企业中一个极为重要的组成部分。

重庆市 E 级风险工业企业的空间分布如图 5-16 所示。可以看出,重庆市 E 级风险工业企业与 A 级风险工业企业的空间分布特征呈现高度相似性,相较其他几类风险企业,其分布数量较少,但空间集聚特征更为明显。在空间面状分布方面,E 级风险工业企业主要集中在主城区,而在各个区县的分布较少。其中,在主城区中渝北区、九龙坡区以及南岸区等分布较多,北碚区和大渡口

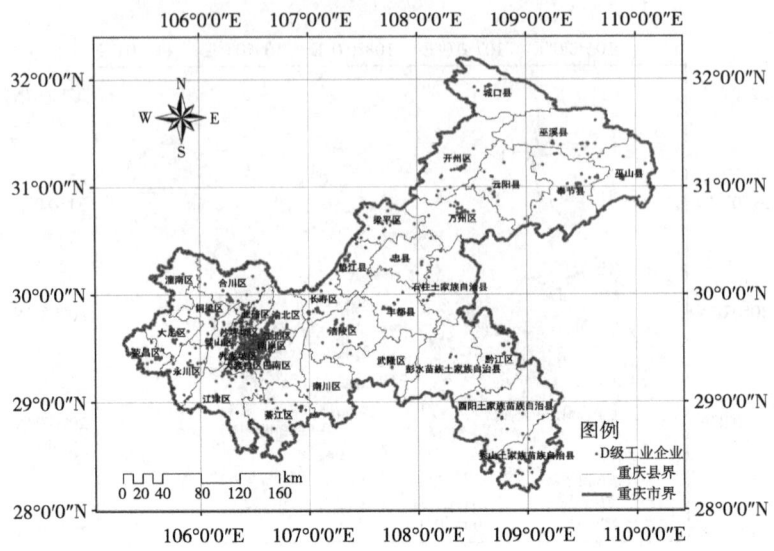

图 5-14 重庆市 D 级风险工业企业的空间分布图

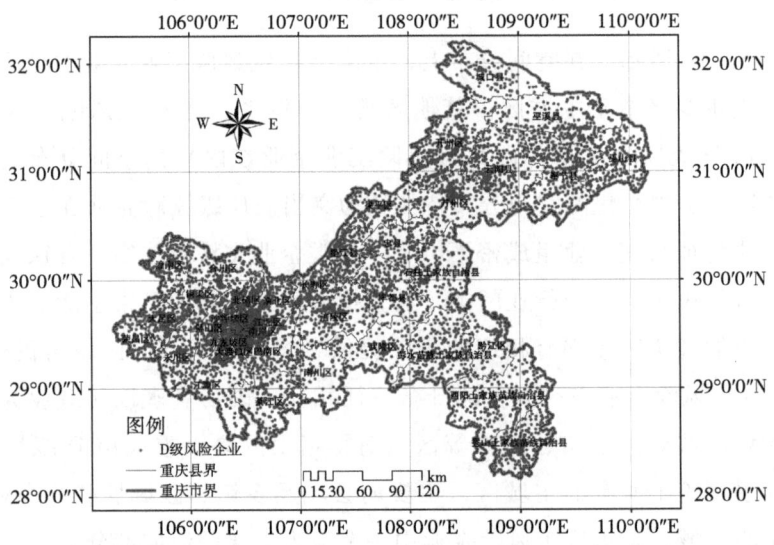

图 5-15 重庆市 D 级风险企业的空间分布图

区等分布较少。在空间点状分布方面，涪陵区、万州区、永川区、合川区等传统区域性中心具有明显的集聚特性。分板块来看，相较于渝东北和渝东南板块，重庆市主城都市区板块 E 级风险工业企业分布的数量更多，也更为集中，渝东北板块次之，而渝东南板块分布最少。从涵盖 E 级风险工业企业在内的 E

级风险企业的空间分布来看（图 5-17），重庆市 E 级风险企业与 E 级风险工业企业的空间分布特征基本一致，主要集聚在主城都市区及各板块的中心城区，其他区县 E 级风险企业分布相对较少。

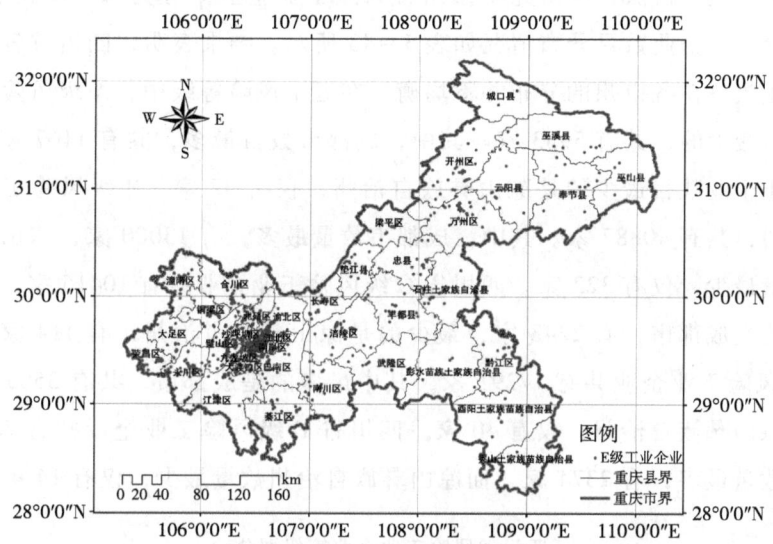

图 5-16 重庆市 E 级风险工业企业的空间分布图

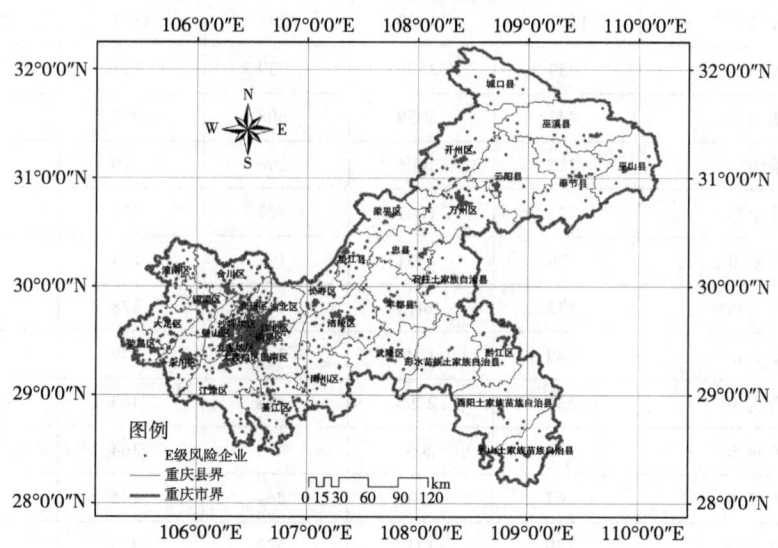

图 5-17 重庆市 E 级风险企业的空间分布图

5.2.2 四川省工业环境风险的空间分布特征

运用层次分析法,本研究将四川省风险工业企业划分为 A~E 五个等级,各级风险工业企业数目分布情况如表 5-43 所示。结果表明,四川省各级风险工业企业数目在各市州的分布并不均衡。在五个风险等级中,A 级风险工业企业数目是最少的,共有 5933 家。其中,成都市数目最多,共有 1167 家,A 级风险工业企业数目最少的是凉山彝族自治州,仅有 42 家。B 级风险工业企业是最多的,共有 40887 家。其中,成都市数量最多,有 13000 家,凉山彝族自治州数量最少,仅有 322 家。四川省 C 级风险工业企业共有 10415 家,其中数目最多的是成都市,有 2248 家,最少的是凉山彝族自治州,有 114 家。四川省 D 级风险工业企业共有 17291 家,其中最多的是成都市,共有 3503 家,最少的是凉山彝族自治州,仅有 40 家。四川省 E 级风险工业企业共有 7826 家,成都市数量最多,有 2374 家,而凉山彝族自治州数量最少,仅有 14 家。

表 5-43　　四川省风险工业企业等级划分

地级市	A 级	B 级	C 级	D 级	E 级
成都市	1167	13000	2248	3503	2374
绵阳市	457	3509	939	741	527
德阳市	441	3059	1608	8952	1172
乐山市	212	1406	296	280	216
遂宁市	218	1041	327	222	188
资阳市	79	831	192	134	251
眉山市	332	1411	445	378	228
雅安市	249	1240	243	249	542
自贡市	335	2295	428	463	183
泸州市	332	2055	475	364	840
内江市	67	912	264	145	95
宜宾市	340	1313	532	373	346
南充市	374	1469	416	290	191

续表

地级市	A级	B级	C级	D级	E级
广安市	98	993	183	152	109
达州市	219	1418	440	216	165
巴中市	384	509	203	117	81
广元市	192	918	321	202	111
甘孜藏族自治州	64	539	213	99	48
凉山彝族自治州	42	322	114	40	14
阿坝藏族羌族自治州	94	783	317	110	84
攀枝花市	237	1864	211	261	61

从上述分析来看，成都市的各级风险工业企业的数量均最多，且每个等级的数量均与其他地区存在较大差距，这是因为成都市是四川省乃至西部最重要的工业基地，目前成都工业已形成了以电子信息、装备制造、医疗健康、绿色食品等为主导产业的综合性工业体系，工业已成为成都经济发展的重要支撑力量。而凉山彝族自治州在 A～E 等级中风险工业企业数目均最少，共有 2423 家。虽然凉山彝族自治州资源得天独厚，清洁能源、钛资源储量、轻稀土储量等位列全国前茅，金矿、磷矿、盐矿、南红玛瑙等特色资源富集，但由于其地理位置偏僻、工业基础薄弱、市场乏力等原因，工业发展较为滞后，其工业环境风险相对较低。

四川省涵盖风险工业企业在内的各级风险企业数目的分布情况如表 5-44 及图 5-18 所示。结果表明，四川省各级风险企业数目在各地区的分布并不均衡。四川省 A 级风险企业数目相对其他风险等级的风险企业数目来说较少，共有 6739 家。其中，以成都市数目最多，有 1608 家，而凉山彝族自治州数目最少，仅有 48 家。D 级风险企业相较其他风险等级的数量是最多的，共有 380132 家。其中，成都市的数目最多，共有 184012 家，与其他各地级市 D 级风险企业的数目呈现出较大的差距，凉山彝族自治州数目最少，共有 1573 家。四川省 B 级、C 级和 E 级风险企业数量相差不大，分别有 40887 家、46122 家及 43445 家。此外，与风险工业企业一样，各级风险企业在成都市分布最多，凉山彝族自治州分布最少。

表 5-44　　　　　　　　四川省风险企业等级划分

地级市	A 级	B 级	C 级	D 级	E 级
成都市	1608	13000	21090	184012	20590
绵阳市	514	3509	2908	26533	3242
德阳市	441	3059	1608	8952	1172
乐山市	229	1406	1233	8263	1065
遂宁市	233	1041	1102	11053	1233
资阳市	86	831	648	5518	800
眉山市	360	1411	1342	11267	1603
雅安市	259	1240	987	7792	1110
自贡市	352	2295	1453	5846	1181
泸州市	370	2055	2315	17111	2527
内江市	73	912	829	6742	601
宜宾市	372	1313	1906	15195	1396
南充市	398	1469	1588	16337	1757
广安市	113	993	687	7153	899
达州市	239	1418	1484	14401	1420
巴中市	398	509	661	8134	697
广元市	205	918	970	8995	688
甘孜藏族自治州	80	539	798	2061	285
凉山彝族自治州	48	322	302	1573	168
阿坝藏族羌族自治州	102	783	875	3133	386
攀枝花市	259	1864	1336	10061	625

为进一步研究四川省各级风险企业的空间分布特征，本研究运用 ArcMap 10.4 对四川省各级风险工业企业和所有风险企业分类数据进行处理，得到四川省各级风险工业企业和所有风险企业的空间分布图。其中，四川省 A 级风险工业企业空间分布特征如图 5-19 所示，四川省 A 级风险工业企业空间分布呈现较为集中的趋势。首先，从空间面状分布来看，四川省 A 级风险工业企业主要集中在东部，而西部分布较少。其次，从划分的 5 大版块来看，四川东部的成都平原经济区、川南经济区以及川东北经济区 A 级风险工业企业分布较多，西部的川西北生态经济带和攀西经济区分布较少。最后，从空间点状分布来看，成都市、绵阳市、德阳市以及巴中市等传统工业发达的地区 A 级风险工业企业分布较多，其中，成都市 A 级风险工业企业数量最多，分布最为集中。而

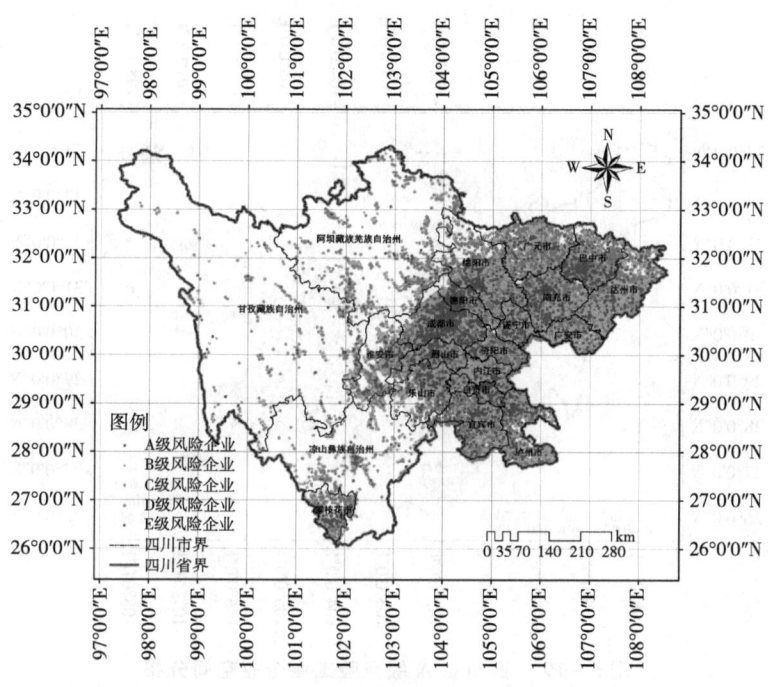

图 5-18 四川省风险企业空间分布图

地理位置较为偏远、工业基础相对薄弱的甘孜藏族自治州、凉山彝族自治州、阿坝藏族羌族自治州等少数民族自治州 A 级风险工业企业分布较少。从涵盖 A 级风险工业企业在内的 A 级风险企业空间分布来看（图 5-20），四川省 A 级风险企业与 A 级风险工业企业的空间分布特征基本一致，主要集中在四川省东部和中部各州市，而西部的甘孜藏族自治州、北部的阿坝藏族羌族自治州及南部的凉山彝族自治州分布较少。

四川省 B 级风险工业企业空间分布特征如图 5-21 所示。可以看出，四川省 B 级风险工业企业与 A 级风险工业企业的空间分布具有相似性，仍呈现出一定的空间集聚特征，但其总体数目要多于 A 级风险工业企业。与 A 级风险工业企业一样，四川省 B 级风险工业企业在空间面状分布上仍集中在东部，而西部分布较少。分板块来看，B 级风险工业企业仍然表现为在四川东部的成都平原经济区、川南经济区以及川东北经济区集中的趋势，而西部的川西北生态经济带和攀西经济区分布则较为分散。最后，从单个地级市层面来看，成都市、绵阳市和德阳市等制造业发达地区 B 级风险工业企业分布较多，而甘孜藏

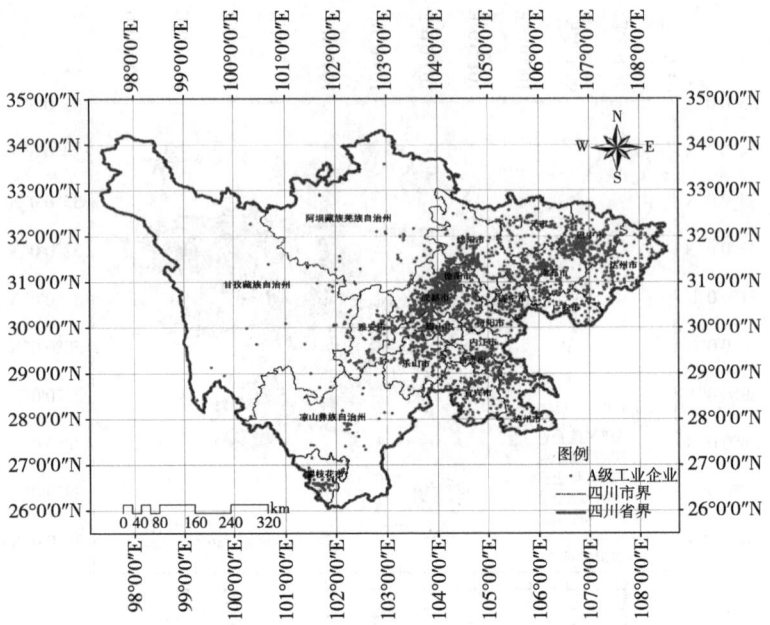

图 5-19　四川省 A 级风险工业企业空间分布

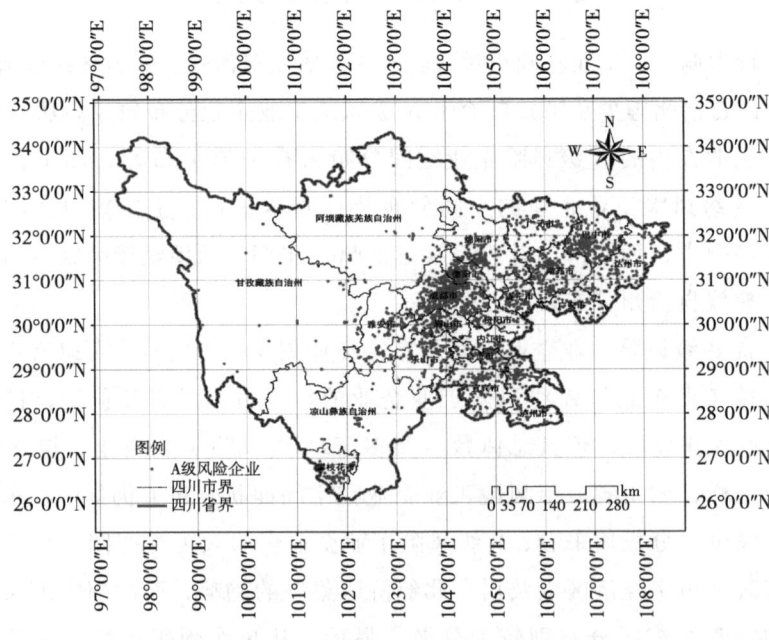

图 5-20　四川省 A 级风险企业空间分布

族自治州、凉山彝族自治州、阿坝藏族羌族自治州等少数民族自治州分布较少。从涵盖 B 级风险工业企业在内的 B 级风险企业空间分布来看（图 5-22），四川省 B 级风险企业与 B 级风险工业企业的空间分布特征基本一致，主要集中在四川省东部和中部各州市中。此外，南部的攀枝花市也有一定的分布，而西部的甘孜藏族自治州、北部的阿坝藏族羌族自治州等地则分布较少。

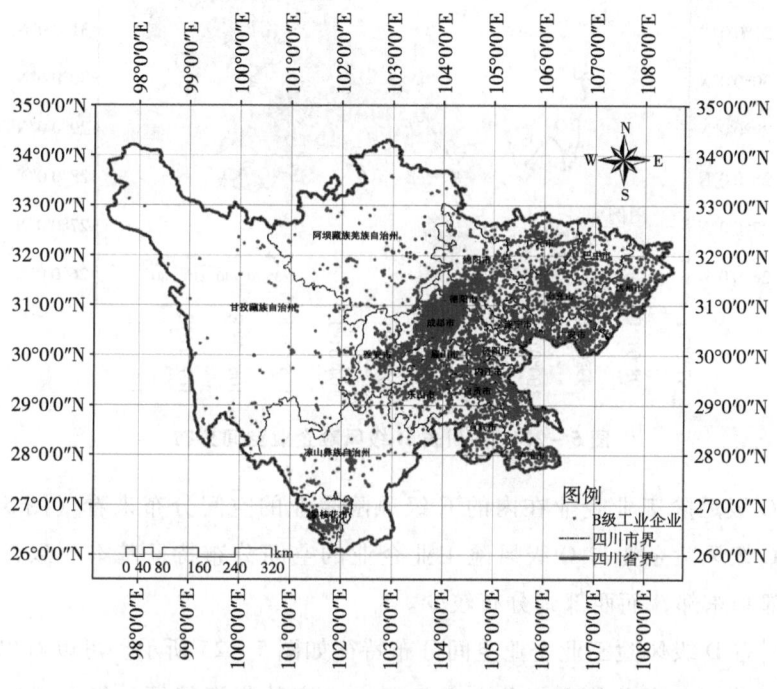

图 5-21　四川省 B 级风险工业企业空间分布

四川省 C 级风险工业企业空间分布特征如图 5-23 所示。可以看出，C 级风险工业企业空间分布特征与 B 级风险工业企业分布呈现出一定的相似性。在空间面状分布上，四川省 C 级风险工业企业仍集中在中部和东部的各州市内，其中以中部的成都市及其周边的德阳、绵阳等地最为集中。分板块来看，四川省 C 级风险工业企业主要集中在四川东部的成都平原经济区、川南经济区以及川东北经济区，西部的川西北生态经济带和攀西经济区分布较少。从单个地级市层面来看，成都市、绵阳市和德阳市等地分布较多，而甘孜藏族自治州、凉山彝族自治州、阿坝藏族羌族自治州等少数民族自治州的数量较少且分布较为分散。

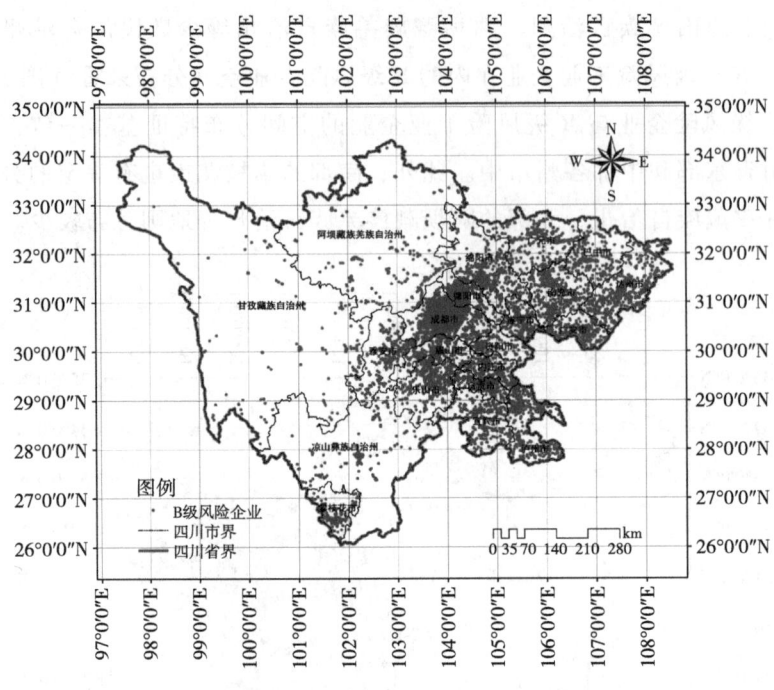

图 5-22　四川省 B 级风险企业空间分布

从涵盖 C 级风险工业企业在内的 C 级风险企业的空间分布来看（图 5-24），四川省 C 级风险企业与 C 级风险工业企业的空间分布特征基本一致，主要集中在中部和东部，而西部则分布较少。

四川省 D 级风险工业企业空间分布特征如图 5-25 所示。可以看出，四川省 D 级风险工业企业的空间分布仍呈现出一定的集聚特征，集中于东部和中部，西部分布较少。分板块来看，四川省 D 级风险工业企业集中在四川省成都平原经济区、川南经济区以及川东北经济区，而隶属于西部川西北生态经济带和攀西经济区中的甘孜藏族自治州、凉山彝族自治州、阿坝藏族羌族自治州等地分布较少。与 D 级风险工业企业不同，四川省 D 级风险企业（含风险工业企业在内）的空间分布更为均匀（图 5-26）。D 级风险企业在空间上分布的多中心化特征与其组成产业的特殊性密不可分。值得指出的是，四川省 D 级风险企业在空间面状分布上几乎覆盖了东部所有的主城区、主要的县城及乡镇、区域性核心商业区域、制造业中心区域，是风险企业中一个极为重要的组成部分，而西部的分布则相对较少。

第 5 章 长江上游沿江工业环境风险评价与空间分布

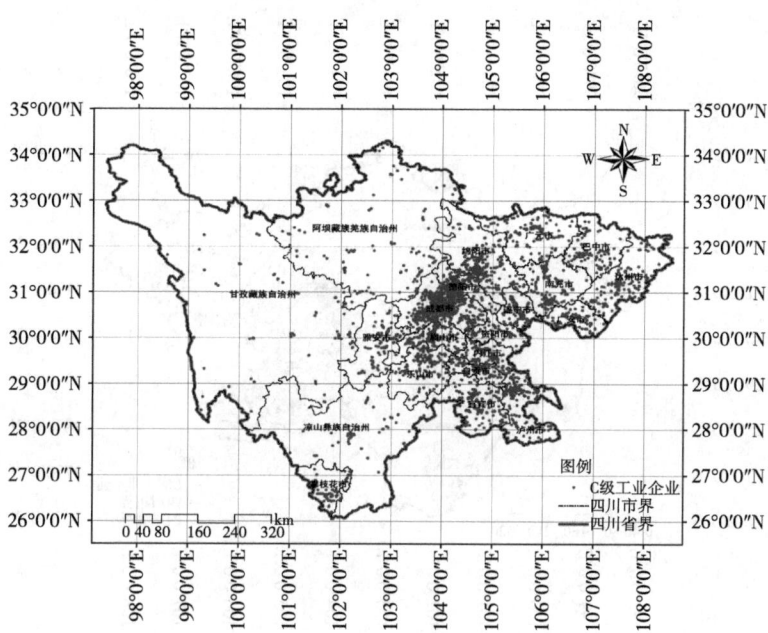

图 5-23 四川省 C 级风险工业企业空间分布

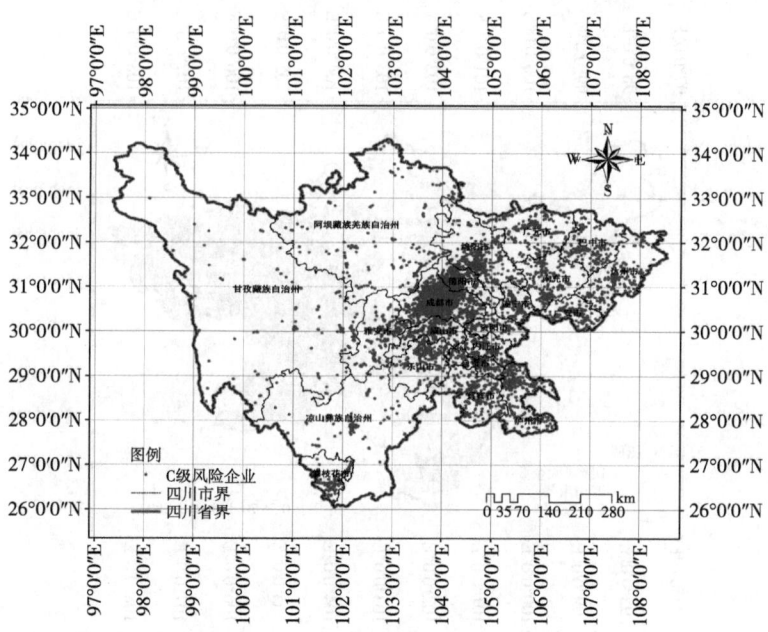

图 5-24 四川省 C 级风险企业空间分布

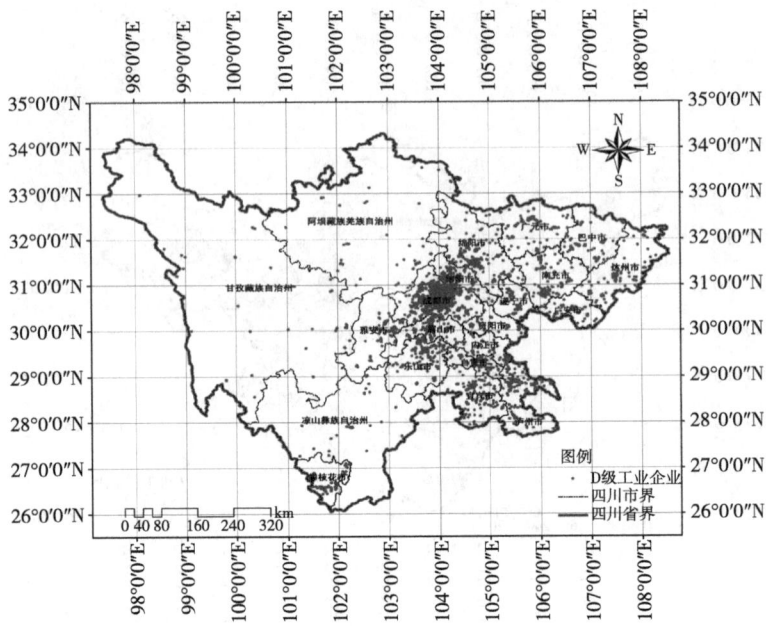

图 5-25　四川省 D 级风险工业企业空间分布

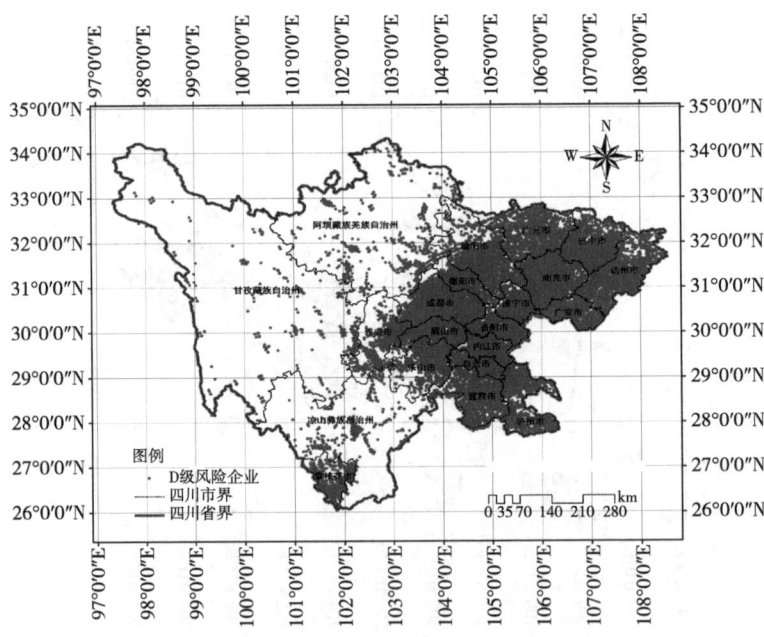

图 5-26　四川省 D 级风险企业空间分布

四川省E级风险工业企业的空间分布特征如图5-27所示。四川省E级风险工业企业的空间分布与A级风险企业具有高度相似性，相较其他几类风险企业，其空间分布集聚特征更为明显。在空间面状分布上，四川省E级风险工业企业仍集中在中部和东部，而西部分布较少；分板块来看，E级风险工业企业主要集中在成都平原经济区，在其他几个地区的分布较少，其中，又以川西北生态经济带分布最少。在空间点状分布方面，成都平原经济区中的成都市、绵阳市等地分布较多，资阳市和乐山市分布较少。川南经济区中的泸州市和宜宾市等地也表现出明显的集聚特性，而甘孜藏族自治州、凉山彝族自治州、阿坝藏族羌族自治州等地分布很少。从涵盖E级风险工业企业在内的E级风险企业的空间分布来看（图5-28），四川省E级风险企业与E级风险工业企业的空间分布特征基本一致，主要集中在成都平原经济区，川西北生态经济带和川南经济区也有一定数量的分布，而川西北生态经济带和攀西经济区则分布较少。

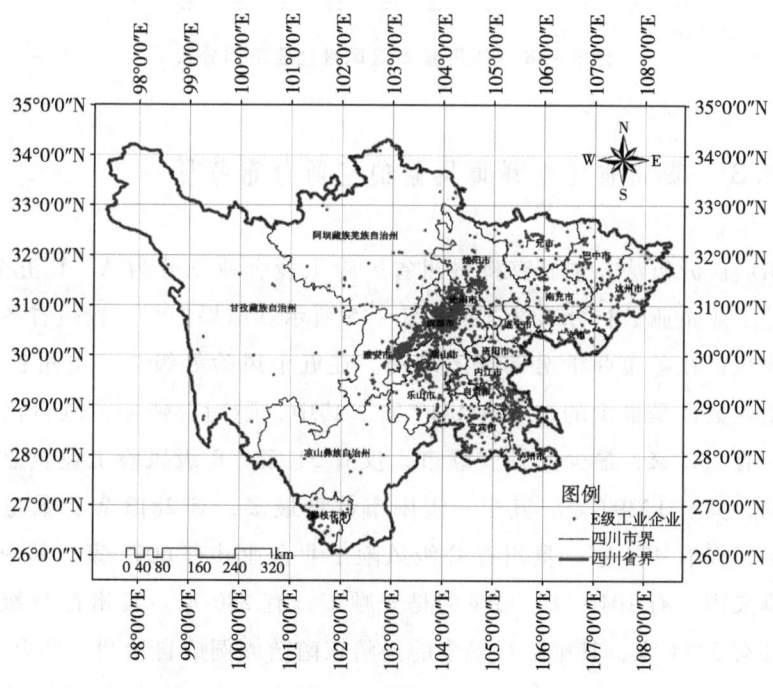

图5-27 四川省E级风险工业企业空间分布

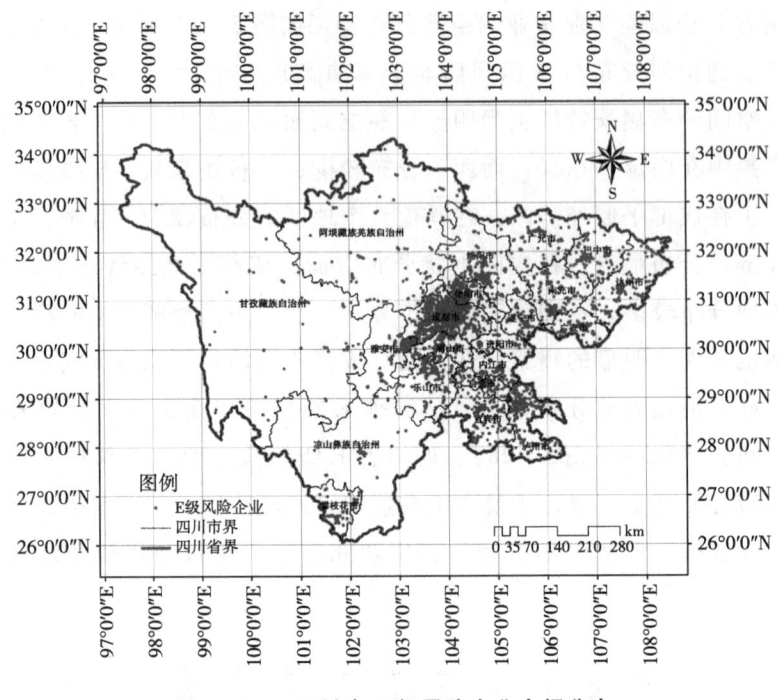

图 5-28　四川省 E 级风险企业空间分布

5.2.3　贵州省工业环境风险的空间分布特征

运用层次分析法，本研究将贵州省风险工业企业划分为 A~E 五个等级，各级风险工业企业数目分布情况如表 5-45 所示。结果表明，贵州省各级风险工业企业数目在各市州的分布并不均衡。在五个风险等级中，贵州省 A 级风险工业企业数目是最少的，共有 1419 家。其中，黔南布依族苗族自治州数目最多，共有 242 家；最少的是安顺市，仅有 51 家。B 级风险工业企业的数量是最多的，共有 12397 家。其中，贵阳市数量最多，有 2813 家；数量最少的是安顺市，仅有 474 家。贵州省 C 级风险工业企业共有 6077 家，其中数目最多的是遵义市，有 1010 家，最少的是安顺市，有 280 家。贵州省 D 级风险工业企业共有 3394 家，其中数目最多的是黔东南苗族侗族自治州，共有 582 家，最少的是安顺市，仅有 103 家。贵州省 E 级风险工业企业共有 5778 家，遵义市数量最多，为 1745 家，而黔西南布依族苗族自治州数量最少，仅有 204 家。

表 5-45　　　　　　　　贵州省风险工业企业等级划分

地级市	A 级	B 级	C 级	D 级	E 级
安顺市	51	474	280	103	453
毕节市	129	1420	939	348	640
贵阳市	218	2813	875	559	604
六盘水市	112	816	356	153	298
黔东南苗族侗族自治州	202	1052	584	582	356
黔南布依族苗族自治州	242	1847	695	520	463
黔西南布依族苗族自治州	132	839	451	240	204
铜仁市	162	1072	887	356	1015
遵义市	171	2064	1010	533	1745

值得指出的是，遵义市风险工业企业总量是最多的，共有5523家。遵义市是贵州省传统的工业强市，有着坚实的传统工业基础，现有遵义经济技术开发区、遵义综合保税区、遵义高新技术开发区3个国家级对外开放平台，14个省级经济开发区、1个省级高新区2个省级工业园区，工业经济持续保持良好势头，酱香白酒、现代化工、大数据电子信息、新能源汽车及电池材料、航空航天及装备制造等五大产业增长迅猛。贵阳市共有5029家风险工业企业，贵阳市作为贵州的政治、经济、文化、科教、交通中心，西南地区重要的交通、通信枢纽、工业基地及商贸旅游服务中心，电子信息、装备制造、化工、建材等产业发展迅速。其中，电子信息产业是贵阳市的重点发展产业，涉及计算机软件、信息服务、通信设备等多个领域。而安顺市作为风险工业企业数量最少的州市，仅有1361家。安顺市是典型的喀斯特风景旅游区、贵州西部旅游中心和全国六大黄金旅游热线之一，旅游业发展迅速。但是安顺市除了拥有丰富的人文景观和旅游价值外，其他产业发展不完善，工业基础薄弱。

涵盖风险工业企业在内的各等级风险企业在贵州省的分布情况如表5-46所示。表中结果显示，各级风险企业的数目在各地级市的分布存在一定的差异。在五个等级中，贵州省A级风险企业数目是最少的，D级风险企业的数目则是最多的。此外，各地级市风险企业数目在同一等级的分布也不相同。其中，贵阳市A级风险企业数目是最多的，共有365家，安顺市则是最少的，仅有67家。在B级风险企业中，有两个地区的超两千家，分别是贵阳市有2813家，遵义市有 2064 家。在 C 级风险企业和 D 级风险企业中,贵阳市风险企业的数目最多,分别有 7025 家和 67183 家,而遵义市有 2618 家和 26504 家。可见,贵阳市 C 级、D 级风险企业的数目与其他地级市存在较大差距。在 E 级风险企业中,贵阳市和遵义市风险企业数目皆位于前列,黔西南布依族苗族自治州则最少。

表 5-46　　　　　　　贵州省风险企业等级划分

地级市	A 级	B 级	C 级	D 级	E 级
安顺市	67	474	477	5507	1239
毕节市	151	1420	2107	14675	2020
贵阳市	365	2813	7025	67183	5114
六盘水市	133	816	1095	10983	1248
黔东南苗族侗族自治州	226	1052	1217	11158	1408
黔南布依族苗族自治州	278	1847	1797	14580	1921
黔西南布依族苗族自治州	158	839	1193	9729	848
铜仁市	195	1072	1677	13706	2046
遵义市	252	2064	2618	26504	4392

图 5-29　贵州省风险企业空间分布图

为进一步研究贵州省各级风险企业的空间分布特征,本研究运用 ArcMap 10.4 对贵州省各级风险工业企业和所有风险企业分类数据进行处理,得到贵州省各级风险工业企业和所有风险企业的空间分布图。贵州省 A 级风险工业企业空间分布特征如图 5-30 所示。整体而言,贵州省 A 级风险工业企业的空间分布不均衡,表现为多中心集聚的分布特征。黔中地区 A 级风险工业企业数目较多且分布相对集中,而其余地区数目较少且分布相对分散。从单个地级市层面上来看,贵阳市是 A 级风险工业企业分布最多和最为集中的地区。在集聚程度上,贵阳市中心城区作为全省综合性工业中心,同时也是国家规划乌江电力和黔中铝磷基地的中心区,其工业行业包括黑色和有色冶金、化工等工业,涉及的 A 级风险工业企业较多,因此呈现出较高的集聚程度。A 级风险工业企业在遵义市也呈现出一定的空间集聚特征。从涵盖 A 级风险工业企业在内的 A 级风险企业空间分布来看(图 5-31),贵州省 A 级风险企业与 A 级风险工业企业的空间分布特征基本一致,企业分布表现为多中心集聚的分布特征,在贵阳市、遵义市、六盘水市和黔西南布依族苗族自治州等地区的中心城区均呈现较为明显的集聚特征。

图 5-30 贵州省 A 级风险工业企业空间分布

贵州省 B 级风险工业企业空间分布特征如图 5-32 所示。与 A 级风险工业企业的空间分布相比,B 级风险工业企业多中心集聚的空间分布特征更为明显。从面状分布上来看,B 级风险工业企业主要集中在黔中地区,而黔西地区

图 5-31 贵州省 A 级风险企业空间分布

和黔东地区的分布相对更为均匀。从地级市层面上来看，首先，B 级风险工业企业集中于贵阳市和遵义市。其次，安顺市、毕节市、六盘水市和黔西南布依族苗族自治州的分布也较为集中，而黔东南苗族侗族自治州在空间分布上相对分散。此外，B 级风险工业企业在各地级市内部分布差异较大，各地级市的中心城区呈现出较为明显的集聚特征，而其他县域分布则相对分散，这表明地处中心城区的区域是 B 级风险工业企业空间集聚的主要载体。从涵盖 B 级风险工业企业在内的 B 级风险企业空间分布来看（图 5-33），贵州省 B 级风险企业与 B 级风险工业企业的空间分布特征基本一致，企业分布表现为多中心集聚的分布特征，在各地级市的中心城区均呈现较为明显的集聚特征。

贵州省 C 级风险工业企业空间分布特征如图 5-34 所示。由图中可以看出，C 级风险工业企业分布与 B 级风险工业企业分布情况相似，同样呈现出多中心集聚的空间分布特征。从面状分布上来看，黔中地区是 C 级风险工业企业分布最多且最集中的地区，黔北和黔西地区的分布也较为集中，而黔南和黔东地区分布相对分散。从地级市层面来看，C 级风险工业企业主要集中于贵阳市和遵义市，毕节市、六盘水市和黔西南布依族苗族自治州的分布也较为集中。同时，C 级风险工业企业在贵阳市、遵义市、毕节市、六盘水市、安顺市和黔

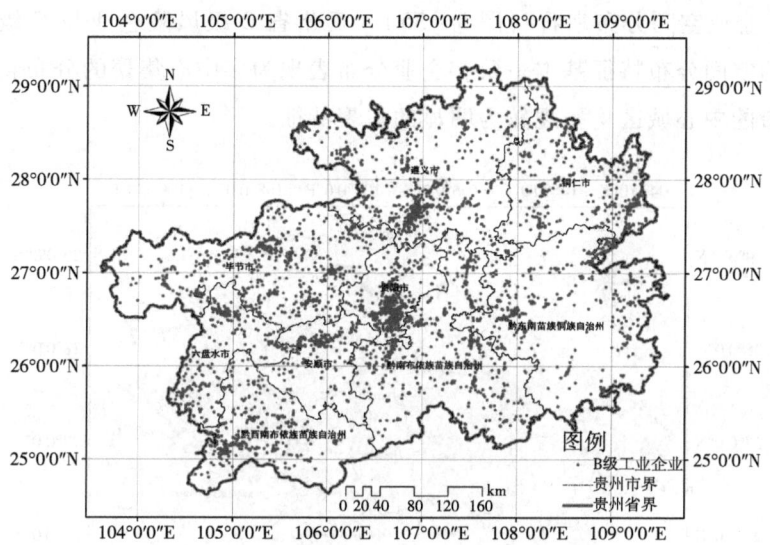

图 5-32　贵州省 B 级风险工业企业空间分布

图 5-33　贵州省 B 级风险企业空间分布

西南布依族苗族自治州的中心城区均呈现出较为明显的集聚特征，其余地区的集聚特征不明显。从集聚程度来看，C 级风险工业企业最集聚的区域主要是省会城市贵阳市和经济强市遵义市的中心城区。从涵盖 C 级风险工业企业在内的

C级风险企业空间分布来看（图5-35），贵州省C级风险企业与C级风险工业企业的空间分布特征基本一致，企业分布表现为多中心集聚的分布特征，在各地级市的中心城区均呈现较为明显的集聚特征。

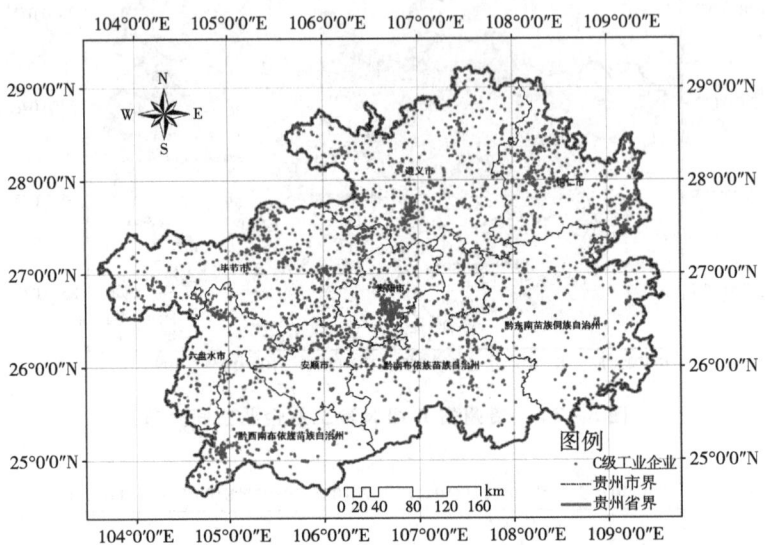

图5-34　贵州省C级风险工业企业空间分布

图5-35　贵州省C级风险企业空间分布

贵州省 D 级风险工业企业空间分布特征如图 5-36 所示。由图中可以看出，与 A 级、B 级和 C 级风险工业企业的空间分布相同，贵州省 D 级风险工业企业同样呈现出较为明显的多中心集聚特征。在面状分布上，D 级风险工业企业主要集中于黔中地区，其他地区分布相对较为分散。从地级市层面来看，贵阳市和遵义市分布最为集中；六盘水市、黔西南布依族苗族自治州以及毕节市，这几个地区的分布均呈现出一定的集聚特征；黔南布依族苗族自治州和黔东南苗族侗族自治州面积广，人口较为分散，因此 D 级风险工业企业分布未表现出明显的集聚特征。从涵盖 D 级风险工业企业在内的 D 级风险企业空间分布来看（图 5-37），贵州省 D 级风险企业的空间分布数量更多，也更为均匀。从集聚程度上来看，省会城市贵阳市由于工业较为发达，基础设施相对完善、人口聚集程度相对较高，因此是 D 级风险工业企业集聚程度最高的地区。

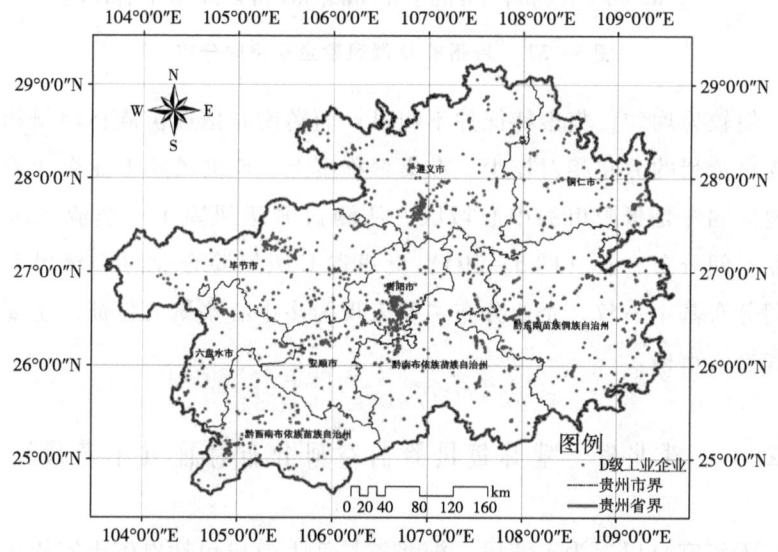

图 5-36 贵州省 D 级风险工业企业空间分布

贵州省 E 级风险工业企业空间分布特征如图 5-38 所示。由图中可以看出，贵州省 E 级风险工业企业同样呈现出较为明显的多中心集聚特征。在面状分布上，E 级风险工业企业主要集中于黔中地区，黔北和黔西地区也有一定数量的分布，而黔东和黔南地区分布则相对较少。从地级市层面上来看，E 级风险工业企业主要集中于贵阳市和遵义市；铜仁市、安顺市、毕节市等地区分布

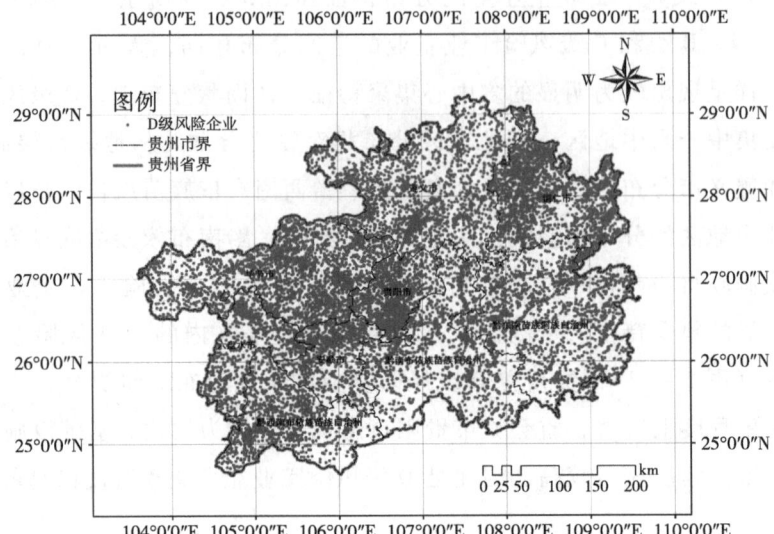

图 5-37　贵州省 D 级风险企业空间分布

也较多，但较为均匀，集聚特征并不明显；而黔南布依族苗族自治州和黔东南苗族侗族自治州的分布相对较少。在集聚程度上，E 级风险工业企业聚集程度最高的地区同样是贵阳市的中心城区。从涵盖 E 级风险工业企业在内的 E 级风险企业空间分布来看（图 5-39），贵州省 E 级风险企业与 E 级风险工业企业的空间分布基本一致，企业分布主要表现为多中心集聚的特征，主要集聚在贵阳市和遵义市内。

5.2.4　湖北省工业环境风险的空间分布特征（上游段）

长江干流宜昌以上为上游段，湖北省长江上游段包括恩施土家族苗族自治州和宜昌市两个地级市。运用层次分析法，本研究将湖北省（上游段）风险工业企业划分为 A~E 五个等级，各级风险工业企业数目在各地级市的分布情况如表 5-47 所示。结果表明，湖北省（上游段）各级风险工业企业数目的分布并不均衡。湖北省（上游段）A 级风险工业企业数目相对其他几个风险等级的数目来说较少，共有 554 家。相较其他等级，B 级风险工业企业的数量最多，共有 7002 家。C 级、D 级和 E 级风险工业企业数量相差不大，分别有

第5章 长江上游沿江工业环境风险评价与空间分布

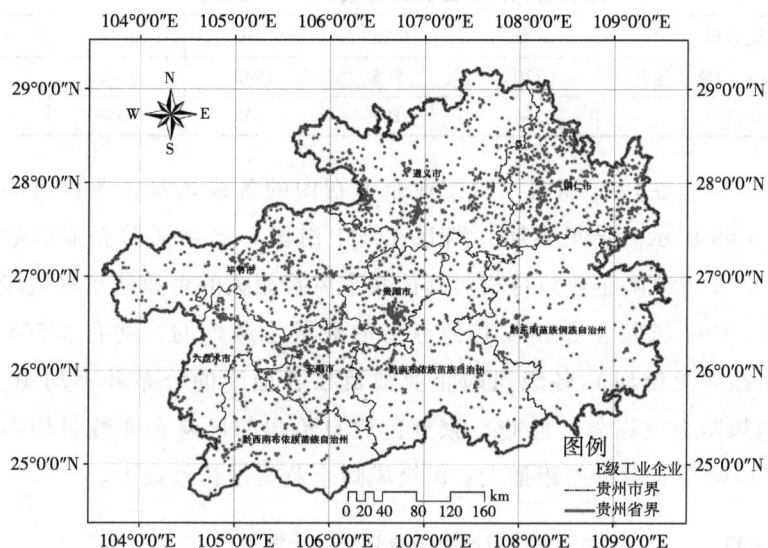

图 5-38 贵州省 E 级风险工业企业空间分布

图 5-39 贵州省 E 级风险企业空间分布

2697家、1842家和1146家。值得指出的是,除了A级以外,其他各级风险工业企业恩施土家族苗族自治州的数量均比宜昌市要多。

表5-47　　　　　湖北省风险工业企业等级划分（上游段）

地级市	A级	B级	C级	D级	E级
恩施土家族苗族自治州	220	3805	1842	1146	2288
宜昌市	334	3197	855	658	864

　　湖北省（上游段）涵盖风险工业企业在内的各级风险企业数目的分布情况如表5-48所示。结果表明，湖北省（上游段）各级风险企业的数目存在一定差距，A级风险企业数目相对其他几个风险等级的企业数目来说较少，共有263家，D级风险企业相较其他等级的数量是最多的，共有29565家。此外，湖北省（上游段）各级风险企业数目在各地区的分布并不均衡。其中，除了A级风险企业以外，恩施土家族苗族自治州的风险企业数目均多于宜昌市，D级风险企业数量差距最大，A级风险企业数量相差最少。

表5-48　　　　　　湖北省风险企业划分（上游段）

地级市	A级	B级	C级	D级	E级
恩施土家族苗族自治州	121	1487	2004	20177	2322
宜昌市	142	1290	1179	9388	824

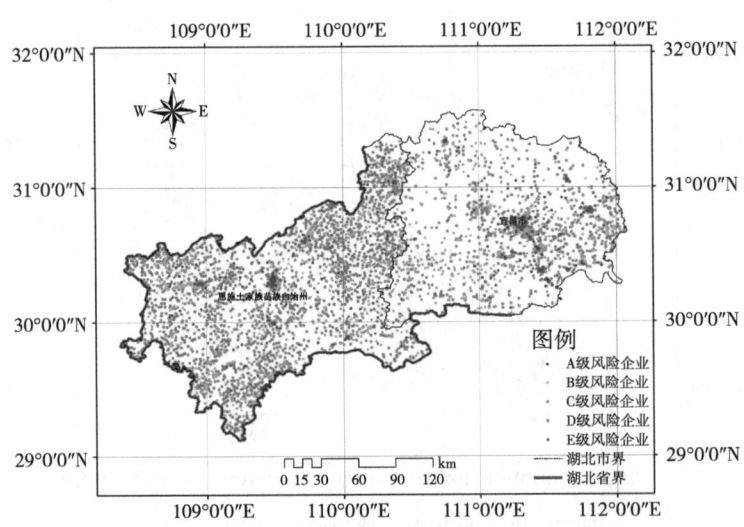

图5-40　湖北省风险企业空间分布图（上游段）

　　湖北省（上游段）A级风险工业企业空间分布特征如图5-41所示。整体来看，A级风险工业企业在空间上分布不均衡，主要集中于宜昌市和恩施土家族苗族自治州中部。从单个地级市来看，各地级市内部的 A 级风险工业企业分布存在较大差异，整体表现为"城密县疏"的空间分布特征。A 级风险工业企业在各地级市的中心城区分布最密集，其余县域则呈现零星分布的空间分布特征。从涵盖 A 级风险工业企业在内的 A 级风险企业空间分布来看（图 5-42），湖北省（上游段）A 级风险企业与 A 级风险工业企业的空间分布特征基本一致，企业分布多集中在宜昌市和恩施土家族苗族自治州中心城区。

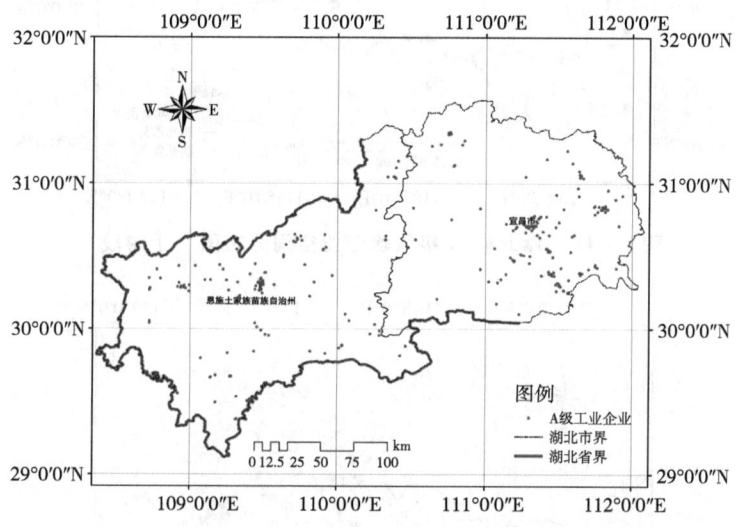

图 5-41　湖北省 A 级风险工业企业空间分布图（上游段）

　　湖北省（上游段）B 级风险企业空间分布特征如图 5-43 所示。与 A 级风险工业企业的空间分布特征不同，B 级风险工业企业在空间上分布更为均匀，但仍呈现出一定的空间集聚特征。从单个地级市来看，B 级风险工业企业在空间上呈现较为明显的空间集聚特征，围绕各地级市的中心城市集聚了较多 B 级风险工业企业。具体来说，宜昌市中心城区、恩施市和利川市等地的 B 级风险工业企业分布均相对密集。从涵盖 B 级风险工业企业在内的 B 级风险企业空间分布来看（图 5-44），湖北省（上游段）B 级风险企业与 B 级风险工业企业的空间分布特征基本一致，企业分布多集中在宜昌市和恩施土家族苗族自治州中心城区。

　　湖北省（上游段）C 级风险工业企业空间分布特征如图 5-45 所示。整体来看，C 级风险工业企业的空间分布特征与 B 级风险工业企业较为相似，C 级

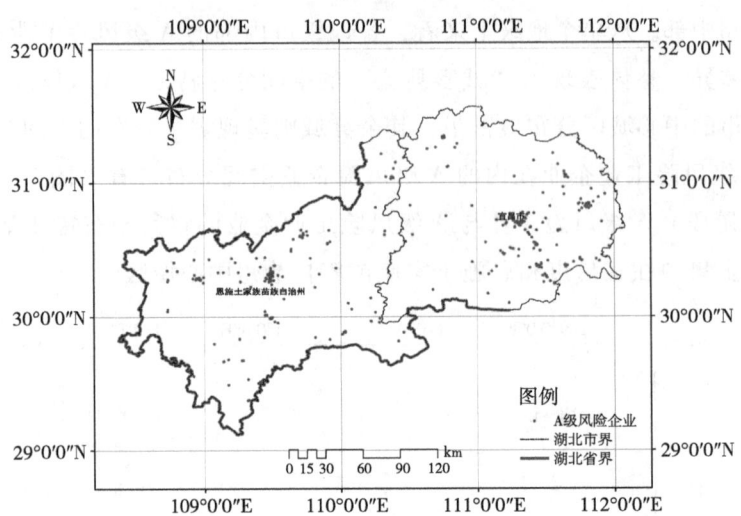

图 5-42 湖北省 A 级风险企业空间分布图（上游段）

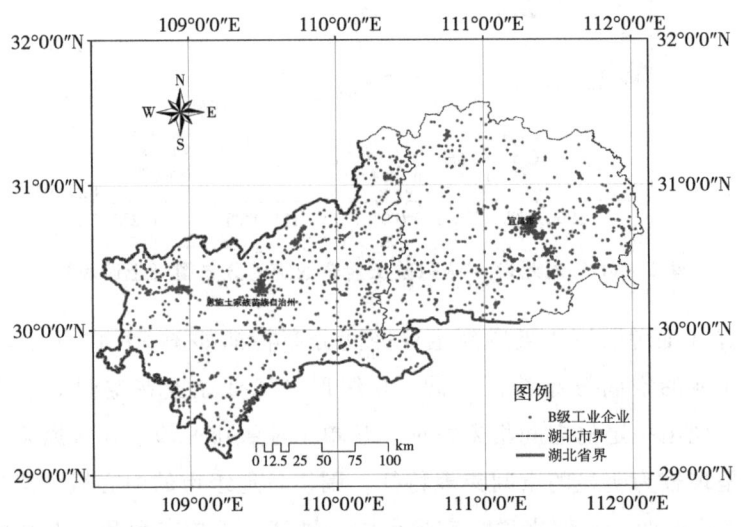

图 5-43 湖北省 B 级风险工业企业空间分布图（上游段）

风险工业企业在空间上分布也呈现出一定的集聚特征，主要集中在宜昌市和恩施土家族苗族自治州中部。从县级单元来看，宜昌市的中心城区、宜都市、恩施市、利川市、建始县和巴东县的 C 级风险工业企业呈现出较为明显的空间集聚特征。其中，宜昌市中心城区的集聚程度相对较高。从涵盖 C 级风险工业企业在内的 C 级风险企业空间分布来看（图 5-46），湖北省（上游段）C 级风

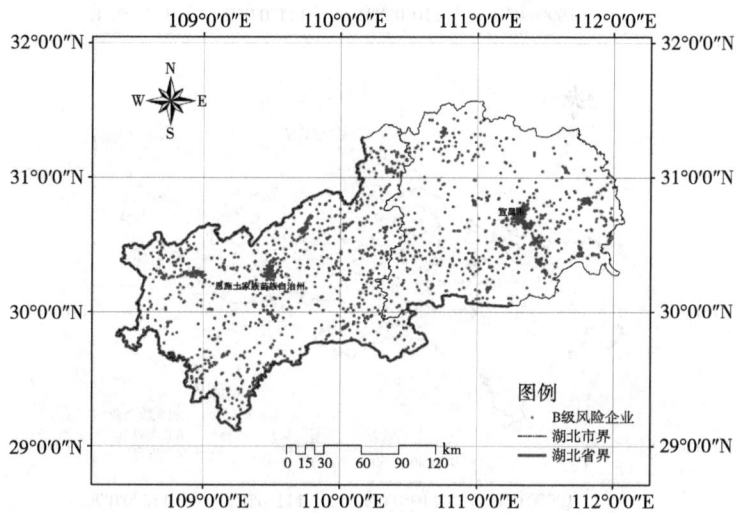

图 5-44　湖北省 B 级风险企业空间分布图（上游段）

险企业与 C 级风险工业企业的空间分布特征基本一致，企业分布多集中在宜昌市和恩施土家族苗族自治州中心城区。

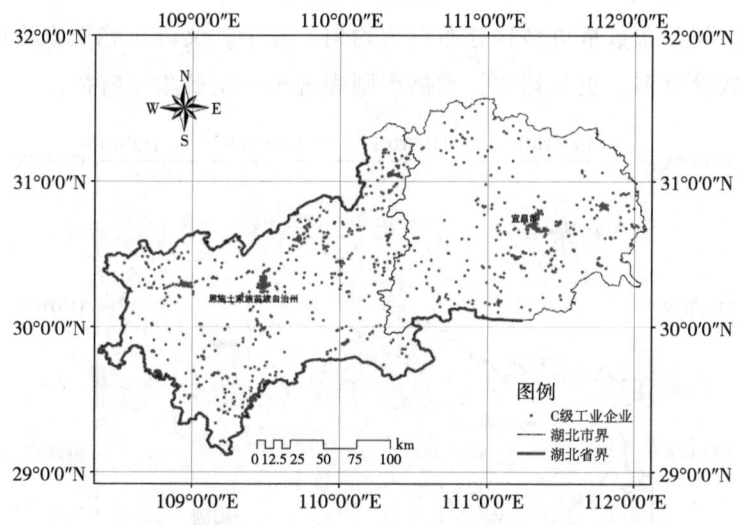

图 5-45　湖北省 C 级风险工业企业空间分布图（上游段）

湖北省（上游段）D 级风险工业企业空间分布特征如图 5-47 所示。由图 5-47 中可以看出，D 级风险工业企业在空间上分布同样呈现出一定的集聚

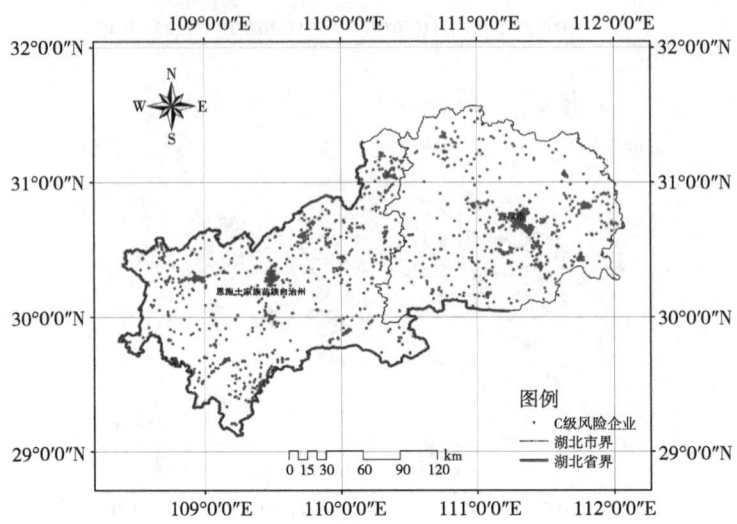

图 5-46　湖北省 C 级风险企业空间分布图（上游段）

特征，主要集中在宜昌市和恩施土家族苗族自治州中部，其他地区分布相对较为分散。从涵盖 D 级风险工业企业在内的 D 级风险企业空间分布来看（图 5-48），与 D 级风险工业企业的空间分布特征不同，总体上湖北省（上游段）D 级风险企业的空间分布数量更多且分布更为均匀。其中，又以恩施土家族苗族自治州分布的数量更多，更为均匀，宜昌市则表现出一定的集聚特征。

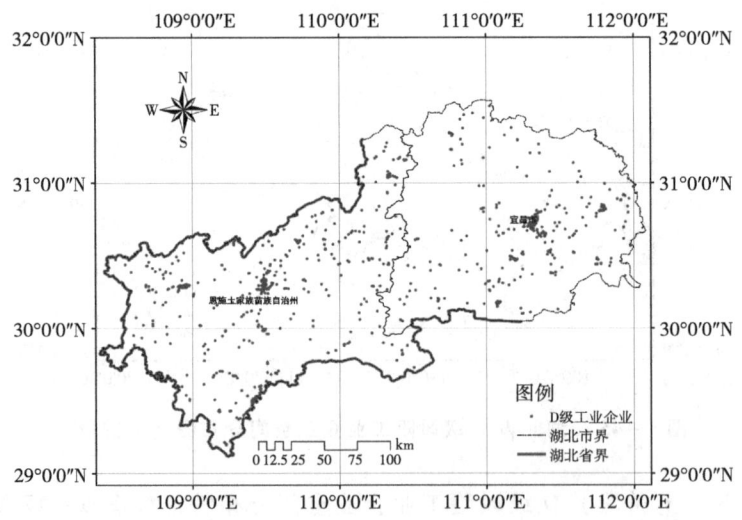

图 5-47　湖北省 D 级风险工业企业空间分布图（上游段）

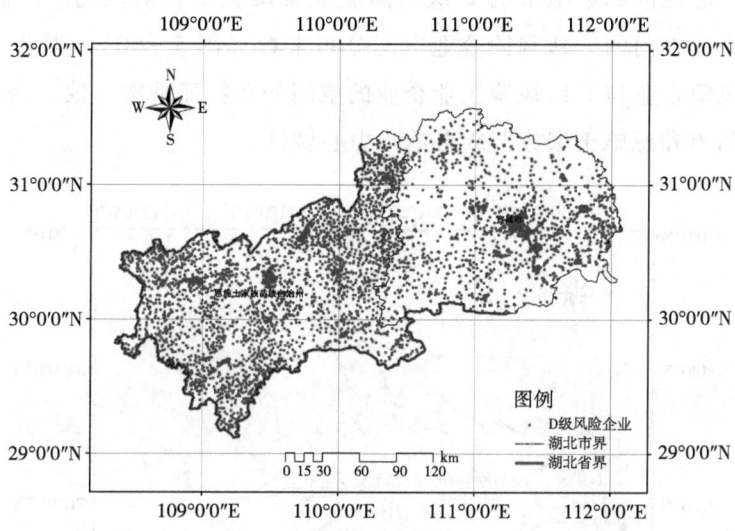

图 5-48　湖北省 D 级风险企业空间分布图（上游段）

湖北省（上游段）E 级风险工业企业空间分布特征如图 5-49 所示。E 级风险工业企业在空间上分布同样呈现出一定的集聚特征，主要集中在宜昌市和恩施土家族苗族自治州中部，其他地区分布相对较为分散。从县级单元来看，

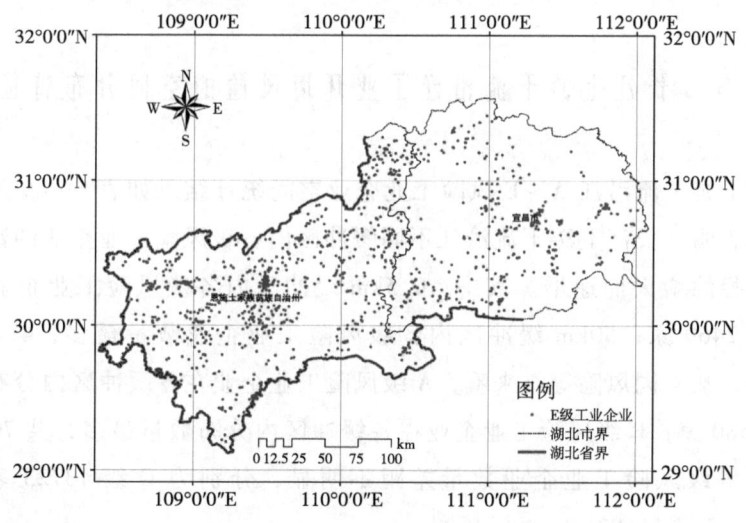

图 5-49　湖北省 E 级风险工业企业空间分布图（上游段）

宜昌市的中心城区和恩施市的 E 级风险企业集聚程度相对较高。从涵盖 E 级风险工业企业在内的 E 级风险企业空间分布来看（图 5-50），湖北省（上游段）E 级风险企业与 E 级风险工业企业的空间分布特征基本一致，企业分布多集中在宜昌市和恩施土家族苗族自治州中心城区。

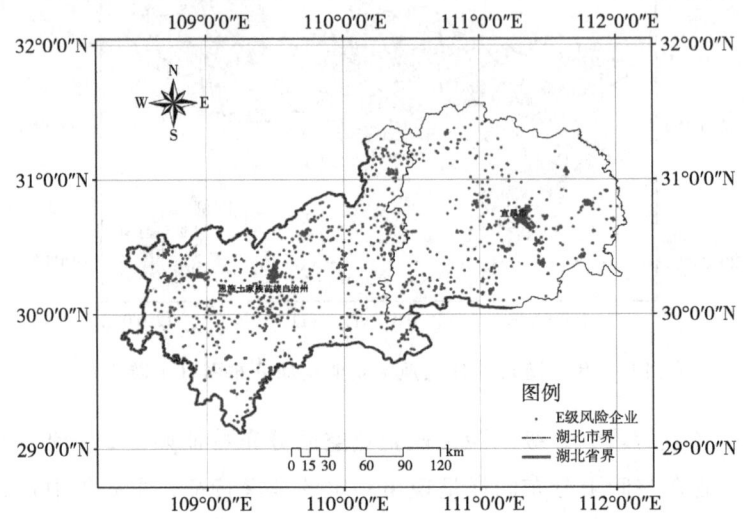

图 5-50　湖北省 E 级风险企业空间分布图（上游段）

5.2.5　长江上游干流沿江工业环境风险的空间分布特征

长江上游干流沿江 A～E 风险工业企业空间统计结果如表 5-49 所示。由表中结果表明，长江上游干流沿江不同缓冲区内各级风险工业企业的数目随着缓冲区半径的增大而递增。其中，0.5km 缓冲区内各级风险工业企业数量最少，仅有 2469 家；50km 缓冲区内各级风险工业企业数量最多，共有 40608 家。此外，从不同风险等级来看，A 级风险工业企业在各缓冲区内分布数量最少，仅 7580 家；B 级风险工业企业在各缓冲区内分布数量最多，共 76523 家；其他三个等级风险工业企业数量差距不明显，分别为 C 级 13723 家，D 级 10568 家，E 级 11193 家。

表 5-49　　　　　长江上游干流沿江风险工业企业划分

缓冲带/风险工业企业	A 级	B 级	C 级	D 级	E 级
0.5km	170	1559	304	196	240
1km	405	3478	614	439	404
2km	674	6124	1056	781	830
5km	1031	10246	1707	1288	1365
10km	1324	13404	2168	1758	1809
20km	1554	16597	2779	2297	2378
50km	2422	25115	5095	3809	4167

为更加全面地识别长江上游干流沿江环境风险，本研究对涵盖风险工业企业在内的风险企业也进行了空间统计，长江上游干流沿江 A~E 风险企业空间统计结果如表 5-50 所示。结果表明，长江上游干流沿江不同缓冲区内各级风险企业的数量与风险工业企业数量的分布趋势基本一致。其中，0.5km 缓冲区内各级风险企业数量最少，仅有 28410 家；50km 缓冲区内各级风险企业数量最多，共有 341026 家。此外，从不同风险等级来看，A 级风险企业在各缓冲区内分布数量最少，仅 12139 家；D 级风险企业在各缓冲区内分布数量最多，共 816657 家；其他三个等级风险企业数量差距不显著，分别为 B 级 85271 家，C 级 89900 家，E 级 92081 家。

表 5-50　　　　　长江上游干流沿江风险企业划分

缓冲带/风险企业	A 级	B 级	C 级	D 级	E 级
0.5km	285	1625	2517	21517	2466
1km	579	3769	5001	41794	4962
2km	1040	6553	8672	73157	8934
5km	1595	10971	12946	113128	13476
10km	2101	14719	14719	142052	16597
20km	2586	18738	18673	170622	19228
50km	3953	28896	27372	254387	26418

为进一步研究长江上游干流沿江各级风险企业的空间分布特征，本研究运用 ArcMap 10.4 对 0.5km~50km 缓冲区内各级风险工业企业和所有风险企业（含风险工业企业）分类数据进行处理，得到长江上游干流沿江缓冲区内各级

风险工业企业和所有风险企业的空间分布图（图中仅呈现 0.5km 及 50km 缓冲区内的企业分布，其余缓冲区略，下同）。其中，长江上游干流沿江 0.5km ~ 50km 缓冲区内各级风险工业企业空间分布如图 5-51 所示。随着缓冲区半径的增大，相应包含的各级风险工业企业数量也随之增多。其中，各级风险工业企业主要集中于长江上游干流流经的宜宾市、重庆市主城区以及宜昌市等地沿江的各级缓冲区内。

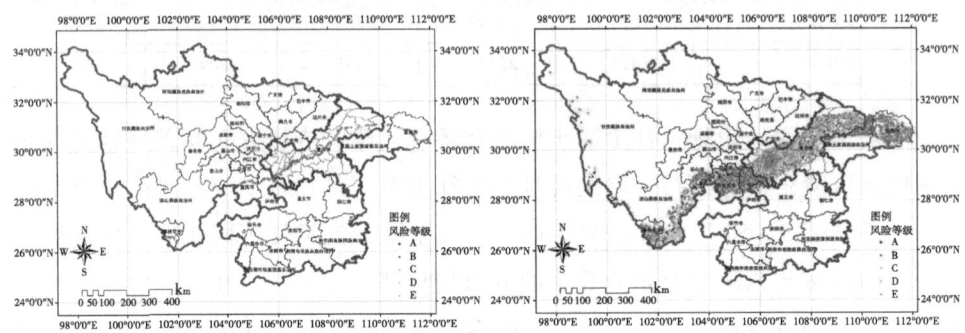

图 5-51　长江上游干流沿江 0.5km ~ 50km 缓冲区内风险工业企业分布

长江上游干流沿江 0.5km ~ 50km 缓冲区内各级风险企业空间分布如图 5-52 所示。结果显示，随着缓冲区半径的增大，相应地包含的各级风险企业数量也随之增多。与各级风险工业企业分布有所不同，各级风险企业分布范围较广，从长江干流流经的攀枝花市到宜昌市之间的沿岸缓冲区内都分布了大量的风险企业，其中 A 级风险企业主要集中于长江上游干流流经的攀枝花市、宜宾市以及重庆市主城区等地沿江的各级缓冲区内。

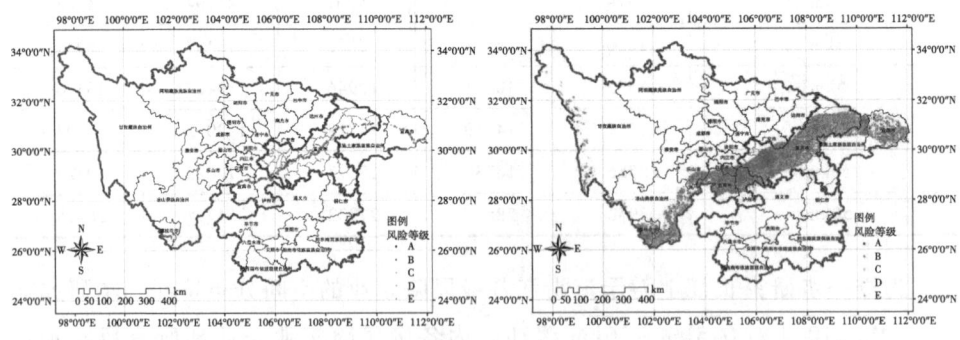

图 5-52　长江上游干流沿江 0.5 ~ 50km 缓冲区内风险工业企业分布

5.3 本章小结

当前，工业环境风险评价多集中在对单一企业、工业园区等微观个体的评估，而类似不同层级的政域、流域等大尺度的工业环境风险评价受限于基础数据获取，评估难度较大，类似研究相对较少。因此，本章以点状的企业环境风险为着力点，点面结合，再参考《行政区域突发环境事件风险评估推荐方法》《建设项目环境风险评价技术导则（征求意见稿）》《企业突发环境事件风险分级方法》，以及国务院安全生产委员会《涉及危险化学品安全风险的行业品种目录》等相关规范文件的基础上，基于工业企业的环境风险物质、生产设施风险、次生环境风险、环境风险受体等风险维度，利用层次分析法来开展大尺度的环境风险评价工作。并基于 MATLAB 与 ArcMap10.4 平台开展工业企业环境风险定量评价，进行工业环境风险等级划分。并在此基础上，本章围绕长江上游流域整体、各省份及不同尺度流域空间的风险企业分布情况进行了详细论述。

结果表明，长江上游沿江各省市不同的风险企业分布呈现出不同的特征，主要表现为空间聚集特征、多中心化特征和部分风险级企业均匀分布等。基于文本数据挖掘方法，本研究对长江上游企业目录中的各个企业的业务范围、行业门类等生产经营信息进行提取。并在此基础上，结合国务院安全生产委员会《涉及危险化学品安全风险的行业品种目录》对企业生产经营中的风险物质、风险类型等进行赋值。结合专家意见，运用 AHP 法对行业门类相对风险程度进行成对比较，并对相对风险程度进行打分，同时对各行业门类、企业的风险等级进行赋值、评估及空间统计、可视化。结果表明，长江上游各级风险企业在空间分布上呈现一定的空间集聚特征，风险企业主要集中于长江上游东部、中部和南部，西北部的阿坝藏族羌族自治州、甘孜藏族自治州和凉山彝族自治州各级风险企业的分布较少。A 级风险企业主要集中于长江上游各省市的省会城市及其中心城区，其中四川省 A 级风险企业数最多，而 D 级风险企业的分布最均匀。工业企业的分布特征基本一致。

具体到各省市，重庆市各级风险企业中，D级风险企业的数量更多，分布更为均匀，其多中心化的空间分布特征较为突出；其余四个等级的风险企业则在不同程度上呈现出一定的空间集聚特征，主要集中在主城区，各区县分布相对较少。四川省各级风险企业均呈现出一定的空间集聚特征，主要集中在东部，而甘孜藏族自治州、凉山彝族自治州、阿坝藏族羌族自治州等西部地州各级风险企业分布较少。贵州省各级风险企业的空间分布表现为多中心集聚的分布特征，其中，仍以D级敏感区的分布更为均匀。此外，省会城市贵阳市作为全省综合性工业中心，经济发展良好，基础设施完善，是贵州省各级风险企业的主要集聚地。湖北省（上游段）D级风险企业的数量更多，分布更为均匀，而A级风险企业则数量较少，分布更为分散。

此外，本研究对长江上游干流左右岸不同缓冲区内的风险工业企业、企业分布进行了空间统计，结果表明，长江上游干流沿江不同缓冲区内各级风险工业企业的数目随着缓冲区半径的增大而递增。其中，0.5km缓冲区内各级风险工业企业数量最少，仅有2469家；50km缓冲区内各级风险工业企业数量最多，共有40608家。此外，从不同风险等级来看，A级风险工业企业在各缓冲区内分布数量最少，有7580家；B级风险工业企业在各缓冲区内分布数量最多，共76523家；其他三个等级风险工业企业数量差距不大，分别为C级13723家，D级10568家，E级11193家。

第 6 章

长江上游沿江工业环境风险的影响特征识别

风险受体评价作为工业企业环境风险评价的重要组成，将评估工业生产活动对企业周边人群和环境可能的风险与影响。一般来讲，环境风险受体评价主要包括风险受体识别、风险程度评价等内容。本章主要聚焦于长江上游企业（含工业企业）的环境风险受体识别、风险受体的空间分布特征分析，以及基于风险受体的环境风险地图构建等内容。本章首先从微观视角对长江上游工业企业及含工业企业在内的多门类企业的环境风险受体进行了识别，分别选择了河流水系、居住设施、自然保护区 3 类主要的微观对象进行环境风险受体识别，并明确其敏感区范围，再进一步对长江上游沿江各省市的环境风险受体、敏感区、环境风险地图进行了论述。

6.1 长江上游沿江工业环境风险的风险受体空间识别

风险受体是指在特定活动或情境中可能面临潜在风险或损害的个体、组织或系统，它是环境风险的主要承载体。当环境风险发生时，受体会受到直接或间接的污染影响。环境风险受体的具体含义是指可能受到由化工企业为代表的环境风险源释放的风险因子带来的不利影响的生态系统组成部分。环境风险受体是工业企业环境风险评价中的重要组成部分，一般包含居民集中生活点、饮用水源、土壤、大气和生态保护区等区域环境中敏感的物种和敏感环境要素。研究中一般会按照危险废物泄漏的污染途径选取水体、大气、人、生物、土壤等作为风险受体对区域环境风险进行评估。环境风险受体具有脆弱性，脆弱性是指环境风险受体在面对风险因子时容易受到损害或影响的程度，脆弱性的高低取决于环境风险受体的抵抗力、复原能力和适应能力，如果环境风险受体的脆弱性较高，那么同样程度的环境风险源会对其造成更大的危害。环境风险源的风险因子对环境风险受体危害作用的大小可以用一定时间内和一定的污染水平下环境风险受体受到的污染程度进行衡量。另外，环境风险受体的总体数量和分布主要受到两方面因素的影响，即环境风险场的波及范围和该范围内环境风险受体的密度。环境风险受体的总体数量的大小反映了风险受体受损的程度。

风险受体的类型多种多样，人、生物、土壤、水体、大气等都可以作为风险受体进行区域环境风险评价。为便于风险敏感要素的量化与空间落位，结合专家意见，并参考《行政区域突发环境事件风险评估推荐方法》《建设项目环境风险评价技术导则》《企业突发环境事件风险分级方法》对环境风险敏感要素的分类与分级，本研究将工业企业环境风险受体中的风险敏感要素确定为河流水系、居住设施、自然保护区3类微观受体，以分析企业环境风险的微观影响。其中，河流水系是指长江各级干支流及中大型水库，按照其风险敏感程度、重要性、自然状态等划分不同级别。居住设施指以厂区边界一定范围作缓冲区，用于衡量危险废物泄漏对于人体的影响，具体的分级可以根据居住设施的密度、容纳人口规模、是否有敏感人群等因素进行划分。自然保护区是指在科研和生态环境等方面有一定价值，并且可以直接或间接地提供高密度生态系统服务价值的区域，根据自然保护区的重要性、生态脆弱性等因素，可以将其划分为不同的级别。

根据风险企业分布集聚度高，距离城区相对较近等特征，选取上述3类主要风险受体中的居住设施为点，不同级别河流水系及自然保护区为面，运用ArcMap 10.4的空间分析功能，在河流水系、居住设施、自然保护区3类风险受体分等定级的基础上，对3类主要风险受体进行空间结构分析，并基于此开展基于点—面及点面综合的缓冲区分析，运用缓冲区分析工具对各级河流的缓冲区进行空间识别。通过对不同半径缓冲区的分析和比较，结果表明，2km 的半径是最合理的选择。该半径能够充分覆盖大多数风险受体，包括河流水系、居住设施和自然保护区。同时，超过 2km 的半径虽然覆盖范围更大，但并未提供额外的有效信息，反而导致 3 类风险受体的缓冲区出现大面积重叠。因此，超过 2km 的缓冲半径被认为是不必要的。因此，本研究综合构建以 2km 为最大缓冲半径，涵盖 1km、0.5km、0.25km、0.05km 为间隔的缓冲区，并将主要 3 类风险受体作为分析主体构建线状分析模型。

6.1.1 长江上游沿江主要风险受体及其空间分布

（1）河流水系

水是人类生存的基本需求，河流水系是生态环境的重要组成成分，也是人类生产、生活、生态用水的主要来源，它的健康与稳定直接关系到居民的日常生活和社会经济发展。长江上游流域作为中国重要的河流水系之一，其生态安全既关乎着居民日常生产生活，也关乎着区域生态安全大局。长江干流宜昌以上为上游段，该河段主要支流有内江、岷江、雅砻江、汉江、金沙江、怒江、沱江、嘉陵江、乌江等，其中，雅砻江、岷江、嘉陵江和汉江 4 条支流的流域面积都超过了 10 万平方千米，嘉陵江的支流流域面积最大，岷江的年径流量、年平均流量最大，汉江的长度最长。长期以来，长江作为中国最重要的水路交通干线之一，由于沿岸地区交通便利，便于原材料和产品的运输，使其成为工业企业布局的首选区域。目前，长江沿岸各地区布局了许多工业企业，包括能源、冶金、化工、机械制造等行业，使得长江经济带成为名副其实的重化工业产业带。其中，长江流域大部分的水能资源、生态资源都集中在长江上游沿江，而长江上游作为长江流域最敏感、最脆弱、最复杂的生态系统，干支流各省市工业企业多沿江分布，工业布局与生态环境保护的结构性、布局性矛盾突出。上游沿岸重化工企业高密度布局，导致其岸线生态安全受沿岸工业生产及居民日常生活影响剧烈。因此，本研究将以长江上游各级支流及中大型水库为重要的风险受体，对其进行整理、分等定级，研究其在空间上与风险企业的空间关联。

本研究对长江上游沿江河流水系数据进行裁剪、校验等处理，以保证所获取数据的准确性、有效性和一致性，并按照河流属性对流域内的河流进行分等定级，主要分为A~E级五类河流。

其中，长江上游沿江A类河流主要包括长江干流、各省市的一些主要支流及个别大型水库等，如嘉陵江、乌江、岷江、怒江等；B级河流主要包括长江左右岸的二、三级河流，如雅砻江、大盈江、槟榔江、沱江、北盘江、湘江、璧南河、花溪河等；C级河流主要包括长江左右岸的四级河流，如越溪河、西溪河、石门子河、阿蓬江、壁北河、红岩河、习水河、芙蓉江、都柳江、泸沽湖、宝象河、芒市河、红岩河、杨寺庙河等；D级河流主要包括长江左右岸的五级河流，如马尾河、御马河、邛海、漱澜溪、板溪河、黔江河、喇叭河、水城河、市西河、阳宗海、玉带河、程海等；E级河流主要为各类中小型水库，如罗沟水库、团兴水库、胜利水库、回龙水库、桥亭水库、八一水库、利民水库、高坎水库、大坪水库、景风水库、大龙洞水库、孔家湾水库等。

综合考虑长江上游沿江各个省市的地形地貌特征、工业企业空间分布以及专家意见，在河流水系等级划分的基础之上，运用缓冲区分析方法，通过计算与修正，综合构建以2km为最大缓冲半径，涵盖1km、0.5km、0.25km、0.05km为间隔的缓冲区，并利用ArcMap 10.4绘制出长江上游沿江主要河流水系空间分布及其2km、1km、0.5km、0.25km、0.05km缓冲区示意图，结果如下所示。图6-1为长江上游沿江A~E级河流水系的空间分布示意图，总的来看，长江上游沿江各级河流水系整体上呈现出一定的空间集聚特征。从划分的5个等级来看，各等级河流水系的分布情况各有不同。长江上游沿江A级河流主要包括长江干流及各省市的一些主要支流等，其自西向东依次经过四川省、重庆市、贵州省和湖北省等四个省市。在地级市层面，B级河流和C级河流在空间分布上的分布比较分散，但分布范围最广。B、C级河流在各个省市的分布较为均匀，但四川省和重庆市的分布相对于其他三个省市更为密集，这两类河流主要包括长江左右岸的一些二级、三级、四级河流及大型水库。其中，大型水库多数为C级河流，主要分布在玉溪市以及四川省的成都市；在空间分布上，D级河流和E级河流的空间集聚特征并不明显，其在四川省和重庆市两地的分布相对较多，主要包括长江左右岸的一些五级河流和中小型水库。

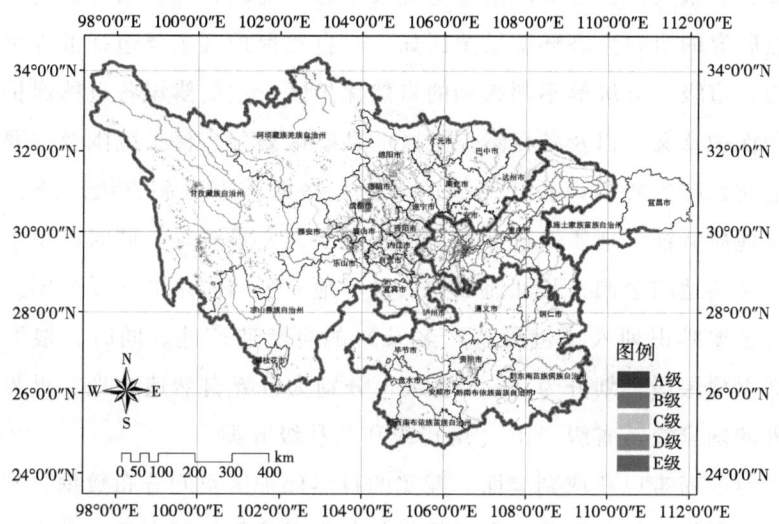

图 6-1 长江上游沿江各级水系空间分布图

在各级河流水系空间分布情况的基础之上，本研究进一步运用缓冲区分析工具对各级河流的 2km、1km、0.5km、0.25km、0.05km 半径的缓冲区进行了空间识别，以反映风险企业相对于河流水系的空间分布状况及距离可达性。根据长江上游各省市各级河流水系的缓冲区范围分布，长江上游沿江各级河流水系 0.05km～2km 缓冲区内，重庆市和四川省相较于贵州省和湖北省（上游段）河流水系的分布更为密集。此外，在各级河流水系 2km 缓冲区内覆盖了各省市区域政治经济中心、区域性核心商业区域及主要的地级市、县城等。其中，重庆市主城区河流水系的分布最为密集，其河流水系 2km 缓冲区的面积几乎覆盖了主城区整个范围，而湖北省（上游段）宜昌市、恩施土家族苗族自治州河流水系的缓冲区范围分布最为稀疏，该类风险受体在宜昌市、恩施土家族苗族自治州受风险企业的影响范围较小。

（2）自然保护区

自然保护区是指为了保护自然生态系统、物种多样性和自然景观依法划出一定面积予以特殊保护和管理的区域。自然保护区主要是一些具有代表性的自然生态系统、珍稀濒危野生动植物物种、有特殊意义的自然遗迹等保护对象所分布的区域，其作为重要的城市生态源，保护的重要性不言而喻。长江上游沿江分布着具有重大保护意义的重要生境及生态环境敏感区，结合研究目标，本研究重点研究的重要生态环境敏感区如下：自然保护区主要包括世界级、国家级、省级、市级、县级等不同级别的自然保护区。主要辨识各自然保护区的分布地区和保护意义，以及各自然保护区的功能区划分、保护范围及主要保护对象等。地质公园主要辨识长江流域范围内存在的国家级和省级地质公园的分布、主要地质特征、地质遗迹保护对象、主要人文景观等。同时辨识了具有全球保护意义的地质公园，长江流域列入世界地质公园网络的地质公园。世界自然遗产地主要辨识列入《世界遗产名录》的自然遗产地。同时，根据各类自然保护区立项层级，划分为 A~E 五级，分别为世界自然遗产地、世界自然遗产地以外的国家级、省级、市（州）级和区县级五类。

鉴于目前尚难以获取到全面、翔实的自然保护区空间分布数据，本研究结合中国自然保护区标本资源平台所提供的各类自然保护区名录，并查阅长江上游沿江各省市相关职能部门的自然保护区名录、范围等信息，基于 AOI 技术，对长江上游沿江各类自然保护区的空间边界进行提取，并进行数据修正、再矢量化处理，并在此基础上进行分等定级。其中长江上游沿江 A 类自然保护区包括九寨沟、黄龙、金佛山、天生三桥、五里坡等世界自然遗产地；B 类自然保护区包括四姑娘山、雪宝顶、大巴山、缙云山、南滚河、哀牢山、白马雪山等国家级自然保护区等；C 类自然保护区包括鞍子河、黑水河、百里峡、小南海地震遗迹地质公园、泸沽湖、碧塔海等省级自然保护区；D 类自然保护区包括嘎金雪山、马尔康岷江柏林、万盛黑山、奉节天鹅湖、楚雄西山、永善五莲峰等市（州）级自然保护区；E 级自然保护区为县级自然保护区，如龙阿仁沟、佛珠峡、金刀峡、滚子坪、澄江梁王山、禄丰五台山等自然保护区。

综合考虑长江上游沿江各个省市的地形地貌特征、工业企业空间分布以及专家意见，在长江上游各省市自然保护区等级划分的基础之上，运用 ArcMap 10.4 绘制出长江上游沿江主要自然保护区空间分布示意图，结果如图 6-2 所示。从空间分布来看，各级自然保护区的分布距离长江上游沿江各省市的区域政治经济中心、传统制造业中心区域等具有一定的空间距离。分等级来看，不同等级的空间分布特征又有所不同。长江上游沿江 A 级自然保护区主要分布在四川省的阿坝藏族羌族自治州，贵州省遵义市和重庆市的南川区、巫山县和巫溪县交界处等地；B级自然保护区和C级自然保护区主要分别是一些国家级自然保护区和一些省级自然保护区等，在空间分布上分布范围较广，主要集中在长江上游沿江西部，如四川省的阿坝藏族羌族自治州、甘孜藏族自治州和雅安市等；D级自然保护区和E级自然保护区在空间分布上较为广泛，在长江上游沿江各个省市均有分布，主要包括一些市（州）级自然保护区和一些县级自然保护区。

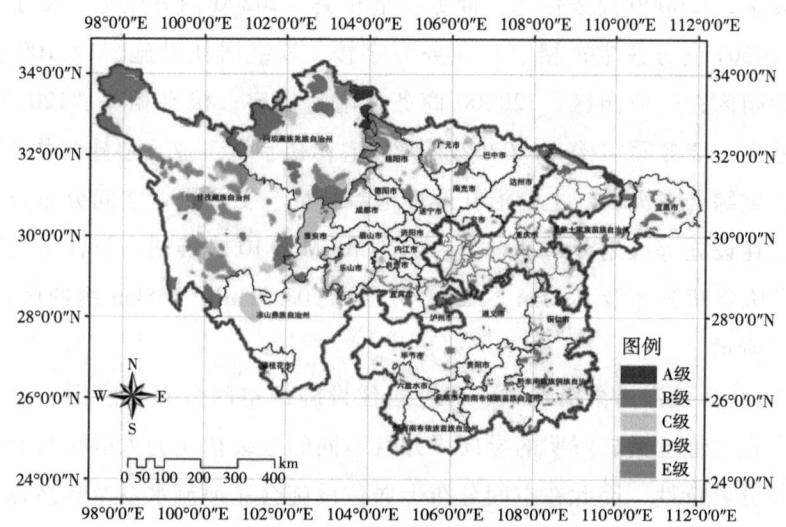

图6-2 长江上游沿江各级自然保护区空间分布图

在上述各级自然保护区的空间分布特征的基础上，采用缓冲区分析方法，通过计算与修正，同样综合构建以2km为最大缓冲半径，涵盖1km、0.5km、0.25km、0.05km为间隔的缓冲区，对长江上游沿江各级自然保护区的缓冲区进行空间识别，以反映风险企业相对于各类自然保护区的空间分布状况及距离可达性。

（3）居住设施

作为居民日常生活起居、办理公务、购物消费的主要活动空间，居住设施用地的选择通常十分注重用地自身及用地周边的环境污染影响。居住设施作为人们日常生活的场所，是与潜在风险源最为密切接触的地方之一，被认为是一个重要的风险受体，居住设施布局的选择对生态安全、环境安全的要求极高，因此对风险企业和居住设施之间的空间关联性进行深入研究至关重要。本研究通过对前述所获取的各类居住设施 POI 数据进行分级,并进行缓冲区分析。其中 A~E 级居住设施分别表示:A 级居住设施,120300 商务住宅;住宅区,住宅区、120301 商务住宅;住宅区;别墅、120302 商务住宅;住宅区;住宅小区;B 级居住设施,120303 商务住宅;住宅区;宿舍、120304 商务住宅;住宅区;社区中心;C 级居住设施,120203 商务住宅;楼宇;商住两用楼宇;D 级居住设施,120000 商务住宅;商务住宅相关、20200 商务住宅;楼宇;楼宇相关、120201 商务住宅;楼宇;商务写字楼;E 级居住设施,120100 商务住宅;产业园区;产业园区、120200 商务住宅;楼宇;楼宇相关、120201 商务住宅;楼宇;商务写字楼、120202 商务住宅;楼宇;工业大厦建筑物。

本研究综合考虑长江上游沿江地形地貌特征、工业企业空间分布及专家意见,在居住设施等级划分的基础上,运用 ArcMap 10.4 绘制出长江上游沿江各类居住设施空间分布及其 2km、1km、0.5km、0.25km、0.05km 缓冲区示意图,结果如下所示。

图 6-3 为长江上游沿江 A~E 级居住设施的空间分布示意图。由于居住设施通常在选址上具有鲜明的导向,并且不同的分级指向的人群也具有较为明显的空间分异特性,因此在空间分布上居住设施会比河流水系及自然保护区等两类风险受体的空间分布集聚特征更为明显。其中,在空间分布方面,长江上游沿江 A~E 级居住设施呈现明显的集聚特征,主要集中在四川省成都市和重庆市等地。在空间点状分布方面,长江上游沿江居住设施空间分布表现出多中心化特征,各省会城市及传统制造业中心区域的各类居住设施分布均较为集中,如成都市、贵阳市和重庆主城区等,尤其以 A 级居住设施空间分布较区县分布更为密集。成都市、贵阳市及重庆主城区等地作为各省经济政治中心、制造业中心,由于吸虹效应的存在,各省会城市在人口、产业等方面具有极强的向心力,周边城市的资金、人口、优势产业不断向其聚拢,现代化的配套设施和休闲娱乐场所更为齐全,其居住设施的等级丰度更高、密度更大,因此其在空间分布上呈现局部空间集聚特征。

在上述各级居住设施的空间分布特征的基础上,采用缓冲区分析方法,通过计算与修正,同样综合构建以 2km 为最大缓冲半径,涵盖 1km、0.5km、

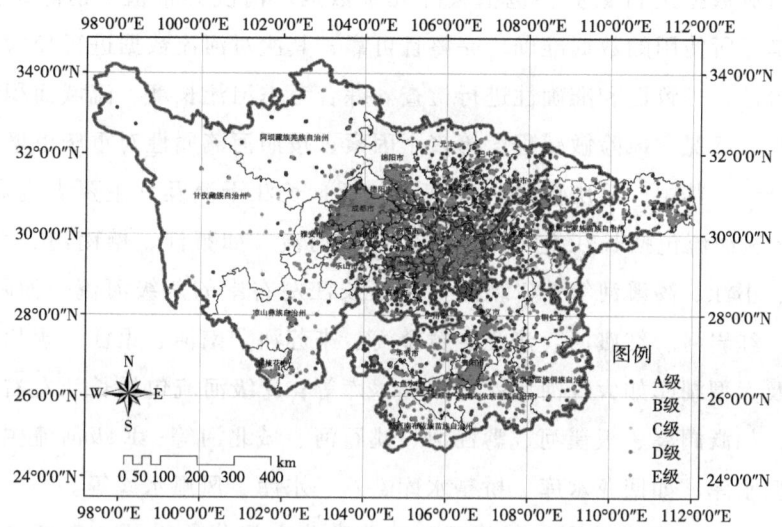

图 6-3　长江上游沿江各级居住设施空间分布图

0.25km、0.05km 为间隔的缓冲区,对长江上游沿江各级居住设施的缓冲区进行空间识别,以反映风险企业相对于各类居住设施的空间分布状况及距离可达性。

6.1.2　重庆市主要风险受体及其空间分布

(1) 河流水系

重庆市位于长江上游沿江,是长江上游沿江重要的经济文化中心之一,也是长江上游生态屏障的重要组成部分。重庆地区水系发达,河流纵横,全市河流 5300 余条,包括长江、嘉陵江、渠江、涪江、乌江等。其中长江自西南向东北横贯重庆全境,在江津区进入重庆,流经永川等 18 个区县,在重庆市境内河长 691 千米。嘉陵江则在合川进入重庆,在渝中区朝天门汇入长江,是长江水系中流域面积最大的支流,在重庆境内河长 152 千米。这些河流对于重庆市的发展和生活起着非常重要的作用,不仅为当地居民提供了丰富的水资源,也为当地的经济发展和交通运输提供了便利条件。

本研究收集了大量重庆市境内河流水系相关数据,并在此基础上对重庆市境内的河流数据进行裁剪，包括去除冗余数据、清洗异常值、消除重复数据等，以确保所使用的数据准确、完整且可靠，其次对河流数据进行校验，对数据的逻辑性、一致性和准确性进行检查。综合考虑河流长度、流域面积、水流强度、水质状况、风险敏感程度等多个因素，按照河流属性对重庆市境内的河流进行分级。其中，重庆市内 A 类河流包括：长江干流及其主要支流嘉陵江、乌江；B 级河流包括长江左右岸的二、三级河流，如綦江、璧南河、大宁河、花溪河、小江、汤溪河等；C 级河流包括长江左右岸的四级河流，如阿蓬江、璧北河、红岩河、红旗河、涪江、黄金河、来苏河、南河、渠江、永川河、长生河等及大型湖库如大红河水库、同心水库等；D 级河流包括长江左右岸的五级河流，如溯澜溪、板溪河、黔江河、姚石河、城北河等；E 级河流主要为各类中小型水库，如回龙水库、桥亭水库、八一水库、凤凰水库等。

综合考虑重庆市地形地貌特征、工业企业空间分布以及专家意见，在河流等级划分的基础上，利用缓冲区分析工具，通过计算与修正，综合构建以 2km 为最大缓冲半径，涵盖 1km、0.5km、0.25km、0.05km 为间隔的缓冲区，并利用 ArcMap 10.4 绘制出重庆市主要河流水系空间分布及其 2km、1km、0.5km、0.25km、0.05km 缓冲区示意图，结果如下所示。图 6-4 为重庆市 A~E 级河流水系的空间分布示意图，由图中可以看出，在面状分布上，重庆市各级河流水系主要分布于主城都市区以及渝东北板块，渝东南板块的河流水系相对较少。在点状分布上，重庆市 A 级河流自西南向东北横跨主城都市区及渝东北等地，主要包括长江干流及其支流嘉陵江、乌江等；B 级河流和 C 级河流主要包括长江左右岸的二、三、四级河流及一些大型水库，在空间分布上 B 级河流和 C 级河流的分布比较分散，在各个地区均有分布；D 级河流和 E 级河流主要包括长江左右岸一些五级河流和中小型水库，在空间分布上 D 级、E 级河流空间集聚特征较为明显，主要集中在主城区等地，在各个区县的分布相对较少。

在各级河流水系空间分布情况的基础上，采用缓冲区分析方法对各级河流的 2km、1km、0.5km、0.25km、0.05km 半径的缓冲区进行了空间识别，以反映风险企业相对于河流水系的空间分布状况及距离可达性，如图 6-5 所示。从图中可以看出，从 0.05km 到 2km，随着缓冲区半径的增大，各级河流缓冲

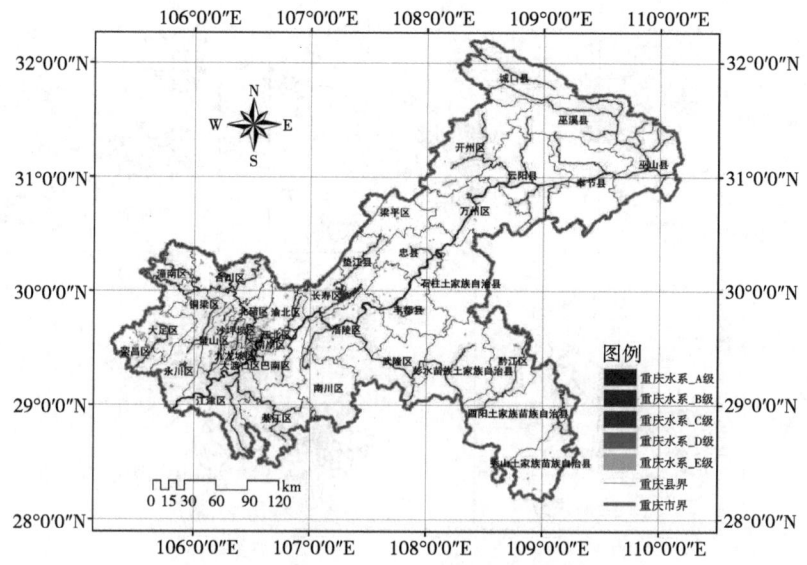

图6-4 重庆市各级河流水系的空间分布图

区涵盖的面积越来越广。从重庆市各类河流水系的缓冲区范围分布来看,重庆市各级河流水系0.05km~2km缓冲区内渝东北以及主城都市区相较于渝东南片区河流水系分布更为复杂,其中,渝东南地区主要分布着几条长江干流及其沿岸二、三级河流。值得指出的是,相较于A级、B级、C级和D级河流,重庆市各级河流0.05km~2km缓冲区内E级河流的集聚特征最为明显,主要分布在主城区等地,而在各个区县的分布相对较少。另外在2km缓冲区内,各级河流覆盖了重庆市主城区、主要的县城及乡镇以及区域性核心商业区域。

(2) 自然保护区

截至目前,重庆市共设立各级各类自然保护地218个,其中自然保护区58个、风景名胜区36个、地质公园10个、湿地公园26个、生态公园2个、世界自然遗产地3个等,有效保护全市90%以上珍稀濒危野生动植物和90%以上典型的亚热带常绿阔叶林生态系统。本研究对重庆市各类自然保护区的空间边界进行矢量化,并在此基础上进行分等定级。其中重庆市境内A类自然保护区包括:金佛山、天生三桥、五里坡三类世界自然遗产地;B类自然保护区包括:长江上游珍稀特有鱼自然保护地、大巴山、缙云山、雪宝山等国家级

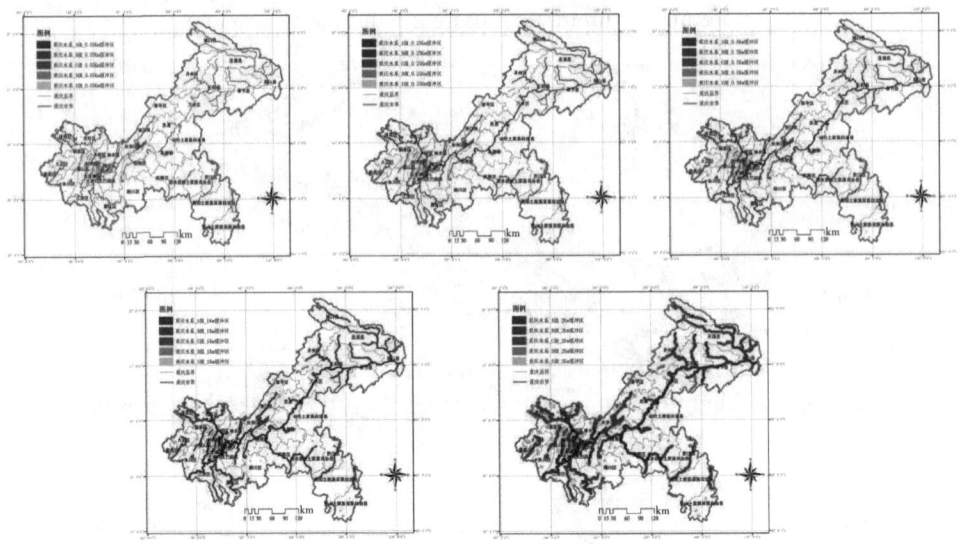

图6-5 重庆市各级河流水系0.05km~2km缓冲区

自然保护区等；C类自然保护区包括小南海地震遗迹地质公园、大风堡、四面山、华蓥山、百里峡、大木山等自然保护区；D类自然保护区包括北碚小三峡、石子山、长田、大沙河、万盛黑山、奉节天鹅湖等自然保护区；E级自然保护区为县级自然保护区，如金刀峡、滚子坪自然保护区。

综合考虑重庆市地形地貌特征、工业企业空间分布以及专家意见，在重庆市境内自然保护区等级划分的基础上，运用ArcMap 10.4绘制出重庆市主要自然保护区空间分布示意图，结果如图6-6所示。从面状分布上来看，重庆市各级自然保护区主要分布在渝东北、渝东南、渝西片区，在空间分布上，距离重庆市的传统制造业中心区域，如渝北区、江津区、江北区具有一定的空间距离。从点状分布上来看，重庆市A级自然保护区主要分布在南川区、武隆区以及巫山县和巫溪县交界处，主要包括金佛山、天生三桥、五里坡三类世界自然遗产地；B级自然保护区主要是一些国家级自然保护区等，主要分布在北碚区、彭水苗族土家族自治县、开州区及城口县等地，其中，又以城口县B级自然保护区的分布范围最广；C级自然保护区则是重庆市境内的省级自然保护区，主要分布在江津区、涪陵区、丰都县、奉节县、石柱土家族自治县及酉阳土家族苗族自治县等地；D级自然保护区主要是重庆市境内的市（州）级自然保护区，在空间分布上比较零散，主要以巫山县分布最广；E级自然保护区分布较为广泛，在重庆市内各个版块均有分布，主要包括县级自然保护区。

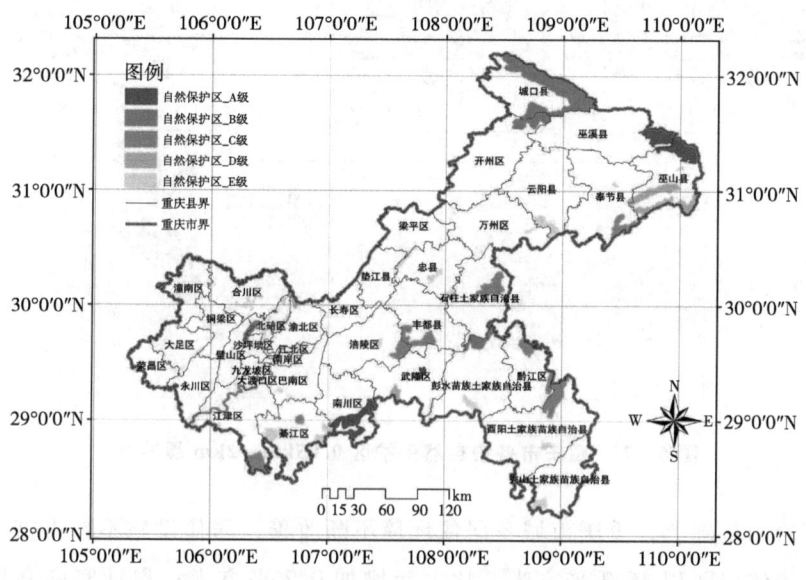

图6-6 重庆市各级自然保护区的空间分布图

在上述各级自然保护区的空间分布特征的基础上，采用缓冲区分析方法，通过计算与修正，同样综合构建以2km为最大缓冲半径，涵盖1km、0.5km、0.25km、0.05km为间隔的缓冲区，对重庆市各级自然保护区的0.05km~2km缓冲区进行空间识别，以反映风险企业相对于各类自然保护区的空间分布状况及距离可达性，如图6-7所示。从图中可以看出，随着缓冲区半径的增大，各级自然保护区的缓冲区涵盖的面积越来越广。根据重庆市各级自然保护区缓冲区范围分布来看，重庆市各级自然保护区0.05km~2km缓冲区内空间集聚特征并不明显，其分布较为分散，在渝东北、渝东南、渝西片区均有分布，而主城区分布较少。值得指出的是，0.05km~2km缓冲区内重庆市自然保护区在空间分布上与市区域政治经济中心及传统制造业中心区域等具有一定的空间距离。

（3）居住设施

居住设施是指居民住宅、小区服务设施、商务住宅、工业大厦建筑物、道路用地、绿地等，是人们日常生产生活的主要空间。近年来，在开展城乡环境

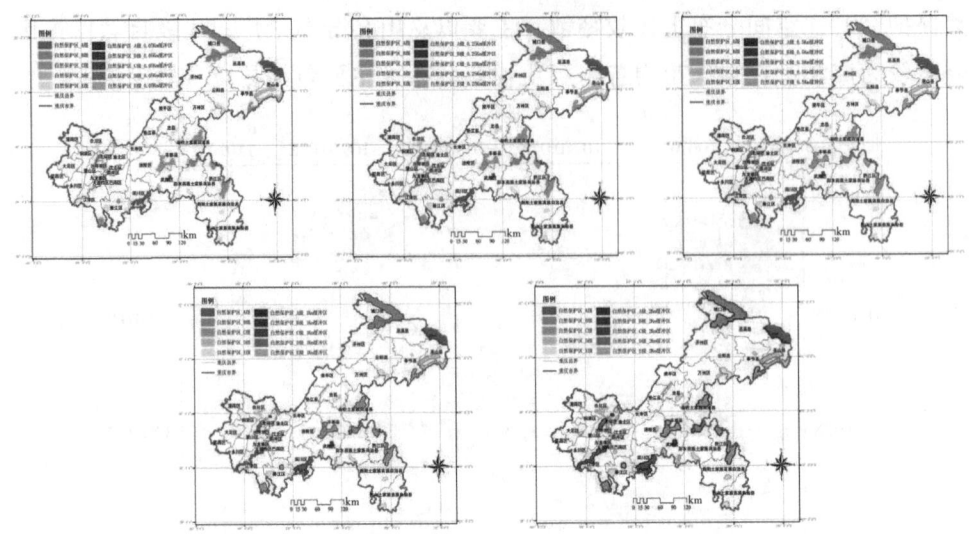

图 6-7　重庆市各级自然保护区 0.05km~2km 缓冲区

综合整治的基础上,重庆市城乡居住环境不断改善,居住设施不断丰富。全体居民人均住房面积 46.3 平方米,比上年增加 0.2 平方米;累计实施高星级绿色房屋建筑近 3500 万平方米,发展绿色生态住宅小区超 1 亿平方米、集中连片可再生能源建筑应用 1500 万平方米。同时,完成老城区环境"小而美"惠民项目 450 个,新建社区体育文化公园 25 个、口袋公园 73 个,人均公园绿地面积 17.4 平方米、比上年增加 0.8 平方米;整治农村危房 4147 户,新改建农村厕所 5 万户。在所获取的各类居住设施 POI 数据的基础上对重庆市居住设施进行分级,将重庆市居住设施分为 A~E 级五类住宅,并对其进行缓冲区分析。重庆市各类居住设施的分级情况与长江上游流域整体分级情况基本一致。本研究综合考虑重庆市地形地貌特征、工业企业空间分布及专家意见,在居住设施等级划分的基础上,运用 ArcMap 10.4 绘制出重庆市各类居住设施空间分布及其 2km、1km、0.5km、0.25km、0.05km 缓冲区示意图。

图 6-8 为重庆市 A~E 级居住设施的空间分布示意图。因居住设施在空间分布上具有鲜明的选址导向,其不同分级所指向的人群也具有较为明确的空间分异特性,主要是针对主城及各区县的差异,因此在空间分布上,重庆市 A~E 级居住设施的空间分布相较于河流水系及自然保护区等两类风险受体的空间分

布集聚特征更为明显。其中，在空间面状分布方面，重庆市 A～E 级居住设施主要集中在主城都市区等地，在各个区县的分布较少。主城区的各类居住设施分布均较为集中，尤其以 D 级、E 级居住设施空间分布较区县分布更为密集。在空间点状分布方面，主城区的大渡口区、渝中、江北区以及渝北区等地作为重庆市传统商业中心、制造业中心，房屋基础设施、配套设施以及现代化设施更为丰富，其居住设施的等级丰度较高、密度较大；而万州区、涪陵区、永川区等作为曾经的地级市中心驻地所在区县，在人口、产业等方面具有极强的向心力。因此，其在空间分布上呈现局部性的空间集聚特征。

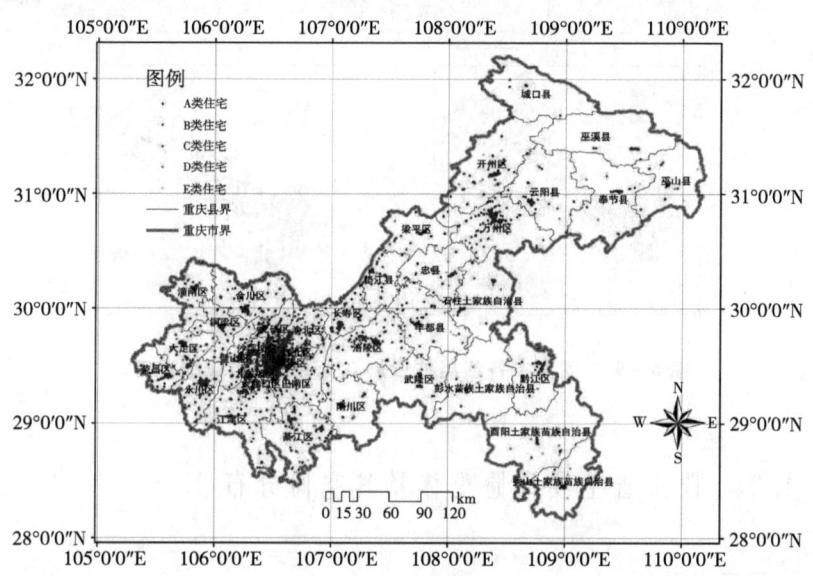

图 6-8　重庆市各级居住设施的空间分布图

在上述各级居住设施空间分布特征的基础上，采用缓冲区分析方法，通过计算与修正，同样综合构建以 2km 为最大缓冲半径，涵盖 1km、0.5km、0.25km、0.05km 为间隔的缓冲区，对重庆市各级居住设施的 0.05km～2km 缓冲区进行空间识别，以反映风险企业相对于各类居住设施的空间分布状况及距离可达性，如图 6-9 所示。从图中可以看出，随着缓冲区半径的增大，重庆市各级居住设施缓冲区涵盖的面积越来越广。从重庆市各类居住设施的缓冲区范围分布来看，重庆市各级居住设施 0.05km～1km 缓冲区内空间集聚特征明显，主要分布在主城区以及万州区、涪陵区、永川区等传统区域制造业中心，在其他各个区县的分布较少。而重庆市各类居住设施2km缓冲区内的空间集聚特征相对有所减弱，各级居住设施空间分布更为均匀，几乎覆盖了主城区、主要的县城及乡镇、区域性核心商业区域。

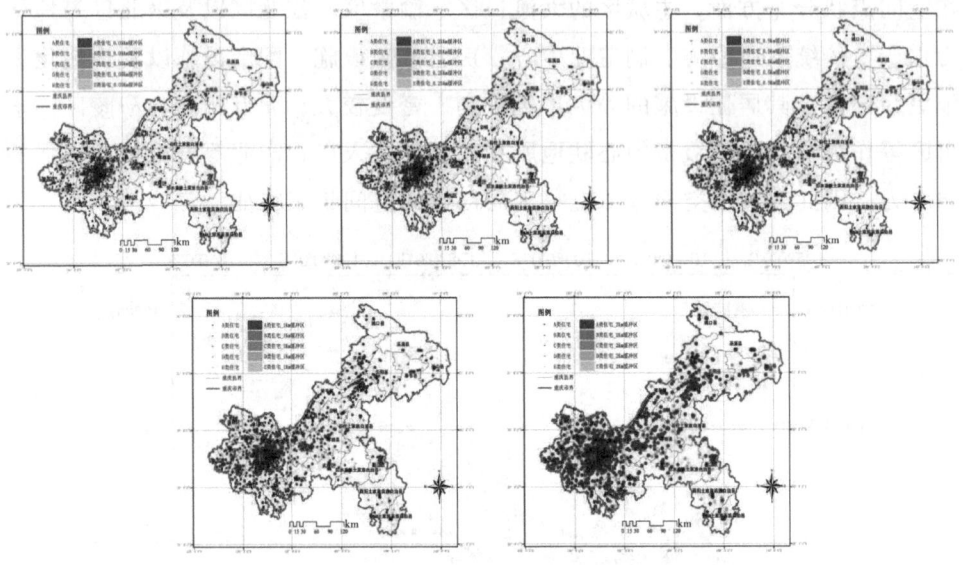

图6-9　重庆市各级居住设施0.05km~2km缓冲区

6.1.3　四川省主要风险受体及其空间分布

(1) 河流水系

四川省地处长江上游沿江，拥有丰富的河流水系。境内共有大小河流近1419条，其中流域面积500平方公里以上的河流有345条，1000平方公里以上的有22条，号称"千水之省"。除西北部若尔盖沼泽的白河、黑河由南向北注入黄河外，其余均属长江水系，水系结构复杂，东西差异明显。本研究收集了大量四川省境内河流水系相关数据，并在此基础上对四川省境内的河流数据进行裁剪，包括去除冗余数据、清洗异常值、消除重复数据等，以确保所使用的数据准确、完整且可靠，其次对河流数据进行校验，对数据的逻辑性、一致性和准确性进行检查。综合考虑河流长度、流域面积、水流强度、水质状况、风险敏感程度等多个因素，按照河流属性对四川省境内的河流进行分级。

其中，四川省内 A 级河流包括：长江、金沙江、嘉陵江、岷江等；B 级河流包括：雅砻江、沱江、小金河、御临河、大渡河、鲜水河、黑河、白河、理塘河、永宁河、赤水河、青衣江等；C 级河流包括：大洪河、涪江、前江、渠江、南江、西河、大洪河水库、东风渠、唐寺水库、升钟水库等；D 级河流包括：姚市河、继光水库、跑马滩水库、苏包河、红岩渠、西溪河、马尾河等；E 级河流主要为各类中小型水库与湖泊，如天鹅湖、油坊水库、东湖、白莲池、群英水库、沙坝子水库、宝石桥水库等。

综合考虑四川省地形地貌特征、工业企业空间分布以及专家意见，在河流等级划分的基础上，利用缓冲区分析工具，通过计算与修正，综合构建以 2km 为最大缓冲半径，涵盖 1km、0.5km、0.25km、0.05km 为间隔的缓冲区，并利用 ArcMap 10.4 绘制出四川省主要河流水系空间分布及其 2km、1km、0.5km、0.25km、0.05km 缓冲区示意图，结果如下所示。图 6-10 为四川省 A~E 级河流水系的空间分布示意图，由图中可以看出，四川省各级河流水系在面状分布上主要分布于川西北、成都平原、川南、川东经济区，攀西经济区的河流水系相对较少。在点状分布上，四川省 A 级河流自西北向东南流，主要包括长江干流及其支流嘉陵江、金沙江等；B 级河流和 C 级河流主要包括长江与黄河支流、大型水库，在空间分布上 B 级河流和 C 级河流的分布较为密集，分布范围较广；D 级河流和 E 级河流主要包括长江水系中的五级河流和中小型水库，在空间分布上 D 级、E 级河流分布范围广且较为密集。

在各级河流水系空间分布情况的基础上，采用缓冲区分析方法对各级河流的 2km、1km、0.5km、0.25km、0.05km 半径的缓冲区进行了空间识别，以反映风险企业相对于河流水系的空间分布状况及距离可达性，如图 6-11 所示。从图中可以看出，从 0.05km 到 2km，随着缓冲区半径的增大，各级河流缓冲区涵盖的面积越来越广。从四川省各级河流水系缓冲区范围分布来看，四川省各级河流水系 0.05km~2km 缓冲区内成都平原、川南、川东北经济区较川西、攀西经济区片区河流水系分布更为复杂，其中，川西、攀西经济区主要分布着几条长江干流及其沿岸的二、三级河流。四川省各级河流 0.05km~2km 缓冲区内 B 与 C 级河流在成都平原经济区的集聚特征最为明显，而在 2km 缓冲区内，各级河流覆盖了主城区、主要的县城及乡镇、区域性核心商业区域。

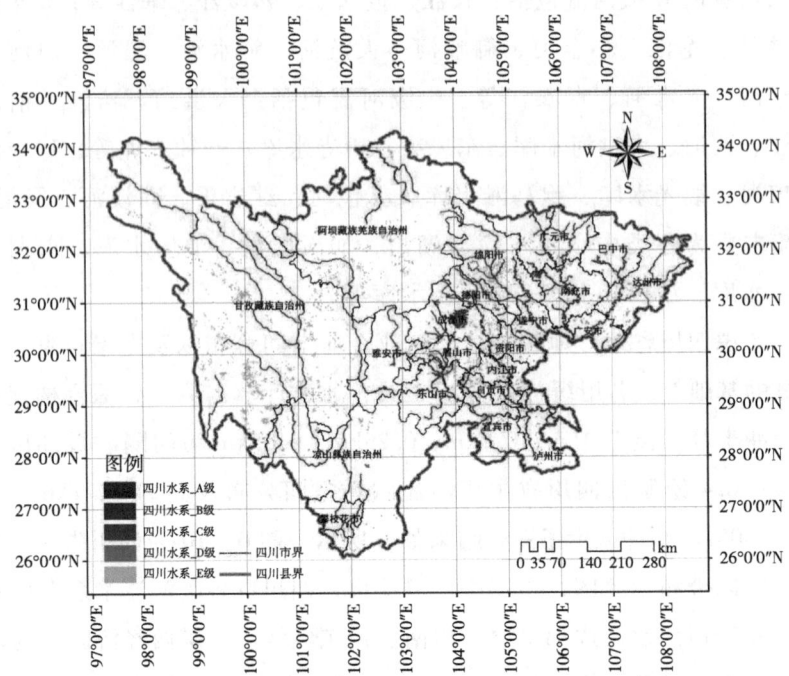

图6-10　四川省各级河流水系的空间分布图

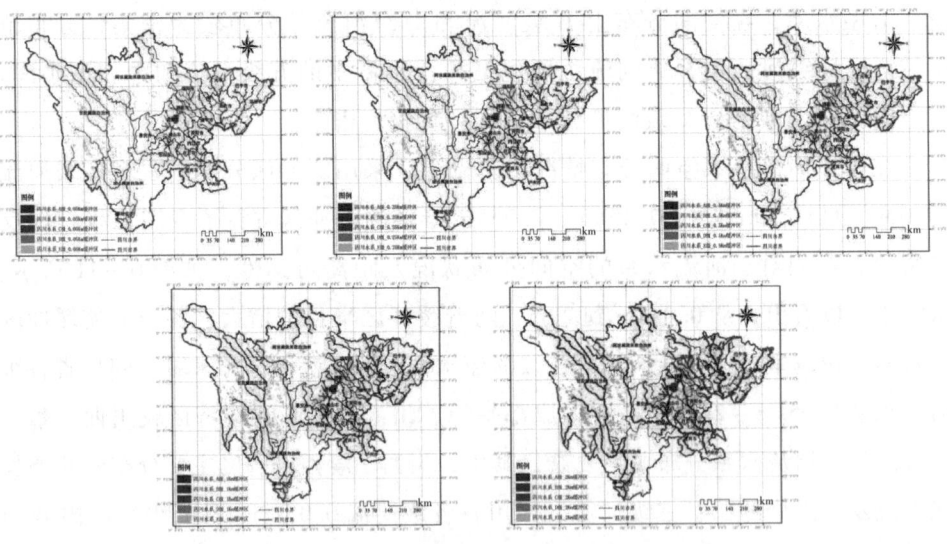

图6-11　四川省各级河流水系0.05km~2km缓冲区

(2) 自然保护区

四川省地处长江黄河上游地区，林地面积 3.81 亿亩，居全国第一位，森林、草原、湿地等生态资源分布超过全省面积的 70%，是全球 36 个生物多样性保护热点地区之一。截至目前，四川省共设立各级各类自然保护地 525 个，其中自然保护区 165 个、风景名胜区 90 个、国家公园 3 个、地质公园 33 个、石漠公园 1 个、森林公园 137 个、湿地公园 55 个、世界自然遗产地 3 个等，95% 的国家重点保护野生动植物、90% 的陆地自然生态系统、60% 的天然湿地生态系统得到有效保护。本研究对四川省各类自然保护区的空间边界进行矢量化，并在此基础上进行分等定级。其中四川省境内 A 类自然保护区主要包括黄龙、九寨沟等；B 类自然保护区包括噶贡山、白水河、察青松多白唇鹿、若尔盖湿地、海子山、蜂桶寨、亚丁、王朗等国家级自然保护区等；C 类自然保护区包括大小兰沟、鞍子河、白坡山、百里峡、宝顶沟、二滩湿地、黑水河等省级自然保护区；D 类自然保护区包括措普沟、大小沟、杜苟拉、多普沟、嘎金雪山等市（州）级自然保护区；E 级自然保护区为县级自然保护区，如阿仁沟、大桥水库湿地、格木、佛珠峡、包座、冷达沟等自然保护区。

综合考虑四川省地形地貌特征、工业企业空间分布以及专家意见，在四川境内自然保护区等级划分的基础上，运用 ArcMap 10.4 绘制出四川省主要自然保护区空间分布示意图，结果如图 6-12 所示。从面状分布上来看，四川省各级自然保护区主要分布在川西地区，距离四川省经济较为发达的成都平原经济区有一定的空间距离。从点状分布上来看，四川省 A 级自然保护区主要分布在阿坝藏族羌族自治州，主要包括九寨沟国家级自然保护区与黄龙风景名胜区等世界自然遗产地；B 级自然保护区主要是国家级自然保护区，主要分布在甘孜藏族自治州、阿坝藏族羌族自治州等地；C 级自然保护区则是四川省境内的省级自然保护区，主要分布在甘孜藏族自治州、阿坝藏族羌族自治州、凉山彝族自治州、雅安市、乐山市等地；D 级自然保护区主要是市（州）级自然保护区，主要分布在甘孜藏族自治州、阿坝藏族羌族自治州、绵阳市、广元市、宜宾市等地；E 级自然保护区分布在甘孜藏族自治州、阿坝藏族羌族自治州、绵阳市、广元市等地，主要包括县级自然保护区。

在上述各级自然保护区的空间分布特征的基础上，采用缓冲区分析方法，

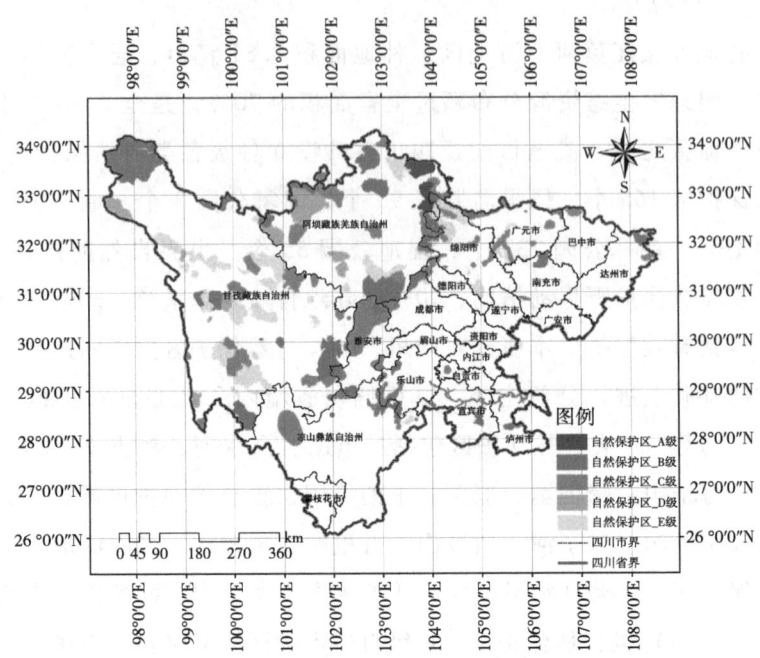

图 6-12　四川省各级自然保护区的空间分布图

通过计算与修正，同样综合构建以 2km 为最大缓冲半径，涵盖 1km、0.5km、0.25km、0.05km 为间隔的缓冲区，对四川省各级自然保护区的 0.05km~2km 缓冲区进行空间识别，以反映风险企业相对于各类自然保护区的空间分布状况及距离可达性，如图 6-13 所示。随着缓冲区半径的增大，各级自然保护区的缓冲区涵盖的面积越来越广。根据四川省各级自然保护区缓冲区范围分布，四川省各级自然保护区 0.05km~2km 缓冲区内呈现出一定的空间集聚效应，以川西地区的阿坝藏族羌族自治州和甘孜藏族自治州最为集中，其他地区分布较为分散。值得一提的是，各级自然保护区 0.05km~2km 缓冲区与经济较发达的成都平原经济区等地有明显的空间距离。

（3）居住设施

居住设施是指居民住宅、小区服务设施、商务住宅、工业大厦建筑物、道路用地、绿地等，是人们日常生产生活的主要空间。在所获取的各类居住设施 POI 数据的基础上对四川省居住设施进行分级，将四川省居住设施分为 A~E 级五类住宅，并对其进行缓冲区分析。四川省各类居住设施的分级情况与长江

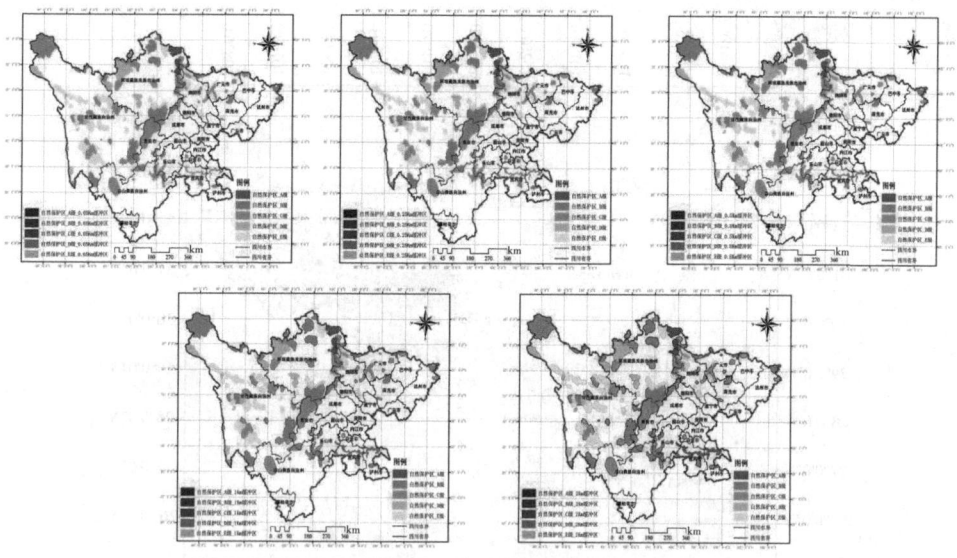

图 6-13 四川省各级自然保护区 0.05km～2km 缓冲区

上游流域整体分级情况基本一致。综合考虑四川省地形地貌特征、工业企业空间分布及专家意见，在居住设施等级划分的基础之上，运用 ArcMap 10.4 绘制出四川省各类居住设施空间分布及其 2km、1km、0.5km、0.25km、0.05km 缓冲区示意图，结果如下所示。

图 6-14 为四川省 A～E 级居住设施的空间分布示意图。因居住设施在空间分布上具有鲜明的选址导向，其不同分级所指向的人群也具有较为明确的空间分异特性，区域分布差异明显。在空间面状分布方面，四川省 A～E 级居住设施主要集中在成都平原经济区，其次是川南与川东北经济区，其余地区分布较少。其中，成都市的各类居住设施分布均较为集中，尤其以 D 级、E 级居住设施空间分布更为密集，其余市州各级居住设施空间分布较为分散。在空间点状分布方面，各个市州核心区域各级居住设施较为集中，尤其是成都市作为经济最为发达的省会城市房屋基础设施、配套设施以及现代化设施更为丰富，其居住设施的等级丰度较高、密度较大；而南充市、资阳市、宜宾市等经济较为发达的城市居住设施在空间分布上呈现出较为集中的趋势。

在上述各级居住设施空间分布特征的基础上，采用缓冲区分析方法，通过

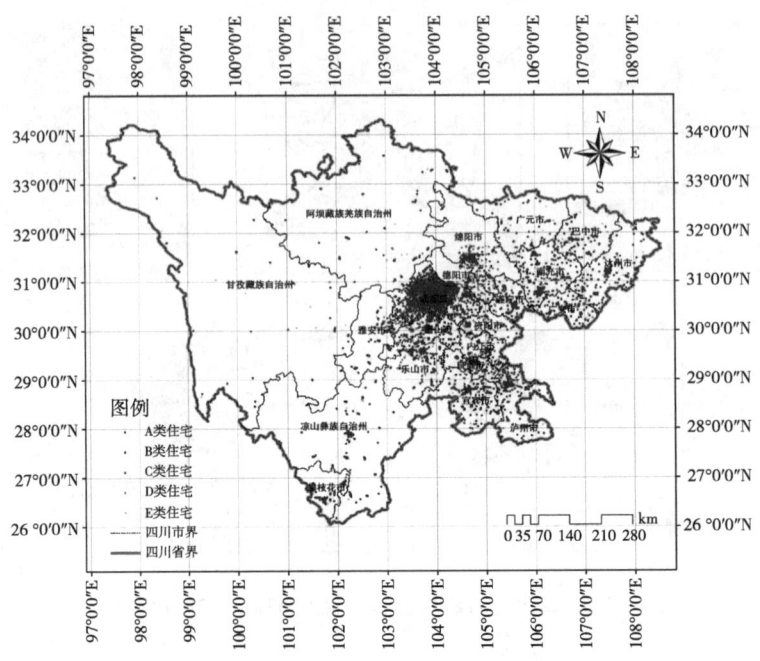

图 6-14 四川省各级居住设施的空间分布图

计算与修正，同样综合构建以 2km 为最大缓冲半径，涵盖 1km、0.5km、0.25km、0.05km 为间隔的缓冲区，对四川省各级居住设施的 0.05km～2km 缓冲区进行空间识别，以反映风险企业相对于各类居住设施的空间分布状况及距离可达性，如图 6-15 所示。从图中可以看出，随着缓冲区半径的增大，四川省各级居住设施缓冲区涵盖的面积越来越广。根据四川省各类居住设施的缓冲区范围分布来看，四川省各级居住设施 0.05km～2km 缓冲区内均表现出一定的空间集聚特征，主要集中在成都平原经济区，其次是川东北、川南经济区，在其他地区分布较为分散。

6.1.4 贵州省主要风险受体及其空间分布

(1) 河流水系

贵州省地处云贵高原东部，介于长江和珠江两大水系上游的交错地带，是长江上游沿江的重要生态屏障。全省河流数量众多，主要有八大水系，分属长

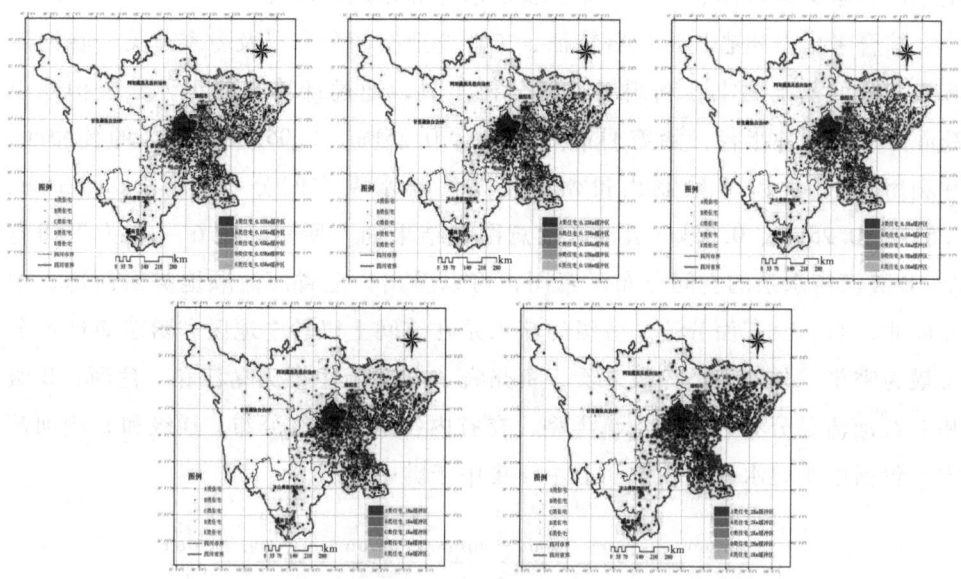

图 6-15 四川省各级居住设施 0.05km～2km 缓冲区

江和珠江两大流域。其中，苗岭是长江和珠江两大流域的分水岭。苗岭以北属长江流域，主要包括乌江水系、沅江水系、赤水河綦江水系、牛栏江横江水系等；苗岭以南属珠江流域，主要包括南盘江水系、北盘江水系、红水河水系、柳江水系等。本研究收集了大量贵州省境内河流水系相关数据，并在此基础上对贵州省境内的河流数据进行裁剪，包括去除冗余数据、清洗异常值、消除重复数据等，以确保所使用的数据准确、完整且可靠，其次对河流数据进行校验，对数据的逻辑性、一致性和准确性进行检查。综合考虑河流长度、流域面积、水流强度、水质状况、风险敏感程度等多个因素，按照河流属性对贵州省境内的河流进行分级。其中，贵州省内 A 级河流包括乌江、红水河、南盘江、三岔河、鸭池河、东风水库、天生桥水库和乌江渡水库等；B 级河流包括湘江、北盘江、曹渡河、清水江、赤水河、可渡河、六冲河、落脚河和后水河水库等；C 级河流包括都柳江、芙蓉江、打狗河、重安江、习水河、黄泥河、松柏山水库、阿哈水库和百花水库等；D 级河流包括喇叭河、洛河、湾塘河、木贾河、水城河、泥桥河、市西河、南马河、虹山湖和窑上水库等；E 级河流主要为各类中小型水库，如：东方红水库、利民水库、高坎水库、大坪水库、五星水库、李家寨水库、红光水库、长丰水库和东风水库等。

综合考虑贵州省地形地貌特征、工业企业空间分布以及专家意见,在河流等级划分的基础之上,利用缓冲区分析工具,通过计算与修正,综合构建以2km为最大缓冲半径,涵盖1km、0.5km、0.25km、0.05km为间隔的缓冲区,并利用 ArcMap 10.4 绘制出贵州省主要河流水系空间分布及其 2km、1km、0.5km、0.25km、0.05km 缓冲区示意图,结果如下所示。图 6 - 16 为贵州省 A ~ E 级河流水系的空间分布示意图,可以看出,全省河流顺地势由西部、中部向北、东、南三面分流,各级河流水系在空间上以黔中地区和黔东南地区分布最为密集。分河流类等级来看,贵州省 A 级河流主要为乌江和三岔河;B 级和 C 级河流是分布较多的河流类型,在省内各地区均有分布;D 级和 E 级河流主要包括中小型水库,在空间上主要集中于黔中地区。

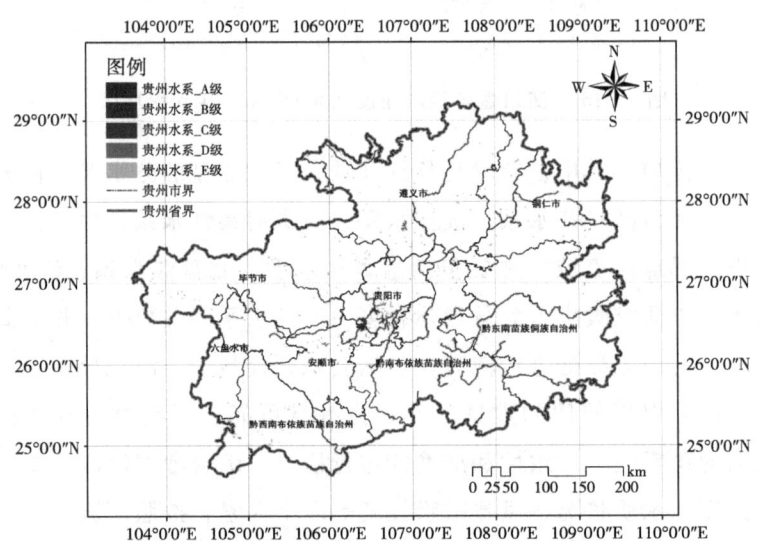

图 6 - 16　贵州省各级河流水系的空间分布图

在各级河流水系空间分布情况的基础上,采用缓冲区分析方法对各级河流的 2km、1km、0.5km、0.25km、0.05km 半径的缓冲区进行了空间识别,以反映风险企业相对于河流水系的空间分布状况及距离可达性,如图 6 - 17 所示。从图中可以看出,从 0.05km ~ 2km,随着缓冲区半径的增大,各级河流缓冲区涵盖的面积越来越广。根据贵州省各类河流水系缓冲区的范围分布来看,贵州省各级河流水系 0.05km ~ 2km 缓冲区内,黔中地区的河流水系分布更为复杂,其中,又以贵阳市中心城区的分布状况最为复杂,在各级河流 2km 的缓冲区范围内,覆盖了贵阳市中心城区的绝大部分区域。

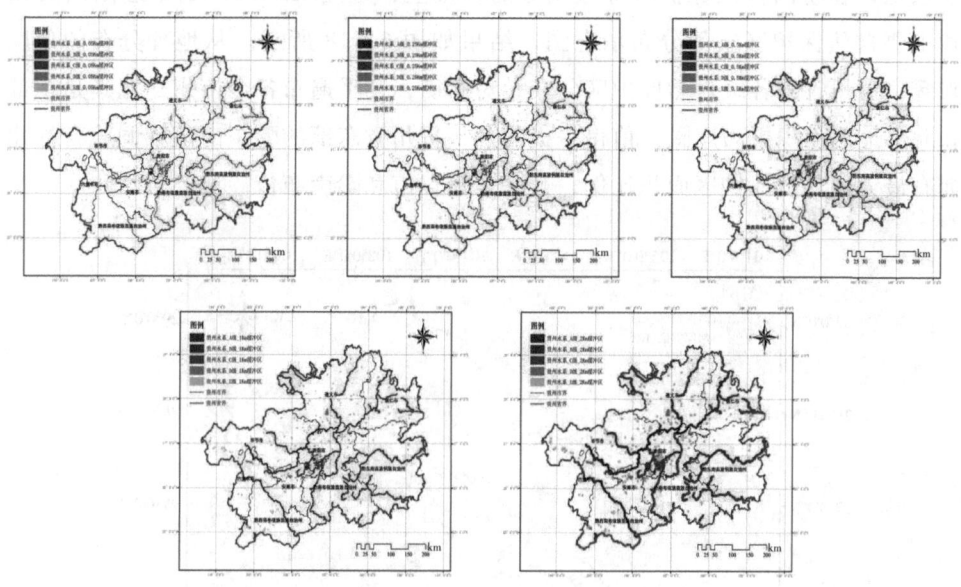

图 6-17　贵州省各级河流水系 0.05km ~ 2km 缓冲区

(2) 自然保护区

截至目前,贵州省已有世界自然遗产地 4 个,各类自然保护区 106 个,全省自然保护区面积达 $84.70*10^4 hm^2$,占全省面积的 4.88%。省级以上自然保护区 18 个,其中国家级自然保护区有 11 个,占地面积 $28.89*10^4 hm^2$;省级自然保护区有 7 个,占地面积 $10.40*10^4 hm^2$。市、县级自然保护区 88 个,占地面积 $46.76*10^4 hm^2$。省内自然保护区类型以森林生态系统、野生植物、野生动物类型等为主。其中,贵州省境内 A 类自然保护区包括:荔波喀斯特、赤水丹霞、施秉喀斯特和梵净山世界自然遗产;B 类自然保护区包括:宽阔水、大沙河、雷公山、佛顶山、麻阳河、红枫湖等国家级自然保护区等;C 类自然保护区包括湄潭百面水、独山都柳江源、余庆大乌江、雷山、剑河等省级自然保护区;D 类自然保护区包括朱家山、小顶山、月亮山、威宁海舍、老蛇冲等市(州)级自然保护区;E 级自然保护区为县级自然保护区,如花溪青岩油杉、红花岗区大板水、仙人山、万里水库水源涵养林、后水河等。

本研究对贵州省各类自然保护区的空间边界进行矢量化，并在此基础上进行分等定级。同时，综合考虑贵州省地形地貌特征、工业企业空间分布以及专家意见，在境内自然保护区等级划分的基础上，运用 ArcMap 10.4 绘制出贵州省主要自然保护区空间分布示意图，结果如图 6-18 所示。从地理分布的角度来看，贵州省的各级自然保护区分布相对平衡，几乎遍布各个市州，尤其是东部和北部地区面积更为广阔。值得一提的是，贵州省东部的黔东南苗族侗族自治州拥有最大的自然保护区面积比例，其次是铜仁市和黔南布依族苗族自治州。

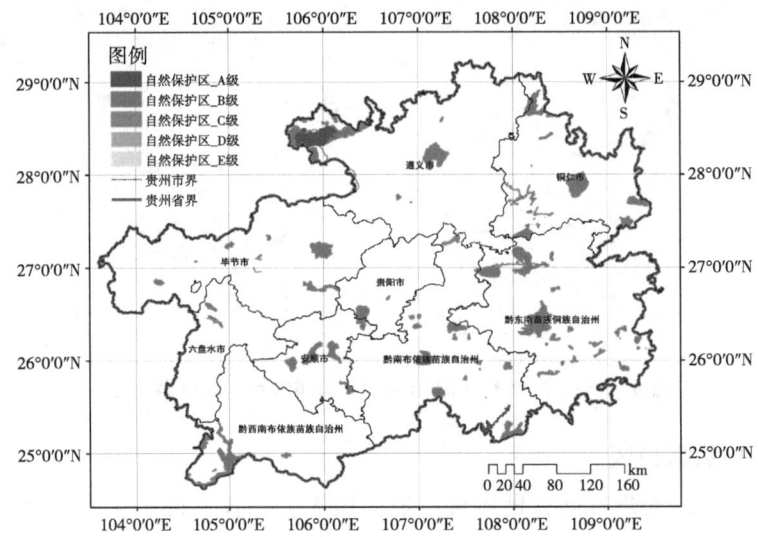

图 6-18　贵州省各级自然保护区的空间分布图

在上述各级自然保护区的空间分布特征的基础上，采用缓冲区分析方法，通过计算与修正，同样综合构建以 2km 为最大缓冲半径，涵盖 1km、0.5km、0.25km、0.05km 为间隔的缓冲区，对贵州省各级自然保护区的 0.05km～2km 缓冲区进行空间识别，以反映风险企业相对于各类自然保护区的空间分布状况及距离可达性，如图 6-19 所示。随着缓冲区半径的增大，各级自然保护区的缓冲区涵盖的面积越来越广。根据贵州省各级自然保护区缓冲区范围分布，贵州省各级自然保护区 0.05km～2km 缓冲区内空间集聚效应并不明显，呈现出较为分散的空间布局。

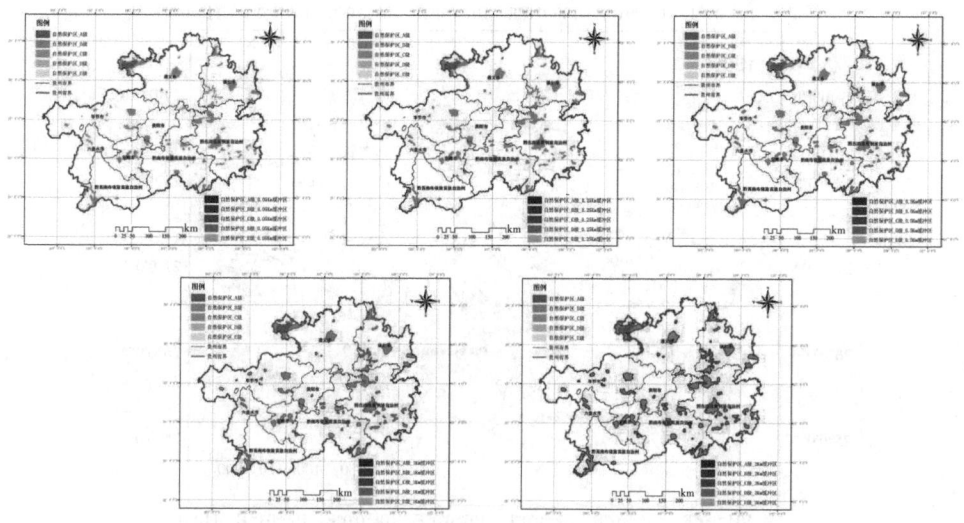

图 6-19　贵州省各级自然保护区 0.05km~2km 缓冲区

（3）居住设施

本研究在所获取的各类居住设施 POI 数据的基础上对贵州省居住设施进行分级，将贵州省居住设施分为 A~E 级五类住宅，对其进行缓冲区分析。贵州省各类居住设施的分级情况与长江上游流域整体分级情况基本一致。综合考虑贵州省地形地貌特征、工业企业空间分布及专家意见，在居住设施等级划分的基础上，运用 ArcMap 10.4 绘制出贵州省各类居住设施空间分布及其 2km、1km、0.5km、0.25km、0.05km 缓冲区示意图，结果如下所示。

图 6-20 为贵州省 A~E 级居住设施的空间分布示意图。在空间面状分布方面，贵州省各级居住设施分布不均衡，A~E 级居住设施主要集中在黔中地区，尤其是贵阳市的各类居住设施分布最为集中，其中 A 级、E 级居住设施空间分布更为密集，而在其他市州各级居住设施在空间上分布相对分散。从地级市层面来看，各市州的核心区域均为各级居住设施的聚集区域。其中，贵阳市作为全省经济最发达且人口密度最高的城市，相应的居住设施密度也最高，尤其是贵阳市的南明区、云岩区 2 个老城区，以及随后发展起来的新城区观山湖区，这几个区域内的居住设施在空间分布均呈现较高的聚集程度。

在上述各级居住设施空间分布特征的基础上，采用缓冲区分析方法，通过

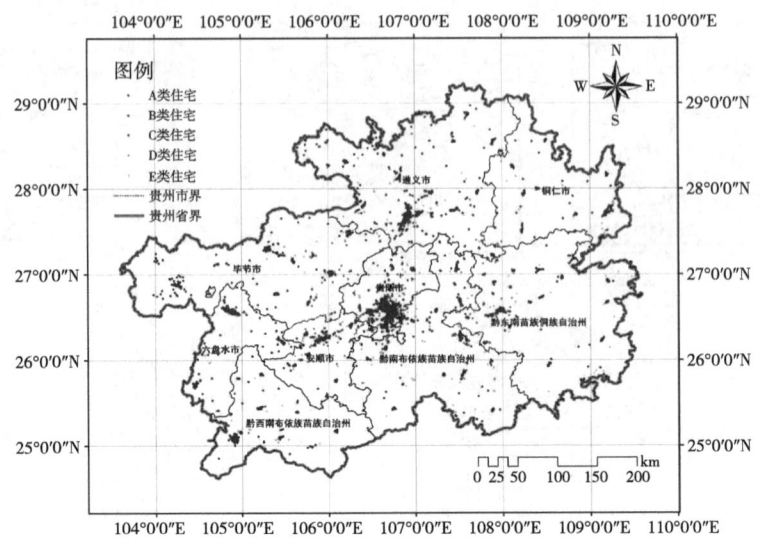

图 6-20　贵州省各级居住设施的空间分布图

计算与修正，同样综合构建以 2km 为最大缓冲半径，涵盖 1km、0.5km、0.25km、0.05km 为间隔的缓冲区，对贵州省各级居住设施的 0.05km～2km 缓冲区进行空间识别，以反映风险企业相对于各类居住设施的空间分布状况及距离可达性，如图 6-21 所示。从图中可以看出，随着缓冲区半径的增大，各级居住设施缓冲区涵盖的面积越来越广。从贵州省各类居住设施的缓冲区范围分布来看，贵州省各类居住设施 0.05km～2km 缓冲区内呈现出一定的空间集聚效应，主要集中在贵阳市的中心城区，其余各市州的中心城区也呈现一定的空间聚集特征。

6.1.5　湖北省主要风险受体及其空间分布（上游段）

（1）河流水系

湖北省境内河流水系密布，水资源丰富，有"千湖之省"的美誉。湖北省的水系分属三大流域，分别是长江干流流域、汉江流域、清江流域。其中，清江是长江的一级支流，流经湖北省位于长江上游地段的恩施土家族苗族自治州和宜昌市。本研究在收集了湖北省（上游段）境内河流水系相关数据的基

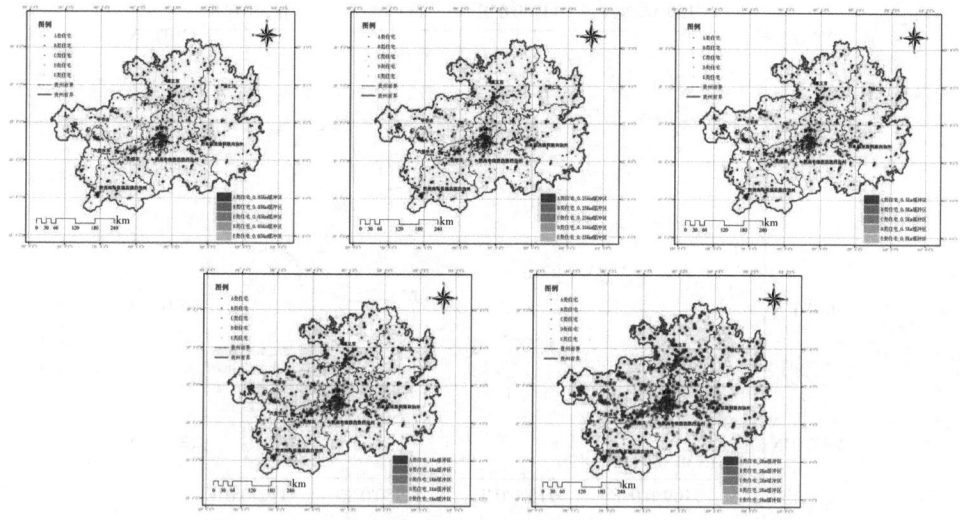

图 6-21　贵州省各级居住设施 0.05km~2km 缓冲区

础上，对境内的河流数据进行裁剪，包括去除冗余数据、清洗异常值、消除重复数据等，以确保所使用的数据准确、完整且可靠，其次对河流数据进行校验，对数据的逻辑性、一致性和准确性进行检查。综合考虑河流长度、流域面积、水流强度、水质状况、风险敏感程度等多个因素，按照河流属性对境内的河流进行分级。其中，境内 A 级河流有长江干流、清江等；B 级河流有酉水、石芦河等；C 级河流包括红岩河等；D 级河流包括盆架河、神农溪等；E 级河流包括小南海、泉河水库等。

综合考虑湖北省（上游段）地形地貌特征、工业企业空间分布以及专家意见，在河流等级划分的基础上，利用缓冲区分析工具，通过计算与修正，综合构建以 2km 为最大缓冲半径，涵盖 1km、0.5km、0.25km、0.05km 为间隔的缓冲区，并利用 ArcMap 10.4 绘制出湖北省（上游段）主要河流水系空间分布及其 2km、1km、0.5km、0.25km、0.05km 缓冲区示意图，结果如下所示。图 6-22 为湖北省（上游段）A~E 级河流水系的空间分布示意图，由图中可以看出，湖北省（上游段）A 级河流水系主要横跨在宜昌市境内，在恩施土家族苗族自治州有少量分布。其他各级河流的分布较为分散，在湖北省长江上游段两个地级市内均有分布。

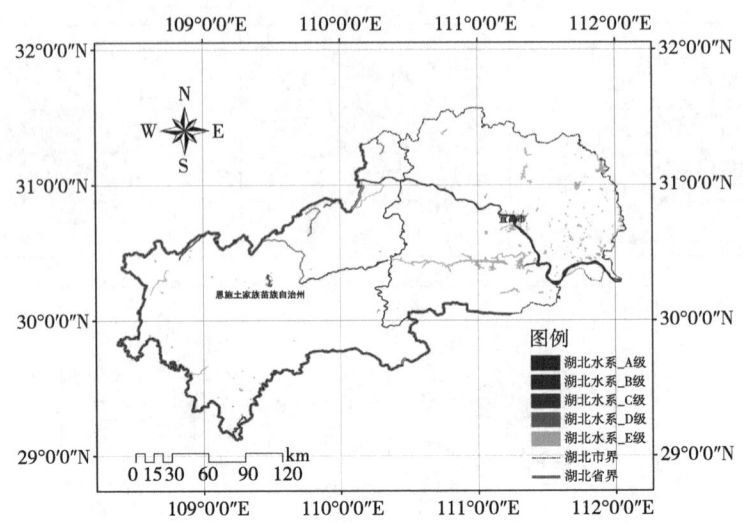

图 6-22　湖北省各级河流水系的空间分布图（上游段）

在各级河流水系空间分布情况的基础上，采用缓冲区分析方法对各级河流的 2km、1km、0.5km、0.25km、0.05km 半径的缓冲区进行了空间识别，以反映风险企业相对于河流水系的空间分布状况及距离可达性。由图 6-23 可知，随着缓冲区半径的增大，各级河流缓冲区涵盖的面积越来越广。从湖北省长江上游段河流水系缓冲区范围的空间分布状况来看，相较于恩施土家族苗族自治州，宜昌市河流水系的空间分布要更加复杂。

（2）自然保护区

湖北省现有 6 大类自然保护地 344 个，其中自然保护区 81 个、风景名胜区 35 个、地质公园 27 个、湿地公园 104 个、世界自然遗产 1 个等。其中，恩施州拥有 10 处国家级自然保护区、湿地公园、地质公园和 30 多处自然保护地。宜昌市拥有 3 个国家级自然保护区、3 个国家级水产种质资源保护区、1 个国家级风景名胜区、4 个国家级地质公园、8 个国家湿地公园。本研究对湖北省（上游段）各类自然保护区的空间边界进行矢量化，并在此基础上进行分等定级。其中湖北省长江上游段内 A 类自然保护区包括：神农架等世界自然遗产地；B 类自然保护区包括：忠建河大鲵自然保护区、长阳崩尖子、星斗山等国家级自然保护区等；C 类自然保护区包括三峡万朝山、长江宜

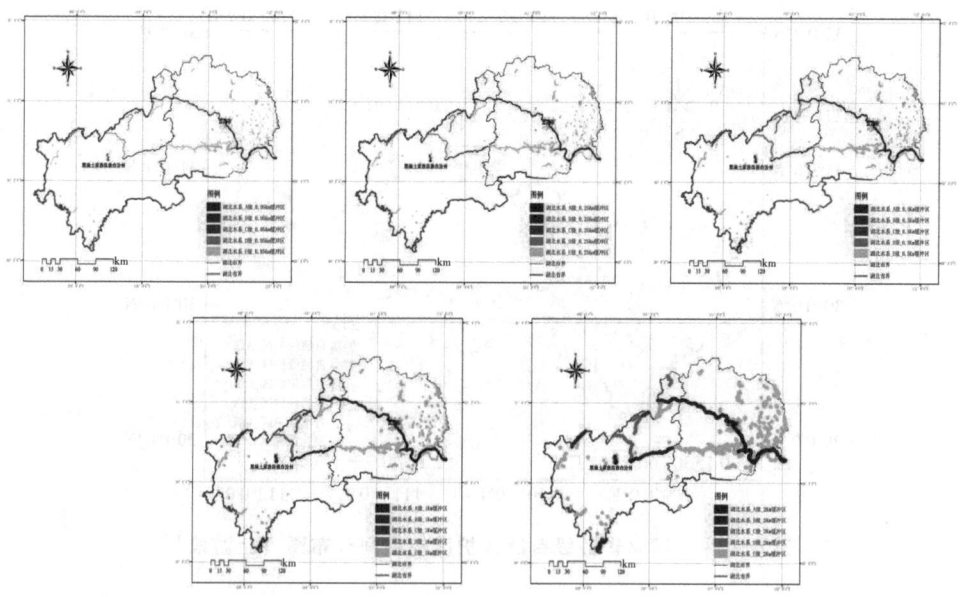

图 6-23　湖北省各级河流水系 0.05km～2km 缓冲区（上游段）

昌中华鲟、二仙岩湿地等省级自然保护区；D 类自然保护区包括江南自然保护区等市（州）级自然保护区；E 级自然保护区为县级自然保护区，如王二包自然保护区。

综合考虑湖北省（上游段）地形地貌特征、工业企业空间分布以及专家意见，在湖北省（上游段）境内自然保护区等级划分的基础上，运用 ArcMap 10.4 绘制出湖北省主要自然保护区空间分布示意图，结果如图 6-24 所示。从面状分布上来看，湖北省（上游段）两个州市都分布着一定数量的自然保护区，其中恩施土家族苗族自治州自然保护区的分布数量更多，面积更广。分等级来看，恩施土家族苗族自治州和宜昌市 B 级自然保护区和 C 级自然保护区分布较多。

在上述各级自然保护区的空间分布特征的基础上，采用缓冲区分析方法，通过计算与修正，同样综合构建以 2km 为最大缓冲半径，涵盖 1km、0.5km、0.25km、0.05km 为间隔的缓冲区，对湖北省（上游段）各级自然保护区的 0.05km～2km 缓冲区进行空间识别，以反映风险企业相对于各类自然保护区的空间分布状况及距离可达性。从图 6-25 中可以看出，随着缓冲区半径的增大，

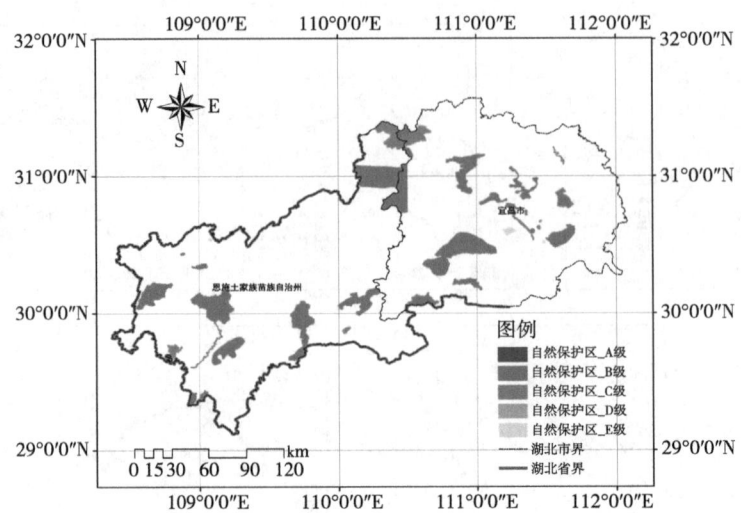

图 6-24 湖北省各级自然保护区的空间分布图（上游段）

各级自然保护区的缓冲区涵盖的面积越来越广。根据湖北省（上游段）各级自然保护区缓冲区范围分布，湖北省（上游段）各级自然保护区 0.05km～2km 缓冲区内空间集聚效应并不明显，而是呈现出相对分散的空间特征。

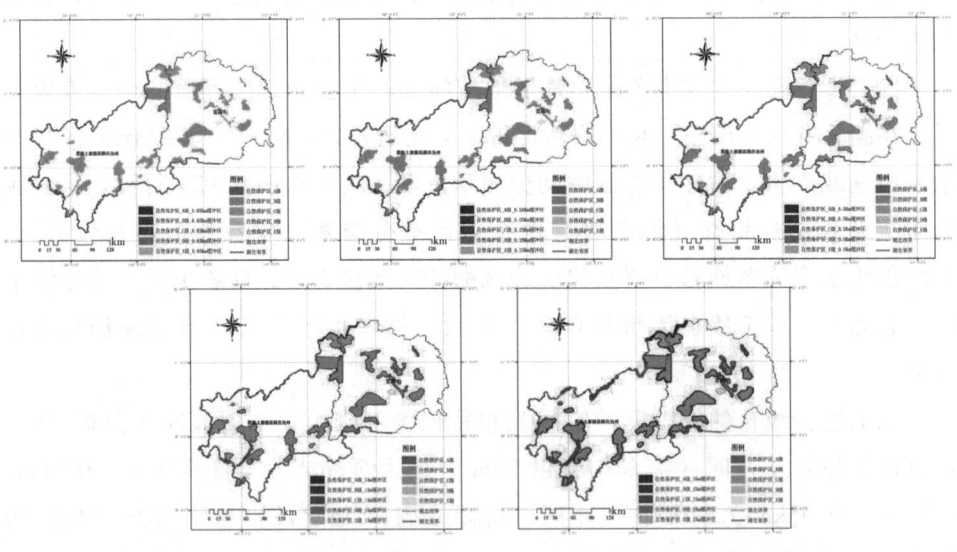

图 6-25 湖北省各级自然保护区 0.05km～2km 缓冲区（上游段）

(3) 居住设施

在所获取的各类居住设施 POI 数据的基础上对湖北省（上游段）居住设施进行分级，将居住设施分为 A~E 级五类住宅，并对其进行缓冲区分析。湖北省（上游段）各类居住设施的分级情况与长江上游流域整体分级情况基本一致。综合考虑湖北省（上游段）地形地貌特征、工业企业空间分布及专家意见，在居住设施等级划分的基础上，运用 ArcMap 10.4 绘制出湖北省（上游段）各类居住设施空间分布及其 2km、1km、0.5km、0.25km、0.05km 缓冲区示意图 6-26。在空间分布上，湖北省（上游段）A~E 级居住设施空间分布的集聚特征较为明显。其中，A~E 级居住设施主要集中在宜昌市，在恩施土家族苗族自治州的分布则相对较少。宜昌市的 A 类居住设施分布较为集中，且主要分布于宜昌市的中心城区，其余县域地区分布则较为分散。值得注意的是，恩施土家族苗族自治州各级居住设施虽然相对分散，但在其中心城区仍表现出明显的集聚特征。

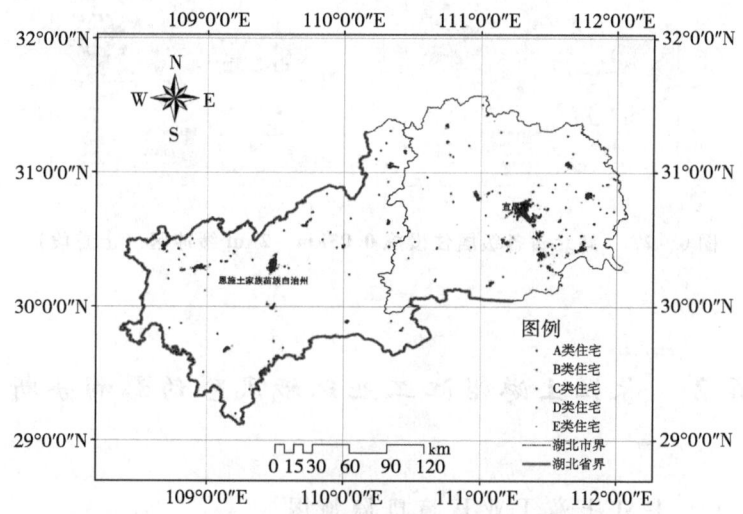

图 6-26　湖北省各级居住设施的空间分布图（上游段）

在上述各级居住设施空间分布特征的基础上，采用缓冲区分析方法，通过计算与修正，同样综合构建以 2km 为最大缓冲半径，涵盖 1km、0.5km、0.25km、0.05km 为间隔的缓冲区，通过图 6-27 对湖北省（上游段）各级居住设施的 0.05km~2km 缓冲区进行空间识别，以反映风险企业相对于各类居住设施的空间分布状况及距离可达性。随着缓冲区半径的增大，各级居住设施缓冲区涵盖的面积越来越广。从湖北省（上游段）各类居住设施的缓冲区分布范围来看，各市州的中心城区是各级居住设施缓冲区的重叠区域。其中，各级居住设施缓冲区范围覆盖了宜昌市中心城区及其周边的绝大部分区域，也在恩施土家族苗族自治州的恩施市和利川市的中心城区覆盖了较多区域。

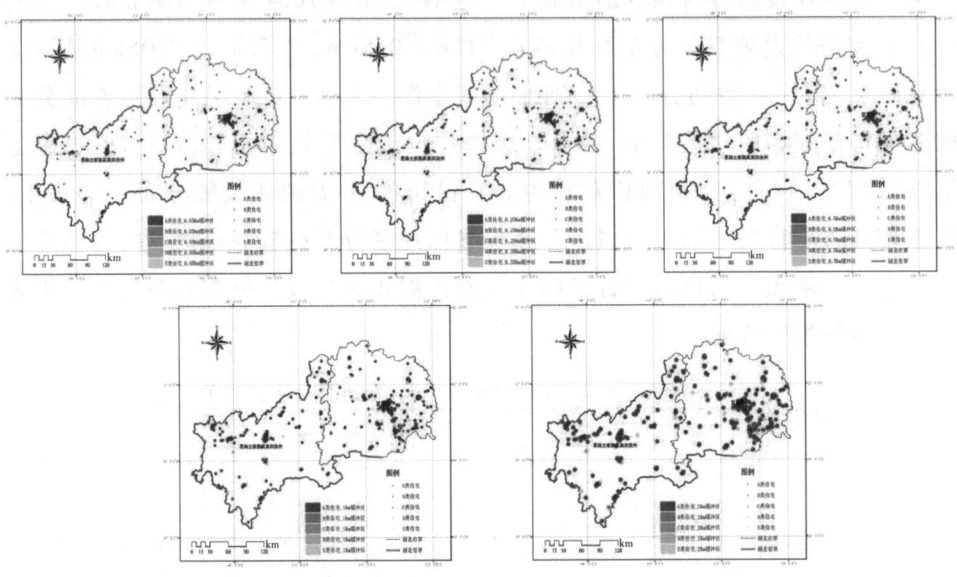

图 6-27　湖北省各级居住设施 0.05km～2km 缓冲区（上游段）

6.2　长江上游沿江工业环境风险的影响分析

6.2.1　长江上游工业环境风险地图

为了精准识别长江上游沿江工业企业的环境风险受体的空间分布特征，本研究在上述工业环境风险评价、风险受体确定和缓冲区分析的基础上，运用 ArcMap 10.4 空间统计与空间分析功能，构建长江上游沿江工业环境风险地图，以确定长江上游沿江各等级风险企业的空间影响范围。具体做法是：在河流水系、自然保护区、居住设施3类主要风险受体空间识别的基础上，本研究运用空间分析工具对河流水系、自然保护区以及居住设施做并运算，并根据缓冲区相应层级确定风险叠加区域。其中，将0.05km的相交区域判定为A级敏感区、0.25km的相交区域判定为B级敏感区、0.5km的相交区域判定为C级敏感区、1km的相交区域判定为D级敏感区、2km的相交区域则判定为E级敏感区，风险的敏感程度大小随A~E依次递减，以此确定各类敏感等级区。最后，通过将长江上游沿江风险企业与各级敏感区进行叠加，以获取不同等级风险企业的空间影响范围。

图6-28表示长江上游沿江A级（最高等级）敏感区中风险工业企业的空间分布，其中AA~AE分别表示A级敏感区中的A~E类敏感区域。由图可以发现，河流水系、自然保护区及居住设施3类风险受体的0.05km缓冲区在图上标注的区域内发生了相交，形成了多个极度敏感的缓冲区，即受危化类物质影响等级最高的区域。在空间分布上，各级风险工业企业的分布距离上述区域有一定的距离，主要集中于长江上游沿江各省会城市及中心区域的敏感区内，如四川省成都市、贵州省贵阳市和重庆市主城区等地。

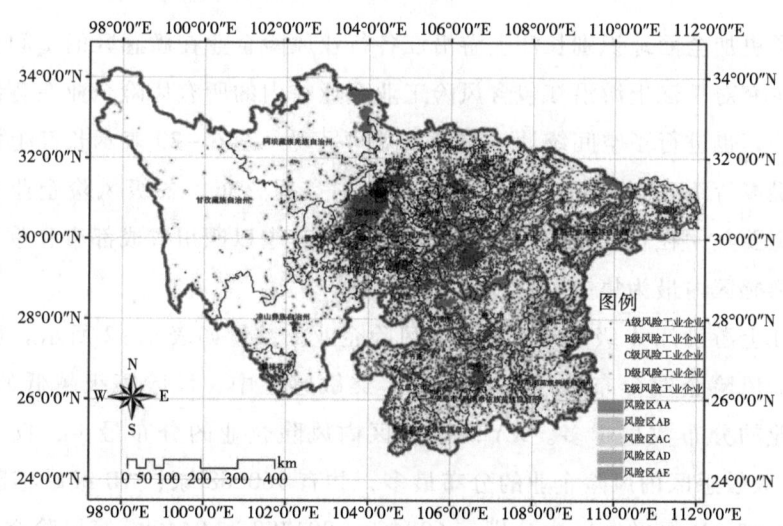

图6-28　长江上游A级敏感区风险工业企业空间分布

长江上游沿江A级敏感区内各级风险工业企业的数量如表6-1所示。从A级敏感区的风险工业企业分布数量来看，在A级敏感区中，风险等级越低的区域，各类风险工业企业的分布数量越多。其中，AA 级敏感区内各类风险工业企业的分布最少，仅有 8203 家；AE 级敏感区内各类风险工业企业的分布最多，共有 119519 家；AB 级敏感区、AC 敏感区和 AD 级敏感区内的风险工业企业数量分别为 52664、79434 和 103329。其次，在 AA～AE 敏感区内，B 级风险工业企业在各等级敏感区内分布数量均最多，与其他等级的风险工业企业数目存在巨大差距，共 205681 家；A 级风险工业企业分布的数量均是最少，共 19628 家。此外，C 级风险工业企业、D 级风险工业企业及 E 级风险工业企业分别为 51710 家、46512 家及 39618 家。

表 6-1　　长江上游沿江 A 级敏感区风险工业企业数量

敏感区/风险企业数	A	B	C	D	E
AA	408	4674	1129	1132	860
AB	2719	30120	7351	6913	5561
AC	4176	45005	11450	10289	8514
AD	5587	58468	14757	13175	11342
AE	6738	67414	17023	15003	13341

为了更加全面地识别长江上游沿江各行业风险企业在敏感区的空间分布状况，本研究对长江上游沿江包含风险工业企业在内的所有风险企业在各级敏感区内的分布也进行了空间统计、整理及空间呈现。图 6-29 表示长江上游沿江 A 级（最高等级）敏感区中各级风险企业的空间分布，各级风险企业在空间分布上主要集中在长江上游东北部敏感区内，其中以四川省成都市和重庆市主城区的敏感区内最为集中。

长江上游沿江 A 级敏感区内各级风险企业的数量如表 6-2 所示。从 A 级敏感区的风险企业分布数量来看，在 A 类敏感区中，风险等级越低的区域，风险企业的分布数量越多。AA 级敏感区内风险企业的分布最少，仅 109620 家；AE 级敏感区内风险企业的分布最多，共有 960088 家；AB 级敏感区、AC 级敏感区和 AD 级敏感区内分别有 608469、801388 和 844686 家风险企业。其次，在 AA～AE 敏感区内，D 级风险企业在各等级敏感区内分布数量均最多，与其他等级的风险企业数目存在巨大差距，共 2462835 家；A 级风险企业分布的数量均是最少，共 25085 家；B 级风险企业、C 级风险企业及 E 级风险企业在各等

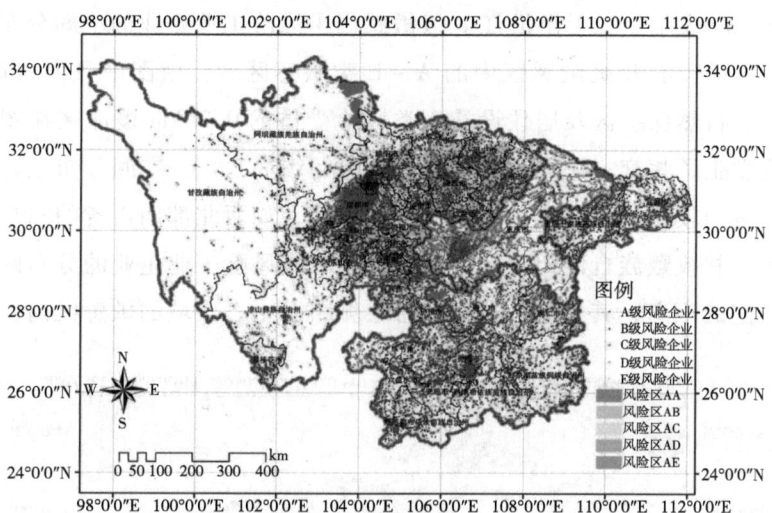

图 6-29　长江上游 A 级敏感区风险企业空间分布

级敏感区内分布的数量相差不大，分别有 201328、299544 及 335459 家。

从风险企业的分布来看（图 6-29），长江上游沿江 A 级敏感区内各级风险企业主要分布在各省市中心城市，如四川省的成都市、贵州省的贵阳市以及重庆市主城区等区域。在 A 类敏感区中，A 级风险企业的数量在 AE 级敏感区域内分布最多，共有 8706 家；AD 级敏感区分布的 A 级风险企业数量次之，为 6708 家。在空间分布上来看，A 级风险企业与各级风险企业整体上的分布特征相似，主要集中于各省会城市及制造业中心区域等地。其次，在风险企业的空间分布中，AD、AE 两类敏感区中各级风险企业分布最为集中，且多沿江分布，广泛分布于长江沿线左右岸城市，如四川省成都市及重庆主城区、江津区、涪陵区、万州区等。

表 6-2　　　　　长江上游沿江 A 级敏感区风险企业数量

敏感区/风险企业数	A	B	C	D	E
AA	514	4510	9123	83824	11649
AB	3624	29913	52196	459030	63706
AC	5533	44822	71293	598863	80877
AD	6708	54813	79416	616554	87195
AE	8706	67270	87516	704564	92032

图 6-30 表示长江上游沿江 B 级敏感区中风险工业企业的空间分布,其中 BA~BE 分别表示 B 级敏感区中的 A~E 类敏感区域。由图中我们可以发现,河流水系、自然保护区及居住设施 3 类风险受体的 0.25km 缓冲区在图上标注的区域内发生了相交,形成了多个非常敏感的缓冲区。在空间分布上,该类敏感区分布范围较广,主要集中在长江上游西部,如西北部四川省的阿坝藏族羌族自治州、甘孜藏族自治州等地。相反地,各级风险工业企业的分布距离上述区域有一定的距离,其主要分布在各省会城市及中心区域的敏感区内。

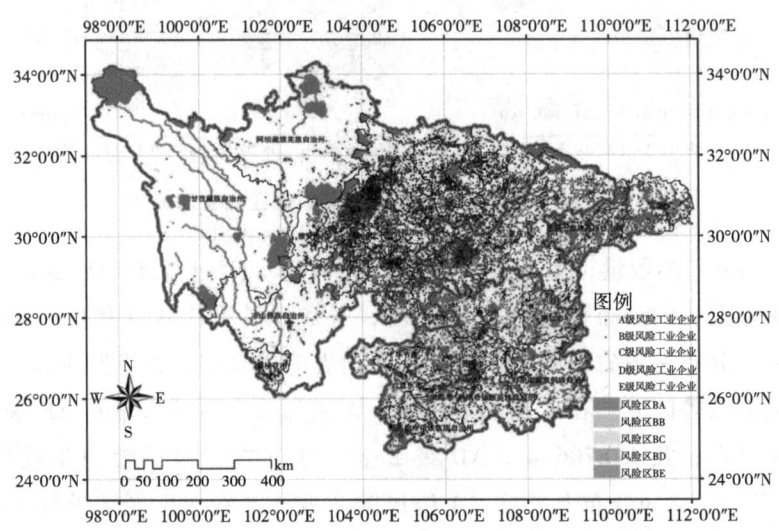

图 6-30　长江上游 B 级敏感区风险工业企业空间分布

长江上游沿江 B 级敏感区内各级风险工业企业的数量如表 6-3 所示。在 B 级敏感区中,风险等级越低的区域,各类风险工业企业的分布数量越多。其中,BA 级敏感区内各类风险工业企业的分布最少,仅有 4856 家;BE 级敏感区内各类风险工业企业的分布最多,共有 81223 家;BB 级敏感区、BC 级敏感区和 BD 级敏感区内分别有 15931、31727 和 55734 家风险工业企业。其次,在 BA~BE 敏感区内,B 级风险工业企业在各等级敏感区内分布数量均最多,与其他等级的风险工业企业数目存在巨大差距,共 104524 家;A 级风险工业企业分布的数量均是最少,共 10074 家;此外,C 级风险工业企业、D 级风险工业企业及 E 级风险工业企业分别为 26312、25011 及 23550 家。

表6-3　　　长江上游沿江B级敏感区风险工业企业数量

敏感区/风险企业数	A	B	C	D	E
BA	294	2321	817	597	827
BB	852	8495	2277	2134	2173
BC	1717	17276	4497	4289	3948
BD	2922	30855	7605	7380	6972
BE	4289	45577	11116	10611	9630

图6-31表示长江上游沿江B级敏感区中各级风险企业的空间分布，各级风险企业在空间分布上主要集中在长江上游东北部敏感区内，其中以四川省成都市和重庆市主城区的敏感区内最为集中。

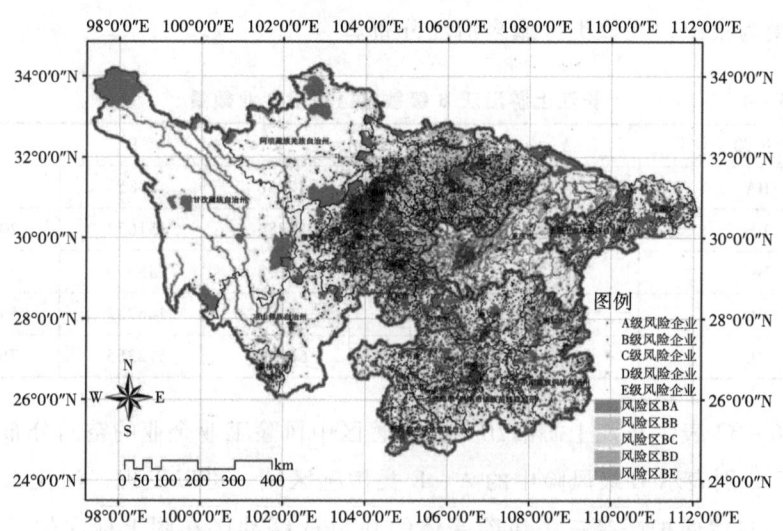

图6-31　长江上游B级敏感区风险企业空间分布

长江上游沿江B级敏感区内风险企业的数量如表6-4所示，其中BA~BE分别表示B级风险中的A~E类敏感区域。从B级敏感区的风险企业分布数量来看，B类敏感区中风险企业数目在各等级敏感区的分布与A类敏感区具有相似性，即风险等级越低的区域，风险企业的分布数量越多。其中，BA级敏感区内风险企业分布数量最少，仅45044家；BE级敏感区内分布的风险企业数量最多，共768141家；BB级敏感区、BC级敏感区和BD级敏感区内分别有198669、375603和592316家风险企业。其次，在BA~BE敏感区内，D级风险企业在各等级敏感区内分布数量均最多,共 1490556 家;A 级风险企业分布的数量均最少,共 13418 家;B 级风险企业、C 级风险企业及 E 级风险企业在各等级敏感区内分布的数量相差不大,分别有 104480、172191 及 199128 家。

在空间分布上(图 6-31),B 类敏感区中各级风险企业整体上表现出多中心化特征,各省会城市及传统制造业中心区域的各级风险企业分布较为集中,如成都市、贵阳市和重庆主城区等。在 B 类敏感区中,A 级风险企业数量在 BE 级敏感区域内分布最多,共有 5721 家;BD 级敏感区分布的 A 级风险企业数量次之,为 3924 家。A 级风险企业在空间分布上与各级风险企业整体上的分布特征呈现相似性,集中分布于长江上游沿江各省会城市及传统制造业中心区域。其次,在风险企业的空间分布中,BD、BE 两类敏感区的各级风险企业分布最为集中,在该类区域多沿江分布。

表 6-4　　　　　　　长江上游沿江 B 级敏感区风险企业数量

敏感区/风险企业数	A	B	C	D	E
BA	357	2319	4060	33856	4452
BB	1128	8489	16883	151673	20496
BC	2288	17267	31778	285950	38320
BD	3924	30842	51123	446722	59705
BE	5721	45563	68347	572355	76155

图 6-32 表示长江上游沿江 C 级敏感区中风险工业企业的空间分布,其中 CA~CE 分别表示 C 级风险中的 A~E 类敏感区域。可以发现,河流水系、居住设施和自然保护区等三类风险受体的 0.5km 缓冲区在图上标注的区域内发生了相交,形成了多个敏感的缓冲区。在空间分布上,该类敏感区呈块状分布,主要分布于长江上游西北部,如四川省阿坝藏族羌族自治州、甘孜藏族自治州和凉山彝族自治州等地。相反,各级风险工业企业的分布距离上述区域有一定的距离,其主要分布在各省会城市及中心区域的敏感区内。

长江上游沿江 C 级敏感区内各级风险工业企业的数量如表 6-5 所示。在 C 级敏感区中,风险等级越低的区域,各类风险工业企业的分布数量越多。其中,CA 级敏感区内各类风险工业企业的分布最少,仅有 4009 家;CE 级敏感区内各类风险工业企业的分布最多,共有 72212 家;CB 级敏感区、CC 级敏感

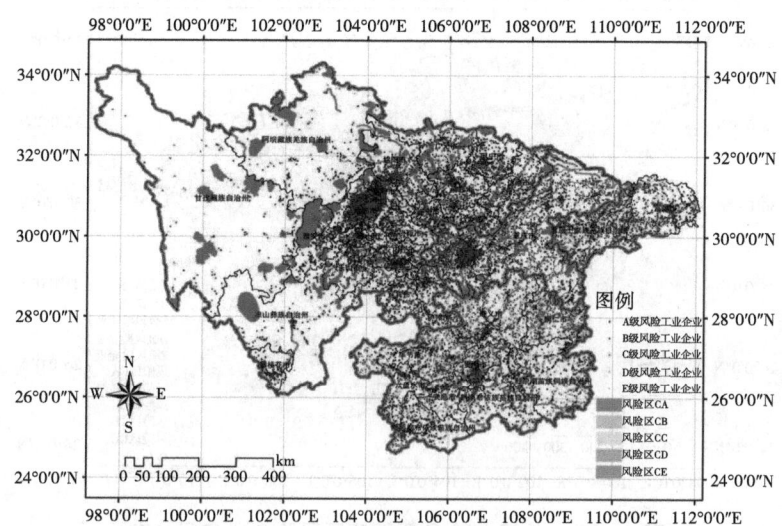

图 6-32　长江上游 C 级敏感区风险工业企业空间分布

区和 CD 级敏感区内各类风险工业企业的数量分别有 15379、29870 和 49968 家。其次，在 CA~CE 敏感区内，B 级风险工业企业在各等级敏感区内分布数量均最多，与其他等级的风险工业企业数目存在巨大差距，共 98467 家；A 级风险工业企业分布的数量均是最少，共 9256 家，此外，C 级风险工业企业、D 级风险工业企业及 E 级风险工业企业分别有 23243、22678 及 17794 家。

表 6-5　长江上游沿江 C 级敏感区风险工业企业数量

敏感区/风险企业数	A	B	C	D	E
CA	247	2257	619	522	364
CB	832	8730	2172	2119	1526
CC	1604	17038	4010	4105	3113
CD	2694	28627	6731	6648	5268
CE	3879	41815	9711	9284	7523

图 6-33 表示长江上游沿江 C 级敏感区中各级风险企业的空间分布，各级风险企业在空间分布上与风险工业企业基本一致，主要集中在长江上游四川省成都平原经济区、川西北和川南经济区，以及其他各省会城市及中心区域的敏感区内。

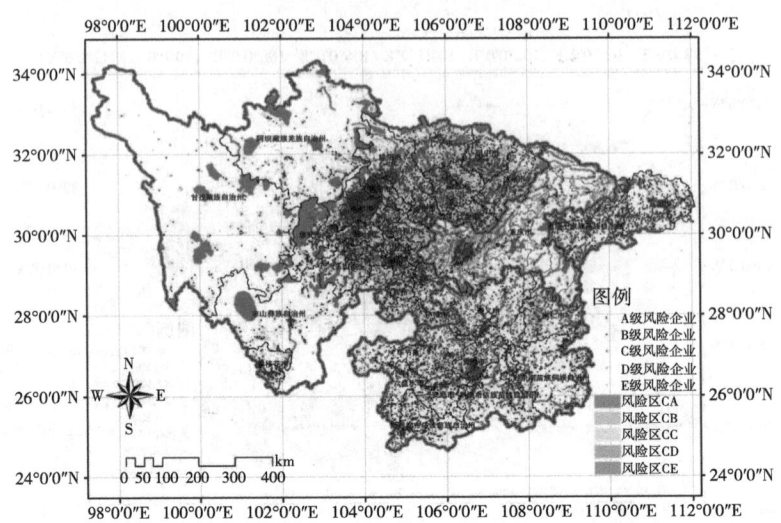

图 6-33　长江上游 C 级敏感区风险企业空间分布

长江上游沿江 C 级敏感区内各级风险企业的数量如表 6-6 所示。从 C 级敏感区的风险企业分布数量来看，C 类敏感区中风险企业数目在各等级敏感区的分布与上述两类敏感区具有相似性，即风险等级越低的区域，风险企业的分布数量越多。其中，CA 级敏感区内风险企业分布的数量最少，仅有 42222 家；CE 级敏感区内分布的风险企业的数量最多，共 737795 家；CB 级敏感区、CC 级敏感区和 CD 级敏感区风险企业的数量分别为 193243、383596 和 579569 家，其次，在 CA~CE 敏感区内，D 级风险企业在各等级敏感区内分布数量均最多，共 1467634 家；A 级风险企业分布的数量均最少，共 12306 家。此外，B 级风险企业、C 级风险企业及 E 级风险企业在各等级敏感区内分布的数量相差不大，分别有 98481、166426 及 191578 家。

表 6-6　长江上游沿江 C 级敏感区风险企业数量

敏感区/风险企业数	A	B	C	D	E
CA	307	2257	3607	32063	3988
CB	1097	8730	16559	147676	19181
CC	2137	17038	32214	293962	38245
CD	3590	28633	49713	439738	57895
CE	5175	41823	64333	554195	72269

从风险企业的分布来看，C类敏感区中各级风险企业整体上主要沿着长江各级河流进行分布，分布范围较为广泛。在C类敏感区中，A级风险企业数量在CE级敏感区域内分布最多，高达5175家；CD级敏感区分布的A级风险企业数量次之，为3924家。从空间分布上来看，A级风险企业主要集中在各省市区域中心城市，如成都市、贵阳市及重庆市主城区等；另外，在风险企业的空间分布中，CD、CE两类敏感区的风险企业分布最为集中，在空间分布上，这两类敏感区多沿江分布。

图6-34表示长江上游沿江D级敏感区各级风险工业企业的空间分布，其中DA～DE分别表示D级风险中的A～E类敏感区域，风险等级由A～E递减。由图中所示可以发现，河流水系、自然保护区以及居住设施三类主要风险受体的1km缓冲区在图上标注的区域内发生了相交，形成了多个敏感的缓冲区。在空间分布上，该类敏感区分布范围相对较少，主要集中在四川省的阿坝藏族羌族自治州和甘孜藏族自治州等地。相反，各级风险工业企业的分布距离上述区域有一定的距离，主要集中于四川省成都市和重庆市主城区的敏感区内。此外，贵州贵阳的D级敏感区内也有一定数量的分布。

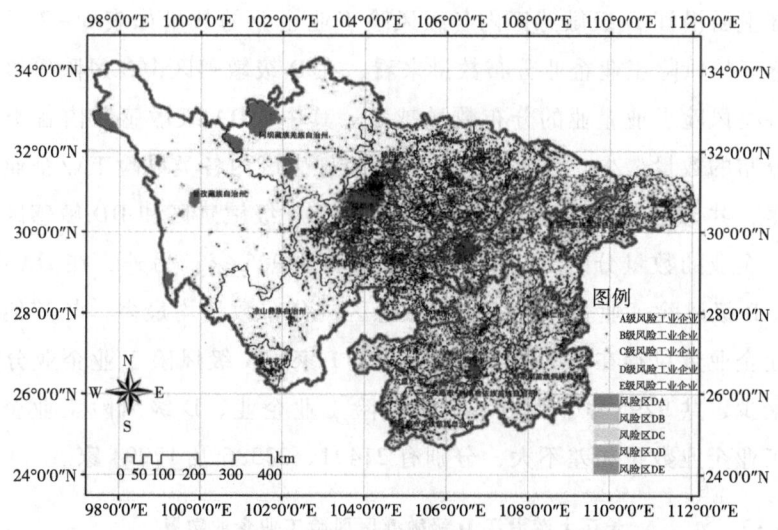

图6-34　长江上游D级敏感区风险工业企业空间分布

图6-35表示长江上游沿江D级敏感区中各级风险企业的空间分布，各级风险企业在空间分布上与风险工业企业基本一致，主要集中于四川省

成都市及其周边的眉山市、德阳市,以及重庆市主城区、贵州贵阳等地的敏感区内。

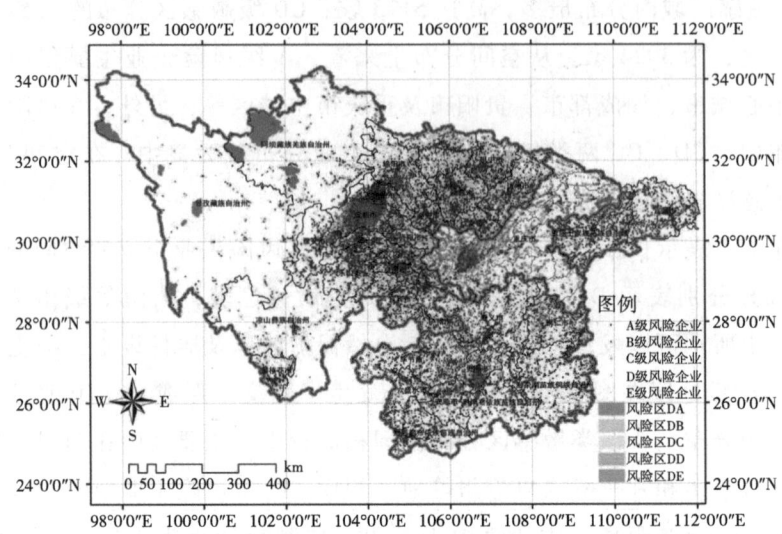

图 6-35　长江上游 D 级敏感区风险企业空间分布

　　长江上游沿江 D 级敏感区内各级风险工业企业的数量如表 6-7 所示。从 D 级敏感区的风险工业企业分布数量来看,在 D 级敏感区中,风险等级越低的区域,各类风险工业企业的分布数量越多。其中,DA 级敏感区内各类风险工业企业分布的数量最少,仅 1345 家;DE 级敏感区内各类风险工业企业分布的数量最多,共有 71936 家。DB 级敏感区内、DC 级敏感区和 DD 敏感区内各类风险工业企业的数量分别为 16407、35614 和 54905 家;另外,在 DA~DE 敏感区内,B 级风险工业企业在各等级敏感区内分布数量均最多,与其他等级的风险工业企业数目存在巨大差距,共 108111 家;A 级风险工业企业分布的数量均是最少,共 9295 家。此外,C 级风险工业企业、D 级风险工业企业及 E 级风险工业企业数量相差不大,分别有 21421、23386 及 17994 家。

表 6-7　长江上游沿江 D 级敏感区风险工业企业数量

敏感区/风险企业数	A	B	C	D	E
DA	73	780	171	189	132
DB	780	9897	1892	2236	1602

续表

敏感区/风险企业数	A	B	C	D	E
DC	1751	21325	4129	4827	3582
DD	2786	33049	6458	7070	5542
DE	3905	43060	8771	9064	7136

长江上游沿江 D 级敏感区内各级风险企业的数量如表 6-8 所示。从 D 级敏感区的风险企业分布数量来看，D 类敏感区中风险等级越低的区域，风险企业的分布数量越多。其中，DA 敏感区内风险企业分布的数量最少，仅 16127 家；DE 级敏感区内风险企业分布的数量最多，共 629806 家；DB 级敏感区、DC 级敏感区和 DD 级敏感区分别有 203964、397475 和 528041 家风险企业。其次，在 DA～DE 敏感区内，D 级风险企业在各等级敏感区内分布数量均最多，与其他等级的风险企业数目存在巨大差距，共 1316747 家，A 级风险企业分布的数量均是最少，共 12867 家，B 级风险企业、C 级风险企业及 E 级风险企业在各等级敏感区内分布的数量相差不大，分别有 107956、159838 及 178005 家。

从风险企业的分布来看，D 类敏感区中各级风险企业整体上主要集中于长江上游沿江各省市区域中心城市，如成都市、贵阳市及重庆市主城区等。在 D 类敏感区中，A 级风险企业的数量在 DE 级敏感区域内分布的最多，DD 级敏感区分布的 A 级风险企业数量次之，为 3897 家；从空间分布上来看，A 级风险企业空间分布特征与各级风险企业整体空间分布特征一致。另外，在风险企业的空间分布中，DD、DE 两类敏感区中各级风险企业分布最为集中，而 DA 级敏感区内各级风险企业的分布相对较少。

表 6-8 长江上游沿江 D 级敏感区风险企业数量

敏感区/风险企业数	A	B	C	D	E
DA	95	778	1387	12209	1658
DB	1096	9894	18087	153917	20970
DC	2484	21306	35627	297616	40442
DD	3897	33016	47980	389882	53266
DE	5295	42962	56757	463123	61669

长江上游沿江 E 级敏感区中各级风险工业企业的空间分布如图 6-36 所示，其中 EA~EE 分别表示 E 级风险中的 A~E 类敏感区域，风险等级由 A~E 依次递减。由图中所示可以发现，河流水系、自然保护区及居住设施 3 类主要风险受体的 2km 缓冲区在图上标注的区域内发生了相交。在空间分布上，该类敏感区分布较为广泛，在各省市大多数地级市内均有分布，主要还是集中于四川省阿坝藏族羌族自治州、甘孜藏族自治州等地。该类敏感区在长江上游西北部主要呈现出块状分布特征，在其他地区呈散点状分布。此外，从空间分布来看，风险工业企业主要集中在长江上游各省会城市及中心区域的敏感区内，如四川成都、德阳、绵阳，重庆市主城区，贵阳等地。

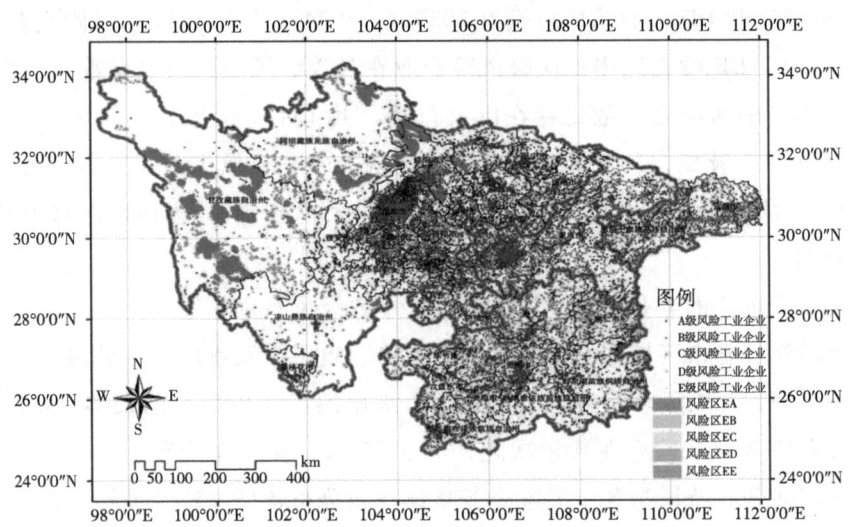

图 6-36 长江上游 E 级敏感区风险工业企业空间分布

长江上游沿江 E 级敏感区内各级风险工业企业的数量如表 6-9 所示。从 E 级敏感区的风险工业企业分布数量来看，在 E 级敏感区中，风险等级越低的区域，各类风险工业企业的分布数量越多。其中，EA 级敏感区内各类风险工业企业的数量最少，仅有 3618 家；EE 级敏感区内各类风险工业企业的数量最多，共有 111868 家；EB 级敏感区、EC 级敏感区和 ED 级敏感区内分别有 26640、59218 和 90295 家风险工业企业。另外，在 EA~EE 敏感区内，B 级风险工业企业在各等级敏感区内分布数量均最多，与其他等级的风险工业企业数目存在巨大差距，共 168585 家；A 级风险工业企业分布的数量均是最少，共

15376 家。此外，C 级风险工业企业、D 级风险工业企业及 E 级风险工业企业数量相差不大，分别有 39535、36908 及 31235 家。

表 6-9　　长江上游沿江 E 级敏感区风险工业企业数量

敏感区/风险企业数	A	B	C	D	E
EA	182	2157	470	442	367
EB	1300	15603	3353	3609	2775
EC	2926	34640	7753	7478	6421
ED	4730	52217	12291	11310	9747
EE	6238	63968	15668	14069	11925

图 6-37 表示长江上游沿江 E 级敏感区中各级风险企业的空间分布，各级风险企业在空间分布上与风险工业企业基本一致，主要集中于长江上游各省会城市及其中心区域的敏感区内，如四川成都市及其周边城市、重庆主城区及贵州贵阳等地。

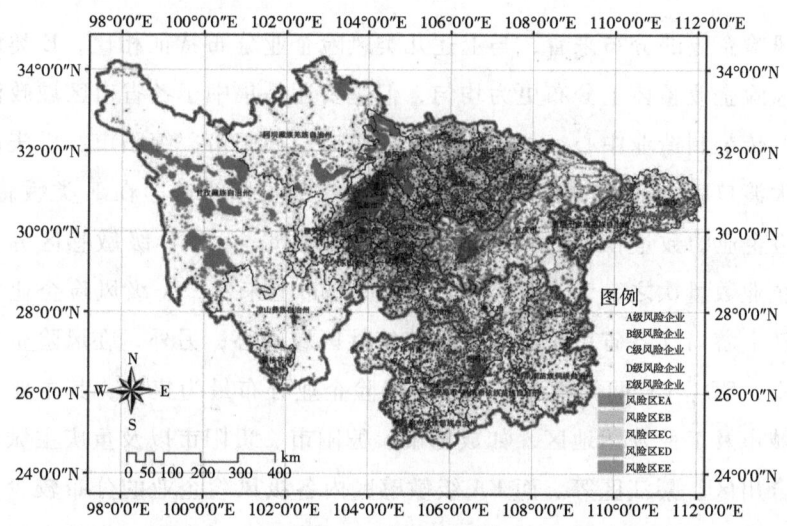

图 6-37　长江上游 E 级敏感区风险企业空间分布

长江上游沿江 E 级敏感区内各级风险企业的数量如表 6-10 所示。从敏感区的风险企业分布数量来看，E 类敏感区中风险等级越低的区域，风险企业的分布数量越多。其中，EA 级敏感区内风险企业分布的数量最少，仅 40897 家；

EE级敏感区内风险企业分布的数量最多,共911894家;EB级敏感区、EC级敏感区和ED级敏感区分别由305533、578712和798120家风险企业。其次,在EA～EE级敏感区内,D级风险企业在各等级敏感区内分布数量均最多,与其他等级的风险企业数目存在巨大差距,共1951853家,A级风险企业分布的数量均是最少,共20316家,B级风险企业、C级风险企业及E级风险企业在各等级敏感区内分布的数量相差不大,分别有166649、237425及258913家。

表6-10　　长江上游沿江E级敏感区风险企业数量

敏感区/风险企业数	A	B	C	D	E
EA	236	1990	3666	30952	4053
EB	1752	15191	27117	230889	30584
EC	3954	34110	51776	431182	57690
ED	6277	51842	71970	589382	78649
EE	8097	63516	82896	669448	87937

从风险企业的分布来看,与上述几类风险企业分布特征相比,E类敏感区中各级风险企业整体上分布更为均匀,但主要还是集中于各省市区域政治经济中心以及传统制造业中心,如四川省的成都市、德阳市、绵阳市,重庆市的渝北区、大渡口区、九龙坡区、璧山区,贵州省的贵阳市等。在E类敏感区中,A级风险企业的数量在EE级敏感区域内分布的最多,ED级敏感区分布的A级风险企业数量次之,为6277家,从空间分布上来看,A级风险企业主要集中于长江上游沿江各省市中心区域和传统性区域中心;另外,在风险企业的空间分布中,ED、EE两类敏感区中各级风险企业分布最为集中,其主要分布在各省会城市及工业发达地区,如成都市、德阳市、贵阳市以及重庆主城区、万州区、合川区、綦江区等。而EA级敏感区内各级风险企业的分布较少,该类区域分布较为分散,主要分布在周边地区,距离中心城区有一定的空间距离。

6.2.2　重庆市工业环境风险地图

为准确识别重庆市工业企业的环境风险受体的空间分布特征,本研究基于工业风险评价、风险受体空间分布以及缓冲区分析，结合人口、经济、土地利用类型等经济地理要素，并运用 ArcMap 10.4 空间统计与空间分析功能，构建了重庆市工业生态敏感区的风险地图。即在确定的河流水系、自然保护区、居住设施 3 类主要风险受体的基础上，通过对河流水系、自然保护区以及居住设施做并运算，按照缓冲区相应层级确定风险叠加区域，分别将 0.05km、0.25km、0.5km、1km、2km 的相交区域判定为 A 级敏感区、B 级敏感区、C 级敏感区、D 级敏感区、E 级敏感区，其风险大小程度由 A～E 依次递减，以此确定各类敏感等级区。最后，通过将重庆市各等级风险企业与各类敏感区进行空间叠加，得到各等级风险企业的空间影响范围。

图 6-38 表示重庆市 A 级（最高等级）敏感区各级风险工业企业空间分布，其中 AA～AE 分别表示 A 级风险中的 A～E 类敏感区域。由图中我们可以发现，河流水系、自然保护区及居住设施 3 类风险受体的 0.05km 缓冲区在图上标注的区域内发生了相交，形成了多个极度敏感的缓冲区，即受危化类物质影响等级最高的区域。在空间分布上，该类区域主要分布在南川区、巫山县和武隆区等地。此外，长江干流及其主要支流嘉陵江、乌江沿岸也是该类敏感区的主要集聚地。从空间分布来看，各级风险工业企业主要集中在重庆市主城区的 A 级敏感区内。

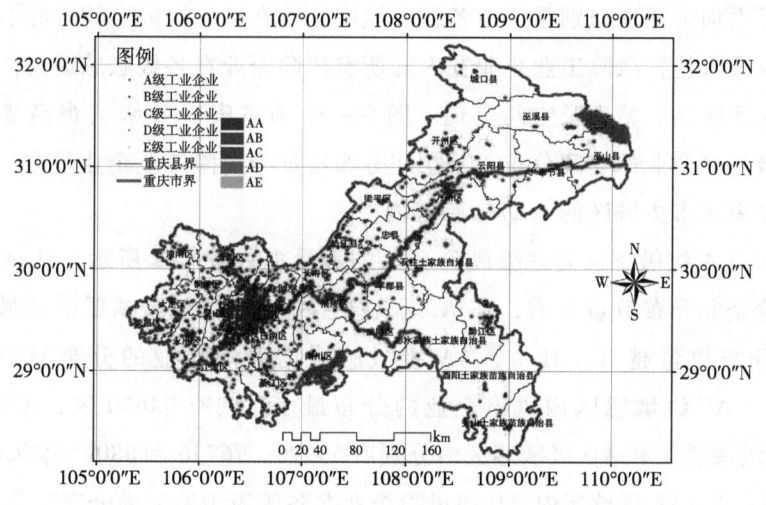

图 6-38　重庆市 A 级敏感区风险工业企业空间分布

重庆市 A 级敏感区内各级风险工业企业的数量如表 6-11 所示。从 A 级敏感区的风险工业企业分布数量来看，在 A 类敏感区中，风险等级越低的区域，各类风险工业企业的分布数量越多。其中，AA 级敏感区内各类风险工业企业的分布最少，共 1585 家；AE 级敏感区内各类风险工业企业的分布最多，共有 20615 家；AB 级敏感区、AC 级敏感区和 AD 级敏感区分别有 9363、13438 和 17808 家风险工业企业。另外，在 AA ~ AE 敏感区内，B 级风险工业企业在各等级敏感区内分布数量均最多，与其他等级的风险工业企业数目存在较大差距，共 44124 家；A 级风险工业企业分布的数量均最少，共 2813 家；C 级风险工业企业、D 级风险工业企业及 E 级风险工业企业在各等级敏感区内分布的数量相差不大，分别有 5887 家、5074 家及 4911 家。

表 6-11　　　重庆市 A 级敏感区风险工业企业数量

敏感区/风险企业数	A	B	C	D	E
AA	70	1095	160	145	115
AB	418	6640	867	794	644
AC	603	9480	1258	1096	1001
AD	790	12475	1672	1410	1461
AE	932	14434	1930	1629	1690

为了更加全面地识别重庆市各行业风险企业在敏感区的空间分布状况，本研究对重庆市包含风险工业企业在内的所有风险企业在各级敏感区内的分布也进行了空间统计、整理及空间呈现。图 6-39 为重庆市 A 级（最高等级）敏感区各级风险企业的空间分布，其空间分布特征与风险工业企业基本一致，主要集中在重庆市主城区的 A 级敏感区内。

重庆市 A 级敏感区内各级风险企业的数量如表 6-12 所示。从 A 级敏感区的风险企业分布数量来看，在 A 类敏感区中，风险等级越低的区域，风险企业的分布数量越多。其中，AA 级敏感区内风险企业的分布最少，仅有 11296 家；AE 级敏感区内风险企业的分布最多，共有 94630 家；AB 级敏感区、AC 级敏感区和 AD 级敏感区内分别有 59970、76736 和 88025 家风险企业。其次，在 AA ~ AE 敏感区内，D 级风险企业在各等级敏感区内分布数量均最多，与其他等级的风险企业数目存在巨大差距，共 197212 家，A 级风险企业分布的

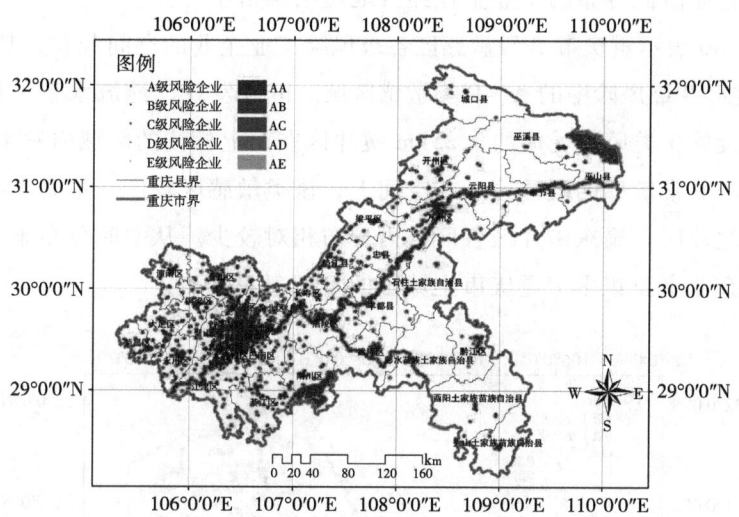

图 6-39　重庆市 A 级敏感区风险企业空间分布

数量均是最少,共 4407 家,B 级风险企业、C 级风险企业及 E 级风险企业在各等级敏感区内分布的数量相差不大,分别有 44124、38735 及 46176 家。

表 6-12　　　　　　　重庆市 A 级敏感区风险企业数量

敏感区/风险企业数	A	B	C	D	E
AA	113	1095	1297	7082	1709
AB	674	6640	6880	36976	8800
AC	955	9480	8945	46339	11017
AD	1223	12475	10431	51787	12109
AE	1442	14434	11182	55028	12544

从风险企业的数量分布来看,在 A 类敏感区中,A 级风险企业的数量在 AE 级敏感区域内分布最多,AD 级敏感区分布的 A 级风险企业数量次之,为 1223 家,从空间分布上来看,A 级风险企业主要集中于渝北区、大渡口区、沙坪坝区等地。总体上 A~E 级风险企业主要分布在主城区以及长寿区、涪陵区、万州区、永川区等区域中心城市。另外,在风险企业的空间分布中,AD、AE 两类敏感区中各级风险企业分布最为集中,且多沿江分布,广泛分布于长江沿线左右岸区县,如重庆主城区、江津区、涪陵区、万州区等,这与重庆市

早期工业企业沿江分布的工业企业经济地理结构密不可分。

图 6-40 表示重庆市 B 级敏感区各级风险工业企业的空间分布,其中 BA～BE 分别表示 B 级风险中的 A～E 类敏感区域。可以发现,河流水系、自然保护区及居住设施 3 类风险受体的 0.25km 缓冲区在图上标注的区域内发生了相交,形成了多个非常敏感的缓冲区。在空间上,该类敏感区较广,主要集中在主城区和渝东北片区,渝东南片区各区县内分布相对较少。从空间分布来看,各级风险工业企业主要集中于重庆市主城区的 B 级敏感区内。

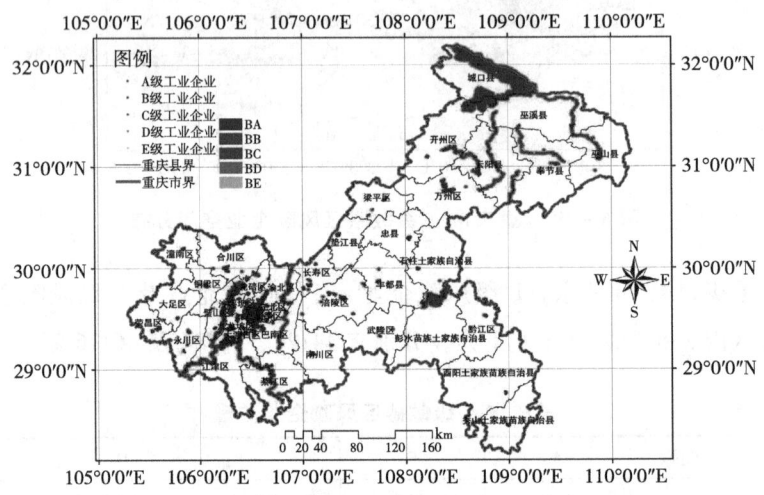

图 6-40 重庆市 B 级敏感区风险工业企业空间分布

重庆市 B 级敏感区内各级风险工业企业的数量如表 6-13 所示。从 B 级敏感区的风险工业企业分布数量来看,在 B 类敏感区中,风险等级越低的区域,各类风险工业企业的分布数量越多。其中,BA 级敏感区内各类风险工业企业的分布最少,共 367 家;BE 级敏感区内各类风险工业企业的分布最多,共有 13024 家;BB 级敏感区、BC 级敏感区和 BD 级敏感区内分别有 2033、4963 和 8861 家风险工业企业。另外,在 BA～BE 敏感区内,B 级风险工业企业在各等级敏感区内分布数量均最多,与其他等级的风险工业企业数目存在较大差距,共 20549 家;A 级风险工业企业分布的数量均最少,共 1281 家;C 级风险工业企业、D 级风险工业企业及 E 级风险工业企业在各等级敏感区内分布的数量相差不大,分别有 2624、2455 及 2339 家。

表6-13　　　　　　　重庆市B级敏感区风险工业企业数量

敏感区/风险企业数	A	B	C	D	E
BA	15	252	31	30	39
BB	91	1442	171	179	150
BC	225	3491	445	413	389
BD	386	6224	804	726	721
BE	564	9140	1173	1107	1040

图6-41表示重庆市B级敏感区各级风险企业的空间分布。图中结果显示，各级风险企业空间分布特征与风险工业企业基本一致，主要集中在重庆市主城区的B级敏感区内。

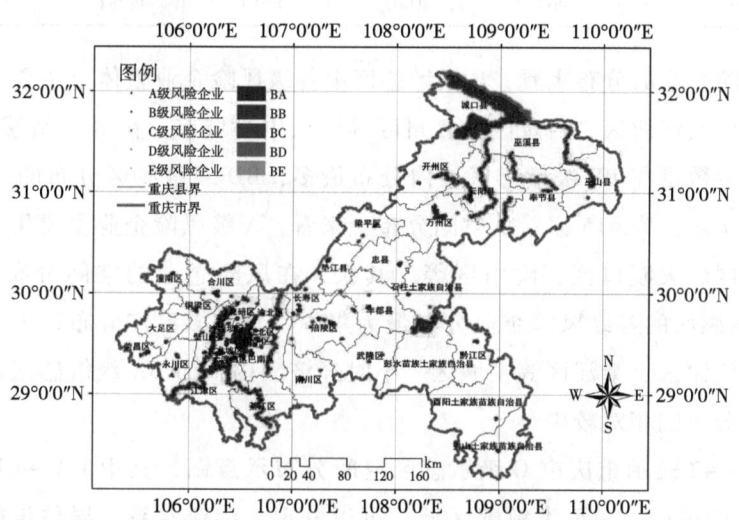

图6-41　重庆市B级敏感区风险企业空间分布

重庆市B级敏感区内风险企业的数量如表6-14所示，其中BA~BE分别表示B级风险中的A~E类敏感区域。从B级敏感区的风险企业分布数量来看，B类敏感区中风险企业数目在各等级敏感区的分布与A类敏感区具有相似性，风险等级越低的区域，风险企业的分布数量越多。其中，BA级敏感区内风险企业分布数量最少，仅为1704家；BE级敏感区内分布的风险企业数量最多，共70085个；BB级敏感区、BC级敏感区和BD级敏感区分别有13064、31213和57282家风险企业。另外，在BA~BE敏感区内，D级风险企业在各等级敏感区内分布数量均最多,与其他等级的风险企业数目存在巨大差距,共107847家,A级风险企业分布的数量均是最少,共2033家,B级风险企业、C级风险企业及E级风险企业在各等级敏感区内分布的数量相差不大,分别有20549、18891及24028家。

表6-14　　　　　　重庆市B级敏感区风险企业数量

敏感区/风险企业数	A	B	C	D	E
BA	25	252	206	989	232
BB	142	1442	1420	8102	1958
BC	347	3491	3364	19403	4608
BD	615	6224	5882	37072	7489
BE	904	9140	8019	42281	9741

从风险企业的分布来看,B类敏感区中各级风险企业整体上主要分布于重庆主城区以及江津区、涪陵区、万州区等区域中心城市。在B类敏感区中,A级风险企业数量在BE级敏感区域内分布最多,BD级敏感区分布的A级风险企业数量次之,为615家;从空间分布上来看,A级风险企业主要集中于璧山区、合川区、大渡口区、渝中区等。其次,在风险企业的空间分布中,BD、BE两类敏感区的各级风险企业分布最为集中,且也多沿江分布,主要分布于璧山区、江津区、綦江区等主城区一小时经济圈内,而BA级敏感区内各级风险企业的分布则相对较少。

图6-42表示重庆市C级敏感区空间分布示意图,其中CA~CE分别表示C级风险中的A~E类敏感区域。可以发现,河流水系、居住设施和自然保护区3类风险受体的0.5km缓冲区在图上标注的区域内发生了相交,形成了多个敏感的缓冲区。在空间分布上,该类敏感区分布范围很广,在重庆市各区县内基本上都有分布,主要呈现出条状和块状的分布特征。其次,从风险工业企业空间分布上来看,各级风险工业企业主要集中于重庆市主城区的C级敏感区内。

重庆市C级敏感区内各级风险工业企业的数量如表6-15所示。在C类敏感区中,风险等级越低的区域,各类风险工业企业的分布数量越多。其中,CA级敏感区内各类风险工业企业的分布最少,共406家;CE级敏感区内各类

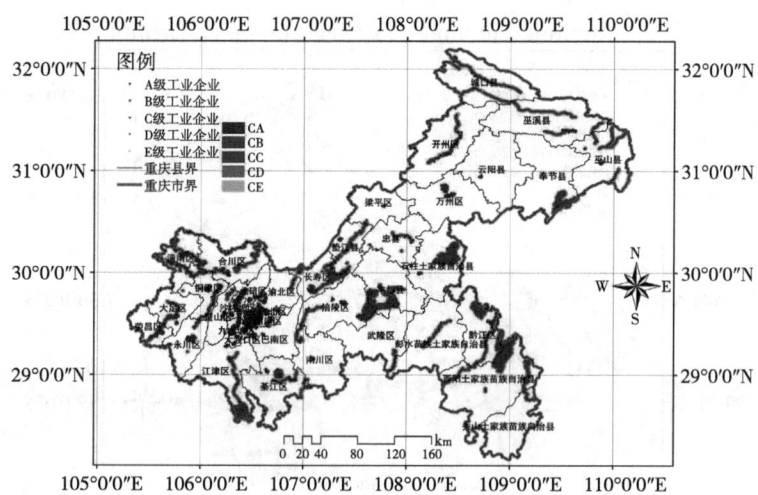

图 6-42 重庆市 C 级敏感区风险工业企业空间分布

风险工业企业的分布最多,共有12557家;CB级敏感区、CC级敏感区和CD级敏感区内分别有2601、5281和8853家风险工业企业。另外,在CA~CE敏感区内,B级风险工业企业在各等级敏感区内分布数量均最多,与其他等级的风险工业企业数目存在较大差距,共21053家;A级风险工业企业分布的数量均最少,共1253家;C级风险工业企业、D级风险工业企业及E级风险工业企业在各等级敏感区内分布的数量相差不大,分别为2576、2606及2210家。

表 6-15　　　　重庆市 C 级敏感区风险工业企业数量

敏感区/风险企业数	A	B	C	D	E
CA	13	296	40	32	25
CB	109	1845	239	245	163
CC	229	3742	454	496	360
CD	372	6251	769	793	668
CE	530	8919	1074	1040	994

图6-43表示重庆市C级敏感区各级风险企业的空间分布。结果显示,各级风险企业的空间分布特征与风险工业企业基本一致,主要集中在重庆市主城区的C级敏感区内。

重庆市C级敏感区内各级风险企业的数量如表6-16所示。从C级敏感区

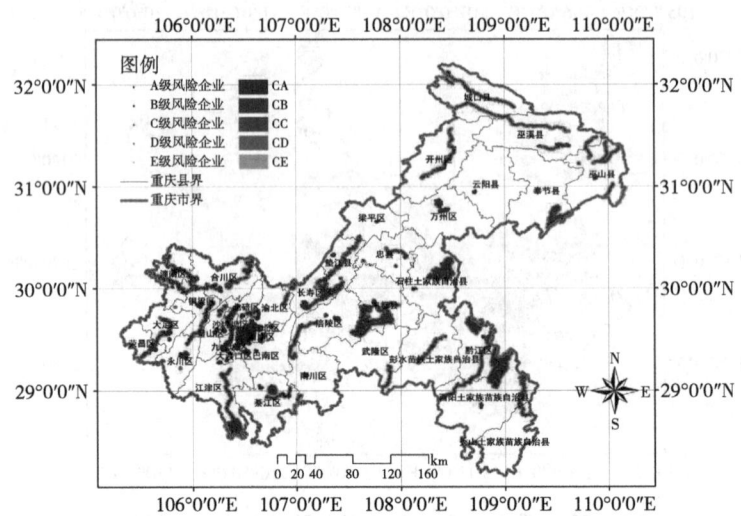

图6-43 重庆市C级敏感区风险企业空间分布

的风险企业分布数量来看,C类敏感区中风险企业数目在各等级敏感区的分布与上述两类敏感区具有相似性,即风险等级越低的区域,风险企业的分布数量越多。其中,CA级敏感区内风险企业分布数量最少,仅2389家;CE级敏感区内分布的风险企业数量最多,共71309家;CB级敏感区、CC级敏感区和CD级敏感区分别有17682、35799和55799家风险企业。另外,在CA~CE敏感区内,D级风险企业在各等级敏感区内分布数量均最多,与其他等级的风险企业数目存在巨大差距,共113045家,A级风险企业分布的数量均是最少,共2013家,B级风险企业、C级风险企业及E级风险企业在各等级敏感区内分布的数量相差不大,分别有21053、20536及26055家。

表6-16　　　　　　　　重庆市C级敏感区风险企业数量

敏感区/风险企业数	A	B	C	D	E
CA	20	296	247	1502	324
CB	175	1845	1972	11107	2583
CC	359	3742	3995	22511	5192
CD	593	6251	6279	34433	7967
CE	866	8919	8043	43492	9989

从风险企业的分布来看，C类敏感区中各级风险企业整体上主要分布于重庆主城区以及长寿区、永川区、万州区等传统型区域中心城市。在C类敏感区中，A级风险企业数量在CE级敏感区域内分布最多，CD级敏感区分布的A级风险企业数量次之，为593家；从空间分布上来看，A级风险企业主要集中于永川区、大渡口区、北碚区等；另外，在风险企业的空间分布中，CD、CE两类敏感区的风险企业分布最为集中，其分布以主城为中心，辐射渝西地区，如永川区、荣昌区、潼南区、合川区等主城区一小时经济圈内，该区域内风险企业的分布较多，而CA级敏感区内各级风险企业的分布相对较少。

图6-44表示重庆市D级敏感区空间分布示意图，其中DA～DE分别表示D级风险中的A～E类敏感区域。河流水系、自然保护区以及居住设施3类主要的风险受体的1km缓冲区在图上标注的区域内发生了相交，形成了多个敏感的缓冲区。在空间分布上，该类敏感区分布面积较少，主要集中在渝东北片区的巫山县、奉节县等地。另外，从空间分布上来看，各级风险工业企业主要集中于重庆市主城区的D级敏感区内。

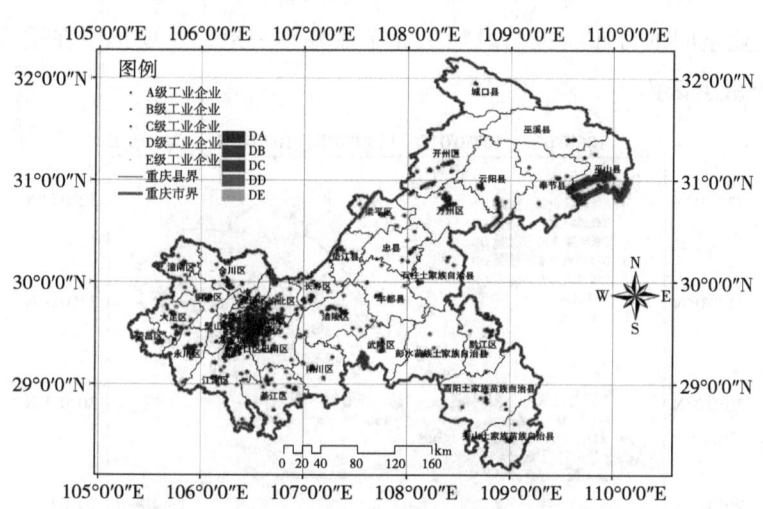

图6-44 重庆市D级敏感区风险工业企业空间分布

重庆市D级敏感区内各级风险工业企业的数量如表6-17所示。在D类敏感区中，风险等级越低的区域，各类风险工业企业的分布数量越多。其中，DA级敏感区内各类风险工业企业的分布最少，仅有267家；DE级敏感区内各类风险工业企业的分布最多,共有 16595 家;DB 级敏感区、DC 级敏感区和 DD 级敏感区内分别有 4035、8523 和 13185 家风险工业企业。另外,在 DA ~ DE 敏感区内,B 级风险工业企业在各等级敏感区内分布数量均最多,与其他等级的风险工业企业数目存在较大差距,共 30192 家;A 级风险工业企业分布的数量均最少,共 1822 家;C 级风险工业企业、D 级风险工业企业及 E 级风险工业企业在各等级敏感区内分布的数量相差不大,分别有 3679、3629 及 3283 家。

表 6 - 17　　　　　　重庆市 D 级敏感区风险工业企业数量

敏感区/风险企业数	A	B	C	D	E
DA	10	189	24	23	21
DB	174	2845	361	376	279
DC	369	6036	735	776	607
DD	557	9354	1127	1097	1050
DE	712	11768	1432	1357	1326

图 6 - 45 表示重庆市 D 级敏感区各级风险企业的空间分布。结果显示,各级风险企业空间的分布特征与风险工业企业基本一致,主要集中在重庆市主城区的 D 级敏感区内。

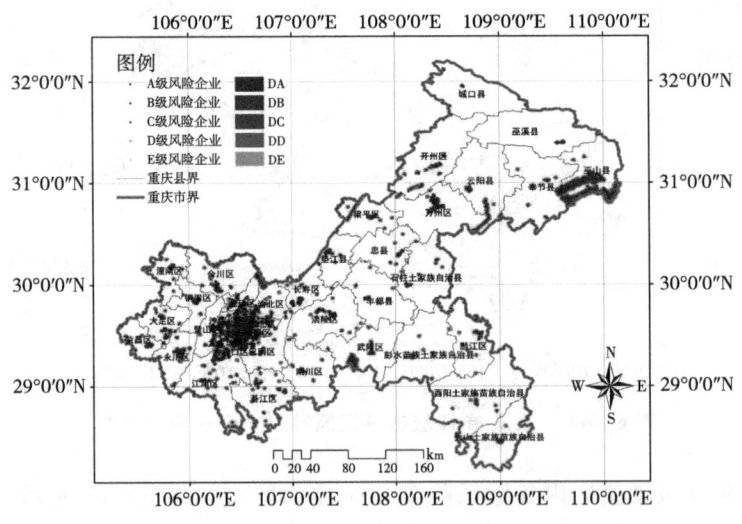

图 6 - 45　重庆市 D 级敏感区风险企业空间分布

重庆市 D 级敏感区内各级风险企业的数量如表 6-18 所示。D 类敏感区中风险等级越低的区域，风险企业的分布数量越多。其中，DA 级敏感区内风险企业分布数量最少，仅 2353 家；DE 级敏感区内分布的风险企业数量最多，共84878 家；DB 级敏感区、DC 级敏感区和 DD 级敏感区分别有 28959、6796 和75595 家风险企业。另外，在 DA~DE 敏感区内，D 级风险企业在各等级敏感区内分布数量均最多，与其他等级的风险企业数目存在巨大差距，共 151312家，A 级风险企业分布的数量均是最少，共 2965 家，B 级风险企业、C 级风险企业及 E 级风险企业在各等级敏感区内分布的数量相差不大，分别有 30192、28559 及 35553 家。

表 6-18　　　　　　　　重庆市 D 级敏感区风险企业数量

敏感区/风险企业数	A	B	C	D	E
DA	18	189	268	1568	310
DB	282	2845	3238	18243	4351
DC	594	6036	6484	35348	8334
DD	908	9354	8750	45758	10825
DE	1163	11768	9819	50395	11733

从风险企业的分布来看，D 类敏感区中各级风险企业整体上主要分布于重庆主城区以及涪陵区、永川区、万州区、江津区等传统型区域中心城市。在 D 类敏感区中，A 级风险企业的数量在 DE 级敏感区域内分布的最多，DD 级敏感区分布的 A 级风险企业数量次之，为 908 家；从空间分布上来看，A 级风险企业主要集中于渝北区、九龙坡区、北碚区、永川区、万州区等。另外，在风险企业的空间分布中，DD、DE 两类敏感区中各级风险企业分布最为集中，其主要沿嘉陵江、綦江分布，产业类型相对单一，而 DA 级敏感区内各级风险企业的分布较少。

重庆市 E 级敏感区中各级风险工业企业的空间分布如图 6-46 所示，其中EA~EE 分别表示 E 级风险中的 A~E 类敏感区域。由图可以发现，河流水系、自然保护区及居住设施 3 类主要风险受体的 2km 缓冲区在图上标注的区域内发生了相交，形成了多个较为敏感的缓冲区。在空间分布上，该类敏感区没有明显的集聚特征，分布范围较为广泛，主要呈现出块状分布的特征。另外，从空间分布来看，各级风险工业企业主要集中于重庆市主城区的 E 级敏感区内。

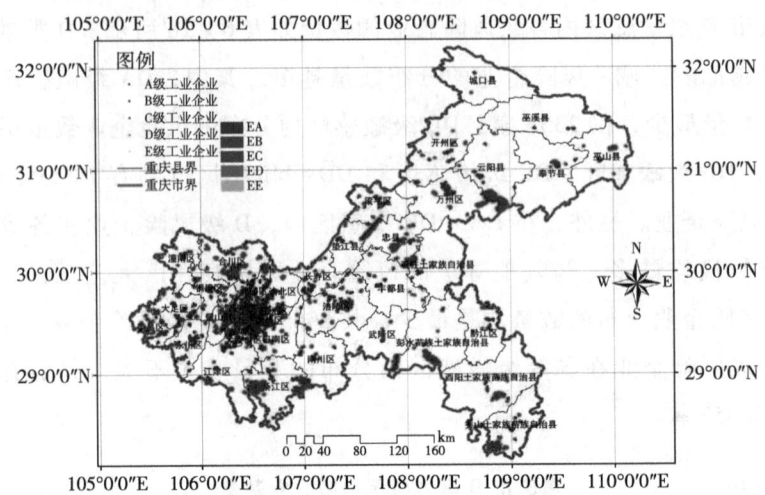

图6-46　重庆市E级敏感区风险工业企业空间分布

重庆市E级敏感区内各级风险工业企业的数量如表6-19所示。在E类敏感区中，风险等级越低的区域，各类风险工业企业的分布数量越多。其中，EA级敏感区内各类风险工业企业的分布最少，仅有707家；EE级敏感区内各类风险工业企业的分布最多，共有18972家；EB级敏感区、EC级敏感区和ED级敏感区内分别有4890、11425和16360家风险工业企业。另外，在EA～EE敏感区内，B级风险工业企业在各等级敏感区内分布数量均最多，与其他等级的风险工业企业数目存在较大差距，共36813家；A级风险工业企业分布的数量均最少，共2147家；C级风险工业企业、D级风险工业企业及E级风险工业企业在各等级敏感区内分布的数量相差不大，分别有4629、4257及4508家。

表6-19　　　　　　　　重庆市E级敏感区风险工业企业数量

敏感区/风险企业数	A	B	C	D	E
EA	26	498	59	63	61
EB	187	3433	428	440	402
EC	437	8015	995	930	1048
ED	664	11529	1451	1309	1407
EE	833	13338	1696	1515	1590

图 6-47 表示重庆市 E 级敏感区各级风险企业的空间分布。结果显示，各级风险企业的空间分布特征与风险工业企业基本一致，主要集中在重庆市主城区的 E 级敏感区内。

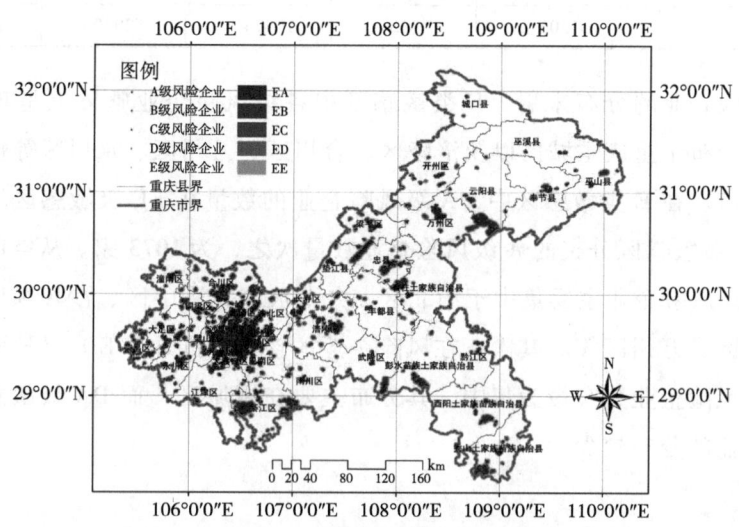

图 6-47　重庆市 E 级敏感区风险企业空间分布

重庆市 E 级敏感区内各级风险企业的数量如表 6-20 所示。从敏感区的风险企业分布数量来看，E 类敏感区中风险等级越低的区域，风险企业的分布数量越多。其中，EA 级敏感区内风险企业分布数量最少，仅 5203 家；EE 级敏感区内分布的风险企业数量最多，共 89264 家；EB 级敏感区、EC 级敏感区和 ED 级敏感区分别有 32368、60450 和 80718 家风险企业。另外，在 EA~EE 敏感区内，D 级风险企业在各等级敏感区内分布数量均最多，与其他等级的风险企业数目存在巨大差距，共 158939 家，A 级风险企业分布的数量均是最少，共 3458 家，B 级风险企业、C 级风险企业及 E 级风险企业在各等级敏感区内分布的数量相差不大，分别有 36813、31043 及 37750 家。

表 6-20　重庆市 E 级敏感区风险企业数量

敏感区/风险企业数	A	B	C	D	E
EA	44	498	593	3293	775
EB	317	3433	3681	20144	4793

续表

敏感区/风险企业数	A	B	C	D	E
EC	719	8015	6929	36076	8711
ED	1073	11529	9366	47396	11354
EE	1305	13338	10474	52030	12117

从风险企业的分布来看，E 类敏感区中各级风险企业整体上呈现集聚趋势，主要分布于重庆主城区以及涪陵区、合川区、万州区、永川区等传统型区域中心城市。在 E 类敏感区中，A 级风险企业的数量在 EE 级敏感区域内分布最多，ED 级敏感区分布的 A 级风险企业数量次之，为 1073 家。从空间分布上来看，A 级风险企业主要集中于渝北区、九龙坡区、渝中区、沙坪坝区、北碚区、永川区、万州区等。其次，在风险企业的空间分布中，ED、EE 两类敏感区中各级风险企业分布最为集中，其分布主要在主城区，而 DA 级敏感区内各级风险企业的分布较少。

6.2.3 四川省工业环境风险地图

为准确识别四川省工业企业的环境风险受体的空间分布特征，本研究基于工业风险评价、风险受体空间分布以及缓冲区分析，结合人口、经济、土地利用类型等经济地理要素，并运用 ArcMap 10.4 空间统计与空间分析功能，构建了四川省工业生态敏感区的风险地图。即在确定的河流水系、自然保护区、居住设施 3 类主要风险受体的基础上，通过对河流水系、自然保护区以及居住设施做并运算，按照缓冲区相应层级确定风险叠加区域，分别将 0.05km、0.25km、0.5km、1km、2km 的相交区域判定为 A 级敏感区、B 级敏感区、C 级敏感区、D 级敏感区、E 级敏感区，其风险大小程度由 A~E 依次递减，以此确定各类敏感等级区。最后，通过将四川省各等级风险企业与各类敏感区进行空间叠加，得到各等级风险企业的空间影响范围。

图 6-48 表示四川省 A 级（最高等级）敏感区内各级风险工业企业的空间分布，其中 AA~AE 分别表示 A 级风险中的 A~E 类敏感区域。由图中我们可以发现，河流水系、自然保护区及居住设施 3 类风险受体的 0.05km 缓冲区

在图上标注的区域内发生了相交，形成了多个极度敏感的缓冲区，即受危化类物质影响等级最高的区域。在空间分布上，该类敏感区分布范围较小，主要集中在四川省北部的阿坝藏族羌族自治州内，呈块状分布。其次，从空间分布来看，各级风险工业企业主要集中于四川省东部的 A 级敏感区内，其中以成都市内的 A 级敏感区分布最为集中。

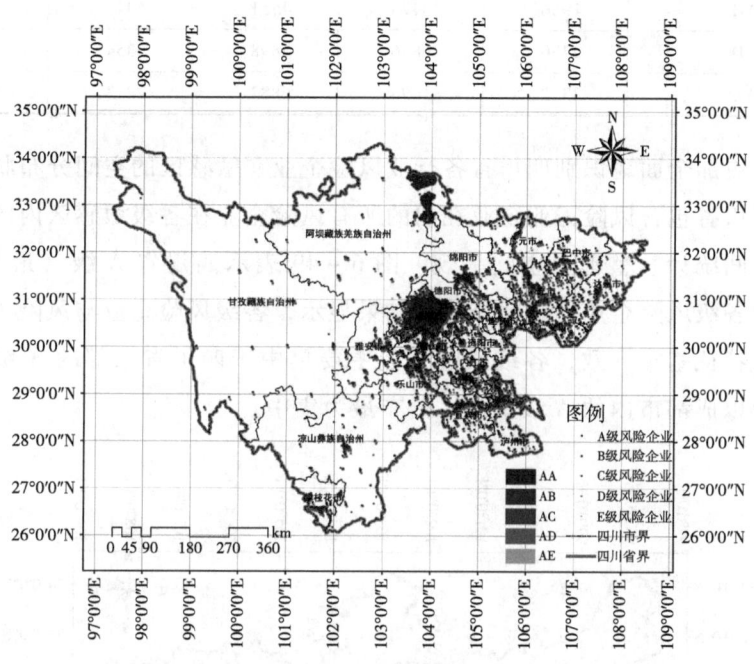

图 6-48　四川省 A 级敏感区风险工业企业空间分布

四川省 A 级敏感区内各级风险工业企业的数量如表 6-21 所示。从 A 级敏感区的风险工业企业分布数量来看，在 A 级敏感区中，风险等级越低的区域，各类风险工业企业的分布数量越多。其中，AA 级敏感区内各类风险工业企业的分布最少，共 4164 家；AB 级敏感区内分布各类风险工业企业共 24336 家；AC 级敏感区内分布各类风险工业企业 35728 个；AD 级敏感区内分布各类风险工业企业 46632 家；AE 级敏感区内各类风险工业企业的分布最多，共有 54117 家。其次，在 AA~AE 敏感区内，B 级风险工业企业在各等级敏感区内分布数量均最多，与其他等级的风险工业企业数目存在巨大差距，共 94761 家；A 级风险工业企业分布的数量均是最少，共 9532 家。此外，C 级风险工业企业、

D级风险工业企业及E级风险工业企业分别有20862、22673及17149家。

表6-21　　　　　四川省A级敏感区风险工业企业数量

敏感区/风险企业数	A	B	C	D	E
AA	209	2368	504	670	413
AB	1255	13990	3027	3479	2585
AC	1966	20473	4551	4947	3791
AD	2730	26836	5898	6354	4814
AE	3372	31094	6882	7223	5546

为了更加全面地识别四川省各行业风险企业在敏感区的空间分布状况，本研究对四川省包含风险工业企业在内的所有风险企业在各级敏感区内的分布也进行了空间统计、整理及空间呈现。图6-49表示四川省A级（最高等级）敏感区内各级风险企业的空间分布，结果显示，各级风险企业与风险工业企业空间分布特征基本一致，各级风险企业主要集中于四川省东部的A级敏感区内，其中以成都市内的A级敏感区分布最为集中。

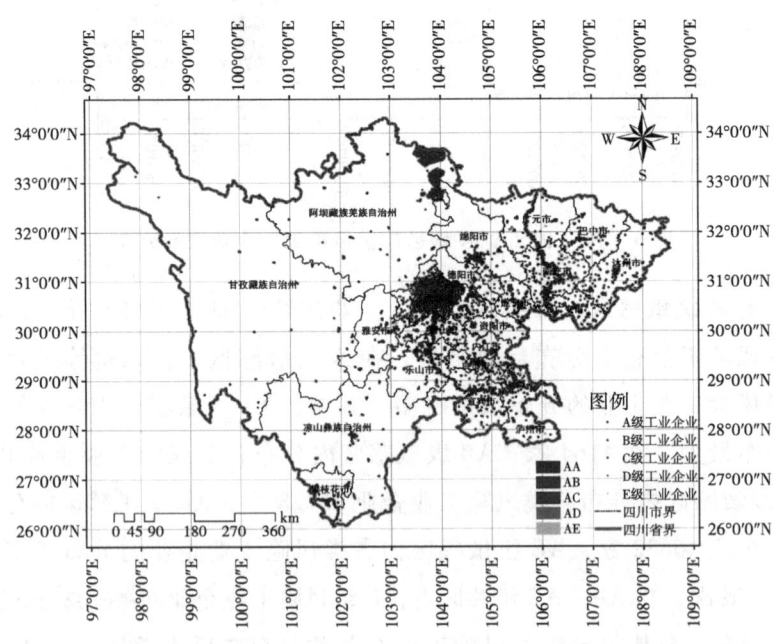

图6-49　四川省A级敏感区风险企业空间分布

四川省 A 级敏感区内各级风险企业的数量如表 6-22 所示。从 A 级敏感区的风险企业分布数量来看，在 A 类敏感区中，风险等级越低的区域，风险企业的分布数量越多。其中，AA 级敏感区内风险企业的分布最少，仅有 66156 家；AB 级敏感区内分布风险企业共 296220 家；AC 级敏感区内分布风险企业 36316 个；AD 级敏感区内分布风险企业 383692 家；AE 级敏感区内风险企业的分布最多，共有 430064 家。其次，在 AA～AE 敏感区内，D 级风险企业在各等级敏感区内分布数量均最多，与其他等级的风险企业数目差距大，共 1149777 家，A 级风险企业分布的数量都是最少的，共 11421 家，B 级风险企业、C 级风险企业与 E 级风险企业在各等级敏感区内分布的数量相差较小，分别有 91257、139539 及 150641 家。

表 6-22　　　　　　四川省 A 级敏感区风险企业数量

敏感区/风险企业数	A	B	C	D	E
AA	285	2368	5399	51478	6626
AB	1659	13990	25782	224606	30183
AC	2512	20473	33205	273997	36316
AD	2825	23332	35029	285099	37407
AE	4140	31094	40124	314597	40109

从风险企业的数量分布来看，在 A 类敏感区中，A 级风险企业的数量在 AE 级敏感区域内分布的最多，为 4140 家，AA 级敏感区分布的 A 级风险企业数量最少，为 285 家；从空间分布上来看，A 级风险企业主要集中于成都平原经济区，A～E 级风险企业主要分布在成都平原经济区、川南经济区与川东北经济区。在风险企业的空间分布中，AD、AE 两类敏感区中各级风险企业分布最为集中，多沿江分布，广泛分布于长江及其支流左右岸，如成都市、眉山市、乐山市、广元市、南充市、广安市等。

图 6-50 表示四川省 B 级敏感区风险工业企业的空间分布，其中 BA～BE 分别表示 B 级风险中的 A～E 类敏感区域。可以发现，河流水系、自然保护区及居住设施 3 类风险受体的 0.25km 缓冲区在图上标注的区域内发生了相交，形成了多个非常敏感的缓冲区。在空间分布上，该类敏感区主要集中在四川省

西部的几个地级市内，呈块状和条状分布；东部的地级市内该类敏感区的分布较少。其次，从空间分布来看，各级风险工业企业主要集中于成都市内的 A 级敏感区内。此外，四川省东部河流沿岸的 A 级敏感区内也分布着一定数量的风险工业企业。

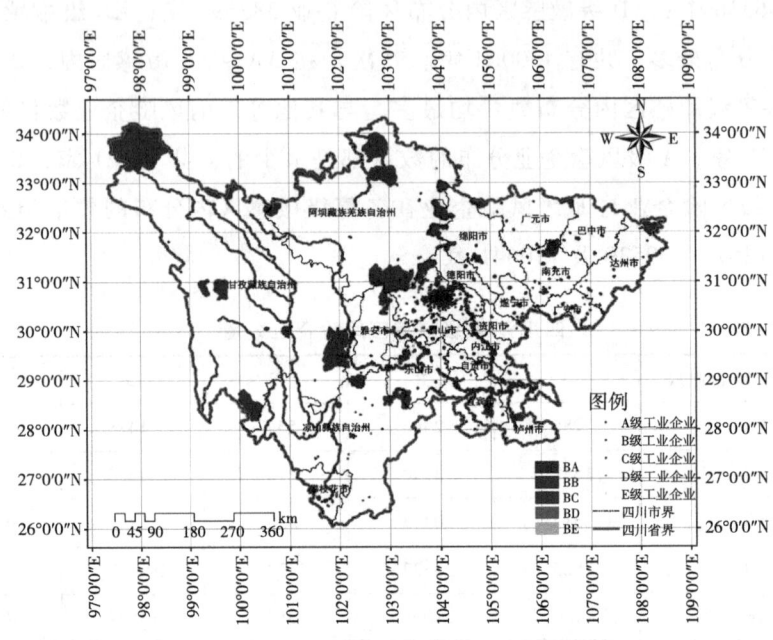

图 6-50　四川省 B 级敏感区风险工业企业空间分布

四川省 B 级敏感区内各级风险工业企业的数量如表 6-23 所示。从 B 级敏感区的风险工业企业分布数量来看，在 B 级敏感区中，风险等级越低的区域，各类风险工业企业的分布数量越多。其中，BA 级敏感区内各类风险工业企业的分布最少，共 2271 家；BB 级敏感区内分布各类风险工业企业共 7780 家；BC 级敏感区内分布各类风险工业企业 15489 个；BD 级敏感区内分布各类风险工业企业 26515 家；BE 级敏感区内各类风险工业企业的分布最多，共有 37370 家。其次，在 BA～BE 敏感区内，B 级风险工业企业在各等级敏感区内分布数量均最多，与其他等级的风险工业企业数目存在巨大差距，共 50823 家；A 级风险工业企业分布的数量均是最少，共 5019 家。此外，C 级风险工业企业、D 级风险工业企业及 E 级风险工业企业分别有 10817、12625 及 10141 家。

表 6-23　　　　　　　四川省 B 级敏感区风险企业数量

敏感区/风险企业数量	A	B	C	D	E
BA	164	1171	344	276	316
BB	436	4299	951	1111	983
BC	854	8624	1930	2201	1880
BD	1449	15036	3171	3812	3047
BE	2116	21693	4421	5225	3915

图 6-51 表示四川省 B 级敏感区内各级风险企业的空间分布。结果显示，各级风险企业与风险工业企业的空间分布特征基本一致，各级风险企业主要集中于四川省东部河流沿岸以及成都市的 B 级敏感区内。

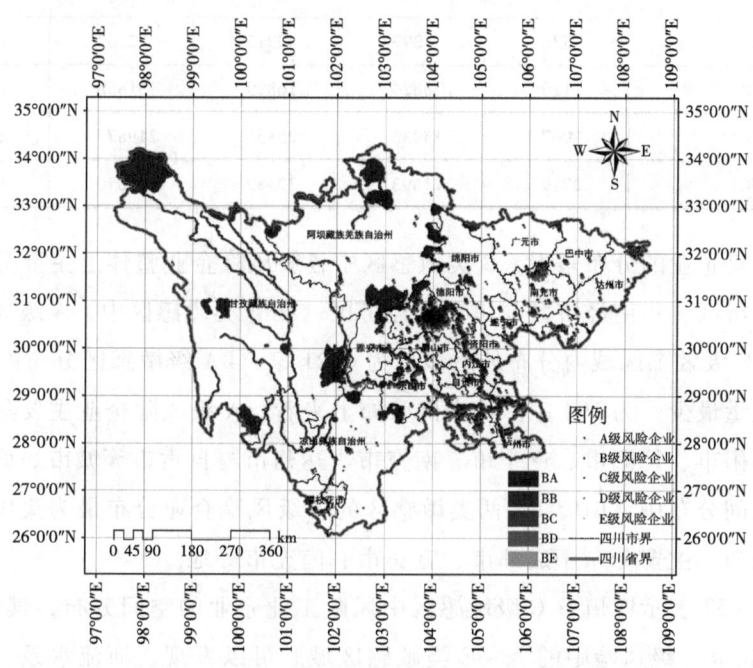

图 6-51　四川省 B 级敏感区风险企业空间分布

四川省 B 级敏感区内风险企业的数量如表 6-24 所示，其中 BA～BE 分别表示 B 级风险中的 A～E 类敏感区域。从 B 级敏感区的风险企业分布数量来看，B 类敏感区中风险企业数目在各等级敏感区的分布与 A 类敏感区具有相似性，风险等级越低的区域，风险企业的分布数量越多。其中，BA 级敏感区内风险企业分布数量最少,仅 21889 家;BB 级敏感区分布风险企业 106954 家;BC 级敏感区分布风险企业 197714 家;BD 级敏感区分布风险企业 291038 个;BE 级敏感区内分布的风险企业数量最多,为 352655 家。而在 BA～BE 敏感区内,D 级风险企业在各等级敏感区内分布数量均最多,与其他等级的风险企业数目差距较大,共 732020 家,A 级风险企业分布的数量均最少,为 6521 家,B 级风险企业、C 级风险企业及 E 级风险企业在各等级敏感区内分布的数量差距较小,分别有 50823、86194 及 732020 家。

表 6-24　　　　　四川省 B 级敏感区风险企业数量

敏感区/风险企业数	A	B	C	D	E
BA	194	1171	2045	16233	2246
BB	575	4299	9215	82182	10683
BC	1126	8624	16899	151858	19207
BD	1907	15036	25853	219877	28365
BE	2719	21693	32182	261870	34191

从风险企业的分布来看,B 类敏感区中各级风险企业整体上主要分布于成都平原经济区、川南经济区与川东北经济区。在 B 类敏感区中,A 级风险企业数量在 BE 级敏感区域内分布的最多,为 6521 家,BA 级敏感区分布的 A 级风险企业数量最少,为 194 家。从空间分布上来看,A 级风险企业主要集中于成都市、绵阳市、德阳市、遂宁市、南充市、达州市与自贡市等城市。而在风险企业的空间分布中,BD、BE 两类敏感区的各级风险企业分布最为集中,且也多沿江分布,主要分布于成都市、宜宾市、南充市等地。

图 6-52 表示四川省 C 级敏感区中风险工业企业的空间分布,其中 CA～CE 分别表示 C 级风险中的 A～E 类敏感区域。可以发现,河流水系、居住设施和自然保护区 3 类风险受体的 0.5km 缓冲区在图上标注的区域内发生了相交,形成了多个敏感的缓冲区。在空间分布上,该类敏感区呈块状分布特征,分布范围较为广泛,此外该类敏感区在四川省西部分布的面积比东部更广。其次,从空间分布来看,各级风险工业企业主要分布在四川省东部河流沿岸和成都市的 C 级敏感区内。

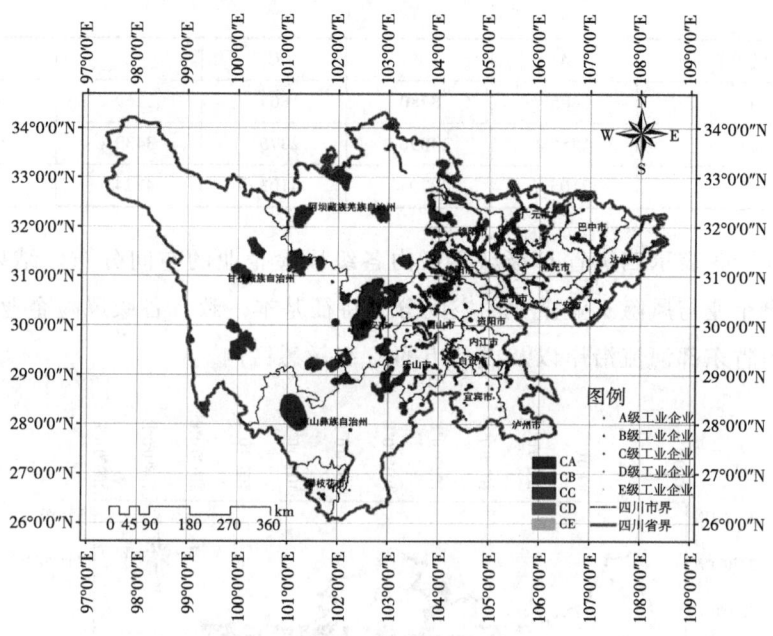

图 6-52　四川省 C 级敏感区风险工业企业空间分布

四川省 C 级敏感区内各级风险工业企业的数量如表 6-25 所示。从 C 级敏感区的风险工业企业分布数量来看，在 C 级敏感区中，风险等级越低的区域，各类风险工业企业的分布数量越多。其中，CA 级敏感区内各类风险工业企业的分布最少，共 2550 家；CB 级敏感区内分布各类风险工业企业共 7960 家；CC 级敏感区内分布各类风险工业企业 15293 个；CD 级敏感区内分布各类风险工业企业 24288 家；CE 级敏感区内各类风险工业企业的分布最多，共有 35073 家。其次，在 CA~CE 敏感区内，B 级风险工业企业在各等级敏感区内分布数量均最多，与其他等级的风险工业企业数目存在巨大差距，共 49527 家；A 级风险工业企业分布的数量均是最少，共 5063 家。此外，C 级风险工业企业、D 级风险工业企业及 E 级风险工业企业分别有 10286、11947 及 8341 家。

表 6-25　四川省 C 级敏感区风险工业企业数量

敏感区/风险企业数	A	B	C	D	E
CA	175	1432	389	339	215
CB	442	4515	1055	1176	772

续表

敏感区/风险企业数	A	B	C	D	E
CC	885	8780	1864	2269	1495
CD	1456	14096	2875	3439	2422
CE	2105	20704	4103	4724	3437

图 6-53 表示四川省 C 级敏感区内各级风险企业的空间分布。结果显示，各级风险企业与风险工业企业的空间分布特征基本一致，各级风险企业主要集中于四川省东部河流沿岸以及成都市的 C 级敏感区内。

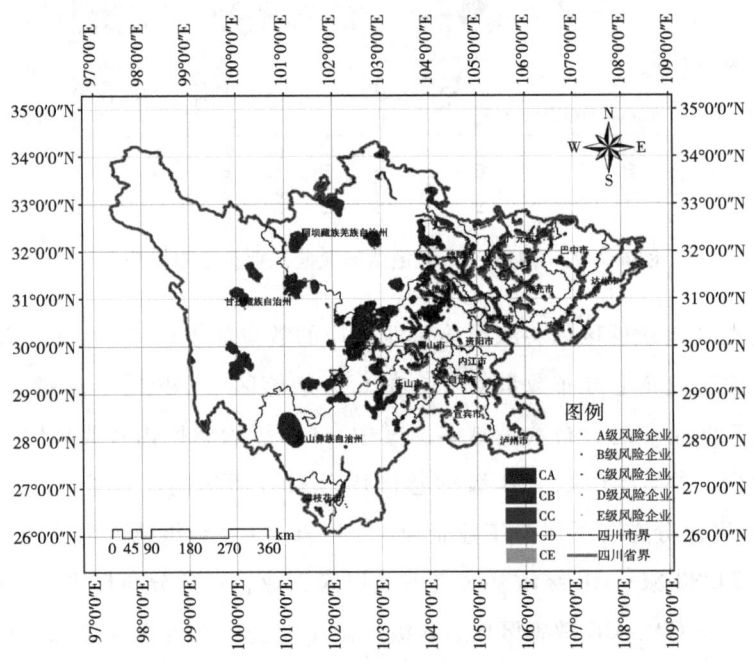

图 6-53 四川省 C 级敏感区风险企业空间分布

四川省 C 级敏感区内各级风险企业的数量如表 6-26 所示。从 C 级敏感区的风险企业分布数量来看，C 类敏感区中风险企业数目在各等级敏感区的分布与上述两类敏感区具有相似性，即风险等级越低的区域，风险企业的分布数量越多。其中，CA 级敏感区内风险企业分布数量最少，仅 24145 家；CB 级敏感区分布风险企业 102365 家；CC 级敏感区分布风险企业 203230 家；CD 级敏感区分布风险企业 286492 家；CE 级敏感区内分布的风险企业数量最多，共 348438 家。

在 CA~CE 敏感区内，D 级风险企业在各等级敏感区内分布数量都是最多的，与其他等级的风险企业数目差距巨大，共 733160 家，A 级风险企业分布的数量均是最少，共 6368 家，B 级风险企业、C 级风险企业及 E 级风险企业在各等级敏感区内分布的数量差距较小，分别有 49527、84262 及 91362 家。

表 6-26　　　　　　四川省 C 级敏感区风险企业数量

敏感区/风险企业数	A	B	C	D	E
CA	206	1432	2225	17979	2312
CB	568	4515	9161	78294	9827
CC	1124	8780	17363	156898	19065
CD	1836	14096	24894	218515	27151
CE	2634	20704	30619	261474	33007

从风险企业的分布来看，C 类敏感区中各级风险企业整体上主要分布于成都平原经济区、川南经济区与川西北生态经济带。在 C 类敏感区中，A 级风险企业数量在 CE 级敏感区域内分布最多，为 348438 家，CA 级敏感区分布的 A 级风险企业数量最少，为 24154 家；从空间分布来看，A 级风险企业主要集中于成都市、德阳市、绵阳市、遂宁市等。在风险企业的空间分布中，CD、CE 两类敏感区的风险企业分布最为集中，主要分布在德阳市、绵阳市、广元市与南充市等。

图 6-54 表示四川省 D 级敏感区空间分布示意图，其中 DA~DE 分别表示 D 级风险中的 A~E 类敏感区域。由图中所示可以发现，河流水系、自然保护区以及居住设施 3 类主要的风险受体的 1km 缓冲区在图上标注的区域内发生了相交，形成了多个敏感的缓冲区。在空间分布上，该类敏感区呈块状分布特征，主要分布在四川省西北部的阿坝藏族羌族自治州和甘孜藏族自治州等地。其次，从空间分布来看，各级风险工业企业主要分布在成都市及其周边城市的 D 级敏感区内。

四川省 D 级敏感区内各级风险工业企业的数量如表 6-27 所示。从 D 级敏感区的风险工业企业分布数量来看，在 D 级敏感区中，风险等级越低的区域，各类风险工业企业的分布数量越多。其中，DA 级敏感区内各类风险工业企业的分布最少，共 751 家；DB 级敏感区内分布各类风险工业企业共 9277

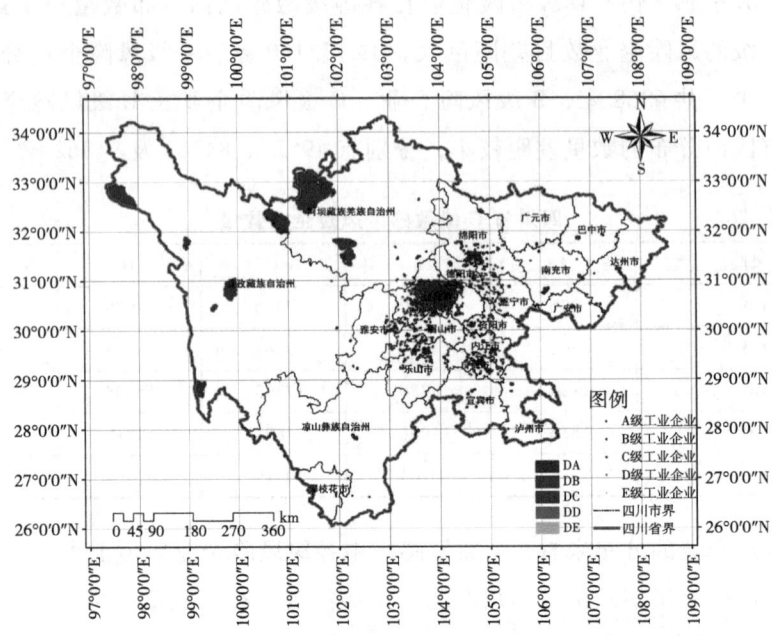

图 6-54 四川省 D 级敏感区风险工业企业空间分布

家；DC 级敏感区内分布各类风险工业企业 19076 个；DD 级敏感区内分布各类风险工业企业 28409 家；DE 级敏感区内各类风险工业企业的分布最多，共有 35807 家。其次，在 DA～DE 敏感区内，B 级风险工业企业在各等级敏感区内分布数量均最多，与其他等级的风险工业企业数目存在巨大差距，共 54659 家；A 级风险工业企业分布的数量均是最少，共 4764 家。此外，C 级风险工业企业、D 级风险工业企业及 E 级风险工业企业分别有 10175、13745 及 9977 家。

表 6-27　　　　　　四川省 D 级敏感区风险工业企业数量

敏感区/风险企业数	A	B	C	D	E
DA	39	446	84	101	81
DB	435	5416	1013	1431	982
DC	890	11108	2012	2968	2098
DD	1415	16650	3078	4187	3079
DE	1985	21039	3988	5058	3737

图 6-55 表示四川省 D 级敏感区内各级风险企业的空间分布。结果显示，各级风险企业与风险工业企业的空间分布特征基本一致，各级风险企业主要集中于成都市及其周边城市的 D 级敏感区内。

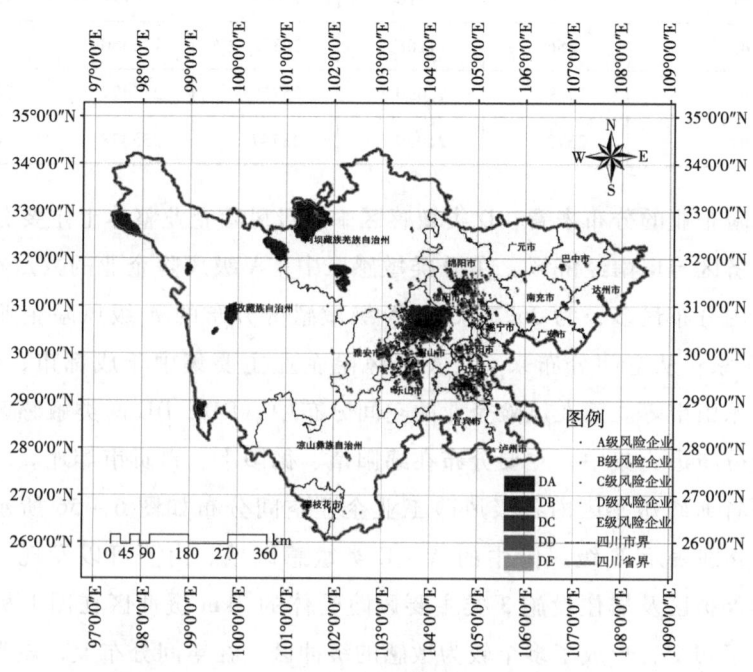

图 6-55 四川省 D 级敏感区空间分布示意图

四川省 D 级敏感区内各级风险企业的数量如表 6-28 所示。从 D 级敏感区的风险企业分布数量来看，D 类敏感区中风险等级越低的区域，风险企业的分布数量越多。其中，DA 级敏感区内风险企业分布数量最少，仅 8946 家；DB 级敏感区分布风险企业 125599 家；DC 级敏感区分布风险企业 231628 家；DD 级敏感区分布风险企业 286229 家；DE 级敏感区内分布的风险企业数量最多，共 317845 家。而在 DA~DE 敏感区内，D 级风险企业在各等级敏感区内分布数量都是最多的，与其他等级的风险企业数目差距巨大，共 729373 家，A 级风险企业分布的数量都是最少，共 6390 家，B 级风险企业、C 级风险企业及 E 级风险企业在各等级敏感区内分布的数量差距较小，分别有 54659、86672 及 729373 家。

表 6-28　　　　　　　　四川省 D 级敏感区风险企业数量

敏感区/风险企业数	A	B	C	D	E
DA	47	446	806	6764	883
DB	595	5416	11067	96194	12327
DC	1256	11108	20352	176460	22452
DD	1919	16650	25700	214477	27483
DE	2573	21039	28747	235478	30008

　　从风险企业的分布来看，D 类敏感区中各级风险企业整体上主要分布于成都平原经济区与川南经济区。在 D 类敏感区中，A 级风险企业的数量在 DE 级敏感区域内分布最多，为 2573 家，DA 级敏感区分布的 A 级风险企业数量最少，为 47 家；从空间分布来看，A 级风险企业主要集中于成都市、绵阳市、德阳市与乐山市等。而在风险企业的空间分布中，DD、DE 两类敏感区中各级风险企业分布最为集中，主要分布在绵阳市、德阳市、自贡市等地。

　　四川省 E 级敏感区内各级风险工业企业空间分布如图 6-56 所示，其中 EA～EE 分别表示 E 级风险中的 A～E 类敏感区域。由图可以发现，河流水系、自然保护区及居住设施 3 类主要风险受体的 2km 缓冲区在图上标注的区域内发生了相交，形成了多个较为敏感的缓冲区。在空间分布上，该类敏感区呈现一定的空间集聚特征，主要集中于四川省西北部的阿坝藏族羌族自治州、甘孜藏族自治州和绵阳市等地，其余各地级市分布相对较少。其次，从风险工业企业空间分布来看，各级风险工业企业主要分布在四川省东部的 E 级敏感区内，其中以成都市的 E 级敏感区内分布最为集中。

　　四川省 E 级敏感区内各级风险工业企业的数量如表 6-29 所示。从 E 级敏感区的风险工业企业分布数量来看，在 E 级敏感区中，风险等级越低的区域，各类风险工业企业的分布数量越多。其中，EA 级敏感区内各类风险工业企业的分布最少，共 1837 家；EB 级敏感区内分布各类风险工业企业共 13444 家；EC 级敏感区内分布各类风险工业企业 28349 个；ED 级敏感区内分布各类风险工业企业 41380 家；EE 级敏感区内各类风险工业企业的分布最多，共有 51304 家。其次，在 EA～EE 敏感区内，B 级风险工业企业在各等级敏感区内分布数量均最多，与其他等级的风险工业企业数目存在巨大差距，共 80103 家；A 级

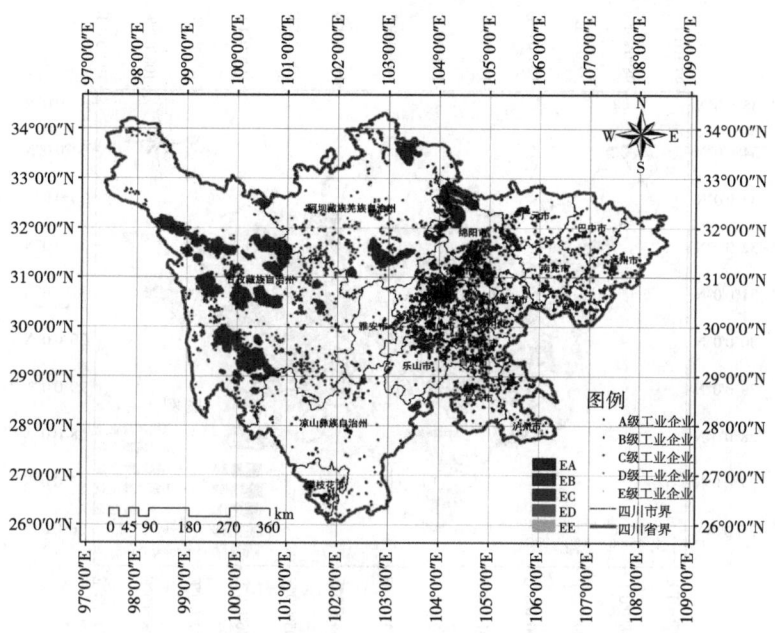

图 6-56　四川省 E 级敏感区风险工业企业空间分布

风险工业企业分布的数量均是最少，共 7709 家。此外，C 级风险工业企业、D 级风险工业企业及 E 级风险工业企业分别有 16365、18105 及 14032 家。

表 6-29　　　　　　　　四川省 E 级敏感区风险工业企业数量

敏感区/风险企业数	A	B	C	D	E
EA	110	1051	241	247	188
EB	655	7956	1492	1932	1409
EC	1458	16767	3303	3837	2984
ED	2330	24410	4946	5408	4286
EE	3156	29919	6383	6681	5165

图 6-57 表示四川省 E 级敏感区内各级风险企业的空间分布。结果显示，各级风险企业与风险工业企业的空间分布特征基本一致，各级风险企业主要集中于四川省东部的 E 级敏感区内，其中以成都市的 E 级敏感区内分布最为集中。

四川省 E 级敏感区内各级风险企业的数量如表 6-30 所示。从敏感区的风险企业分布数量来看，E 类敏感区中风险等级越低的区域，风险企业的分布数量越

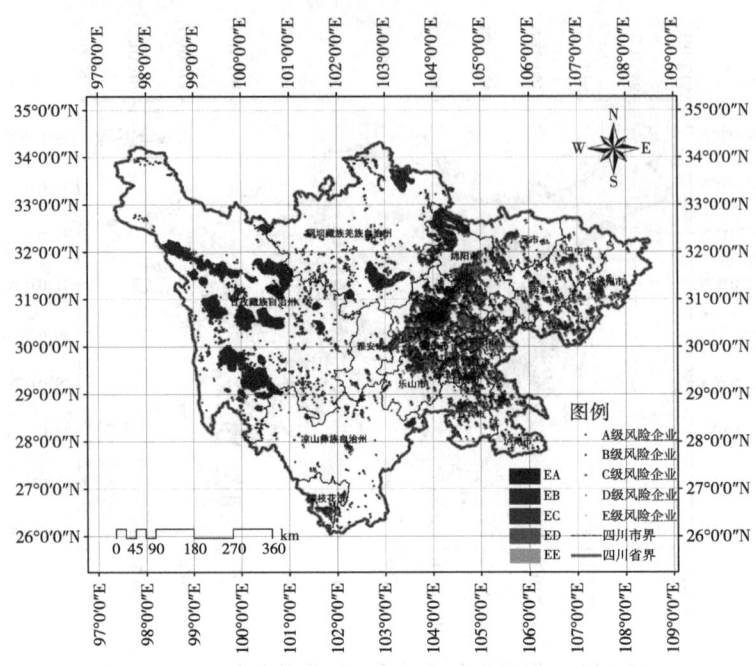

图 6-57　四川省 E 级敏感区风险企业空间分布

多。其中，EA 敏感区内风险企业分布数量最少，仅 22820 家；EB 级敏感区分布风险企业 161021 家；EC 级敏感区分布风险企业 285293 家；ED 级敏感区分布风险企业 365957 家；EE 级敏感区内分布的风险企业数量最多，共 413666 家。而在 EA～EE 敏感区内，D 级风险企业在各等级敏感区内分布数量都是最多的，与其他等级的风险企业数目差距巨大，共 926413 家，A 级风险企业分布的数量都是最少的，共 9747 家，B 级风险企业、C 级风险企业及 E 级风险企业在各等级敏感区内分布的数量差距较小，分别有 80103、113943 与 118551 家。

表 6-30　　　　　　　　　四川省 E 级敏感区风险企业数量

敏感区/风险企业数	A	B	C	D	E
EA	136	1051	1979	17580	2074
EB	853	7956	14176	122871	15165
EC	1913	16767	25843	213573	27197
ED	2965	24410	33632	269759	35191
EE	3880	29919	38313	302630	38924

从风险企业的分布来看，E 类敏感区中各级风险企业整体分布较为集中，主要分布在成都平原经济区、川南经济区与川东北经济区。在 E 类敏感区中，A 级风险企业的数量在 EE 级敏感区域内分布最多，为 3880 家，EA 级敏感区分布的 A 级风险企业数量最少，为 136 家；从空间分布来看，A 级风险企业主要集中于成都市、德阳市、绵阳市、眉山市、内江市、广安市、资阳市等地。而在风险企业的空间分布中，ED、EE 两类敏感区中各级风险企业分布最为集中，其分布主要在眉山市、资阳市、德阳市、绵阳市与广安市等地。

6.2.4 贵州省工业环境风险地图

为准确识别贵州省工业企业的环境风险受体的空间分布特征，本研究基于工业风险评价、风险受体空间分布以及缓冲区分析，结合人口、经济、土地利用类型等经济地理要素，并运用 ArcMap 10.4 空间统计与空间分析功能，构建了贵州省工业生态敏感区的风险地图。即在确定的河流水系、自然保护区、居住设施 3 类主要风险受体的基础之上，通过对河流水系、自然保护区以及居住设施做并运算，按照缓冲区相应层级确定风险叠加区域，分别将 0.05km、0.25km、0.5km、1km、2km 的相交区域判定为 A 级敏感区、B 级敏感区、C 级敏感区、D 级敏感区、E 级敏感区，其风险大小程度由 A~E 依次递减，以此确定各类敏感等级区。最后，通过将贵州省各等级风险企业与各类敏感区进行空间叠加，得到各等级风险企业的空间影响范围。

图 6-58 表示贵州省 A 级（最高等级）敏感区内风险工业企业的空间分布，其中 AA~AE 分别表示 A 级风险中的 A~E 类敏感区域。由图中我们可以发现，河流水系、自然保护区及居住设施 3 类风险受体的 0.05km 缓冲区在图上标注的区域内发生了相交，形成了多个极度敏感的缓冲区，即受危化类物质影响等级最高的区域。在空间分布上，该类区域主要沿长江重要支流分布，如乌江干流、南盘江沿线等地。此外，遵义市的西北部城区和贵阳市中心城区及其邻近区域也是 A 级敏感区的主要集聚地。从空间分布上来看，各级风险工业企业主要集中于贵阳市和遵义市中心城区的 A 级敏感区内。

贵州省 A 级敏感区内各级风险工业企业的数量如表 6-31 所示。在 A 级

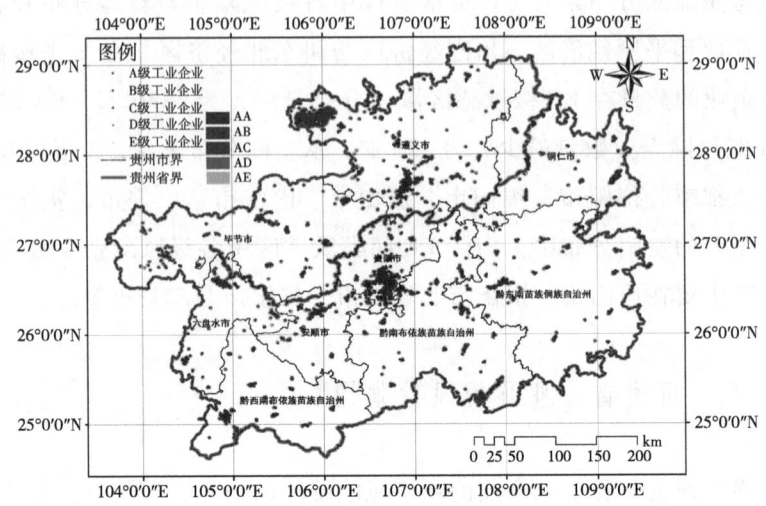

图 6-58　贵州省 A 级敏感区风险工业企业空间分布

敏感区中，风险等级越低的区域，各类风险工业企业的分布数量越多。其中，AA 级敏感区内各类风险工业企业的分布最少，仅有 720 家；AB 级敏感区内分布各类风险工业企业共 6556 家；AC 级敏感区内分布各类风险工业企业 11371 个；AD 级敏感区内分布各类风险工业企业 15302 家；AE 级敏感区内各类风险工业企业的分布最多，共有 18168 家。其次，在 AA~AE 敏感区内，B 级风险工业企业在各等级敏感区内分布数量均最多，与其他等级的风险工业企业数目存在巨大差距，共 25592 家；A 级风险工业企业分布的数量均是最少，共 2485 家。此外，C 级风险工业企业、D 级风险工业企业及 E 级风险工业企业分别有 8899、7059 及 8082 家。

表 6-31　　贵州省 A 级敏感区风险工业企业数量

敏感区/风险企业数	A	B	C	D	E
AA	24	372	113	98	113
AB	309	3294	1112	930	911
AC	544	5705	1943	1583	1596
AD	733	7466	2631	2057	2415
AE	875	8755	3100	2391	3047

为了更加全面地识别贵州省各行业风险企业在敏感区的空间分布状况，本研究对贵州省包含风险工业企业在内的所有风险企业在各级敏感区内的分布也进行了空间统计、整理及空间呈现。图 6-59 表示贵州省 A 级敏感区内各级风险企业的空间分布。结果显示，各级风险企业与风险工业企业的空间分布特征基本一致，各级风险企业主要集中于贵阳市和遵义市中心城区的 A 级敏感区内。

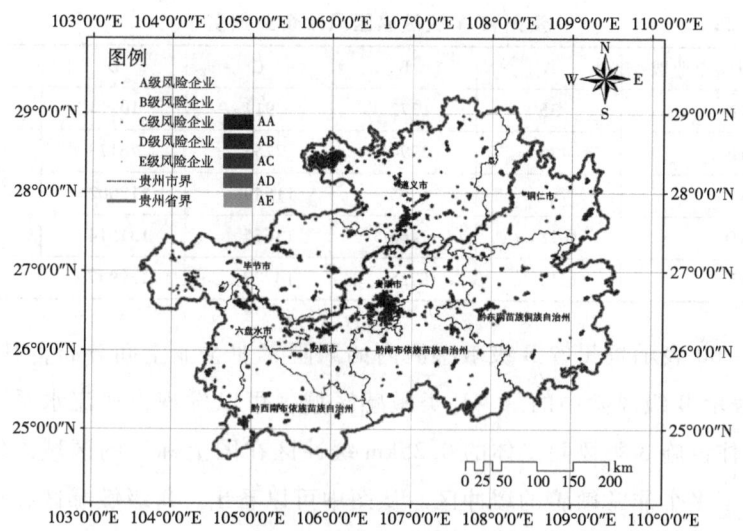

图 6-59　贵州省 A 级敏感区风险企业空间分布

贵州省 A 级敏感区内各级风险企业的数量如表 6-32 所示。在 A 类敏感区中，风险等级越低的区域，风险企业的分布数量越多。其中，AA 级敏感区内风险企业的分布最少，仅有 12782 家；AB 级敏感区内分布风险企业共 96408 家；AC 级敏感区内分布风险企业 143454 家；AD 级敏感区内分布风险企业 169375 家；AE 级敏感区内风险企业的分布最多，共有 181467 家。此外，在 AA~AE 敏感区内，D 级风险企业在各等级敏感区内分布数量均最多，与其他等级的风险企业数目存在巨大差距，共 469850 家，A 级风险企业分布的数量均是最少，共 3453 家，B 级风险企业、C 级风险企业及 E 级风险企业在各等级敏感区内分布的数量分别为 25592、48148 及 56443 家。

从风险企业的分布来看，总体上，贵州省 A 级敏感区内各级风险企业主要分布在贵阳市和遵义市。A级敏感区中，A级风险企业的数量在AE级敏感区域内分布最多，共1212家，AD级敏感区域分布的A级风险企业数量次之，为1018家；从空间分布上来看，总体上A～E级风险企业主要分布在贵阳市和遵义市两地的中心城区。在风险企业的空间分布中，AD、AE两类敏感区中各级风险企业分布最为集中，多分布在河流沿线和人口相对密集的中心城区，如乌江干流、贵阳市和遵义市的中心城区。

表6-32　　　　　　　　贵州省A级敏感区风险企业数量

敏感区/风险企业数	A	B	C	D	E
AA	35	372	914	10214	1247
AB	425	3294	7253	76173	9263
AC	763	5705	11549	112002	13435
AD	1018	7466	13655	131514	15722
AE	1212	8755	14777	139947	16776

图6-60表示贵州省B级敏感区内的风险工业企业空间分布，其中BA～BE分别表示B级风险中的A～E类敏感区域。可以发现，河流水系、自然保护区及居住设施3类风险受体的0.25km缓冲区在图上标注的区域内发生了相交，形成了多个非常敏感的缓冲区。从图中可以看出，B级敏感区在空间分布上呈块状分布特征，分布范围较广，主要分布在贵州各州市中心区域。此外，该类敏感区还沿贵州省境内的长江左右岸二、三级河流进行分布，如赤水河、六冲河、北盘江、曹渡河、清水江河流沿线。其次，从空间分布上来看，各级风险工业企业主要集中于贵阳市中心城区的B级敏感区内。

贵州省B级敏感区内各级风险工业企业的数量如表6-33所示。从B级敏感区的风险工业企业分布数量来看，在B级敏感区中，风险等级越低的区域，各类风险工业企业的分布数量越多。其中，BA级敏感区内各类风险工业企业的分布最少，共999家；BB级敏感区内分布各类风险工业企业共2294家；BC级敏感区内分布各类风险工业企业4032个；BD级敏感区内分布各类风险工业企业8093家；BE级敏感区内各类风险工业企业的分布最多，共有12197家。其次，在BA～BE敏感区内，B级风险工业企业在各等级敏感区内分布数量均最多，与其他等级的风险工业企业数目存在巨大差距，共12136家；A级风险

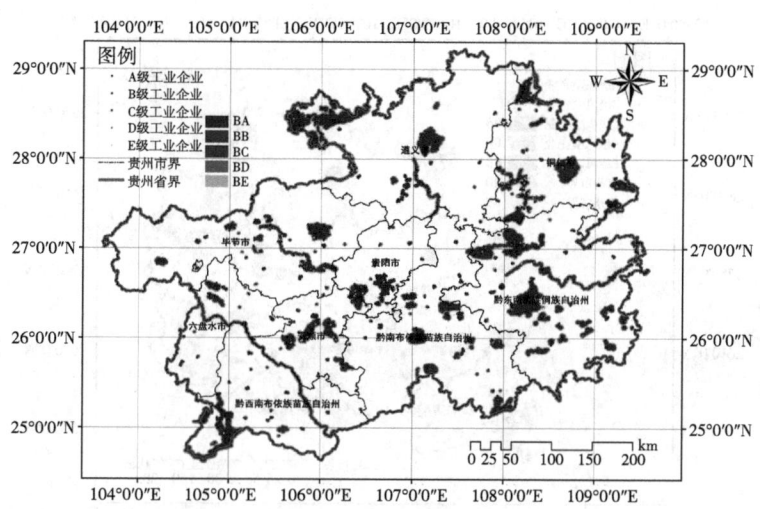

图 6-60　贵州省 B 级敏感区风险工业企业空间分布

工业企业分布的数量均是最少，共 1367 家。此外，C 级风险工业企业、D 级风险工业企业及 E 级风险工业企业分别有 4643、3912 及 5557 家。

表 6-33　　　　　　　贵州省 B 级敏感区风险工业企业数量

敏感区/风险企业数	A	B	C	D	E
BA	62	326	215	140	256
BB	135	941	411	329	478
BC	212	1705	706	659	750
BD	390	3599	1297	1134	1673
BE	568	5565	2014	1650	2400

图 6-61 表示贵州省 B 级敏感区内各级风险企业的空间分布。结果显示，各级风险企业与风险工业企业的空间分布特征基本一致，各级风险企业主要集中于贵阳市中心城区的 B 级敏感区内。

贵州省 B 级敏感区内风险企业的数量如表 6-34 所示，其中 BA~BE 分别表示 B 级风险中的 A~E 类敏感区域。从 B 级敏感区的风险企业分布数量来看，B 类敏感区中风险企业数目在各等级敏感区的分布与 A 类敏感区具有相似性，风险等级越低的区域，风险企业的分布数量越多。其中，BA 级敏感区内

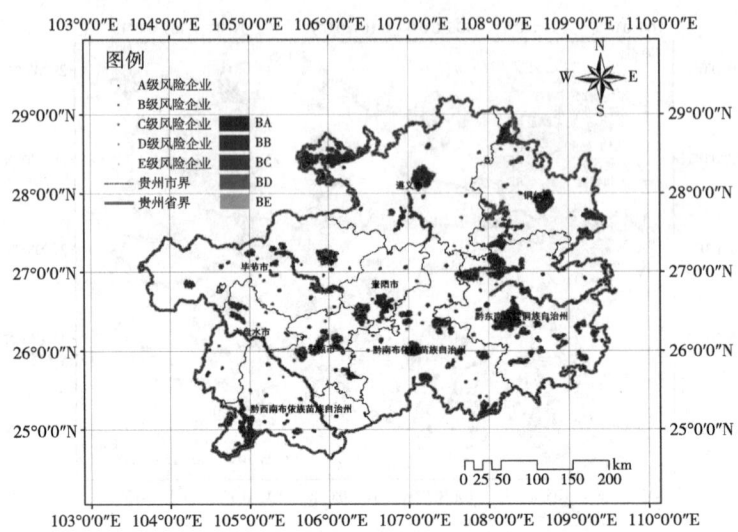

图 6-61　贵州省 B 级敏感区风险企业空间分布

风险企业分布数量最少，仅 8412 家；BB 级敏感区分布风险企业 29702 家；BC 级敏感区分布风险企业 55641 家；BD 级敏感区分布风险企业 96506 个；BE 级敏感区内分布的风险企业数量最多，共 139392 个。在 BA～BE 敏感区内，D 级风险企业在各等级敏感区内分布数量均最多，与其他等级的风险企业数目存在巨大差距，共 258664 家，A 级风险企业分布的数量均是最少，共 1846 家，B 级风险企业、C 级风险企业及 E 级风险企业在各等级敏感区内分布的数量分别有 12136、25823 及 31184 家。

表 6-34　　　　　　　贵州省 B 级敏感区风险企业数量

敏感区/风险企业数	A	B	C	D	E
BA	74	326	691	6513	808
BB	176	941	2301	23513	2771
BC	288	1705	4186	44272	5190
BD	524	3599	7450	75643	9290
BE	784	5565	11195	108723	13125

从风险企业的分布来看，B 类敏感区中各级风险企业整体上主要分布于贵阳市中心城区。在 B 类敏感区中，A 级风险企业数量在 BE 级敏感区域内分布

最多,为784家,BD级敏感区分布的A级风险企业数量次之,为524家;从空间分布上来看,A级风险企业主要集中于贵阳市中心城区。在风险企业的空间分布中,BD、BE两类敏感区的各级风险企业分布最为集中,且多沿河流分布。

图6-62表示贵州省C级敏感区内风险工业企业的空间分布,其中CA~CE分别表示C级风险中的A~E类敏感区域。可以发现,河流水系、居住设施和自然保护区3类风险受体的0.5km缓冲区在图上标注的区域内发生了相交,形成了多个敏感的缓冲区。C级敏感区在空间上的主要呈条状分布,分布范围较为广泛,主要分布在黔中地区。值得一提的是,该类敏感区大多沿贵州省境内的长江左右岸四级河流分布,如芙蓉江、印江河、锦江、清水河、南明河、涟江、濛江、曹渡河、清水江、重安江、都柳江等河流沿线。此外,一些大型水库,如百花湖水库和红枫湖水库也有分布。其次,从空间分布来看,各级风险工业企业主要集中于贵阳市中心城区的C级敏感区内。

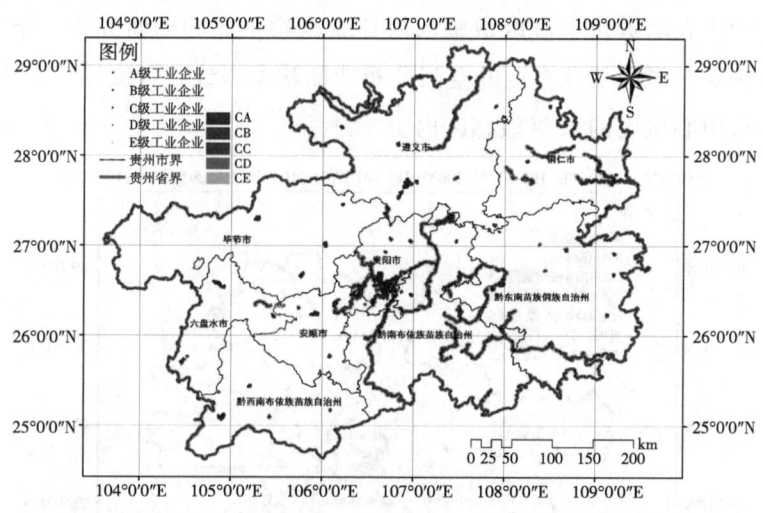

图6-62 贵州省C级敏感区风险工业企业空间分布

贵州省C级敏感区内各级风险工业企业的数量如表6-35所示。从C级敏感区的风险工业企业分布数量来看,在C级敏感区中,风险等级越低的区域,各类风险工业企业的分布数量越多。其中,CA级敏感区内各类风险工业企业的分布最少,共391家;CB级敏感区内分布各类风险工业企业共1659家;CC

级敏感区内分布各类风险工业企业 3299 个；CD 级敏感区内分布各类风险工业企业 6250 家；CE 级敏感区内各类风险工业企业的分布最多，共有 9716 家。其次，在 CA～CE 敏感区内，B 级风险工业企业在各等级敏感区内分布数量均最多，与其他等级的风险工业企业数目存在巨大差距，共 10751 家；A 级风险工业企业分布的数量均是最少，共 999 家。此外，C 级风险工业企业、D 级风险工业企业及 E 级风险工业企业分别有 3788、2960 及 2817 家。

表 6-35　　　　　　　贵州省 C 级敏感区风险工业企业数量

敏感区/风险企业数	A	B	C	D	E
CA	17	205	77	57	35
CB	83	834	298	233	211
CC	162	1614	575	472	476
CD	304	3154	1100	867	825
CE	433	4944	1738	1331	1270

图 6-63 表示贵州省 C 级敏感区内各级风险企业的空间分布。结果显示，各级风险企业与风险工业企业的空间分布特征基本一致，各级风险企业主要集中于贵阳市中心城区的 C 级敏感区内。

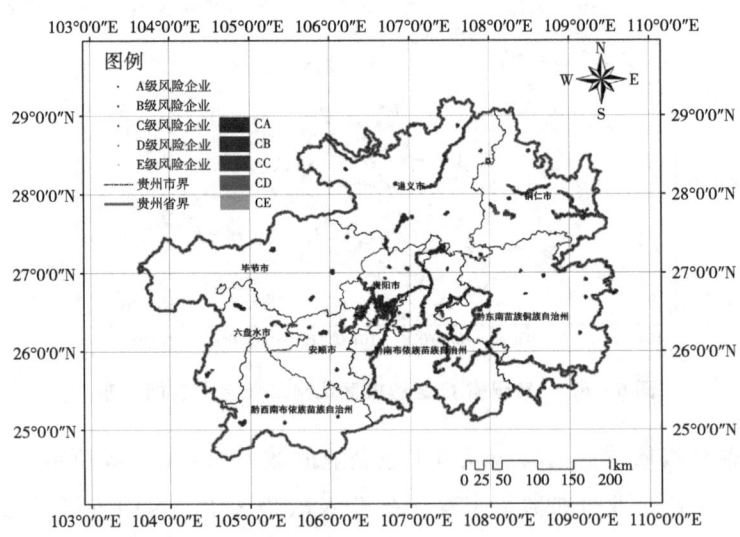

图 6-63　贵州省 C 级敏感区风险企业空间分布

贵州省C级敏感区内各级风险企业的数量如表6-36所示。从C级敏感区的风险企业分布数量来看，C类敏感区中风险企业数目在各等级敏感区的分布与上述两类敏感区具有相似性，即风险等级越低的区域，风险企业的分布数量越多。其中，CA级敏感区内风险企业分布数量最少，仅6807家；CB级敏感区分布风险企业27732家；CC级敏感区分布风险企业53095家；CD级敏感区分布风险企业91472家；CE级敏感区内分布的风险企业数量最多，共129370家。在CA~CE敏感区内，D级风险企业在各等级敏感区内分布数量均最多，与其他等级的风险企业数目存在巨大差距，共243455家，A级风险企业分布的数量均是最少，共1453家，B级风险企业、C级风险企业及E级风险企业在各等级敏感区内分布的数量分别有10751、24441及28376家。

表6-36　　　　　　贵州省C级敏感区风险企业数量

敏感区/风险企业数	A	B	C	D	E
CA	33	205	498	5559	512
CB	117	834	2028	22284	2469
CC	229	1614	3969	42202	5081
CD	438	3154	7300	71950	8630
CE	636	4944	10646	101460	11684

在风险企业的分布来看，C类敏感区中各级风险企业整体上主要分布于贵阳市。在C类敏感区中，A级风险企业数量在CE级敏感区域内分布的最多，为636家，CD级敏感区分布的A级风险企业数量次之，为438家；在空间分布上来看，A级风险企业主要集中贵阳市中心城区。在风险企业的空间分布中，贵阳市中心城区的C类敏感区中的风险企业分布较为集中，而其余地级市的敏感区中各级风险企业的分布较少，且分布较为分散，因此贵阳市中心城区的环境风险高于其余地区。

图6-64表示贵州省D级敏感区内风险工业企业的空间分布，其中DA~DE分别表示D级风险中的A~E类敏感区域。由图中所示可以发现，河流水系、自然保护区以及居住设施3类主要的风险受体的1km缓冲区在图上标注的区域内发生了相交，形成了多个敏感的缓冲区。在空间分布上，该类区域主要分布在贵阳市中心城区，主要是由于该地区人口较为集中，相应的居住设施

较为密集。从图中来看，该类敏感区主要分布在贵阳市中心城区，也是各级风险工业企业的主要集聚地。

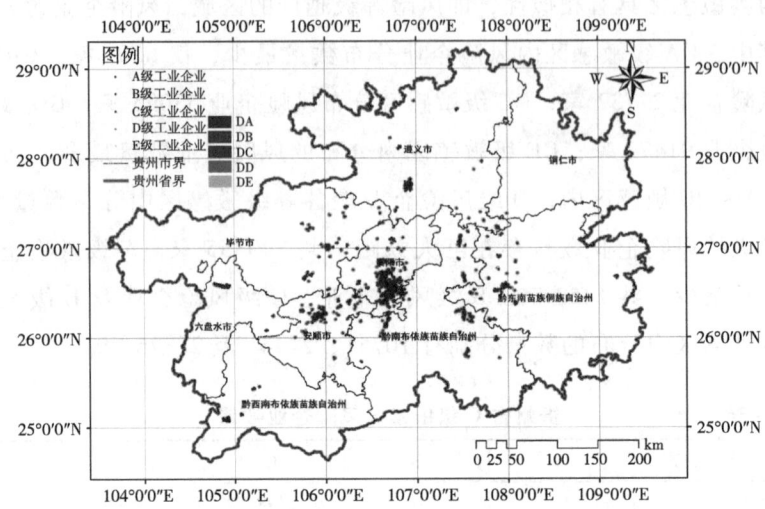

图6-64　贵州省D级敏感区风险工业企业空间分布

贵州省D级敏感区内各级风险工业企业的数量如表6-37所示。从D级敏感区的风险工业企业分布数量来看，在D级敏感区中，风险等级越低的区域，各类风险工业企业的分布数量越多。其中，DA级敏感区内各类风险工业企业的分布最少，共136家；DB级敏感区内分布各类风险工业企业共1951家；DC级敏感区内分布各类风险工业企业4880个；DD级敏感区内分布各类风险工业企业7511家；DE级敏感区内各类风险工业企业的分布最多，共有9551家。其次，在DA~DE敏感区内，B级风险工业企业在各等级敏感区内分布数量均最多，与其他等级的风险工业企业数目存在巨大差距，共13022家；A级风险工业企业分布的数量均是最少，共1204家。此外，C级风险工业企业、D级风险工业企业及E级风险工业企业分别有3790、3098及2915家。

表6-37　贵州省D级敏感区风险工业企业数量

敏感区/风险企业数	A	B	C	D	E
DA	9	69	25	18	15
DB	97	1079	282	253	240

续表

敏感区/风险企业数	A	B	C	D	E
DC	238	2638	758	631	615
DD	381	4092	1175	952	911
DE	479	5144	1550	1244	1134

图 6-65 表示贵州省 D 级敏感区内各级风险企业的空间分布。结果显示，各级风险企业与风险工业企业的空间分布特征基本一致，各级风险企业主要集中于贵阳市中心城区的 D 级敏感区内。

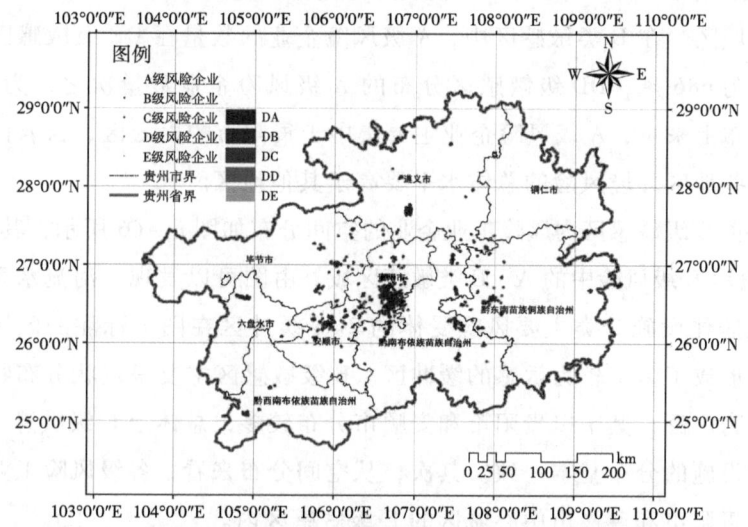

图 6-65 贵州省 D 级敏感区风险企业空间分布

贵州省 D 级敏感区内各级风险企业的数量如表 6-38 所示。从 D 级敏感区的风险企业分布数量来看，D 类敏感区中风险等级越低的区域，风险企业的分布数量越多。其中，DA 级敏感区内风险企业分布数量最少，仅 2667 家；DB 级敏感区分布风险企业 36918 家；DC 级敏感区分布风险企业 77888 家；DD 级敏感区分布风险企业 104817 家；DE 级敏感区内分布的风险企业数量最多，共 122251 家。在 DA~DE 敏感区内，D 级风险企业在各等级敏感区内分布数量均最多，与其他等级的风险企业数目存在巨大差距，共 273696 家，A 级风险企业分布的数量均是最少，共 1709 家，B 级风险企业、C 级风险企业及 E 级风险企业在各等级敏感区内分布的数量分别有 13022、27365 及 28749 家。

表6-38　　　　　　贵州省D级敏感区风险企业数量

敏感区/风险企业数	A	B	C	D	E
DA	13	69	158	2189	238
DB	125	1079	2764	29937	3013
DC	335	2638	6136	62264	6515
DD	550	4092	8507	82816	8852
DE	686	5144	9800	96490	10131

从风险企业的分布来看，D类敏感区中各级风险企业整体上主要分布于贵阳市中心城区。在D类敏感区中，A级风险企业的数量在DE级敏感区域内分布最多，为686家，DD级敏感区分布的A级风险企业数量次之，为550家；从空间分布上来看，A级风险企业主要集中于贵阳市的白云区、云岩区等，这也使得这些地区环境风险的总体水平要高于其他地区。

贵州省E级敏感区内风险工业企业的空间分布如图6-66所示，其中EA~EE分别表示E级风险中的A~E类敏感区域。由图可以发现，河流水系、自然保护区及居住设施3类主要风险受体的2km缓冲区在图上标注的区域内发生了相交，形成了多个较为敏感的缓冲区。E级敏感区主要呈点状分布特征，分布范围较为广泛，其中以贵阳市和安顺市分布较多，总体上E级敏感区与风险受体居住设施的分布基本一致。其次，从空间分布来看，各级风险工业企业主要集中于贵阳市和遵义市中心城区的E级敏感区内。

贵州省E级敏感区内各级风险工业企业的数量如表6-39所示。从E级敏感区的风险工业企业分布数量来看，在E级敏感区中，风险等级越低的区域，各类风险工业企业的分布数量越多。其中，EA级敏感区内各类风险工业企业的分布最少，仅有288家；EB级敏感区内分布各类风险工业企业共2406家；EC级敏感区内分布各类风险工业企业6758个；ED级分布各类风险工业企业12302家；EE级敏感区内各类风险工业企业的分布最多，共有16341家。其次，在EA~EE敏感区内，B级风险工业企业在各等级敏感区内分布数量均最多，与其他等级的风险工业企业数目存在巨大差距，共19305家；A级风险工业企业分布的数量均是最少，共1831家。此外，C级风险工业企业、D级风险工业企业及E级风险工业企业分别有6252、5336及5371家。

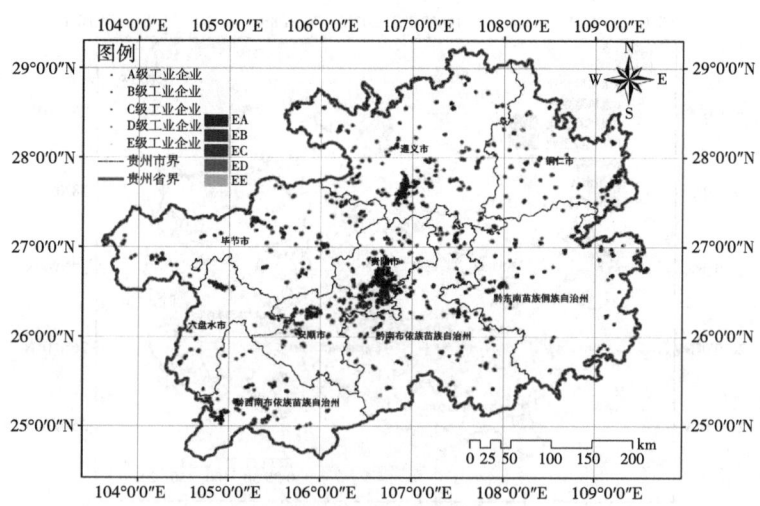

图 6-66　贵州省 E 级敏感区风险工业企业空间分布

表 6-39　　　　　贵州省 E 级敏感区风险工业企业数量

敏感区/风险企业数	A	B	C	D	E
EA	11	177	36	26	38
EB	107	1278	329	375	317
EC	313	3471	1027	949	998
ED	588	6222	2040	1720	1732
EE	812	8157	2820	2266	2286

图 6-67 表示贵州省 E 级敏感区内各级风险企业的空间分布。结果显示，各级风险企业与风险工业企业的空间分布特征基本一致，各级风险企业主要集中于贵阳市和遵义市中心城区的 E 级敏感区内。

贵州省 E 级敏感区内各级风险企业的数量如表 6-40 所示。E 类敏感区中风险等级越低的区域，风险企业的分布数量越多。其中，EA 级敏感区内风险企业分布数量最少，仅 6297 家；EB 级敏感区分布风险企业 43209 家；EC 级敏感区分布风险企业 91852 家；ED 级敏感区分布风险企业 141963 家；EE 级敏感区内分布的风险企业数量最多，共 169108 家。在 EA~EE 敏感区内，D 级风险企业在各等级敏感区内分布数量均最多，与其他等级的风险企业数目存在巨大差距，共 352505 家，A 级风险企业分布的数量均是最少，共 2604 家，

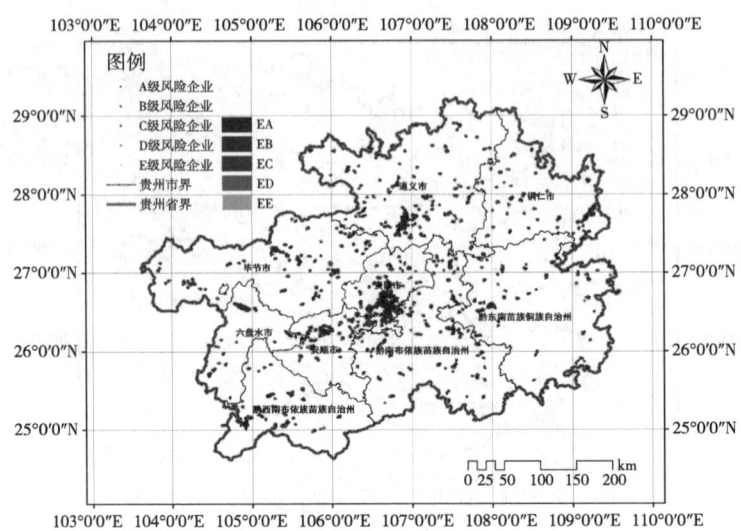

图 6-67 贵州省 E 级敏感区风险企业空间分布

B 级风险企业、C 级风险企业及 E 级风险企业在各等级敏感区内分布的数量分别有 19305、37142 及 40873 家。

表 6-40　　　　　　　贵州省 E 级敏感区风险企业数量

敏感区/风险企业数	A	B	C	D	E
EA	21	177	613	4995	491
EB	174	1278	3650	34241	3866
EC	452	3471	7500	72009	8420
ED	819	6222	11513	110545	12864
EE	1138	8157	13866	130715	15232

　　从风险企业的分布来看，E 类敏感区中各级风险企业整体上主要分布于贵阳市，遵义市和安顺市也有部分企业分布。在 E 类敏感区中，A 级风险企业的数量在 EE 级敏感区域内分布最多，为 1138 家，ED 级敏感区分布的 A 级风险企业数量次之，为 819 家；从空间分布上来看，A 级风险企业主要集中在贵阳市中心城区。在风险企业的空间分布中，ED、EE 两类敏感区中各级风险企业分布最为集中，其分布主要在贵阳市中心城区。而 EA 级敏感区内各级风险企业的分布较少，该类区域主要分布在贵阳市，安顺市和遵义市分布也相对较多。

6.2.5　湖北省工业企业环境风险地图（上游段）

为准确识别湖北省（上游段）工业企业的环境风险受体的空间分布特征，本研究基于工业风险评价、风险受体空间分布以及缓冲区分析，结合人口、经济、土地利用类型等经济地理要素，并运用 ArcMap 10.4 空间统计与空间分析功能，构建了湖北省（上游段）工业生态敏感区的风险地图。即在确定的河流水系、自然保护区、居住设施 3 类主要风险受体的基础之上，通过对河流水系、自然保护区以及居住设施做并运算，按照缓冲区相应层级确定风险叠加区域，分别将 0.05km、0.25km、0.5km、1km、2km 的相交区域判定为 A 级敏感区、B 级敏感区、C 级敏感区、D 级敏感区、E 级敏感区，其风险大小程度由 A~E 依次递减，以此确定各类敏感等级区。最后，通过将湖北省（上游段）各等级风险企业与各类敏感区进行空间叠加，得到各等级风险企业的空间影响范围。

图 6-68 表示湖北省（上游段）A 级敏感区内风险工业企业的空间分布，其中 AA~AE 分别表示 A 级风险中的 A~E 类敏感区域。由图中我们可以发现，河流水系、自然保护区及居住设施 3 类风险受体的 0.05km 缓冲区在图上标注的区域内发生了相交，形成了多个极度敏感的缓冲区，即受危化类物质影响等级最高的区域。在空间分布上，湖北省（上游段）A 级敏感区主要分布在长江干流及其重要支流沿岸，横跨湖北省（上游段）两个地级市及其边界地区，呈现出条状分布特征。同时恩施土家族苗族自治州和宜昌市的中心城区也分布着一定面积的 A 级敏感区，并呈点状分布，同时中心城区也是各级风险企业的主要集聚地。

湖北省（上游段）A 级敏感区内各级风险工业企业的数量如表 6-41 所示。从 A 级敏感区的风险工业企业分布数量来看，在 A 级敏感区中，风险等级越低的区域，各类风险工业企业的分布数量越多。其中，AA 级敏感区内各类风险工业企业的分布最少，共 536 家；AB 级敏感区内分布各类风险工业企业共 3035 家；AC 级敏感区内分布各类风险工业企业 5220 家；AD 级敏感区内分布各类风险工业企业 7349 家；AE 级敏感区内各类风险工业企业的分布最

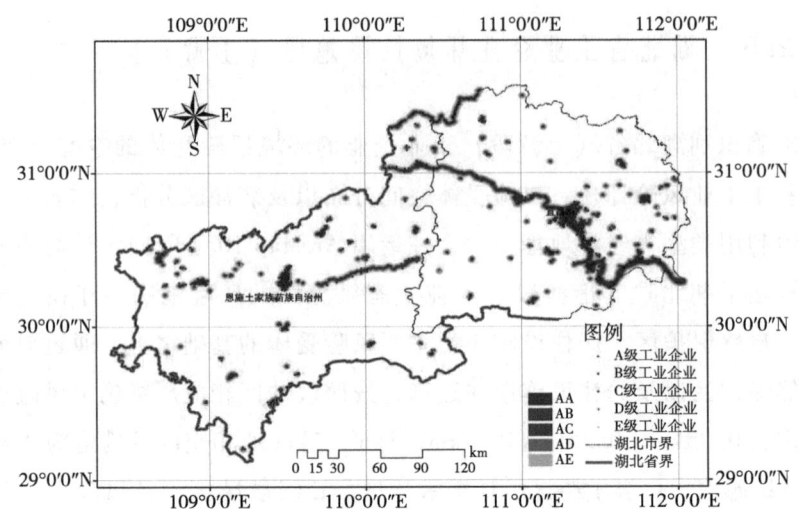

图 6-68　湖北省 A 级敏感区风险工业企业空间分布（上游段）

多，共有 8562 家。其次，在 AA~AE 敏感区内，B 级风险工业企业在各等级敏感区内分布数量均最多，与其他等级的风险工业企业数目存在巨大差距，共 12337 家；A 级风险工业企业分布的数量均是最少，共 1120 家。此外，C 级风险工业企业、D 级风险工业企业及 E 级风险工业企业分别有 4844、3286 及 3160 家。

表 6-41　湖北省 A 级敏感区风险工业企业数量（上游段）

敏感区/工业企业数	A	B	C	D	E
AA	43	279	94	47	73
AB	141	1571	589	376	358
AC	227	2588	1042	716	647
AD	327	3680	1460	1003	924
AE	382	4219	1659	1144	1158

为了更加全面地识别湖北省（上游段）各行业风险企业在敏感区的空间分布状况，本研究对湖北省（上游段）包含风险工业企业在内的所有风险企业在各级敏感区内的分布也进行了空间统计、整理及空间呈现。图 6-69 表示湖北省（上游段）A 级敏感区内各级风险企业的空间分布。结果显示，各级

风险企业与风险工业企业的空间分布特征基本一致,各级风险企业主要集中于恩施土家族苗族自治州和宜昌市中心城区的 A 级敏感区内。

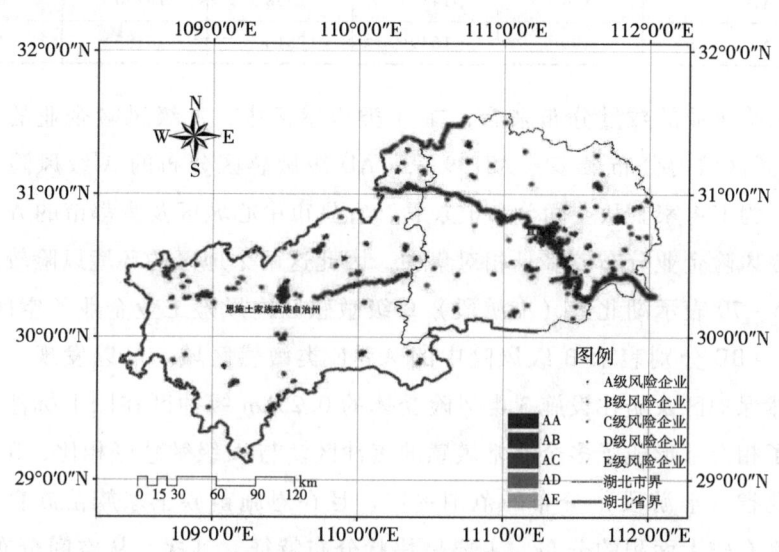

图 6-69　湖北省 A 级敏感区风险企业空间分布（上游段）

其中,湖北省（上游段）A 级敏感区内各级风险企业的数量如表 6-42 所示。从 A 级敏感区的风险企业分布数量来看,在 A 类敏感区中,风险等级越低的区域,风险企业的分布数量越多。其中,AA 级敏感区内风险企业的分布最少,共 2186 家,AB 级敏感区内分布风险企业共 12451 家,AC 级敏感区内分布风险企业 19595 家,AD 级敏感区内分布风险企业 24770 家,AE 级敏感区内风险企业的分布最多,共有 26727 家。在 AA~AE 敏感区内,D 级风险企业在各等级敏感区内分布数量均最多,共 64865 家,A 级风险企业分布的数量均最少,共 602 家,B 级风险企业、C 级风险企业及 E 级风险企业在各等级敏感区内分布的数量相差不大,分别有 4917、8158 及 7187 家。

表 6-42　湖北省 A 级敏感区风险企业数量（上游段）

敏感区/风险企业数	A	B	C	D	E
AA	22	130	213	1648	173
AB	84	650	1205	9390	1122
AC	123	1032	1866	14892	1682

续表

敏感区/风险企业数	A	B	C	D	E
AD	174	1456	2358	18750	2032
AE	199	1649	2516	20185	2178

从风险企业的数量分布来看，在 A 类敏感区中，A 级风险企业的数量在 AE 级敏感区域内分布最多，为 199 家，AD 级敏感区分布的 A 级风险企业数量次之，为 174 家。从空间分布上来看，宜昌市中心城区及宜都市的 A 类敏感区中各级风险企业分布较多且相对集中，因此这两个地区的环境风险较高。

图 6-70 表示湖北省（上游段）B 级敏感区内风险工业企业的空间分布，其中 BA～BE 分别表示 B 级风险中的 A～E 类敏感区域。可以发现，河流水系、自然保护区及居住设施 3 类风险受体的 0.25km 缓冲区在图上标注的区域内发生了相交，形成了多个非常敏感的缓冲区。与 A 级敏感区相比，B 级敏感区在湖北省（上游段）分布的范围更广，且在恩施苗族土家族苗族自治州和宜昌市都有较大面积的分布，主要呈块状分布特征。其次，从空间分布来看，各级风险工业企业主要集中于恩施土家族苗族自治州和宜昌市中心城区的 B 级敏感区内。

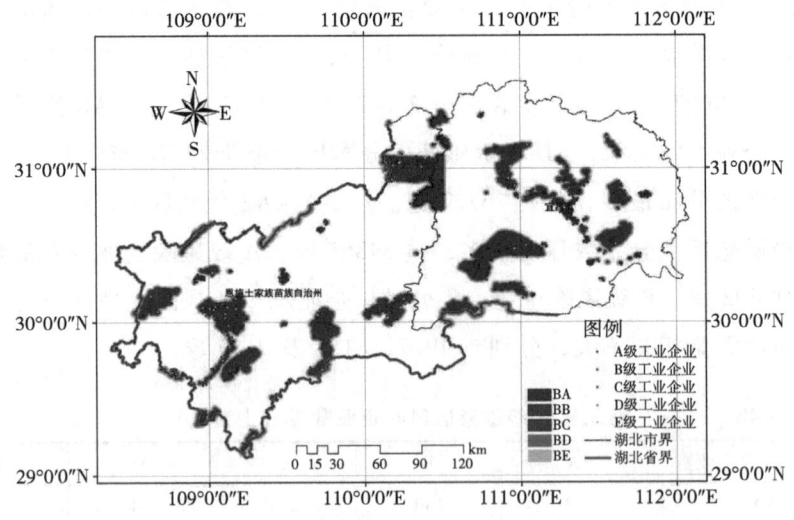

图 6-70　湖北省 B 级敏感区风险工业企业空间分布（上游段）

湖北省（上游段）B级敏感区内各级风险工业企业的数量如表6-43所示。从B级敏感区的风险工业企业分布数量来看，在B级敏感区中，风险等级越低的区域，各类风险工业企业的分布数量越多。其中，BA级敏感区内各类风险工业企业的分布最少，共705家；BB级敏感区内分布各类风险工业企业共1436家；BC级敏感区内分布各类风险工业企业2297家；BD级敏感区内分布各类风险工业企业3774家；BE级敏感区内各类风险工业企业的分布最多，共有6041家。其次，在BA~BE敏感区内，B级风险工业企业在各等级敏感区内分布数量均最多，共6851家；A级风险工业企业分布的数量均最少，共571家。此外，C级风险工业企业、D级风险工业企业及E级风险工业企业分别有2745、1818及2268家。

表6-43　　湖北省B级敏感区风险工业企业数量（上游段）

敏感区/工业企业数	A	B	C	D	E
BA	19	317	129	83	157
BB	45	655	276	173	287
BC	86	1047	463	305	396
BD	160	1829	746	477	562
BE	261	3003	1131	780	866

图6-71表示湖北省（上游段）B级敏感区内各级风险企业的空间分布。结果显示，各级风险企业与风险工业企业的空间分布特征基本一致，各级风险企业主要集中于恩施土家族苗族自治州和宜昌市中心城区的B级敏感区内。

湖北省（上游段）B级敏感区内风险企业的数量如表6-44所示，其中BA~BE分别表示B级风险中的A~E类敏感区域。从B级敏感区的风险企业分布数量来看，B类敏感区中风险企业数目在各等级敏感区的分布与A类敏感区具有相似性，风险等级越低的区域，风险企业的分布数量越多。其中，BA级敏感区内风险企业分布数量最少，仅2740家；BB级敏感区分布风险企业5627家；BC级敏感区分布风险企业9433家；BD级敏感区分布风险企业14814个；BE级敏感区内分布的风险企业数量最多，共19984个。在BA~BE敏感区内，D级风险企业在各等级敏感区内分布数量均最多，共39993家，

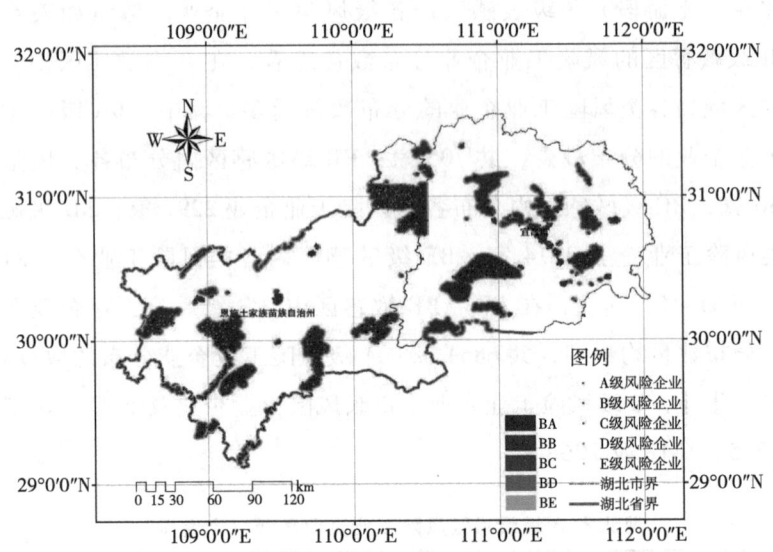

图 6-71　湖北省 B 级敏感区风险企业空间分布（上游段）

A 级风险企业分布的数量均是最少，共 294 家，B 级风险企业、C 级风险企业及 E 级风险企业在各等级敏感区内分布的数量分别有 2861、4973 及 4477 家。

表 6-44　　　　　湖北省 B 级敏感区风险企业数量（上游段）

敏感区/风险企业数	A	B	C	D	E
BA	12	178	271	2118	161
BB	24	307	518	4305	473
BC	46	450	860	7230	847
BD	84	760	1422	11246	1302
BE	128	1166	1902	15094	1694

　　从风险企业的分布来看，B 类敏感区中各级风险企业整体上主要分布于宜昌市中心城区。在 B 类敏感区中，A 级风险企业数量在 BE 级敏感区域内分布最多，为 128 家，BD 级敏感区分布的 A 级风险企业数量次之，为 84 家；从空间分布上来看，A 级风险企业也主要集中于宜昌市中心城区，说明该区域环境风险较高。

　　图 6-72 表示湖北省（上游段）C 级敏感区内的风险工业企业的空间分布，其中 CA～CE 分别表示 C 级风险中的 A～E 类敏感区域。可以发现，河流

水系、居住设施和自然保护区 3 类风险受体的 0.5km 缓冲区在图上标注的区域内发生了相交,形成了多个敏感的缓冲区。在空间分布上,该类区域的空间分布较为分散,主要分布在恩施土家族苗族自治州和宜昌市北部交界处以及宜昌市的中心区域附近。除此之外,恩施土家族苗族自治州其他地区也分布有部分 C 级敏感区,该区域离中心城区具有一定距离。其次,从空间分布来看,各级风险工业企业主要集中于恩施土家族苗族自治州和宜昌市中心城区的 C 级敏感区内。

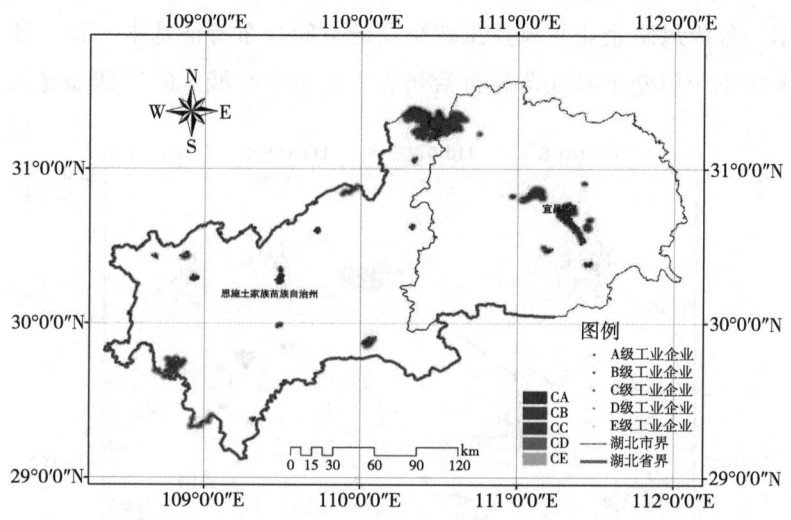

图 6-72　湖北省 C 级敏感区风险工业企业空间分布(上游段)

湖北省(上游段)C 级敏感区内各级风险工业企业的数量如表 6-45 所示。在 C 级敏感区中,风险等级越低的区域,各类风险工业企业的分布数量越多。其中,CA 级敏感区内各类风险工业企业的分布最少,共 118 家;CB 级敏感区内分布各类风险工业企业共 329 家;CC 级敏感区内分布各类风险工业企业 910 家;CD 级敏感区内分布各类风险工业企业 2349 家;CE 级敏感区内各类风险工业企业的分布最多,共有 3702 家。其次,在 CA~CE 敏感区内,B 级风险工业企业在各等级敏感区内分布数量均最多,共 3817 家;A 级风险工业企业分布的数量均最少,共 285 家。此外,C 级风险工业企业、D 级风险工业企业及 E 级风险工业企业分别有 1412、977 及 917 家。

表6-45　　　湖北省C级敏感区风险工业企业数量（上游段）

敏感区/工业企业数	A	B	C	D	E
CA	9	74	19	8	8
CB	16	176	60	38	39
CC	31	485	176	110	108
CD	81	1196	452	317	303
CE	148	1886	705	504	459

图6-73表示湖北省（上游段）C级敏感区内各级风险企业的空间分布。结果显示，各级风险企业与风险工业企业的空间分布特征基本一致，各级风险企业主要集中于恩施土家族苗族自治州和宜昌市中心城区的C级敏感区内。

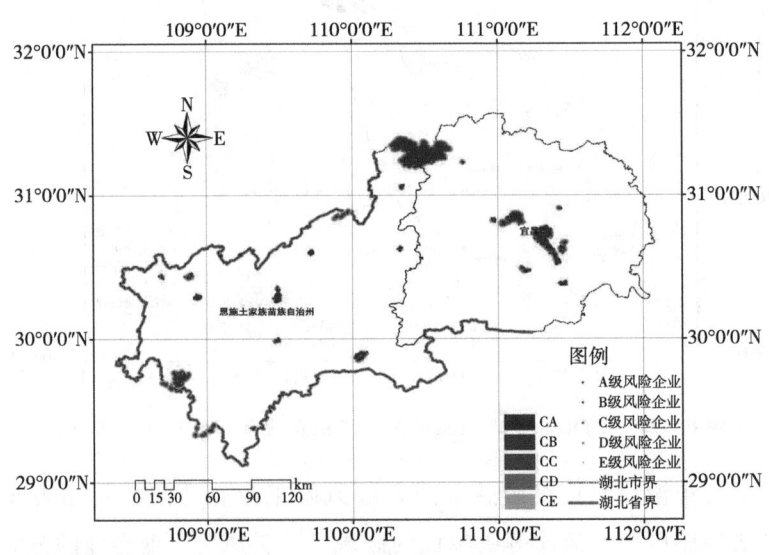

图6-73　湖北省C级敏感区风险企业空间分布（上游段）

湖北省（上游段）C级敏感区内各级风险企业的数量如表6-46所示。从C级敏感区的风险企业分布数量来看，C类敏感区中风险企业数目在各等级敏感区的分布与上述两类敏感区具有相似性，即风险等级越低的区域，风险企业的分布数量越多。其中，CA级敏感区内风险企业分布数量最少，仅425家；CB级敏感区分布风险企业1799家；CC级敏感区分布风险企业4818家；CD级敏感区分布风险企业11604家；CE级敏感区内分布的风险企业数量最多，共 16826 家。在 CA~CE 敏感区内，D 级风险企业在各等级敏感区内分布数量均最多，共 27332 家，A 级风险企业分布的数量均最少，共 153 家，B 级风险企业、C 级风险企业及 E 级风险企业在各级敏感区内分布的数量分别有 1534、3241 及 3212 家。

表 6-46　　　　湖北省 C 级敏感区风险企业数量（上游段）

敏感区/风险企业数	A	B	C	D	E
CA	4	26	45	325	25
CB	10	69	201	1351	168
CC	19	189	457	3690	463
CD	41	487	1018	8980	1078
CE	79	763	1520	12986	1478

从风险企业的分布来看，C 类敏感区中各级风险企业整体上主要分布于宜昌市中心城区。在 C 类敏感区中，A 级风险企业数量在 CE 级敏感区域内分布最多，为 79 家，CD 级敏感区分布的 A 级风险企业数量次之，为 41 家；从空间分布上来看，A 级风险企业在宜昌市和恩施市两地的中心城区相对集中，因此这两个地区的环境风险高于其他地区。

图 6-74 表示湖北省（上游段）D 级敏感区内风险工业企业的空间分布，其中 DA~DE 分别表示 D 级风险中的 A~E 类敏感区域。由图中所示可以发现，河流水系、自然保护区以及居住设施 3 类主要的风险受体的 1km 缓冲区在图上标注的区域内发生了相交，形成了多个敏感的缓冲区。在空间分布上，D 级敏感区分布范围较少，主要分布在恩施土家族苗族自治州北部边界的周边地区，呈现出条状分布的特征。同时，各级风险工业企业主要集中于宜昌市中心城区的 D 级敏感区内。

湖北省（上游段）D 级敏感区内各级风险工业企业的数量如表 6-47 所示。在 D 级敏感区中，风险等级越低的区域，各类风险工业企业的分布数量越多。其中，DA 级敏感区内各类风险工业企业的分布最少，共 3 家；DB 级敏感区内分布各类风险工业企业共 29 家；DC 级敏感区内分布各类风险工业企业 103 家；DD 级敏感区内分布各类风险工业企业 353 家；DE 级敏感区内各类风险工业企业的分布最多，共有 1116 家。其次，在 DA~DE 敏感区内，B 级风

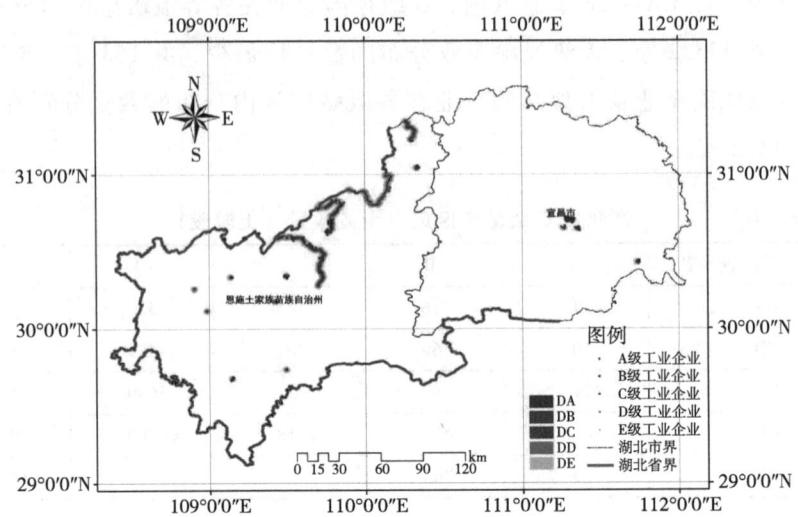

图 6-74　湖北省 D 级敏感区风险工业企业空间分布（上游段）

险工业企业在各等级敏感区内分布数量均最多，共 863 家；A 级风险工业企业分布的数量均最少，共 90 家。此外，C 级风险工业企业、D 级风险工业企业及 E 级风险工业企业分别有 249、166 及 236 家。

表 6-47　　　　湖北省 D 级敏感区风险工业企业数量（上游段）

敏感区/工业企业数	A	B	C	D	E
DA	0	2	0	0	1
DB	0	8	6	4	11
DC	9	46	14	9	25
DD	25	186	44	39	59
DE	56	621	185	114	140

图 6-75 表示湖北省（上游段）D 级敏感区内各级风险企业的空间分布。结果显示，各级风险企业与风险工业企业的空间分布特征基本一致，各级风险企业主要集中于宜昌市中心城区的 D 级敏感区内。

湖北省（上游段）D 级敏感区内各级风险企业的数量如表 6-48 所示。从 D 级敏感区的风险企业分布数量来看，D 类敏感区中风险等级越低的区域，风险企业的分布数量越多。其中，DA 级敏感区内风险企业分布数量最少，仅 10

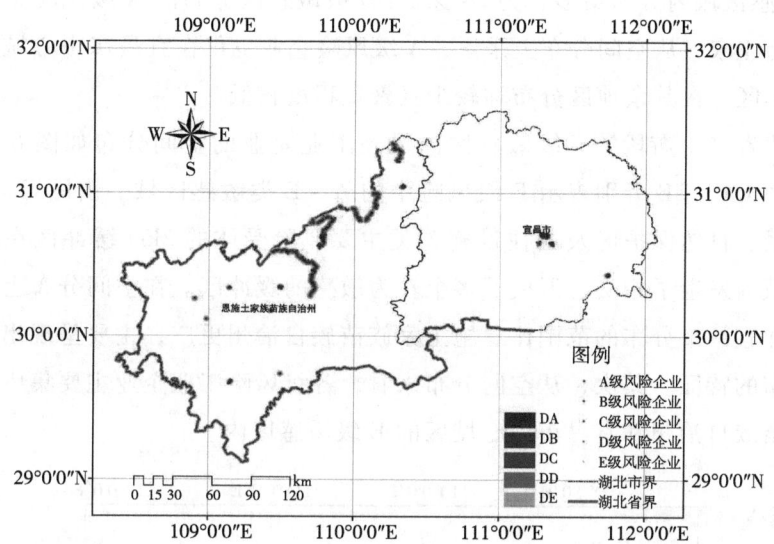

图 6-75　湖北省 D 级敏感区风险企业空间分布（上游段）

家；DB 级敏感区分布风险企业 114 家；DC 级敏感区分布风险企业 413 家；DD 级敏感区分布风险企业 1787 家；DE 级敏感区内分布的风险企业数量最多，共 4269 家。其次，在 DA~DE 敏感区内，D 级风险企业在各等级敏感区内分布数量均最多，共 5067 家，A 级风险企业分布的数量均最少，共 31 家，B 级风险企业、C 级风险企业及 E 级风险企业在各等级敏感区内分布的数量相差不大，分别有 329、641 及 525 家。

表 6-48　　湖北省 D 级敏感区风险企业数量（上游段）

敏感区/风险企业数	A	B	C	D	E
DA	0	0	0	10	0
DB	0	2	9	92	11
DC	3	14	37	317	42
DD	4	61	160	1415	147
DE	24	252	435	3233	325

从风险企业的分布来看，D 类敏感区中各级风险企业整体上较为分散，仅在宜昌市中心城区有一小块聚集区。在 D 类敏感区中，A 级风险企业的数量在

DE级敏感区域内分布最多,为24家,DD级敏感区分布的A级风险企业数量次之,为4家;从空间分布上来看,A级风险企业也仅在宜昌市中心城区有一小块聚集区,在其余地区分布均较少且聚集程度较低。

湖北省(上游段)E级敏感区内风险工业企业的空间分布如图6-76所示,其中EA~EE分别表示E级风险中的A~E类敏感区域。由图可以发现,河流水系、自然保护区及居住设施3类主要风险受体的2km缓冲区在图上标注的区域内发生了相交,形成了多个较为敏感的缓冲区。在空间分布上,该类敏感区在宜昌市分布的范围比恩施土家族苗族自治州更广,主要呈现出条状和点状分布的特征。其次,从空间分布来看,各级风险工业企业主要集中于恩施土家族苗族自治州和宜昌市中心城区的E级敏感区内。

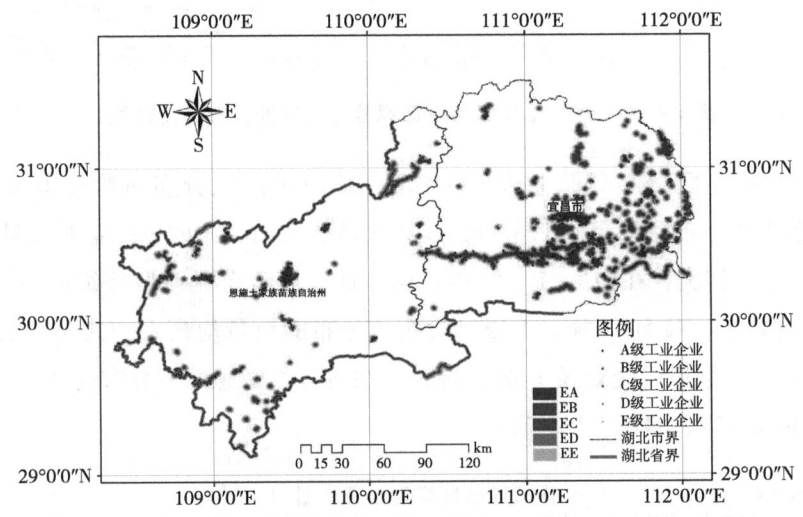

图6-76 湖北省E级敏感区风险工业企业空间分布(上游段)

湖北省(上游段)E级敏感区内各级风险工业企业的数量如表6-49所示。在E级敏感区中,风险等级越低的区域,各类风险工业企业的分布数量越多。其中,EA级敏感区内各类风险工业企业的分布最少,共317家;EB级敏感区内分布各类风险工业企业共1635家;EC级敏感区内分布各类风险工业企业3493家;ED级敏感区内分布各类风险工业企业6093家;EE级敏感区内各类风险工业企业的分布最多,共有7858家。其次,在EA~EE敏感区内,B级风险工业企业在各等级敏感区内分布数量均最多,共9873家;A级风险工业企业分布的数量均最少，共813家。此外，C级风险工业企业、D级风险工业企业及E级风险工业企业分别有3661、2631及2418家。

表6-49　　　　湖北省E级敏感区风险工业企业数量（上游段）

敏感区/工业企业数	A	B	C	D	E
EA	10	183	54	37	33
EB	73	795	303	261	203
EC	140	1841	660	465	387
ED	260	3081	1168	831	753
EE	330	3973	1476	1037	1042

图6-77表示湖北省（上游段）E级敏感区内各级风险企业的空间分布。结果显示，各级风险企业与风险工业企业的空间分布特征基本一致，各级风险企业主要集中于恩施土家族苗族自治州和宜昌市中心城区的E级敏感区内。

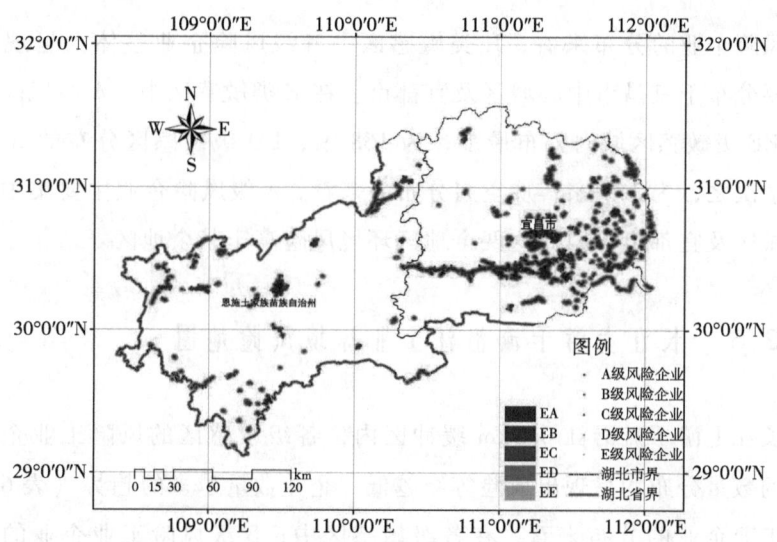

图6-77　湖北省E级敏感区风险企业空间分布（上游段）

湖北省（上游段）E级敏感区内各级风险企业的数量如表6-50所示。从敏感区的风险企业分布数量来看，E类敏感区中风险等级越低的区域，风险企业的分布数量越多。其中，EA级敏感区内风险企业分布数量最少，仅1554家；EB级敏感区分布风险企业7547家；EC级敏感区分布风险企业15057家；

ED 级敏感区分布风险企业 22026 家；EE 级敏感区内分布的风险企业数量最多，共 25924 家。在 EA ~ EE 敏感区内，D 级风险企业在各等级敏感区内分布数量均最多，共 54975 家，A 级风险企业分布的数量均最少，共 413 家，B 级风险企业、C 级风险企业及 E 级风险企业在各等级敏感区内分布的数量分别有4090、6683 及 5947 家。

表 6 – 50　　湖北省 E 级敏感区风险企业数量（上游段）

敏感区/风险企业数	A	B	C	D	E
EA	7	106	136	1194	111
EB	35	341	642	5867	662
EC	72	763	1366	11584	1272
ED	131	1264	2100	16718	1813
EE	168	1616	2439	19612	2089

从风险企业的分布来看，E 类敏感区中各级风险企业整体上呈现集聚趋势，主要分布于宜昌市中心城区及宜都市。在 E 类敏感区中，A 级风险企业的数量在 EE 级敏感区域内分布最多，为 168 家，ED 级敏感区分布的 A 级风险企业数量次之，为 131 家；从空间分布上来看，A 级风险企业主要集中于宜昌市中心城区及宜都市，因此这两个地区环境风险高于其余地区。

6.2.6　长江上游干流沿江工业环境风险地图

在长江上游干流沿江 0.5km 缓冲区内，各级敏感区的风险工业企业和风险企业的数量分布均呈现出风险等级越低，企业数量越多的趋势（表 6 – 51）。从风险工业企业的分布来看，在各级敏感区中，B 级风险工业企业的数量最多，而 A 级风险工业企业的数量最少。C 级、D 级和 E 级风险工业企业在不同敏感区的数量有所差异，但企业数量整体上随着敏感区等级的降低而增长。从风险企业的分布来看，D 级风险企业在各敏感区内分布最多，而 A 级风险企业的数量最少。B 级、C 级和 E 级风险企业的数量随着敏感区等级的降低而逐步增加。总体来看，长江上游干流沿江 0.5km 缓冲区内的风险企业和风险工业企业主要集中在低敏感区，而高敏感区内的企业数量较少，且 B 级和 D 级风险企业的分布较广。

表 6-51　长江上游干流沿江 0.5km 缓冲区内 A~E 级敏感区风险企业（含工业企业）数量

敏感区/风险企业数	A		B		C		D		E	
	工业企业	企业	工业企业	企业	工业企业	企业	工业企业	企业	工业企业	企业
AA	73	102	495	516	117	841	62	7381	107	821
AB	131	217	1275	1315	256	2154	154	18300	201	2229
AC	170	285	1558	1625	304	2517	196	21517	240	2466
AD	195	398	1676	1711	485	2645	287	22467	363	2587
AE	238	483	1784	1837	518	2728	336	23644	448	2646
BA	51	93	430	552	102	1062	73	9303	147	1031
BB	57	120	537	675	124	1252	86	11130	156	1334
BC	70	142	722	828	148	1537	108	13463	168	1662
BD	98	175	929	1005	183	1865	134	15900	178	1968
BE	121	209	1152	1227	238	2187	166	18503	197	2318
CA	3	4	36	18	3	25	5	305	1	32
CB	6	25	152	131	20	290	24	2852	10	441
CC	10	44	285	248	33	597	46	5485	28	817
CD	17	75	520	518	84	1078	74	9415	57	1318
CE	42	139	781	793	136	1560	106	13729	95	1786
DA	1	2	8	10	2	16	2	129	0	14
DB	4	13	150	169	23	266	24	2639	10	436
DC	16	44	361	410	57	708	47	6431	27	990
DD	29	89	572	651	104	1098	63	9543	27	1429
DE	40	112	705	771	132	1258	85	10789	88	1538
EA	2	2	11	11	65	65	546	546	84	84
EB	32	32	219	219	570	570	5004	5004	747	747
EC	74	74	557	557	1181	1181	10214	10214	1450	1450
ED	150	150	1042	1042	1954	1954	16591	16591	2122	2122
EE	216	216	1305	1305	2242	2242	19021	19021	2336	2336

在长江上游干流沿江 1km 缓冲区内,各级敏感区风险工业企业和风险企业的聚集度随着环境敏感度的降低而显著增加(表 6-52)。从风险工业企业的分布来看,B 级风险工业企业在各等级敏感区中数量最多,如在 A 级敏感区有 12672 家,而 A 级风险工业企业的数量在各敏感区内均最少。此外,C 级、D 级和 E 级风险工业企业的数量在不同敏感区有所变化,但整体上随着风险等级的降低,企业数量增加。风险企业的分布表现出风险等级越低,企业数量越多的趋势。D 级风险企业在各敏感区内分布最多,在 A 级敏感区达到 154590家,而 A 级风险企业最少。此外,C 级、D 级和 E 级企业数量随敏感区等级降低而递增。综上所述,长江上游干流沿江 1km 缓冲区内的风险企业和风险工业企业主要集中在低敏感区,而高敏感区内的企业数量较少,且 B 级和 D 级风险企业的分布最广。

表 6-52　长江上游干流沿江 1km 缓冲区内 A~E 级敏感区风险企业(含工业企业)数量

敏感区/风险企业数	A		B		C		D		E	
	工业企业	企业	工业企业	企业	工业企业	企业	工业企业	企业	工业企业	企业
AA	80	113	591	618	132	1011	76	1011	116	1060
AB	196	333	2172	2259	398	3752	290	31493	286	4150
AC	310	465	2885	2985	521	4578	380	38498	350	4775
AD	405	579	3477	3679	614	5001	439	41794	404	4962
AE	512	598	3547	3710	753	5136	546	41938	529	5002
BA	81	141	694	862	187	1688	131	13548	200	1548
BB	113	207	113	1245	248	2212	176	17930	240	2213
BC	143	259	1476	1712	309	2871	238	23834	275	3145
BD	207	354	2049	2286	394	3734	305	30621	311	4030
BE	311	449	2655	2845	488	4365	377	36053	347	4655
CA	6	8	51	36	4	51	6	465	1	54
CB	17	43	282	276	42	572	45	5486	14	897
CC	79	110	704	652	92	1232	96	11457	42	1753
CD	106	166	1205	1154	179	2056	174	18351	87	2643
CE	149	270	1781	1769	288	3028	239	26208	165	3558
DA	2	6	25	32	6	41	6	413	0	61

续表

敏感区/风险企业数	A		B		C		D		E	
	工业企业	企业	工业企业	企业	工业企业	企业	工业企业	企业	工业企业	企业
DB	13	41	382	444	63	633	53	6141	26	1035
DC	37	100	834	956	122	1466	116	13450	53	2147
DD	58	166	1161	1334	190	2044	144	18121	112	2776
DE	89	214	1415	1566	247	2378	175	20678	142	3074
EA	11	15	67	77	28	171	8	1442	16	252
EB	49	79	608	627	122	1310	98	11049	73	1781
EC	138	201	1432	1452	229	2527	188	21354	165	3136
ED	222	333	2212	2318	379	3771	299	31355	244	4233
EE	300	457	2877	2964	491	4510	377	37238	314	4733

在长江上游干流沿江 2km 缓冲区内，各级敏感区风险工业企业和风险企业的聚集度随着环境敏感度的降低而显著增加（表 6-53）。从风险工业企业的分布来看，B 级风险工业企业在各等级敏感区中数量最多，为 20965 家，而 A 级风险工业企业最少，仅 2195 家。此外，C 级、D 级和 E 级风险工业企业分别有 3669、2751 和 2845 家，表明低敏感区企业数量更为集中。风险企业的分布表现出风险等级越低，企业数量越多的趋势。D 级风险企业在各敏感区内分布最多，在 A 级敏感区达到 277319 家，而 A 级风险企业最少，仅 3572 家。此外，C 级、D 级和 E 级企业数量随敏感区等级降低而递增。综上所述，长江上游干流沿江 2km 缓冲区内的风险企业和风险工业企业主要集中在低敏感区，而高敏感区内的企业数量较少，且 B 级和 D 级风险企业的分布最广。

表 6-53　长江上游干流沿江 2km 缓冲区内 A~E 级敏感区风险企业（含工业企业）数量

敏感区/风险企业数	A		B		C		D		E	
	工业企业	企业	工业企业	企业	工业企业	企业	工业企业	企业	工业企业	企业
AA	93	134	785	844	157	1349	102	12498	133	1611
AB	336	627	3560	3876	631	6334	490	54739	483	7235
AC	483	807	4793	5092	831	7686	642	66069	646	8434
AD	609	964	5704	6110	994	8406	736	70856	753	8794

续表

敏感区/风险企业数	A 工业企业	A 企业	B 工业企业	B 企业	C 工业企业	C 企业	D 工业企业	D 企业	E 工业企业	E 企业
AE	674	1040	6123	6553	1056	8672	781	73157	830	8934
BA	100	177	841	1021	227	1991	158	16076	243	1861
BB	148	272	1467	1757	315	3017	232	25026	316	3253
BC	260	526	2505	3006	517	4856	393	41882	498	5525
BD	366	678	3705	4187	681	6464	523	54956	602	7287
BE	506	830	4765	5183	851	7571	660	63921	730	8372
CA	7	10	122	107	10	110	8	1086	4	147
CB	34	71	674	685	67	1066	85	10474	44	1690
CC	127	181	1482	1456	158	2261	184	21730	107	3306
CD	182	293	2391	2344	301	3692	305	33582	200	4873
CE	254	443	3363	3308	462	5208	413	45973	326	6393
DA	2	7	56	56	10	120	7	977	2	146
DB	38	92	862	1011	101	1387	109	13630	62	2263
DC	87	199	1659	1935	209	2740	223	25742	115	4094
DD	134	322	2370	2711	324	3813	288	34087	213	5200
DE	180	396	2865	3170	431	4440	358	38916	293	5776
EA	15	21	129	147	35	309	18	2600	23	454
EB	117	248	1396	1537	227	2635	198	23585	166	3484
EC	285	503	3024	3233	474	4985	409	43291	402	6050
ED	409	692	4391	4668	707	6858	579	58468	568	7855
EE	543	885	5333	5608	879	7968	700	66644	704	8606

在长江上游干流沿江5km缓冲区内，各级敏感区风险工业企业和风险企业的聚集度随着环境敏感度的降低而显著增加（表6-54）。从风险工业企业的分布来看，B级风险工业企业在各等级敏感区中数量最多，为32969家，而A级风险工业企业最少，仅3163家。此外，C级、D级和E级风险工业企业分别有5369、4276和4249家。风险企业的分布表现出风险等级越低，企业数量越多的趋势。D级风险企业在各敏感区内分布最多，在A级敏感区达到411328家，而A级风险企业最少，仅5064家。此外，C级、D级和E级企业数量随敏感区等级降低而递增。综上所述，长江上游干流沿江5km缓冲区内

的风险企业和风险工业企业主要集中在低敏感区，而高敏感区内的企业数量较少，且 B 级和 D 级风险企业的分布最广。

表 6-54　长江上游干流沿江 5km 缓冲区内 A~E 级敏感区风险企业（含工业企业）数量

敏感区/风险企业数	A		B		C		D		E	
	工业企业	企业	工业企业	企业	工业企业	企业	工业企业	企业	工业企业	企业
AA	108	155	1057	1152	202	1774	129	16913	169	2268
AB	471	860	5373	5942	842	8764	736	80349	665	10435
AC	703	1157	7524	8050	1205	10969	1002	98208	961	12450
AD	886	1377	9037	9631	1486	12161	1145	106044	1148	13082
AE	995	1515	9978	10597	1634	12674	1264	109814	1306	13347
BA	104	182	884	1079	234	2085	168	16889	259	1961
BB	176	320	1856	2231	363	3609	284	31786	377	4096
BC	336	647	3480	4140	665	6165	518	56518	636	7303
BD	506	901	5384	6115	958	8743	756	78506	818	10208
BE	724	1172	7399	8061	1275	10714	1008	94464	1090	12218
CA	9	18	171	165	20	168	13	1810	15	237
CB	64	141	1168	1235	146	1754	150	17737	106	2631
CC	194	315	2601	2709	302	3839	330	38303	249	5391
CD	303	520	4235	4359	536	6052	548	58543	400	7986
CE	432	748	5934	6071	799	8188	743	76363	595	10103
DA	7	17	109	125	14	199	13	2103	10	247
DB	101	206	1602	1866	190	2490	211	25427	136	3844
DC	200	406	3083	3665	359	4660	410	46712	236	6817
DD	303	618	4424	5147	560	6280	536	59981	406	8517
DE	386	731	5301	5988	745	7287	644	67436	548	9427
EA	20	38	298	322	56	588	46	5304	40	750
EB	187	369	2487	2705	372	4147	336	38551	292	5419
EC	448	769	5448	5794	817	7762	695	69877	669	9411
ED	664	1085	7673	8156	1189	10436	966	91776	947	12012
EE	851	1371	9106	9556	1426	11857	1158	102522	1144	12946

在长江上游干流沿江 10km 缓冲区内,各级敏感区风险工业企业和风险企业的聚集度继续随着环境敏感度的降低而显著增加(表 6-55)。从风险工业企业的分布来看,B 级风险工业企业在各等级敏感区中占比最多,如在 A 级敏感区内达 41306 家,而 A 级风险工业企业最少,仅 3786 家。风险企业的分布表现出风险等级越低,企业数量越多的趋势。D 级风险企业在各敏感区内分布最多,在 A 级敏感区达到 489167 家,而 A 级风险企业最少,仅 6238 家。综上所述,长江上游干流沿江 10km 缓冲区内的风险企业和风险工业企业主要集中在低敏感区,而高敏感区内的企业数量较少,且 B 级和 D 级风险企业的分布最广。

表 6-55　长江上游干流沿江 10km 缓冲区内 A~E 级敏感区风险企业(含工业企业)数量

敏感区/风险企业数	A		B		C		D		E	
	工业企业	企业	工业企业	企业	工业企业	企业	工业企业	企业	工业企业	企业
AA	114	177	1212	1351	226	1959	146	18924	180	2563
AB	566	1059	6647	7470	960	10166	916	94411	785	12469
AC	845	1418	9343	10189	1391	12896	1289	116506	1192	15060
AD	1059	1693	11376	12313	1750	14395	1526	126985	1453	15917
AE	1202	1891	12728	13713	1953	15100	1682	132341	1659	16270
BA	106	194	931	1148	260	2164	179	17454	277	2027
BB	190	356	2094	2515	409	3920	328	34524	411	4504
BC	380	756	4108	4913	745	6865	614	63477	716	8299
BD	577	1073	6505	7485	1081	9902	932	90188	964	11796
BE	859	1439	9262	10201	1473	12491	1299	111160	1328	14555
CA	18	26	220	212	25	246	19	2607	20	339
CB	95	185	1551	1652	187	2219	220	21959	133	3262
CC	255	403	3340	3565	375	4788	446	46730	316	6605
CD	383	656	5352	5673	648	7403	721	70884	511	9792
CE	542	936	7460	7872	936	9863	977	91877	761	12317
DA	7	21	151	175	15	243	17	2583	19	306
DB	131	280	2147	2529	238	3138	294	31427	202	4795
DC	262	556	4180	5031	455	5971	553	58999	357	8779

续表

敏感区/风险企业数	A		B		C		D		E	
	工业企业	企业	工业企业	企业	工业企业	企业	工业企业	企业	工业企业	企业
DD	389	813	5912	6986	677	7853	730	74827	576	10861
DE	492	962	7143	8244	893	8998	909	83500	750	11861
EA	28	49	421	456	67	729	68	6499	55	932
EB	242	473	3226	3567	470	5046	472	46213	391	6540
EC	547	952	7083	7669	991	9339	927	84296	870	11474
ED	813	1370	9903	10717	1429	12431	1284	110154	1226	14564
EE	1045	1732	11700	12539	1715	14156	1561	123692	1486	15740

在长江上游干流沿江 50km 缓冲区内，各级敏感区风险工业企业和风险企业的聚集度继续随着环境敏感度的降低而显著增加（表 6-56）。从风险工业企业的分布来看，B 级风险工业企业在各等级敏感区中数量最多，如在 A 级敏感区内达 64664 家，而 A 级风险工业企业最少，仅 5760 家。此外，C 级、D 级和 E 级风险工业企业的数量随敏感区等级降低而增加。风险企业的分布表现出风险等级越低，企业数量越多的趋势。D 级风险企业在各敏感区内分布最多，在 A 级敏感区达到 729741 家，而 A 级风险企业最少，仅 9284 家。此外，B 级、C 级和 E 级企业的数量在不同敏感区之间相对接近。综上所述，长江上游干流沿江 50km 缓冲区内的风险企业和风险工业企业主要集中在低敏感区，而高敏感区内的企业数量较少，且 B 级和 D 级风险企业的分布最广。

表 6-56　长江上游干流沿江 20km 缓冲区内 A~E 级敏感区风险企业（含工业企业）数量

敏感区/风险企业数	A		B		C		D		E	
	工业企业	企业	工业企业	企业	工业企业	企业	工业企业	企业	工业企业	企业
AA	122	188	1270	1437	233	2051	157	20010	185	2717
AB	602	1134	7249	8276	1061	10918	994	101255	876	13705
AC	903	1545	10544	11791	1582	14230	1474	128052	1382	16880
AD	1162	1897	13358	14853	2043	16161	1815	142081	1754	18030
AE	1335	2208	15212	16861	2309	17184	2053	150110	2012	18533

续表

敏感区/风险企业数	A 工业企业	A 企业	B 工业企业	B 企业	C 工业企业	C 企业	D 工业企业	D 企业	E 工业企业	E 企业
BA	112	201	1016	1222	305	2285	198	18129	307	2089
BB	199	370	2283	2706	475	4143	361	36014	450	4667
BC	400	792	4576	5422	840	7279	688	66730	781	8749
BD	615	1166	7457	8574	1235	10643	1049	96526	1094	12743
BE	927	1593	10823	12109	1695	13622	1515	122174	1528	15996
CA	22	32	264	259	28	294	27	3047	24	415
CB	100	195	1686	1842	199	2347	240	23480	149	3526
CC	274	432	3620	3937	403	5031	494	49711	344	7126
CD	414	714	5898	6425	721	7951	807	76797	584	10816
CE	597	1061	8636	9409	1049	10780	1129	101263	886	13746
DA	8	21	170	198	18	260	19	2958	20	317
DB	139	295	2318	2756	260	3253	315	32592	223	4949
DC	280	609	4661	5652	495	6344	607	62058	405	9248
DD	433	913	7121	8517	782	8574	856	81148	717	11871
DE	566	1155	9008	10611	1056	10115	1138	93809	959	13351
EA	29	54	511	565	80	794	72	6989	65	1024
EB	262	516	3694	4151	538	5436	546	49449	459	7053
EC	587	1067	8218	9082	1141	10180	1105	91721	1036	12707
ED	898	1582	11766	13079	1675	13835	1549	122869	1471	16394
EE	1161	1990	13890	15297	2058	15874	1886	139159	1795	17814

在长江上游干流沿江20km缓冲区内，各级敏感区风险工业企业和风险企业的聚集度继续随着环境敏感度的降低而显著增加（表6-57）。从风险工业企业的分布来看，B级风险工业企业在各等级敏感区中数量最多，如在A级敏感区内达47633家，而A级风险工业企业最少，仅4124家。此外，C级、D级和E级风险工业企业的数量随敏感区等级降低而增加。风险企业的分布表现出风险等级越低，企业数量越多的趋势。D级风险企业在各敏感区内分布最多，在A级敏感区达到541508家，而A级风险企业最少，仅6972家。此外，B级、C级和E级企业的数量在不同敏感区之间相对接近。综上所述，长江上

游干流沿江 20km 缓冲区内的风险企业和风险工业企业主要集中在低敏感区，而高敏感区内的企业数量较少，且 B 级和 D 级风险企业的分布最广。

表 6–57　长江上游干流沿江 50km 缓冲区内 A~E 级敏感区风险企业（含工业企业）数量

敏感区/风险企业数	A		B		C		D		E	
	工业企业	企业	工业企业	企业	工业企业	企业	工业企业	企业	工业企业	企业
AA	144	237	1586	1853	318	2657	230	24696	246	3278
AB	846	1458	9487	10916	1724	14421	1463	129885	1286	17175
AC	1259	2043	14076	16014	2615	19543	2163	173151	2035	21892
AD	1630	2545	18352	20624	3378	22422	2715	194506	2716	23774
AE	1881	3001	21163	23766	3840	24081	3084	207503	3177	24659
BA	140	245	1213	1521	389	2645	263	21877	373	2395
BB	266	468	2825	3419	661	4908	491	43524	590	5437
BC	550	1020	5652	6846	1189	8944	973	81415	1067	10446
BD	854	1534	9567	11201	1884	13751	1549	123477	1596	15803
BE	1258	2115	14034	15909	2594	17882	2241	159525	2193	20090
CA	29	45	421	433	58	463	55	4933	54	591
CB	157	277	2217	2452	306	3061	334	30434	264	4223
CC	391	596	4735	5171	667	6391	674	62820	564	8539
CD	637	1025	7894	8601	1197	10463	1163	99487	946	13345
CE	898	1486	11533	12628	1755	14352	1676	133185	1436	17382
DA	9	22	194	233	21	301	23	3370	24	362
DB	190	358	2745	3305	379	3922	382	38218	318	5753
DC	387	757	5815	7088	755	7955	782	74785	635	11081
DD	598	1163	9162	11027	1169	11117	1131	100672	1105	14618
DE	835	1583	12029	14383	1668	13606	1531	121188	1503	16986
EA	40	62	614	669	102	887	92	7928	87	1132
EB	340	619	4457	5011	764	6392	734	57022	615	8086
EC	811	1367	10700	11882	1782	12918	1536	113362	1532	15490
ED	1252	2075	15857	17688	2732	18644	2284	161186	2297	21017
EE	1633	2655	19215	21303	3403	21898	2814	188021	2830	23315

6.3 本章小结

风险受体评价作为工业企业环境风险评价的重要组成,将评估工业生产对周边人群和环境可能的风险与影响。一般来讲,环境风险受体评价主要包括风险受体识别、风险程度评价等内容。本章聚焦于长江上游企业(含工业企业)的环境风险受体识别、风险受体的空间分布特征分析,以及基于风险受体的环境风险地图构建等内容。首先,从微观视角对长江上游工业企业及含工业企业在内的多门类企业的环境风险受体进行了识别,分别选择了河流水系、居住设施、自然保护区 3 类主要的微观对象进行环境风险受体识别,并明确其敏感区范围。其次,进一步对长江上游沿江各省市的环境风险受体、敏感区、环境风险地图进行了论述。

结果表明,长江上游沿江河流水系、自然保护区、居住设施 3 类风险受体的空间分布特征存在差异。本研究结合专家意见,在参考《行政区域突发环境事件风险评估推荐方法》《建设项目环境风险评价技术导则》《企业突发环境事件风险分级方法》等规范性文件对环境风险敏感要素的分类与分级的基础上,将工业企业环境风险受体中的风险敏感要素确定为河流水系、居住设施、自然保护区 3 类。其中,河流水系按照其风险敏感程度、重要性、自然状态等划分不同级别。居住设施根据居住设施的密度、容纳人口规模、是否有敏感人群等因素进行分级。自然保护区则根据其重要性、生态脆弱性等划分为不同的级别。本研究从微观视角对长江上游工业企业及含工业企业在内的多门类企业的环境风险受体进行了识别,即分别选择了河流水系、居住设施、自然保护区 3 类主要的微观对象进行环境风险受体识别,并明确其敏感区范围。结果表明,从三大微观风险受体的空间分布特征来看,各级河流水系分布范围较为广泛;自然保护区的分布一般远离各省市的区域政治经济中心及工业、制造业发达的地区;而与各级自然保护区的空间分布不同,居住设施则主要分布在这类区域。其次,通过对各个缓冲区的分析和比较,我们发现 2km 的半径是最合理的选择。2km 的半径可以充分覆盖多数包括河流水系、居住设施和自然保护区所有的风险受体。因此,分别构建了 0.05km～2km 不同空间距离的缓冲区，并从长江上游流域整体、各省市的层面对缓冲区内的微观风险受体进行了空间统计及分析。

此外，本章还构建了基于微观视角的长江上游沿江工业环境风险地图，对不同风险等级的工业企业在各级敏感区内的分布进行了空间识别。在河流水系、自然保护区、居住设施3类主要的微观风险受体空间识别的基础之上，本研究对环境风险敏感区进行了空间分类及识别。风险的敏感程度大小由A~E依次递减，以此确定各类敏感等级区。最后，通过将长江上游沿江风险企业与各级敏感区进行空间叠置分析，以获取不同等级风险企业的空间影响范围。其中，长江上游沿江A级敏感区主要分布在长江干流、各省市一些重要支流和长江上游区域内的几个世界自然遗产地及其周边地区；B级敏感区主要沿长江上游沿江各国家级自然保护区等地分布，除此外，长江沿岸二、三、四级河流周边的城市也是B级敏感区分布的主要区域；C级敏感区主要沿长江上游沿江各省级自然保护区及其周边地区分布，同时，长江上游部分五级河流周边也分布着一些C级敏感区；D级敏感区的分布范围较小，其主要沿长江上游沿江内一些市（州）级自然保护区分布；E级敏感区则主要沿长江上游沿江一些县级自然保护区进行分布。在不同风险等级的工业企业在各级敏感区的空间分布方面，本研究对长江上游流域整体及各省市的分布情况均进行了空间统计及空间可视化。结果表明，在空间分布上，各级风险工业企业主要集中于长江上游沿江各省会城市及中心区域的敏感区内，如四川省成都市、贵州省贵阳市和重庆市主城区等地。以A级敏感区为例，在A级敏感区中，风险等级越低的区域，各类风险工业企业的分布数量越多。其中，AA级敏感区内各类风险工业企业的分布最少，仅有8203家；AB级敏感区内分布各类风险工业企业次之，共52664家；AC级敏感区内各类风险工业企业分布有79434家；AD级分布各类风险工业企业103329家；AE级敏感区内各类风险工业企业的分布最多，共有119519家。其次，在AA~AE敏感区内，B级风险工业企业在各等级敏感区内分布数量均最多，共205681家；A级风险工业企业分布的数量均最少，仅19628家。此外，在工业企业环境风险评价的基础上，为了更加全面地识别长江上游沿江各行业风险企业在敏感区的空间分布状况，本研究对长江上游沿江包含风险工业企业在内的所有风险企业在各级敏感区内的分布也进行了统计、整理及空间呈现。

第 7 章

长江上游沿江工业环境风险化解路径

本章基于前述章节中对于长江上游沿江工业企业目录、空间分布及其风险评价等基础性认知,从工业空间分布对生态功能区划和生态保护红线区划的影响、风险动态监测及防控系统设计、协同管理政策3方面入手,探索基于风险空间识别、风险动态地图和风险管理机制3方面的长江上游沿江工业环境风险化解路径。从长江上游沿江工业环境风险的多要素空间识别、风险动态监测与防控及风险协同管理策略3个层面构建长江上游沿江"1+1+1"工业环境风险化解体系。

7.1 工业环境风险的多要素空间识别与集成

在前述章节中,本研究已经深入探讨了长江上游沿江的企业(含工业企业)及其环境风险,包括对政域、流域内企业的空间分布、潜在环境风险以及环境风险受体和敏感区的分布进行了细致的空间识别,构建了企业(含工业企业)环境风险地图。这一过程不仅从微观角度揭示了企业对长江上游沿江环境风险的具体影响,还为我们从整体层面理解这些企业对区域生态系统的综合影响提供了重要视角。

然而,为了更全面地评估长江上游工业企业可能对长江上游流域整体生态环境的影响,本研究在三类重要的风险受体识别的基础上,特别选取了两类关键的图层要素进行研究:生态功能区划和生态红线区划。这两类要素与宏观生态环境的健康和稳定密切相关,对于理解和缓解工业企业对生态环境可能造成的负面影响至关重要。通过将生态功能区划及生态红线区划纳入环境风险的空间识别过程中,我们不仅能更准确地描绘出企业生产经营活动对生态系统的具体影响,还能有效地构建一张更全面的长江上游沿江企业环境风险地图。风险地图的构建将为政府机构、企业提供一个更为清晰和全面的决策支持工具,帮助多方主体制定更有效的环境保护策略和应对措施,确保长江上游沿江的生态环境得到有效的保护和可持续发展。

7.1.1 工业环境风险对生态功能区的影响识别

生态功能区划是指在某一地理区域内,依据该区域生态系统格局、功能和生态环境敏感性,将其划分为具有不同生态功能的区域单元,并确定不同区域单元的生态保护和管理措施,以维持和恢复该区域内生态系统的稳定性、完整性和可持续性的过程。

研究工业企业及其环境风险对生态功能区划的影响具有重要意义,通过识别工业活动对生态功能区的影响,可以及时采取措施减少污染,保护生物多样性,维持生态系统平衡,并促进受损生态系统的恢复。同时,评估工业企业的环境风险有助于相关管理部门制定更加有效的风险预防和应对策略,例如优化应急响应计划和环境污染治理方案。此外,研究结果可为制定相关的环保政策和法规提供科学依据,帮助政府在规划工业布局时充分考虑生态保护需求,平衡经济发展与环境保护的关系。再者,进一步促进工业可持续发展,推动工业向环境友好型、资源节约型转型,降低资源和能源的消耗,减少废弃物的产生。但值得指出的是,当前人们对工业企业的其环境风险对生态功能区的影响范围、影响等级、影响类型等缺乏足够的认知。因此,本研究立足长江上游流域这一重要的生态屏障、生态系统服务功能重要供给区,以工业环境风险对长江上游流域主要生态功能的影响为研究对象,旨在探究长江上游沿江工业活动带来的环境风险,以及这些风险如何影响区域的生态功能。

本研究基于生态环境部、中国科学院联合发布的《全国生态功能区划(2015)》开展影响研究。该功能区划对我国主要的生态功能区进行了分类,具体包括3大类、9个类型和242个生态功能区,并将全国生态系统服务功能分为生态调节功能、产品提供功能与人居保障功能3个类型。生态调节功能又主要包括水源涵养、生物多样性保护、土壤保持、防风固沙、洪水调蓄等维持生态平衡、保障全国和区域生态安全等方面的功能。产品提供功能则主要包括提供农产品、畜产品、林产品等功能。人居保障功能主要是指满足人类居住需要和城镇建设的功能,主要包括大都市群和重点城市群等。

本研究结合各级风险工业企业数据和生态功能区划数据,对各类别风险的工业企业分布情况与生态功能区进行了空间分析,绘制出A～E级风险工业企业在长江上游沿江不同功能区的分布情况。并通过对风险工业企业在不同生态功能区的分布情况进行分析,评估工业企业对不同生态功能区的影响程度,有针对性地开展风险防控和协同管理工作。

其中,A级风险工业企业在长江上游沿江不同功能区的分布情况如图7-1所示。结合图中结果和表7-1来看,长江上游沿江主要包括水源涵养生态功能区、生物多样性保护生态功能区、土壤保持生态功能区、洪水调蓄生态功能区、农产品提供生态功能区、林产品提供生态功能区和重点城镇群生态功能区7个生态功能区,不同生态功能区中所包含的A级风险工业企业数量有一定的

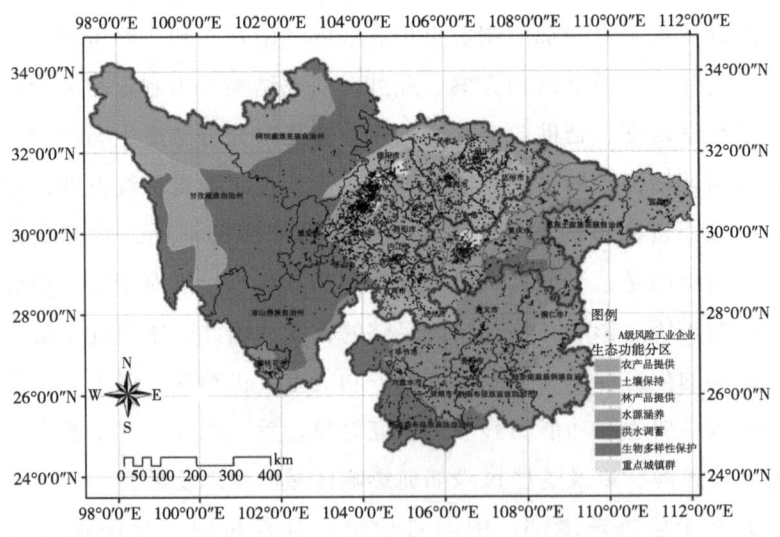

图7-1 长江上游沿江生态功能区划A级风险工业企业分布

差距，相应的风险程度也有所不同。其中，A级风险工业企业主要集中于长江上游中部的农产品提供生态功能区及其周围的林产品提供生态功能区以及重点城镇群生态功能区。此外，生物多样性保护生态功能区、土壤保持生态功能区和水源涵养生态功能区也有一定数量的A级风险工业企业分布，而洪水调蓄生态功能区的面积很小，A级风险工业企业数量分布很少。

表7-1　　　　长江上游生态功能区划A级工业企业分布

生态功能区	A级工业企业数量	企业占比	A级企业数目	企业占比
林产品提供	1014	9.42%	1022	8.77%
农产品提供	3699	34.35%	3723	31.96%
生物多样性保护	1859	17.26%	2080	17.86%
水源涵养	1334	12.39%	1457	12.51%
土壤保持	1373	12.75%	1676	14.39%
重点城镇群	1346	12.50%	1691	14.52%

为了更加全面地识别长江上游沿江不同生态功能区风险分布情况，本研究对涵盖风险工业企业在内的所有风险企业的分布情况与生态功能区进行了叠加分析，绘制出了不同等级风险企业在生态功能区的分布情况。其中，A级风险企业在长江上游沿江不同功能区的分布情况如图7-2所示。可以看出，A级风险企业在不同生态功能区中的分布情况与A级风险工业企业基本一致，主要集中于中部的农产品提供生态功能区及其周围的林产品提供生态功能区以及重点城镇群生态功能区。因此，从上述A级风险工业企业和A级风险企业在不同生态功能区内的分布来看，长江上游沿江生态功能区中风险程度最高的是农产品提供生态功能区，最低的是洪水调蓄生态功能区。

长江上游沿江B级风险工业企业在不同生态功能区内的分布情况如图7-3所示。结合图7-3中结果和表7-2来看，长江上游沿江不同生态功能区内B级风险工业企业分布的数量有一定的差距，风险程度也有所不同。并且相较于A级风险工业企业，B级风险工业企业在不同生态功能区中的空间分布范围更广、数量更多，但仍呈现一定的相似性。具体而言，B级风险工业企业在长江上游中部的农产品提供生态功能区、重点城镇群生态功能区以及其周围的水源涵养生态功能区和林产品提供生态功能区都有大量分布，其中以农产品提供生

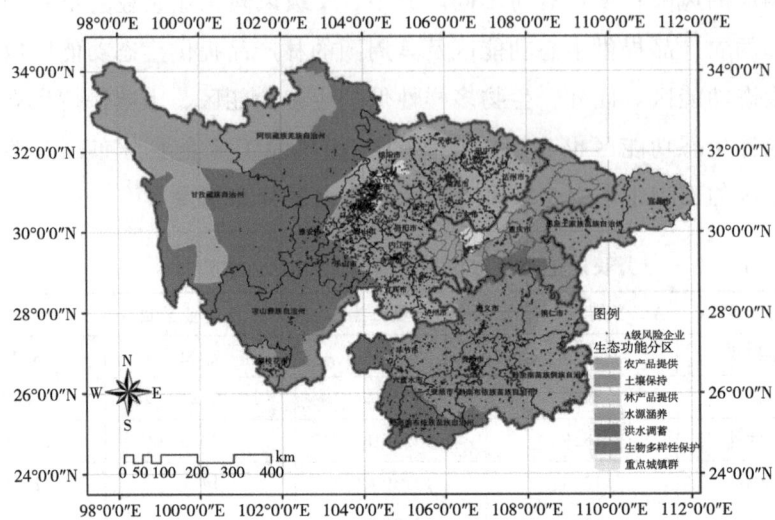

图 7-2　长江上游沿江生态功能区划 A 级风险企业分布

态功能区分布的最多。此外，东南的土壤保持生态功能区和南部的生物多样性保护生态功能区也有一定数量的分布，而洪水调蓄生态功能区的面积最小，B级风险工业企业分布很少。

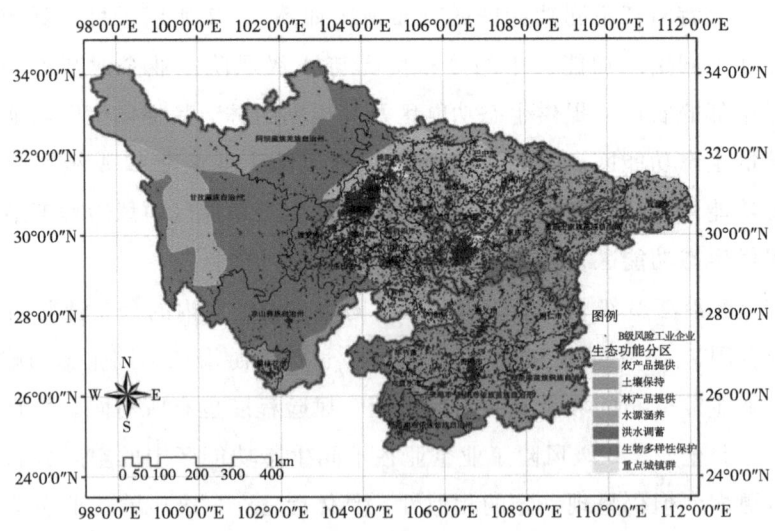

图 7-3　长江上游沿江生态功能区划 B 级风险企业分布

表7-2　　　　　长江上游生态功能区划B级工业企业分布

生态功能区	A级工业企业数量	企业占比	A级企业数目	企业占比
林产品提供	4688	5.22%	4351	5.34%
农产品提供	28396	31.60%	24317	29.85%
生物多样性保护	11707	13.03%	11405	14.00%
水源涵养	12842	14.29%	11481	14.09%
土壤保持	12741	14.18%	12238	15.02%
重点城镇群	18631	20.74%	17666	21.69%

从涵盖B级风险工业企业在内的B级风险企业在不同生态功能区中的空间分布来看（图7-4），长江上游沿江B级风险企业在不同生态功能区中的分布情况与B级风险工业企业保持高度一致。首先，从整体上看，B级风险企业也主要在长江上游中部的农产品提供、重点城镇群及其周边的水源涵养和林产品提供生态功能区大量分布，其中以农产品提供生态功能区分布得最多。其次，东南的土壤保持生态功能区和南部的生物多样性保护生态功能区也有一定数量的分布，因此，从B级风险工业企业和B级风险企业在不同生态功能区内的分布来看，长江上游沿江东部、中部和南部的生态功能区内比西北部的风险程度最高，生态功能区中风险程度最高的是农产品提供生态功能区，最低的仍是洪水调蓄生态功能区。

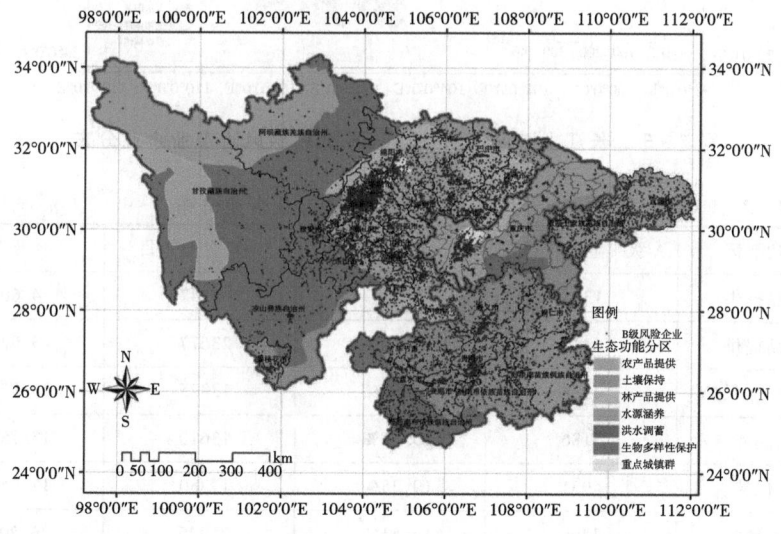

图7-4　长江上游沿江生态功能区划B级风险企业分布

长江上游沿江 C 级风险工业企业在不同生态功能区中的分布情况如图 7-5 所示。结合图 7-5 中结果和表 7-3 来看，长江上游 C 级风险工业企业在不同生态功能区内分布的数量有一定的差距，风险程度也有所不同。在面状分布上来看，C 级风险工业企业主要集中在长江上游中部的农产品提供生态功能区及其周围的重点城镇群生态功能区以及林产品提供生态功能区。此外，东南的土壤保持生态功能区、东北的水源涵养提供生态功能区、南部的生物多样性保护生态功能区也有一定数量的 C 级风险工业企业分布，而洪水调蓄生态功能区的面积最小，C 级风险工业企业数量分布较少。

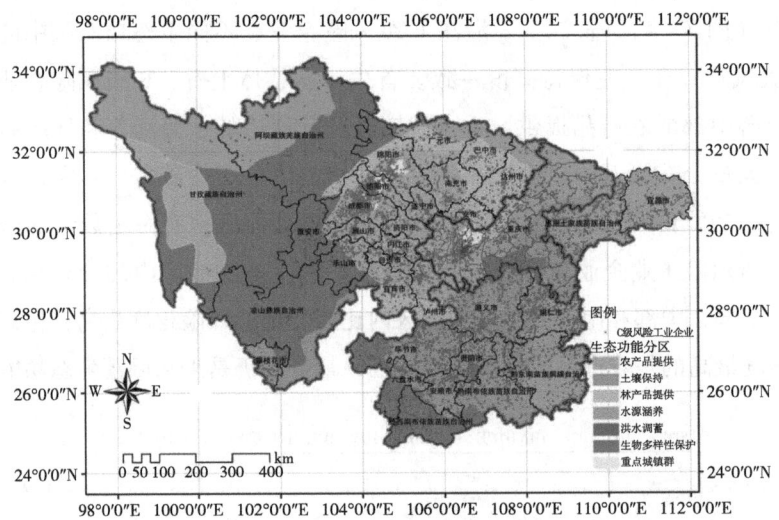

图 7-5　长江上游沿江生态功能区划 C 级风险工业企业分布

表 7-3　　　　长江上游生态功能区划 C 级工业企业分布

生态功能区	A 级工业企业数量	企业占比	A 级企业数目	企业占比
林产品提供	1368	5.34%	4547	4.60%
农产品提供	6115	23.87%	23677	23.92%
生物多样性保护	4528	17.67%	13825	13.97%
水源涵养	5186	20.24%	13610	13.75%
土壤保持	4931	19.25%	17380	17.56%
重点城镇群	3206	12.51%	25926	26.20%

从涵盖 C 级风险工业企业在内的 C 级风险企业在不同生态功能区中的空间分布来看（图 7-6），长江上游沿江 C 级风险企业在不同生态功能区中的分布情况与 C 级风险工业企业基本一致，同样集中在长江上游中部的农产品提供生态功能区及其周围的重点城镇群生态功能区以及林产品提供生态功能区。其次，东南的土壤保持生态功能区、东北的水源涵养提供生态功能区、南部的生物多样性保护生态功能区也有一定数量的分布。因此，从 C 级风险工业企业和 C 级风险企业在不同生态功能区内的分布来看，长江上游沿江东部、中部和南部的生态功能区内比西北部的风险程度要高，生态功能区中风险程度最高的是农产品提供生态功能区，最低的仍是洪水调蓄生态功能区。

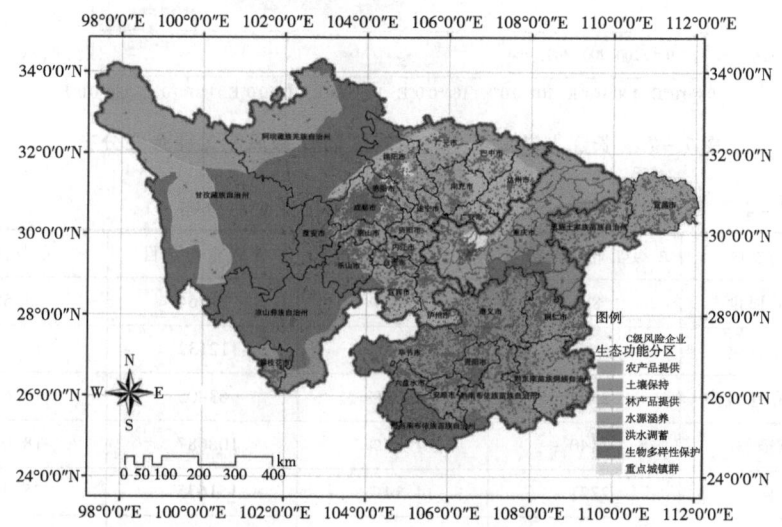

图 7-6　长江上游沿江生态功能区划 C 级风险企业分布

长江上游沿江 D 级风险工业企业在不同生态功能区中的分布情况如图 7-7 所示。结合图 7-7 中结果和表 7-4 来看，长江上游沿江不同生态功能区内 D 级风险工业企业分布的数量有一定的差距，风险程度也有所不同。在面状分布上来看，D 级风险工业企业主要集中于长江上游中部的农产品提供生态功能区及其周围的重点城镇群。此外，土壤保持生态功能区、生物多样性保护生态功能区、林产品提供生态功能区和水源涵养生态功能区也有一定数量的 D 级风险工业企业分布，而洪水调蓄生态功能区的面积最小，D 级风险工业企业数量分布较少。

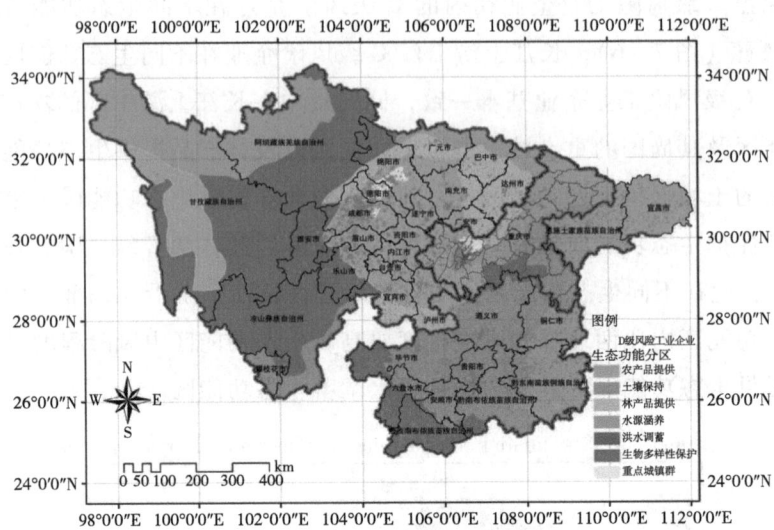

图7-7 长江上游沿江生态功能区划D级风险工业企业分布

表7-4 长江上游生态功能区划D级工业企业分布

生态功能区	A级工业企业数量	企业占比	A级企业数目	企业占比
林产品提供	896	4.66%	21464	3.57
农产品提供	5668	29.45%	112132	18.66
生物多样性保护	2504	13.01%	63805	10.62
水源涵养	3440	17.87%	108687	18.08
土壤保持	2721	14.14%	151635	25.23
重点城镇群	3808	19.79%	143344	23.85

从涵盖D级风险工业企业在内的D级风险企业在不同生态功能区中的空间分布来看（图7-8）。与D级风险工业企业有所不同，D级风险企业在中部的农产品提供生态功能区及其周围的重点城镇群、林产品提供、水源涵养生态功能区，以及东北的水源涵养生态功能区、东南的土壤保持生态功能区。此外，南部的生物多样性保护功能区也有一定数量的分布，而西北的几个生态功能区分布的数量较少。因此，从D级风险工业企业和D级风险企业在不同生态功能区内的分布来看，长江上游沿江东部、中部和南部的生态功能区比西北部的风险程度要高。

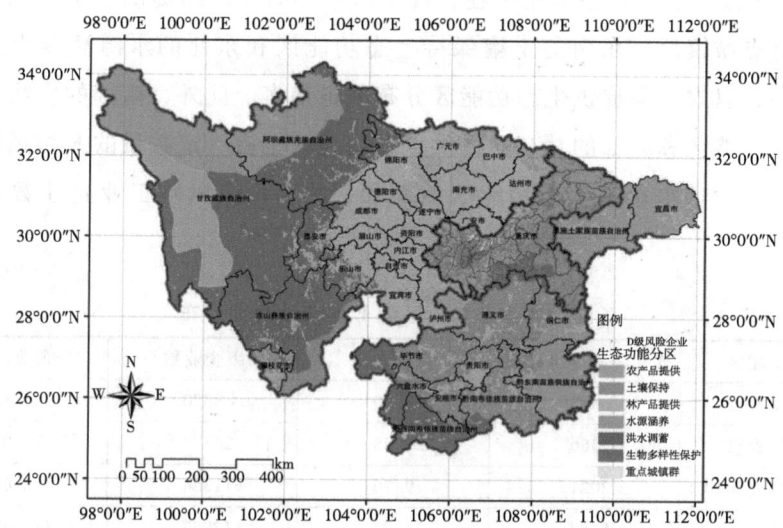

图 7-8　长江上游沿江生态功能区划 D 级风险企业分布

长江上游沿江 E 级风险工业企业在不同生态功能区中的分布情况如图 7-9 所示。结合图 7-9 中结果和表 7-5 来看，长江上游沿江不同生态功能区内 E 级风险工业企业分布的数量有一定的差距，风险程度也有所不同。从面状分布

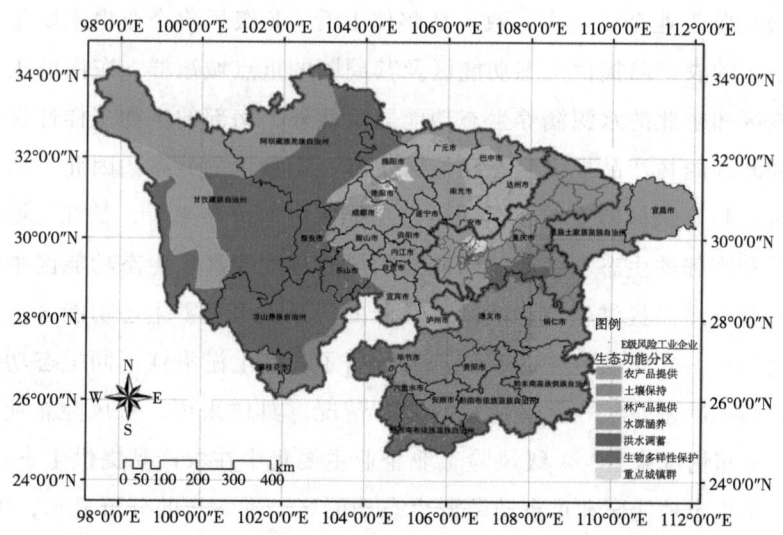

图 7-9　长江上游沿江生态功能区划 E 级风险工业企业分布

上，E 级风险工业企业主要集中在长江上游中部的农产品提供生态功能区及其周围的重点城镇群、东南的土壤保持生态功能区和东北的水源涵养生态功能区。其中，以农产品提供生态功能区分布数量最多。此外，南部的生物多样性保护生态功能区和北部的林产品提供生态功能区也有一定数量的 E 级风险工业企业分布，而洪水调蓄生态功能区的面积最小，E 级风险工业企业数量分布较少。

表 7-5　　　　长江上游生态功能区划 E 级工业企业分布

生态功能区	A 级工业企业数量	企业占比	A 级企业数目	企业占比
林产品提供	663	3.20	3870	4.31
农产品提供	5566	26.88	23373	26.03
生物多样性保护	2021	9.76	11384	12.68
水源涵养	5184	25.03	12947	14.42
土壤保持	4541	21.93	17111	19.06
重点城镇群	2520	12.17	21091	23.49

从涵盖风险工业企业在内的 E 级风险企业在不同生态功能区中的空间分布来看（图 7-10），长江上游沿江 E 级风险企业在不同生态功能区中的分布情况与 E 级风险工业企业基本一致。从整体上看，E 级风险企业也主要集中在长江上游中部的农产品提供生态功能区及其周围的重点城镇群、东南的土壤保持生态功能区和东北的水源涵养生态功能区。此外，南部的生物多样性保护生态功能区和北部的林产品提供生态功能区也有一定数量的分布。因此，从 E 级风险工业企业和 E 级风险企业在不同生态功能区内的分布来看，长江上游沿江东部、中部和南部的生态功能区比西北部的风险程度要高，生态功能区中风险程度最高的是农产品提供生态功能区，最低的仍是洪水调蓄生态功能区。

综上所述，在本研究中，我们深入分析了长江上游沿江不同生态功能区内 A~E 级风险企业（含工业企业）的分布情况。具体来说，从风险企业在生态功能区的分布情况来看，A 级风险工业企业主要集中在农产品提供生态功能区、林产品提供生态功能区和重点城镇群生态功能区。进一步的分析显示，B~E 级风险工业企业同样呈现出类似的分布模式，其中农产品提供生态功能区的 B 级风险企业数量最多，显示出该类生态功能区面临的环境风险最高。

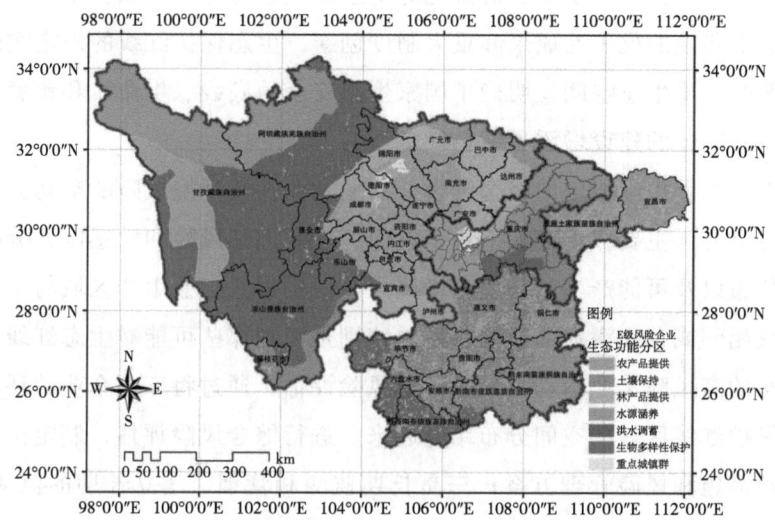

图 7-10　长江上游沿江生态功能区划 E 级风险企业分布

本研究通过识别和评估工业活动的环境风险，将有助于形成长江上游工业企业环境风险分布的基础性认知，从而利于风险的主动防控，协助有效地减少污染，保护生物多样性，并维护自然生态系统的平衡。例如，通过分析长江上游沿江工业企业的环境风险，可以制订对应的、有效的污染控制措施和应急响应计划，进而为相关环保政策和法规提供科学依据。同时，将有助于相关职能部门在制定工业布局和环境保护政策时更加充分地考虑生态保护的需求，实现经济发展与环境保护的有效平衡，并促进工业朝向更环保、资源节约的方向转型，最终实现高质量发展的目标。

7.1.2　工业环境风险对生态保护红线的影响识别

生态保护红线是指在生态保护与修复区划中，划定的一条重要界限线，用于保护重要生态系统、生态功能和生物多样性的核心区域。它在生态保护工作中扮演着重要的角色，为生态系统的健康发展和可持续利用提供了重要的制度支撑。生态保护红线主要分为两类：一是具有重要水源涵养、生物多样性维护、水土保持、防风固沙、海岸生态稳定等功能的生态功能重要区域；二是水土流失、土地沙化、石漠化、盐渍化等生态环境敏感脆弱区域。生态保护红线是生态文明建设的代表性成果和重大制度创新，生态保护红线的划定实现了一条红线管控重要生态空间，明确了国家生态安全的底线、生命线和预警线，为人类命运共同体的建设增添了绿色底色。

对于生态保护红线区的综合管理，工业企业及其环境风险的空间分布分析显得尤为重要。主要体现在如下3个方面：一是识别风险和敏感区，分析工业活动的分布以及可能产生的环境污染风险，识别哪些工业生产区域与生态保护红线区域相邻或存在潜在的影响联系，特别是识别那些可能对生态红线区造成负面影响的高风险工业活动；二是环境风险评估，通过将工业企业的环境风险与生态保护红线区域的空间分布结合起来，进行综合风险评估，制定出更为精确的监管措施和风险管理方案；三是长期监测和管理，建立长期的监测系统，对生态保护红线区域和周边工业活动产生的环境影响进行持续监测，并根据监测数据调整管理措施，以确保生态保护红线的有效执行。

在上游相关省市生态红线收集、绘制的基础之上，本研究基于"3S"技术集成，将不同等级的风险企业、敏感区域与生态红线区域进行空间叠加及空间分析，以明确工业环境风险的空间分布对生态红线布局的影响，为精准、科学地划定流域工业布局红线及制定差异化的风险治理政策等提供支撑。

结合长江上游各省市生态红线的空间分布数据及工业企业及其风险等级划分数据，本研究基于3S技术集成，将不同等级的风险企业与生态红线区域进行空间叠置分析，探究工业环境风险的空间分布对生态红线布局的影响，为精准、科学地划定流域工业布局红线及制定差异化的风险治理政策等提供支撑。长江上游沿江A级风险工业企业与生态红线划定区域的空间关系情况如图7-11所示，A级风险工业企业的空间分布相对较分散，空间集聚特征并不明显，呈点状分布。从整体上来看，在长江上游中部的成都市、德阳市、重庆市主城区、贵州贵阳以及北部的四川巴中等地的生态保护红线区与A级风险工业企业有较高程度的空间邻接，而西北部的阿坝藏族羌族自治州和甘孜藏族自治州的邻接程度相对较低。因此，成都市、重庆市主城区、贵阳市、巴中市等地的生态环境风险程度和生态环境敏感性相对较高。在经济活动过程中，必须严格管理和保护该区域，严守该区域的生态保护红线，确保生态环境安全。

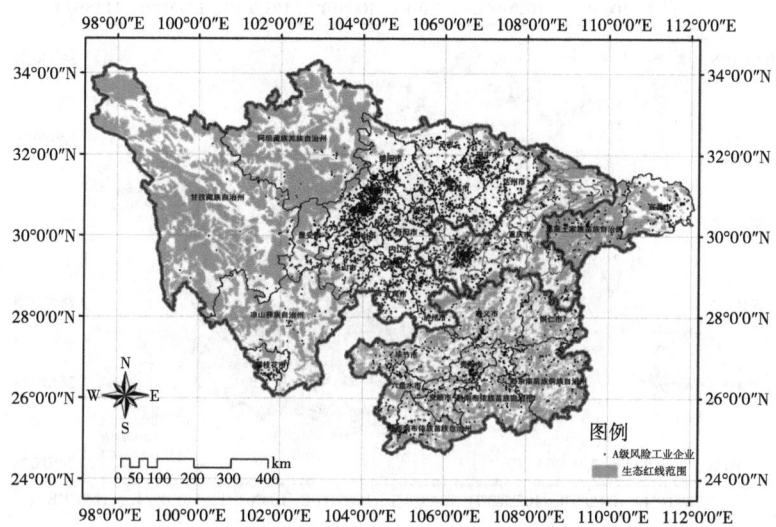

图 7-11　长江上游生态红线区划与 A 级风险工业企业的空间邻接

为了更加全面地识别长江上游沿江不同生态红线区与风险企业的空间邻接情况，本研究对涵盖风险工业企业在内的风险企业与生态红线区域进行了空间叠加分析，绘制出了不同等级风险企业与生态红线划定区域的空间关系情况。其中，A 级风险企业与生态红线划定区域的空间邻接关系如图 7-12 所示，A 级风险企业的邻接情况与 A 级工业企业基本一致，即长江上游中部的成都市、德阳市，以及南部贵州贵阳以及北部的四川巴中生态保护红线区与 A 级风险企业有较高程度的空间邻接。

图 7-13 是长江上游沿江 B 级风险工业企业与生态保护红线划定区域的空间邻接情况。如图 7-13 所示，B 级风险工业企业与生态保护红线划定区域的空间邻接关系整体呈现一定的空间集聚特征，长江上游东部、中部的空间邻接程度最高，其次在长江上游沿江东南的贵州省贵阳市、遵义市，以及南部四川攀枝花等也有一定程度的空间邻接，而西北部，即四川省的甘孜藏族自治州和阿坝藏族羌族自治州等生态保护红线区与 B 级风险工业企业的邻接程度较低，生态环境风险较小。因此，从 B 级风险工业企业与生态保护红线划定区域的空间邻接关系来看，长江上游东部、中部和南部的生态环境风险较西北部更高，这与 A 级风险工业企业的分布呈现一定的相似性，B 级风险工业企业的集聚性特征更为明显。

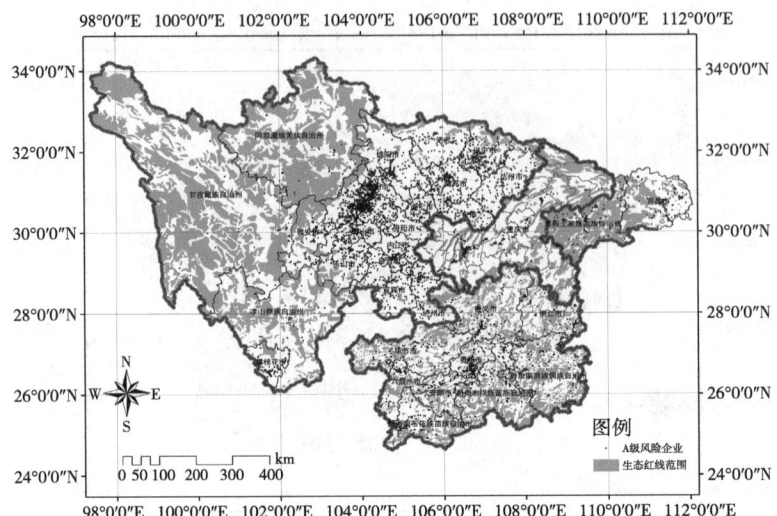

图 7-12　长江上游生态红线区划与 A 级风险企业的空间邻接

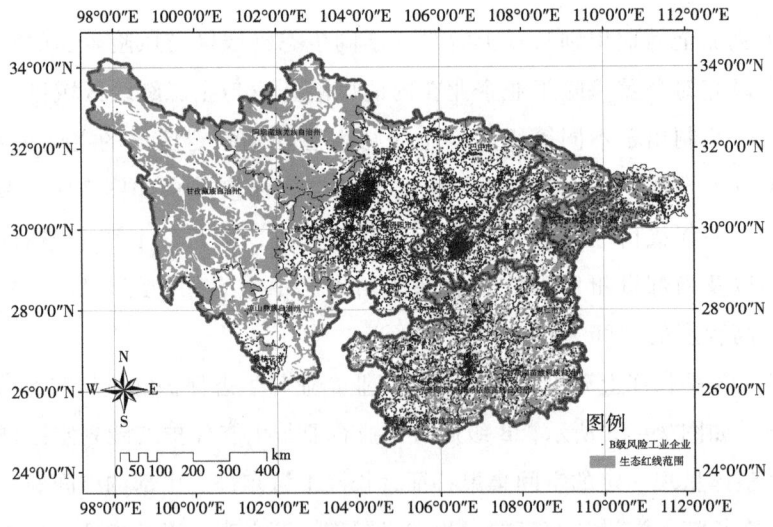

图 7-13　长江上游生态红线区划与 B 级风险工业企业的空间邻接

如图 7-14 所示，从涵盖 B 级风险工业企业在内的 B 级风险企业与生态红线保护区的空间邻接情况来看，B 级风险企业的邻接情况与 B 级风险工业企业基本一致，即长江上游东部、中部的生态保护红线区与 B 级风险企业的空间邻接程度最高，南部也有一定程度的空间邻接，而西北部邻接程度相对较低。

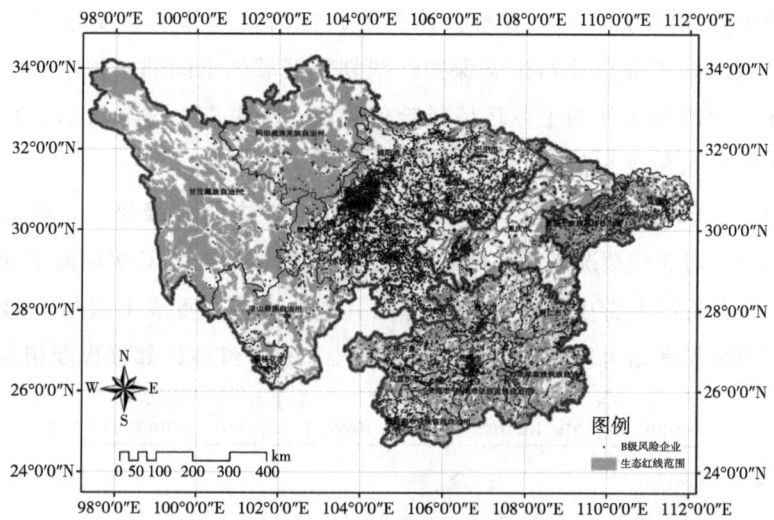

图 7-14　长江上游生态红线区划与 B 级风险企业的空间邻接

图 7-15 表明长江上游沿江 C 级风险工业企业与生态保护红线划定区域的空间邻接关系。如图 7-15 所示，C 级风险工业企业的与生态保护红线区的空间邻接情况呈现一定的集聚特征，主要表现在长江上游中部的四川成都、绵阳、德阳、重庆主城都市区与 C 级风险工业企业有较高程度的空间邻接，而西

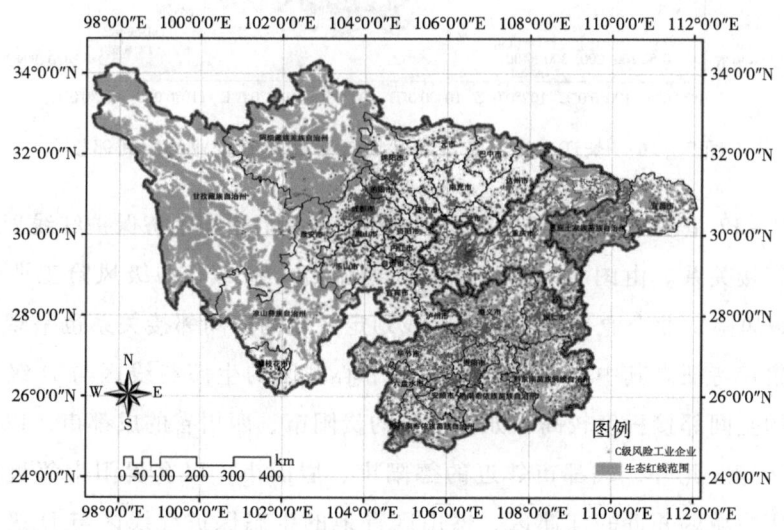

图 7-15　长江上游生态红线区划与 C 级风险工业企业的空间邻接

北部的四川阿坝藏族羌族自治州、甘孜藏族自治州等邻接程度相对较低。因此，从 C 级风险工业企业与生态保护红线划定区域的空间邻接关系来看，长江上游东部、中部和南部的工业环境风险仍较西北部更高，这与 A 级、B 级风险工业企业的分布呈现相似性。

如图 7-16 所示，从涵盖 C 级风险工业企业在内的 C 级风险企业与生态红线保护区的空间邻接情况来看，C 级风险企业的邻接情况与 C 级风险工业企业基本一致，即在长江上游中部的四川成都及其周边城市、重庆主城与 C 级风险企业的空间邻接程度相对较高，而其他地区的生态保护红线区邻接程度相对较低。

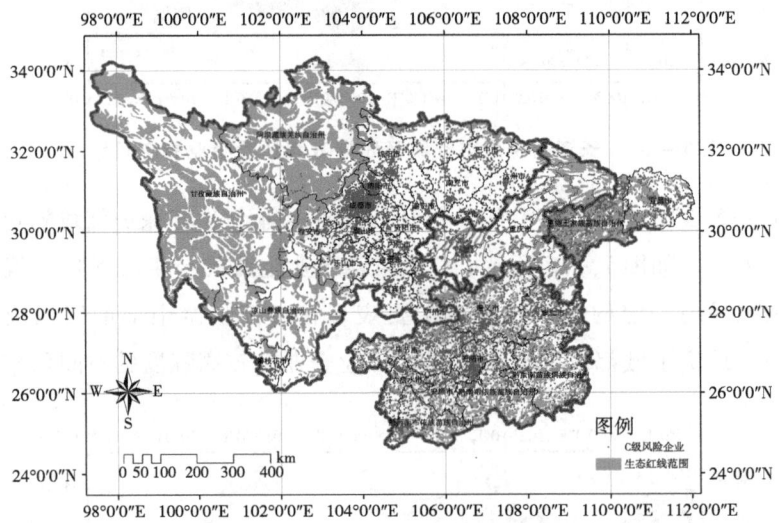

图 7-16　长江上游生态红线区划与 C 级风险企业的空间邻接

图 7-17 呈现了长江上游沿江 D 级风险工业企业与生态保护红线划定区域的空间邻接关系。由图 7-17 中所示，与 A 级、B 级、C 级风险工业企业一样，D 级风险工业企业与生态保护红线划定区域的空间邻接关系也呈现出一定的空间集聚特征。其中，各省会城市和中心城区的生态红线区与 D 级风险工业企业的空间邻接程度较高，如贵州省的贵阳市、四川省的成都市，以及重庆市主城区等。此外，成都市邻近的德阳市、眉山市，以及贵阳市邻近的遵义市、重庆主城区邻近的江津区、璧山区等地的生态保护红线区与 D 级风险工业企业也有一定程度的空间邻接。

图 7-17　长江上游生态红线区划与 D 级风险工业企业的空间邻接

如图 7-18 所示，从涵盖 D 级风险工业企业在内的 D 级风险企业与生态红线保护区的空间邻接情况来看，与 D 级风险工业企业有所不同，D 级风险企业与长江上游中部的四川成都及其周边城市、重庆市主城都市区的空间邻接程度相对较高。此外，湖北省（上游段）的两个州市和川东地区也有一定程度的邻接。

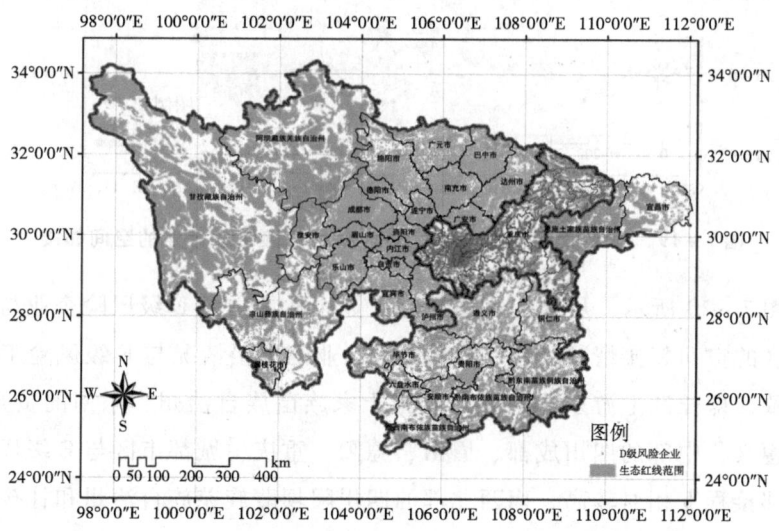

图 7-18　长江上游生态红线区划与 D 级风险企业的空间邻接

图7-19呈现了长江上游沿江E级风险工业企业与生态保护红线划定区域的空间邻接关系。由图7-19中所示，E级风险工业企业与生态保护红线划定区域的空间邻接关系呈现了一定的空间集聚特征。其中，在长江上游东北的湖北恩施土家族苗族自治州，东南的贵州铜仁、贵阳、遵义，中部的四川成都、眉山、德阳，重庆主城都市区与E级风险工业企业的空间邻接程度相对较高，而西北部的四川阿坝藏族羌族自治州和甘孜藏族自治州的邻接程度相对较低。因此，从E级风险工业企业与生态保护红线区域的邻接关系来看，长江上游东部、中部和南部的工业环境风险仍然比西北部的大，工业企业活动对该区域的影响程度更大，这与A～D级风险工业企业与生态红线区的邻接关系呈现相似性。

图7-19　长江上游生态红线区划与E级风险工业企业的空间邻接

如图7-20所示，从涵盖E级风险工业企业在内的E级风险企业与生态红线保护区的空间邻接情况来看，E级风险企业的邻接情况与E级风险工业企业基本一致，即长江上游东北的湖北恩施土家族苗族自治州，东南的贵州铜仁、贵阳、遵义，中部的四川成都、眉山、德阳，重庆主城都市区与E级风险企业的空间邻接程度相对较高，而西北部的四川阿坝藏族羌族自治州和甘孜藏族自治州的邻接程度相对较低。

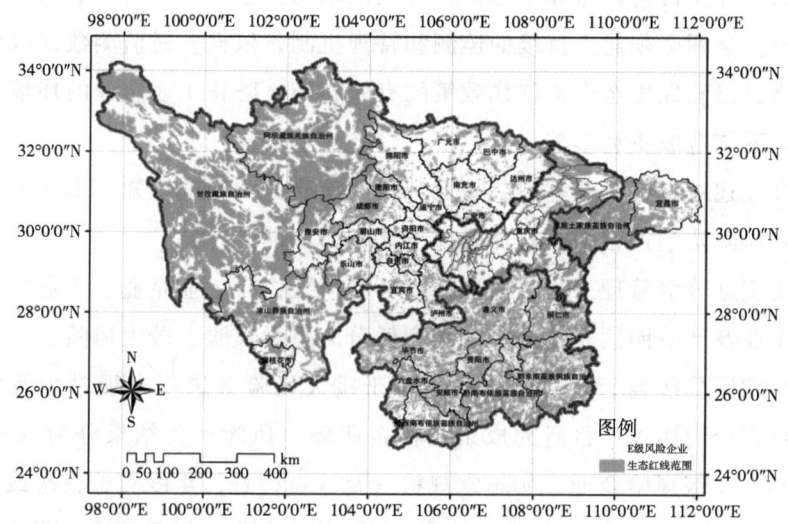

图 7-20　长江上游生态红线区划与 E 级风险企业的空间邻接

从上述 A~E 等级的风险工业企业与生态保护红线区域的空间叠加分析得出了一致结论：长江上游东部、中部和南部与生态保护红线划定区域的空间邻接关系较为紧密，且集聚特征较为明显。相应的长江上游东部、中部和南部工业环境风险较西北部高，工业企业活动对这些区域的生态保护红线区的影响程度更大。因此，这些区域应对生态保护红线区实行严格管控，严禁不符合主体功能定位的各类开发活动，严禁任意改变用途，依据生态保护红线的类型和特征，制定有针对性的生态保护红线管控措施。落实主体责任，严守生态保护红线，防止工业企业环境风险对生态保护红线区造成影响和破坏。

综上所述，本研究基于"3S"技术集成，呈现了长江上游沿江工业企业的环境风险与生态保护红线区域之间的空间关系，凸显了二者间的紧密联系及其对生态系统的潜在影响。通过对 A~E 级不同风险等级工业企业与生态保护红线区域的空间邻接关系的细致评估，发现长江上游东部、中部和南部的区域，尤其是高风险企业，与生态红线区域存在显著的空间接近性和集聚特征。这一发现不仅揭示了这些区域的工业活动对生态系统可能构成的威胁，也强调了生态红线划定及企业环境风险评价在生态保护和可持续发展中的重要性。为此，我们建议对这些关键区域采取更严格的环境风险管控措施，禁止违反生态保护标准的开发行为,保障生态保护红线区域的生态安全和环境的长期可持续性。同时,强调必须建立持续的监测和管理机制,依据实时监测数据调整环境管理策略,以确保生态保护红线政策的有效实施,防止工业企业的环境风险长期对生态系统造成不利影响。

综合上述对工业企业空间分布及其对风险受体的影响认知,本研究认为在工业环境风险防治过程中,可加强如下几个方面的工作:

一是实施分级管理。科学评价企业环境风险,将工业企业、工业园区、其他风险企业及产业园区安全等级从高到低分为重大风险、较大风险、一般风险和低风险园区分级监管、分级检查,对于重大风险源进行开展常规及重点检查。如可充分应用本项目研究成果,将企业环境风险评价结果分为 A~E 级,对于 A 级、B 级风险企业,实施常规检查及重点检查,年度实施三次或三次以上的全面、重点监管检查,对于 C 级、D 级风险企业,年度实施一到两次的企业风险检查,对于 E 级风险企业原则上以企业自我核查为主,必要时可开展风险隐患排查。

二是实施分类管理。对工业企业、工业园区、其他风险企业及产业园区等实施分类管理,精准分类、科学施策,避免"一刀切",实现经济利益、环境效益统筹、兼顾。以工业园区为例,将长江上游沿江已有的重化工园区可分为示范类园区、提升类园区、限制类园区、淘汰类园区四类,对不同类型的工业园区实行不同的管理措施。第一,示范类工业园区是在某一领域或特定目标下展示和推广新技术、新模式的工业园区。对于这类园区,政府应给予一定优惠政策,推动其进行低碳技术创新,并将成功经验推广到其他类型工业园区。第二,提升类园区是指产业集聚发展到一定规模,有规划或改进潜力,从而采取一系列改进措施的工业园区。对于提升类园区,需要推动其在生产力能力范围内进行改造升级,引导其向清洁、低碳方向发展。第三,限制类园区是指责令整改、有望整改达标的重化工园区。对于这类园区,应严格控制其规模和排污标准,加强监管、定期开展审查评估。第四,淘汰类园区是指未经省级及以上人民政府依法认定、安全风险较高、距离长江干流和主要支流岸线一定距离内的园区。对淘汰类园区,应采取严厉的管控措施,确保其在规定期限内停产、关闭或转型。此外,地方人民政府要依法依规妥善做好未通过评估园区的整改和关闭，以及园区内企业的监管和处置工作。

三是因地制宜、因时制宜，强化新建项目管控。第一，因地制宜，因时制宜，合理统筹长江上游沿江不同流域、政域的空间用地需求，实现"三生空间"合理配置，强化在规划编制、实施中的企业环境风险防控前置。第二，强化新建项目的严格管控，如根据本研究对于生态红线、生态功能区与企业环境风险的空间临接关系研究表明生态红线与企业环境风险的影响区存在较多重叠，因此，应严格禁止在生态保护红线区、重要生态功能区、饮用水水源保护区以及其他环境敏感地段、地区选址，坚决贯彻落实长江干支流一公里范围内新建扩建化工园区和化工项目的相关规定。此外，在长江沿岸地区进行风险源由高到低过渡式的工业企业空间布局，风险系数越低的工业园区和工业企业分布离河流越近，风险系数越高的工业园区和工业企业分布离河流越远，以此降低工业企业对长江流域的辐射影响。同时，对于长江沿岸新建化工园区应设立更高的环境保护标准，并对其开展的工业项目进行更为严格的审核和准入控制。

7.2 长江上游沿江工业环境风险动态监测及防控系统设计

基于风险工业企业的空间分布及其与生态功能区、生态红线的空间关系认知，本研究从空间静态层面对长江上游沿江工业企业的环境风险进行了分析。但对于工业环境风险防控而言，本研究认为仅有静态的风险环境认知是远远不够的，具有实时动态、多要素、多部门的协同参与的风险监测及防控体系至关重要。

首先，环境风险的实时动态监测使得监管部门能够及时了解工业污染的实时状态和趋势，从而及时预防和响应可能发生的环境污染事件，尤其是对生态功能区和生态红线区域的影响。这种监测系统可以快速捕捉污染物的异常排放，以便及时采取措施，减少污染扩散的范围和程度。其次，多要素监测能力涵盖了水质、土壤、大气以及生物多样性等各个方面，能为评估工业活动对环境的综合影响提供数据支持。水、土、气、生等方面的监测数据为相关部门提供了更为全面的环境质量信息,帮助决策者理解不同污染物之间的相互作用及其综合影响。最后,多部门的协同参与是保障环境监测系统有效运作的关键。环境风险管理不仅涉及环保部门,还涉及水利、林业、城乡规划、工业和信息化等多个部门,因为环境问题常常是跨领域的。不同部门之间的信息共享和协调合作能够形成更加强大的风险应对能力,使得政策的制定和执行更加符合实际情况,增强了环境治理的整体效果。

因此,围绕长江上游工业活动带来的潜在环境风险监控问题,在构建长江上游沿江企业环境风险静态地图的基础上,有必要建立一个实时、动态的监测与防控系统,以确保工业活动对环境的影响能够得到及时监测和有效控制。并通过系统化的监测和防控措施,能够及时识别和应对潜在的风险,从而保护和修复长江上游的生态环境,促进长江流域的可持续发展。动态地图构建的必要性及主要构建内容如下:

一是多尺度叠加,开展沿江工业环境风险精准空间识别与评价。从工业企业园区建设项目环境影响评价到突发环境事件应急处置,我国"点"状层面的工业环境风险评价及处置已日趋完善。但大江大河、重要地理分区及生态功能分区等"线、面"大空间尺度上的工业环境风险评价依然缺乏,就长江上游沿江而言,长江沿江工业环境风险缺乏精准摸底。因此,建议构建统一的工业环境风险识别及评价技术集成体系,组织相关职能部门、科研机构开展长江上游政域、流域尺度的工业环境风险精准识别及科学评价,以明确相关风险企业的空间分布、空间用地及其工业生产、仓储信息,以及明晰各工业企业的环境风险类型、作用半径、作用强度等风险信息。实现"点、线、面"多维空间尺度上的工业环境风险精准识别与评价。

二是多源数据整合,构建沿江多尺度工业环境风险动态、实时地图。围绕长江治污,近年来相关职业部门在环保、水利、国土、农业等领域多方发力,开展了包括卫片执法、水质断面监测、大气污染物监测等一系列监测活动,对于长江治污、控污具有积极的推动作用,但依然难以满足流域工业环境风险防控的实际需要。第一,数据实时性差,难以满足风险主动防控需要;第二,数据精准度低,难以反映企业环境污染及风险全貌;第三,数据整合能力差,数据使用效能低。鉴于此,建议在开展多尺度沿江工业环境风险精准识别的前提下，一要加大对沿江工业环境污染的物防、技防投入，可基于区块链技术架构，广泛采用5G、大数据、物联网等在内的高新技术手段强化对沿江工业环境风险源的主动、实时监控。二要基于数据可视化技术、虚拟现实技术等，开展多源数据整合，搭建覆盖全流域、全尺度的沿江工业环境风险实时、动态地图（集成平台），提高工业环境风险应对能力。

7.2.1 设计的定位原则

（1）设计定位

本系统致力于监测长江上游沿江的工业活动对环境的影响，并及时预警、防控环境风险。通过对工业污染源的监测和防控，保护水资源安全，维护生态系统安全。长江上游沿江工业环境风险动态监测及防控系统能为区域科技发展提供重要的支持。该系统拟依靠先进的环境监测设备、数据分析技术和智能决策支持系统，实时、准确地获取和分析环境数据。这将为科研人员提供丰富的数据资源和研究基础，从而开展环境影响评价、环境修复技术研发等科研工作。同时，该系统还将提供及时的监测结果和预警信息，为区域的决策者提供科学依据，以制定合理的环境保护政策和防控措施。

通过长江上游沿江工业环境风险动态监测及防控系统的建立和应用，可以实现环境保护和工业发展的协调。该系统在生态环境保护中扮演重要角色，研究和应用相关技术，将有助于促进区域科技的发展和进步。同时，它也将为科研人员提供宝贵的数据资源和研究平台，推动环境科学与技术的创新与发展。

（2）设计原则

①综合、系统、特色突出原则。

长江上游沿江工业环境风险动态监测及防控系统拟整合水文、地貌、景观、大气、土壤、生物等多环境要素，形成多学科的综合、立体观测体系。根据区域特色和多行业协作的原则，拟构建一个综合的监测网络，覆盖长江上游沿江的各个工业区域，确保监测数据的全面性和准确性。同时，监测网络应该具备实时传输功能，以便及时掌握环境风险的变化情况。系统的监测评估体系，包括大气、水质、土壤等方面的监测与评估指标。该体系应该考虑到不同行业的特点和污染物的特性，制定相应的监测标准和评估方法。同时，拟构建一个统一的数据管理平台，用于存储、分析和共享监测数据，以便各相关部门和研究机构能够共同参与环境风险的评估与防控。通过重视生态系统的相互作用，结合生态环境监测与评估，研究工业活动对生态系统的影响，以及生态系统对工业环境的调节作用，这将为工业环境风险的综合治理提供科学依据。此外，生态修复与保护应被高度重视，通过植被恢复、土壤修复等手段，将改善工业区域的生态环境，提高生态系统的稳定性和抗干扰能力。

②共建共享原则。

为形成监测任务分工、人员配合、数据共享、成果产出的高效运行体系，系统设计要能够形成多方参与的合作机制，包括政府、企业、科研机构和公众等各方的参与，共同推动长江上游沿江工业区域环境风险监测与防控工作。同时，系统设计还要能够实现信息和资源的共享，促进各方之间的合作与交流，提高监测与防控的效果，共同努力保障长江上游沿江工业环境的可持续发展。通过这样的合作机制，拟实现信息的共享和资源的优化配置，最大限度地提高监测和防控的效果，为长江上游沿江地区的工业发展提供有力的支持。

③分目标、分阶段原则。

综合性环境风险动态监测及防控系统是基础建设、数据收集与整理分析及科学研究为主要内容的多方面的长期过程。该过程不仅需要性能先进的硬件设施，更需要专业的监测技术人才与研究力量、数据规范管理的观测数据库配套能力建设。这意味着系统应该将整个监测与防控过程分解为不同的目标，以便更好地实现管理和控制。根据不同的环境目标，如水质达标、土地污染控制等，系统将分别制定具体的监测指标和防控措施，以逐步实现各项目标。例如，对于水质达标目标，系统可以设定监测指标为水中各种污染物的浓度，并相应地制定防控措施如净化设备的安装和运行。对于土壤污染控制目标，系统将设定监测指标为土壤中有害物质的含量，并相应地制定防控措施如土壤修复工程的实施。分解目标的设计原则可以使系统的工作更加具体和明确，帮助决策者更好地了解和把握整个监测与防控过程。

为了有效实施长江上游沿江工业环境风险动态监测及防控系统，应遵循阶段性完成的原则。这意味着系统的建设和实施应分阶段进行，根据不同的工作重点和紧急程度,逐步实现系统的各项功能和目标。例如,一开始可以先搭建起基础的数据收集和分析平台,然后逐步完善监测设备和信息系统,最后实现智能化的决策支持系统。通过按阶段完成的原则,可以有序推进系统的建设,减少风险和压力,并确保系统的可持续发展。

该系统的设计应具备层次性。这意味着在系统设计中应考虑不同层级的监测与防控需求,以实现更精细化的管理和控制。例如,可以将系统分为区域层级、行业层级和单个企业层级,每个层级都进行相应的数据收集、分析和防控。在区域层级,系统将会收集并分析整个长江上游沿江地区的环境数据,制定相应的防控策略。在行业层级,系统将会收集并分析不同行业的环境数据,制定针对性的防控措施。在单个企业层级,系统将会对每个企业的环境数据进行监测和防控。分层级设计的优势在于可以更好地适应不同层级的管理需求,并更有针对性地制定监测与防控策略,提高系统的管理效能和防控效果。

(3)设计目标

长江上游沿江工业环境风险监测拟利用物联网技术、云计算技术、5G技术和业务模型技术,以数据为核心,把数据获取、传输、处理、分析、决策服务,形成一体化的创新、智慧模式。通过实时监测、精确预警和灵活防控,实现对长江上游沿江地区工业环境风险的全面掌控,形成沿江工业环境风险化解体系,促进可持续发展和生态环境保护。

①业务协同化。

拟将行政许可审批、建设项目管理、环境检测管理、环境执法、行政处罚、总量管理、生态管理、空气质量预测预报、水源质量预测预报、环境应急、环境决策等业务进行协同,打通业务之间的关联,形成协同管理机制。同时将政府的业务工作和企业自身管理、公众的环保需求进行统一协同,为企业、公众提供更好的服务。

②监控一体化。

拟建立全方位立体监控网络,对水污染源、气污染源、放射源、机动车、水环境、大气环境、噪声、生态环境等进行全面监控,实现天地空监控一体化智能监控管理平台。

③资源共享化。

拟对跨区域、跨行业及跨平台的环境质量、环境安全和环境风险信息资源实现共享和科学评价，从而通过模型和评价体系解决重点城市、区域和流域重大环境管理问题。

④决策智能化。

通过随时了解实时的环境质量状况，拟对某个区域的环境质量进行预测预报，同时针对环境质量较差的区域，拟落实限批、停产、关停等环境经济手段。通过准确核算区域环境资源容载能力，将为产业结构调整提供科学依据。

⑤信息透明化。

通过政务外网网站、企业网上办事大厅及环保 App 软件等技术手段，拟构建政府、企业及市民沟通的桥梁。同时，系统将提供面向排污企业、面向社会、面向百姓的环境信息服务，实现从原来单一的信息发布窗口和行政审批窗口到提供数据服务、接受监督、体现互动交流的公众服务平台的转变。

7.2.2 设计内容

长江上游沿江工业环境风险动态监测及防控系统设计方案是指针对长江上游沿江地区的工业环境风险问题，设计一套能够实时监测、评估和防控工业环境风险的系统方案。

该系统通过安装在沿江地区重点风险企业周边的监测设备，实时采集企业大气污染物排放、水质状况、噪声等各项指标数据，并将这些数据传输到数据中心进行综合分析和评估。系统拟利用先进的数据处理和分析算法，从而准确判断环境风险的程度，并将结果呈现在监控界面上。一旦发现环境风险超过安全阈值，系统将自动发出预警信号，同时将预警信息发送给相关部门和企业。预警信息包括具体的风险类型、风险等级以及建议的防控措施，以便相关部门和企业能够及时采取措施来降低风险。为了确保系统的可靠性和准确性，我们拟建立一个专门的监测网络，用于对监测设备进行定期维护和校准。同时，我们还将建立一套完善的数据管理系统，用于存储和管理监测数据，并提供数据查询和分析的功能。

这个系统的设计不仅具有重要的理论意义,也具有实际的应用价值。首先,它可以提供科学依据,帮助相关部门进行环境管理和决策制定。其次,通过实时监测和预警功能,可以帮助企业及时发现并解决环境问题,减少环境违法行为的发生。

(1) 常规监测能力

长江上游沿江工业环境风险动态监测是指在已有的观测能力基础上,通过进行常规观测能力建设,对长江上游沿江地区的工业环境风险进行动态监测。为了实现这一目标,拟优化完善水文、生态、土壤和大气等方面的观测内容和指标,并制定具体的观测方案。通过在综合观测站进行长期监测,可以获得关于沿江工业、生态和环境的重要科学信息,从而为科技服务提供基础。在长江上游沿江地区的工业环境风险动态监测中,除了对水、土、气、生等风险生态进行监测外,也应对岸线生态系统、岸线人居环境等开展常规观测。从而为长江上游沿江工业环境风险动态监测提供一个系统优化管理的示范样板,为相关部门提供科学依据和决策支持。

①大气环境监测。

长江上游沿江地区布局有中国重要的工业基地,其工业发展对当地大气环境带来了一定的风险。且该地区的工业发展较为集中,涵盖了多个重要行业,如采矿业、制造业和电力、热力燃气及水生产和供应业等。这些行业的生产过程中往往会产生大量的气体排放和粉尘排放,对大气环境造成一定的影响。此外,长江上游沿江地区地势较为开阔,气象条件多变,也增加了大气污染的复杂性和难度。长江上游沿江工业环境风险动态监测是确保工业区环境质量的重要手段之一,大气环境监测是其中的关键环节。通过监测大气中的污染物含量和空气质量指标,能够及时了解沿江工业区大气环境状况,为环境管理和治理提供科学依据。

在长江上游沿江工业环境风险动态监测中的大气环境监测中,主要包括以下内容:

第一,监测点的选择和布置。根据沿江工业区的分布情况和环境风险特征,合理确定监测点的位置和数量,优先考虑高污染类或本研究所评估的高风险行业附近及影响区域。监测点的选择应包括不同类型的工业企业、不同污染源的覆盖范围，以及沿江上下游的代表性地点，以全面反映大气环境质量状况。

第二，监测参数的确定。大气环境监测需要关注的参数包括但不限于颗粒物浓度、二氧化硫、氮氧化物、挥发性有机物等污染物的浓度和气象要素如温度、湿度、风速等。根据国家标准和监测要求，选择合适的监测方法和仪器设备，确保数据的准确性和可比性。

第三，数据采集与分析。这是大气环境监测的核心工作。监测仪器应定期校准和维护，确保数据的可靠性。监测数据需要按照规定的频率进行采集，并及时进行数据质量控制和评估。通过对数据进行分析，可以了解大气环境污染的时空分布特征，为环境管理部门提供科学依据。

第四，监测结果的报告和应用。监测结果应及时进行整理、分析和报告，形成具有科学价值的监测报告。同时，监测结果还可以用于评估环境风险，制定相应的环境管理措施，提高沿江工业区大气环境质量，保障人民群众的身体健康。

大气环境监测在长江上游沿江工业环境风险动态监测中扮演着重要角色。通过合理选择监测点、确定监测参数、进行数据采集与分析，并将监测结果及时报告和应用，能够全面了解大气环境质量状况，为环境保护和管理提供科学依据。

②生物观测系统。

长江流经多处自然保护区，流域中生物多样性高，通过监测系统的生物观测模块能有效监测和评估沿江工业环境的环境风险。通过监测沿江生态系统中的生物多样性、生物群落结构和生物指标等关键参数，生态观测可以提供对环境风险的敏感监测。生物多样性是生态系统健康的重要指标，通过对鸟类、鱼类、昆虫等物种的调查和监测，可以了解生物多样性的变化情况，从而评估环境的质量和可持续性。同时，生物群落结构的变化也可反映出环境负荷和干扰的影响程度。通过监测生物指标，如生物标志物、生物累积物等，可以及时发现环境中的污染物，提前预警和防范环境风险。

在长江上游沿江工业环境风险动态监测中的生物观测系统中，主要包括以下内容。

第一,确定监测站点。根据长江上游沿江工业分布情况,选择代表性的监测站点,包括工业区域、农田和自然保护区等。确保站点分布均匀,能够全面反映沿江工业环境的风险情况。

第二,选择生物指标。根据长江上游沿江工业环境的特点,选择适合的生物指标进行监测。例如,可以选择浮游植物、底栖动物和鱼类等作为指标,这些生物群落对环境变化敏感,并能够反映水体质量和生态系统的健康状况。

第三,制定监测方法。根据选择的生物指标,制定相应的监测方法。例如,可以采用现场采样和实验室分析相结合的方式,对水样中的生物进行定量和定性分析。同时,还可以利用遥感技术获取生态系统的空间分布和动态变化情况。

第四,确定监测频次。根据监测目的和资源情况,确定监测频次。长江上游沿江工业环境风险动态监测需要定期进行,以便及时掌握环境风险的变化趋势。监测频次可以根据季节变化、污染事件和政策要求等因素进行调整。

第五,数据分析和报告。对监测数据进行空间统计分析和解读,评估生物指标的变化趋势和环境风险水平。根据分析结果,撰写监测报告,提供给相关部门和决策者参考,为保护长江上游沿江工业环境提供科学依据和决策支持。

通过建立沿江重要生态节点的生物观测站点网络,可以实现对沿江地区全方位、多尺度的生物监测。这些生物观测站点的布设不仅将覆盖长江上游沿江地区的主要工业园区和重要水域,还包括陆地和水域的生态要素,从而全面了解生态系统的动态变化。通过定期监测和数据分析,可以及时掌握沿江工业环境的变化趋势,并提供科学依据和参考,指导环境保护和管理工作。

③水文、水环境监测。

水文监测是指对长江上游沿江地区水文要素(如水位、流量、降水等)进行持续观测和数据采集的过程。水环境监测则是对长江上游沿江地区水体质量、水生态系统和水环境参数进行跟踪和评估。在长江上游沿江工业环境风险动态监测中,水文和水环境监测起着至关重要的作用,监测范围涵盖长江上游两岸水域及沿江工业排放区域。首先,水文监测可以提供关键的数据支持,帮助我们了解长江上游沿江地区水文特征和变化趋势。通过对水位和流量的监测,可以掌握长江上游沿江地区的水资源供需状况,为水资源管理和调度提供依据。同时，水文监测还可以用于预测洪水和干旱等自然灾害，为防灾减灾工作提供重要参考。其次，水环境监测有助于评估长江上游沿江地区的水体质量和水生态系统健康状况。通过监测水体中的各种物理、化学和生物指标，能够了解水体的污染程度和污染源，及时发现和解决水环境问题。水环境监测还可以评估沿江地区生态系统的稳定性和健康性，为保护和恢复长江上游沿江的生态环境提供科学依据。

在长江上游沿江工业环境风险动态监测中的水文、水环境监测中，主要包括以下内容：

第一，制定监测目标。明确监测的目的和范围，包括监测的时间、空间范围，以及监测的指标和参数。例如，可以确定监测范围为长江上游100公里的沿江地区和沿江工业排放区域2km范围，监测的指标包括水位、流速、水质等。

第二，确定监测点位。根据监测目标和范围，在长江上游沿江选择一定数量的监测点位。这些监测点位应该具有代表性，能够反映该地区的水文、水环境状况。监测点位的选择可以依据地理、水文等因素进行综合考虑。

第三，配置监测设备。根据监测指标和参数的要求，选择合适的监测设备。例如，可以使用水位计、流速计、水质监测仪等设备，用于实时监测和记录水文、水环境数据。同时，还需要考虑设备的稳定性、准确性和可靠性。

第四，建立监测网络。将配置好的监测设备布设在选择的监测点位上，并与数据采集系统相连。通过建立监测网络，可以实现对不同地点、不同时间的数据采集和传输。数据采集系统可以使用远程监控技术，实现远程实时监测和数据管理。

第五，数据处理与分析。采集到的水文、水环境数据需要进行处理和分析，以提取有价值的信息。可以使用数据处理软件和分析模型，对数据进行质量控制、空间统计分析等处理。同时，还可以将数据与历史数据进行比较，分析水文、水环境的变化趋势和规律。

在水文和水环境监测工作中，需要关注的内容包括但不限于：水位、流量、降水量、水温、溶解氧、pH值、悬浮物、营养盐、重金属、有机物等指标的监测与分析。此外，还需要密切关注长江上游沿江地区的重点工业企业和排污口的监测，确保其排放的废水符合相关标准和要求。通过水文和水环境监测，可以及时了解水资源状况、预测自然灾害、评估水体质量和生态系统健康状况，为保护和管理长江上游沿江地区的水环境提供科学依据。

④土壤监测。

长江上游沿江工业环境风险动态监测中的土壤监测，旨在全面了解土壤的质量状况，及时发现和预警潜在的环境风险，为环境保护和可持续发展提供科学依据。土壤监测作为环境保护的重要组成部分，具有极其重要的意义。首先，土壤监测可以帮助判断工业活动对土壤环境的影响。长江上游沿江的工业门类众多，如采矿业、制造业、建筑业等，这些行业或多或少会对土壤造成污染，其中涉及的污染物种类也繁多，如重金属、有机物等。通过定期对土壤进行监测，可以了解这些污染物的累积情况、迁移路径和分布范围，从而准确评估工业活动对土壤环境的潜在影响。只有了解问题的根源，才能有针对性地制定环境保护和治理措施，确保土壤质量得到有效保护。其次，土壤监测有助于掌握土壤环境污染的动态变化。随着工业的发展，土壤环境污染的状况也会发生变化。通过建立土壤监测网络，可以对不同区域的土壤进行定期采样和分析，监测土壤中污染物的浓度和变化趋势。这样可以及时发现污染源、排查污染物的扩散范围，为环境风险的防控提供科学依据。只有及时掌握土壤污染的动态变化，才能采取相应的措施，防止污染问题进一步扩大和加剧。最后，土壤监测还可以为环境风险评估提供重要数据支持。通过对土壤样品进行分析，可以获得大量的环境数据，如污染物浓度、土壤质地、pH值等。这些数据可以用于评估土壤质量、判断土壤环境是否符合环境标准，从而为环境风险评估提供科学依据。

在长江上游沿江工业环境风险动态监测中的土壤监测中，主要包括以下内容：

第一，确定监测目标和监测要素。在设计土壤监测方案之前，需要明确监测的目标和要素。根据长江上游沿江地区的工业门类分布特点和可能产生的污染物，可以选择监测土壤中的重金属、有机污染物、pH值等关键要素。

第二，确定监测点位和监测频次。根据环境风险分布情况和工业活动的类型，需要选择一定数量的监测点位。这些点位应该覆盖不同类型的工业区域，并考虑到土壤类型、地形地貌等因素。监测频次应根据工业活动的特点和风险程度来确定，一般应该在每年进行定期监测。

第三，确定监测方法和指标。根据监测要素的特点，选择合适的监测方法和指标。例如，可以使用土壤采样和化学分析方法来监测重金属的含量，使用气相色谱－质谱联用方法来监测有机污染物的浓度。同时，还需要参考相关的土壤环境质量标准，将监测结果与标准进行比较，以评估土壤环境的风险程度。

第四，制定监测计划和实施监测。根据监测点位和监测频次，制订具体的监测计划。监测计划应包括监测时间、监测方法、监测人员和监测设备等要素。在实施监测时，需要确保采样和分析的准确性和可靠性，同时记录监测过程中的关键信息。

第五，数据分析和评估。收集到的监测数据需要进行空间统计和分析，以得出土壤环境的状况和变化趋势。可以使用空间统计软件或专业分析方法进行数据处理，得出监测点位之间的差异性和整体的环境风险情况。根据评估结果，可以制定相应的环境保护措施和风险管控策略。

通过对土壤质量的监测，可以了解工业活动对土壤环境的影响，掌握土壤环境污染的动态变化，为环境保护和可持续发展提供科学依据。因此，在长江上游沿江的工业发展中，应加强土壤监测工作，确保工业活动与环境保护相协调，实现经济发展与生态环境的良性循环。

（2）数据采集与处理

为了有效地评估和管理沿江工业区的环境风险，数据采集与处理成为关键的环节。数据采集是整个监测过程中不可或缺的步骤。在长江上游沿江工业生产区域，涉及的监测站点分布广泛，这些站点设置在各类重点工业企业周边以及可能产生污染的区域。监测站点的选择旨在全面覆盖工业区域，并考虑到不同类型的工业活动对环境的影响，通过在长江上游沿江地区布设一系列传感器，监测空气质量、水质、土壤污染等环境指标。这些传感器能够实时采集数据，并将数据传输到数据处理平台。为了确保数据的准确性和可靠性，采集设备需要经过严格的校准和维护，监测站点也需要定期巡检和维护。

数据处理是数据采集后的重要工作。采集到的原始数据需要进行处理和分析，以获得有关工业环境风险的详细信息。在数据处理方面，拟采用先进的处理平台，如人工智能技术、大数据分析等。通过这些平台，可以对采集到的数据进行清洗、整理和分析，提取有关工业环境风险的关键信息。同时，还可以通过模型建立和预测，为决策提供科学依据。数据清洗是指对采集到的数据进行筛选和去除异常值，以确保数据的准确性和完整性。数据校验是对清洗后的数据进行验证，以确保数据的可靠性和一致性。为了更好地管理和利用这些海量数据，以方便后续的查询和使用，拟采用云平台进行数据存储和使用。云平台具有高效、安全、可扩展的特点，可以满足数据存储和处理需求。通过云平台，可以实现数据的远程访问、共享和备份，提高数据的利用价值和安全性。数据分析是根据采集到的数据进行空间统计和趋势分析，以评估工业环境风险的变化和趋势。

数据采集与处理的结果将为决策者提供重要的参考依据。通过对长江上游沿江工业环境风险动态监测数据的采集和处理，可以及时了解工业区域的环境状况，及时发现潜在的环境风险，并采取相应的措施进行治理和管理。同时，数据采集与处理也为相关研究提供了宝贵的数据资源，有助于深入研究工业环境风险的形成机制和影响因素。

（3）风险评估模型

风险评估是一种系统性的方法，用于识别和评估潜在风险对环境和人类健康的影响。在长江上游的沿江地区，工业活动可能产生各种风险，包括污染物排放、土壤和水体污染、噪音和振动等。这些风险可能对当地生态系统和居民的健康造成严重危害，因此建立一个有效的风险评估模型对于监测和管理沿江工业环境风险至关重要。这个模型应该能够收集和整合大量的数据，包括工业企业的排放情况、土壤和水体的质量、生态系统的健康等。通过对这些数据进行分析和评估，可以识别出潜在的风险源和其对环境的影响程度。

设计风险评估模型的首要任务是建立一个可靠的框架，以监测长江上游沿江工业环境风险的动态变化。该模型的设计方案应包括以下几个关键步骤。

第一，需要对沿江工业环境风险的特征进行全面的分析和理解。这包括但不限于工业等级分类和点位分布以及三类风险受体的分布情况，这可以通过收集和分析历史数据、文献研究和专家咨询等方式来实现。这些数据和信息将被用来确定可能的风险源、风险事件和潜在影响，为后续的模型设计提供依据。

第二，需要确定适用于长江上游沿江工业环境风险评估的指标体系。这些指标应涵盖环境风险的各个方面，如水质、大气污染、土壤污染等。指标的选择应基于科学性、可操作性和数据可得性的原则，并经过专家论证和实地调研的验证。

第三，还需要建立一个可靠的风险评估模型。该模型应综合考虑各项指标的权重和相互关系，以量化风险水平并进行风险等级划分。常用的风险评估方法包括层次分析法、模糊综合评价法和灰色关联分析法等，选择合适的方法应考虑到模型的准确性、实用性和适应性。在建立风险评估模型后，需要进行模型的验证和优化。这可以通过与实际观测数据的对比和专家评估的反馈来实现。如果模型的预测结果与实际情况相符，说明该模型具有较高的可靠性和准确性。然而，如果模型存在偏差或不足之处，需要对模型进行调整和改进，以提高其预测能力和实用性。

第四，应将设计好的风险评估模型应用于长江上游沿江工业环境风险的实际监测中。通过定期的数据采集和模型分析，可以及时监测和评估工业环境风险的动态变化，为环境保护和风险管理提供科学依据和决策支持。

风险评估模型还应考虑到各种不确定性因素，如气候变化、自然灾害等。这些因素可能导致风险的变化，并对环境和人类健康产生更大的影响。因此，模型应该能够预测潜在风险的变化趋势，并及时采取相应的措施来减轻风险。同时，还应该具备信息传递和决策支持的功能。它应该能够将评估结果以可视化、易于理解的方式呈现给政府、企业和公众。相关方法可以更好地了解沿江工业环境风险的状况，并采取相应的措施来保护环境和人类健康。

（4）预警系统

基于风险评估结果，拟设计并建立一套工业环境风险的预警系统，能够及时发现和预警工业环境风险的可能发生，以便及时采取相应的措施。预警系统可以及时发现和监测沿江工业环境风险的动态变化。通过实时收集和分析沿江工业区的污染物排放、环境指标和水质数据等信息，预警系统能够对潜在的环境风险进行快速识别和评估。

预警系统的建立，需要考虑到以下几个方面。

第一，系统应该具备良好的数据收集和处理能力。通过安装传感器和监测设备，可以实时获取长江上游沿江工业区的环境数据，包括水质、空气质量、噪音等指标。同时，系统需要具备强大的数据处理和分析能力，能够对大量数据进行快速、准确地处理，提取关键信息和趋势。

第二，预警系统需要建立合适的指标体系。根据长江上游沿江工业区的特点和环境风险的特征，可以确定一些关键指标，如水质指数、空气质量指数等，作为预警系统的基本指标。通过对这些指标的监测和分析，可以及时发现环境风险的变化，提前采取相应的措施。

第三，预警系统需要建立合适的指标体系。根据长江上游沿江工业区的特点和环境风险的特征，可以确定一些关键指标，如水质指数、空气质量指数等，作为预警系统的基本指标。通过对这些指标的监测和分析，可以及时发现环境风险的变化，提前采取相应的措施。

第四，预警系统需要建立健全的反馈和应急机制。一旦预警系统发出预警信号，需要及时将信息传递给相关部门和企业，以便他们能够采取相应的措施。同时，预警系统还应该建立一套完善的应急机制，包括应急预案、应急处置措施等，以应对突发环境事件的发生。

设计一个专业的长江上游沿江工业环境风险动态监测中的预警系统，需要考虑数据收集和处理能力、指标体系的建立、预警模型的准确性和应急机制的完善。通过科学的设计和合理的应用，不仅可以有效地提高长江上游沿江工业环境风险的监测和管理水平，保护长江流域的生态环境，同时提前预警环境风险，防范污染和生态破坏，进一步增强应对突发环境事件的能力，促进可持续发展。

（5）防控措施

根据风险评估和预警结果，设计并实施一系列工业环境风险防控措施，包括限制排放、加强监管、提升治理能力等方面，以减少和防止工业环境风险的发生。防控措施的具体内容包括以下几个方面：

第一，应建立一个完善的监测网络，覆盖长江上游沿江地区。该网络应包括传感器、监测设备和数据采集系统，实时监测污染物排放、水质、大气污染等环境指标，并将数据传输到中央数据库。监测网络的建立将为环境监测和风险评估提供可靠的数据支持。

第二，应建立一个统一的监测平台，用于数据分析和风险评估。这个平台可以整合来自各个监测点的数据，并进行实时分析和预警。通过对数据进行模型分析和预测，可以及时发现环境风险隐患，并采取相应的应对措施。

第三，应建立一个权威的监管机构，负责监测网络的管理和数据的发布。该机构应具备专业的技术团队和权威的专家，负责监测网络的运维和数据的解读。同时，该机构还应定期发布监测数据和环境风险评估报告，向社会公众和决策者提供准确的环境信息，引导工业企业合规生产和环境保护。

第四，还应加强与工业企业的合作，推动工业环境风险预防。通过与企业进行合作，可以共同制定并实施环境保护措施，减少污染物排放和环境风险。同时，还应加大对企业的监督和执法力度，对违规排放行为进行严厉打击，确保企业遵守环境法律法规。

长江上游沿江工业环境风险动态监测的防控措施包括建立监测网络、建立监测平台、建立监管机构和加强与企业的合作等。这些措施将有助于实现长江上游沿江工业发展和环境保护的良性循环，为长江流域的生态安全和可持续发展作出贡献。

长江上游流域是我国重要的生态屏障和水资源供应区域，保护长江上游的环境安全对于保障长江经济带的可持续发展具有重大的现实意义。长江上游沿江的工业污染源众多，传统的环境监测手段难以覆盖全面，通过建设动态监测系统，可以实时、全面地监测工业污染源的排放情况，提升环境监测的能力。此外，动态监测系统可以通过数据分析和模型预测，及时发现环境风险的迹象和异常情况，提前预警，减少环境事故的发生，降低环境风险。除了提前预警，动态监测系统还可以为环保部门和企业提供准确的数据支持，帮助制定科学的环境保护政策和防控措施。通过对监测数据的分析，可以找出环境风险的主要来源和污染物排放的关键环节，有针对性地采取措施，提高环境治理的效果。

长江上游沿江地区也是我国重要的生态保护区及经济发展热点区域，通过建设工业环境风险动态监测及防控系统，可以有效监测工业活动对生态环境的影响，保护生态环境的同时，也能够推动生态经济的发展，实现经济与环境的双赢。而且，长江上游沿江涉及多个省份和行政区域，建设动态监测系统需要各方共同努力，促进区域间的合作与协调。这将有助于加强区域治理体系的建设，提升长江上游沿江的环境保护水平，促进区域协同发展。

7.3 长江上游沿江环境风险跨域协同治理策略

通过本研究，进一步在微观层面厘清了长江上游沿江各省市敏感区分布和河流水系、自然保护区、居住设施等三类主要风险受体的受胁迫程度，并从宏观尺度上基于生态功能区划及生态保护红线区划构建了长江上游沿江工业风险地图，准确识别了长江上游沿江工业环境风险的影响范围、影响对象，为工业环境风险防范提供了基础数据支持，同时提出了工业环境风险动态监测的系统思路。但为了充分发挥这些数据的价值，我们需要在管理层面和组织层面进行进一步的深化、协作。这包括但不限于制定更为有效的政策指导、优化风险管理流程、加强技术创新和应用，以及提高跨部门间的协调与合作。因此，基于目前长江上游沿江"重化工围江"和工业环境风险识别与防范存在的一系列问题，依托现有长江流域协调机制，本研究从目标协同、区域协同、制度协同、治理协同、技术协同、部门协同六个方面提出长江上游沿江工业环境风险防控和治理的协同策略。

7.3.1 坚持流域"一盘棋"，优化环境风险治理顶层设计（目标协同）

推动长江经济带发展是以习近平同志为核心的党中央作出的重大决策，是关系国家发展全局的重大战略。在推进长江经济带发展国家战略进程中，加强长江流域水资源环境保护和水污染防治同样十分重要，特别是长江流域中生态环境最脆弱、最敏感的上游流域。长江上游流域协同治理是一个复杂而庞大的系统工程，其顶层设计的完善程度对于整个治理过程的有效性和可持续性具有重要影响。然而目前还存在如下问题：第一，既有的协同政策系统性不足。"十四五"时期，国务院各部门联动，围绕长江流域共发布了多项相关规划政策,形成了以《"十四五"长江经济带发展实施方案》为统领,以综合交通运输体系规划和环境污染治理"4+1"工程、湿地保护、塑料污染治理、重要支流系统保护修复等系列专项实施方案为支撑的"十四五"长江经济带发展"1+N"规划政策体系。尽管针对长江流域生态环境保护已在多个领域出台了多项政策文件,针对性较强,但系统性较为缺乏,具体到上游流域同样如此。此外,河长制、水污染防治法等政策文件中侧重点也有所不同,缺乏有机结合和科学衔接。第二,协同治理的法律法规不够完善。《中华人民共和国水法》《长江保护法》等法律条例中对实行流域管理与区域管理相结合、建立长江流域协调机制和地方协作机制等进行了明确规定。但目前关于长江流域协同治理方面的法律法规仍存在着不足:一是现有法律没有对跨区域合作进行明确规定,地区间协同立法的法律依据不足;二是对于流域协调机制的相关规定操作性较差,难以在具体实施中发挥很好的效用。第三,上游整体的环境风险防控机制尚不健全。对于长江上游等重点流域而言,其作为重要的生态屏障,生态系统重要性、脆弱性同样突出,环境风险防控的责任更重、压力更大,而目前覆盖长江上游流域整体的上游环境风险协同防控机制尚不健全。现有的协防协控体系多集中在局域,如川江段,川渝两地实施的川渝跨界水源地风险联合防控体系等,以及单一风险类型防控,如危险废物(上游四省市危险废物联防联控机制协议等),涉及上游整体、多要素的环境风险防控协作机制缺乏。

为全面推进流域联防联控联治,本研究提出如下建议。第一,积极贯彻系统性治理理论。强化流域环境风险治理顶层设计,明确总体目标和具体指标体系,把系统性、整体性思想融入长江经济带生态环境治理,构建整体性、协同性的治理框架,推进资源保护、污染防治、生态环境修复和绿色发展,实现生态、经济和社会效益有机统一。明确以保护修复长江生态环境为首要目标,推进中下游、江河湖库、左右岸、干支流协同治理。明确协同共治任务,全力推进水质污染共治、水面漂浮共治、违法行为共治、淤积堵塞共治、河湖生态共治等五项任务。强化流域统一规划、统一治理、统一调度、统一管理,推进流域联防联控联治,一体提升流域水利管理能力和水平。第二,完善流域协同治理法律法规。全面贯彻实施《长江保护法》,加强岸线和生态环境资源的管控和规划,加强地方开展立法协作的法律依据,增加有关区域协同立法的内容。

完善长江流域协调机制的有关规定,明确协调内容、范围、职责等;深化国家协调机制与地方协作机制的实施细则,以此发挥协调机制与协作机制在流域生态环境协同治理中的作用,明确协调机制与河湖长制如何有效衔接,落实行政区涉水部门责任分工,强化流域属地管理和自然要素协同管理。第三,制定统一生态保护标准和管理措施。相关职能部门应制定流域生态保护的总体规划和实施细则,明确统一的流域治理目标以及具体的指标评价体系,制订更加严格的污染物排放标准和环保准入制度,形成保护优先、结构优化的局面。建立流域水质自动监测系统和专业的生态环境评估机构,按照一定的周期对长江干流及其重要支流实施全面监测,以便及时掌握环境治理和风险防范状况并作出相应调整。

7.3.2 完善联防联控机制,建立多省跨域协调联动格局(区域协同)

长江上游流域涵盖了多个省份和直辖市,其治理工作涉及的点多、面广、线长,各部门之间缺乏有效的协调和合作机制,往往容易导致信息孤岛、责任推诿、利益博弈等问题,表现出"条块分割、部门分割、多头管理、分散管理"的特征,这对长江上游流域生态环境保护和综合治理效果产生了不利影响。首先,区域行政分割与职能交叉导致流域统一管理无法实施。条块分割和部门分割导致了长江上游流域各个地区和不同部门之间的沟通和协调困难,难以实现工业环境风险监测体系与标准的统一,以及各部门间的信息共享、数据共享。流域政府纵向之间协调机制比较顺畅,但横(斜)向省级政府之间协调难度大。其次,现有流域管理机构职能单一,难以有效承担跨部门、跨区域的综合协调任务。目前长江流域水利委员会、流域水资源保护局两个层级的机构主要以水利管理为主,职能较为单一,无法根据流域实际污染情况和环境风险程度进行综合管理,且对各地区、各省市的监督职能有限,难以有效在多个部门和地区间协调工作。最后,多头管理和分散管理还可能导致流域内资源的浪费和重复建设现象。由于长江上游流域跨越多个省份和部门,多头管理、分散管理下不同地区可能采取不同的资源利用方式和标准,容易造成资源的低效利用和重复开发。此外,不同地区和部门之间可能存在治理目标的冲突,这种目标冲突会导致资源分配的不均衡和治理工作的难度增加。

为破解流域"九龙治水""各自为政"的条块型传统治理模式,理顺部门与部门、流域与区域、区域与区域之间的关系,建立起多省跨域、整体联动的协调联动格局,应从以下几个方面来完善跨界联防联控机制,促进区域协调联动。第一,完善一体化防控机制。围绕长江流域环境风险防控的重中之重,构建上游流域环境风险防控一体化工作机制。明确各级政府及其有关部门、各级河湖长一体化防控机制的责任,并通过"赋分考评"等方式对各级河长进行考核,因地制宜、因时制宜,积极推动相关协作工作落地生根。第二,实现各部门间信息的共采、共治、共传、共享、共用。首先要建立跨省的环境信息共享平台,并通过该平台建立统一的数据标准、信息采集机制和共享规则,促进各部门之间的信息交流和合作,从而实现全面、高效、便捷的信息共享与利用。同时,通过建立数据共享机制和权限管理系统,确保不同部门可以按照权限获取所需数据,并保护敏感信息的安全性和隐私性。建立环境监测网络和监测站点,收集环境数据和监测结果。同时,加强与气象、水利等部门的协作,共享天气、水文等信息数据,提前预警可能发生的环境事件。第三,建立沿江地区的环境应急响应机制。首先,各省市应明确负责环境应急响应工作的主管部门,并设立专门机构或部门负责具体实施。建立应急处置队伍,培养专业的环境应急救援队伍,提供必要的培训和技术支持,确保其具备处理各类环境应急事件的能力。其次,建立健全环境应急物资储备体系,包括应急救援设备、防护装备、治理材料等,以便在紧急情况下能够迅速调动资源进行处置。加强应急演练和评估,提高应急响应能力。定期组织应急演练,模拟各类环境应急事件,测试各级应急机构和人员的应急处置能力。并对演练结果进行评估和总结,发现问题并及时进行整改和提升。通过不断地演练和评估,不断完善应急响应机制,提高对突发环境事件的应对水平。

7.3.3 强化体制机制创新,健全环境保护综合协调机制(机制协同)

长江上游流域生态环境治理缺乏统一的管理机制和协调机制,导致各地区各行业之间责任分散和利益冲突,难以形成合力。一是流域差异化管理机制有待完善。由于长江上游沿江涵盖了不同的地理、经济、社会和生态条件,各个地区在水资源利用、环境保护等方面存在显著差异。然而,目前的管理机制缺乏针对不同地区差异的政策制定,未能充分考虑和满足各地区的实际需求。差异化管理需要根据各地区的实际情况制定相应的监管和执法措施,然而,现有监管体系和法律法规并没有充分考虑差异化管理的需求,导致一些地区的管理规范不够精细化和有效性。二是生态补偿机制不够健全。长江上游流域跨省域的流域生态补偿机制涉及的相关利益主体数量较多且性质不同,因此其构建难度大,协调难度高,存在生态补偿效率不高,注重局部发展等问题。目前长江流域横向的生态补偿机制多是通过流域内相邻省份之间协商方式开展,更多侧重于区域政府间的协调,缺乏流域层面的整体统筹,碎片化特点突出,并未形成流域一体化的生态补偿机制。三是利益共享机制程序仍需提高。长江上游各省市之间具有不同的经济发展水平和资源禀赋,当前的利益共享机制在利益共享方面缺乏统一的规则和标准,未能很好地解决各地区之间的利益分配不平衡问题,导致一些地区相对处于劣势地位,难以公平分享流域发展带来的利益。另外公众和社会组织在决策制定过程中的参与度不高,各方之间的利益诉求可能存在冲突,难以实现广泛的利益协商和民主决策,影响利益共享机制的有效运行。

针对上述问题,本研究提出以下建议。第一,制定差异化的管理机制。针对每个流域的地理、气候、土壤、生态环境等特点,进行全面分析和评估,了解不同流域的水资源状况、生态环境问题、社会经济发展需求等,建立适合于各流域自身特点的管理机制。建立完善的流域水资源监测和评估体系,对不同流域的水资源状况、生态环境状况等进行监测和评估。根据监测结果,及时调整和修正差异化管理策略,确保管理措施的有效性和可持续性。第二,完善生态补偿机制。首先,建立健全生态补偿的法律法规框架,明确生态补偿的范围、补偿标准、补偿方式和补偿程序,明确责任主体和权责关系。同时加大生态保护补偿力度,按照"谁受益、谁补偿"的原则,探索长江上游各省市开发地区、受益地区与生态保护地区横向生态保护补偿机制试点,建立相邻地区之间的差异化考核方案,进一步完善生态保护补偿经济制度。其次,建立专项基金，用于生态修复、生物多样性保护、生态环境监测等生态补偿项目，并健全生态补偿项目的监督和评估机制，确保补偿资金使用的透明度和效果，及时调整和修订补偿标准和措施，根据补偿效果进行动态调整，以保证生态补偿的长效性和可持续性。第三，强化利益共享机制。推广公私合作（Public - Private - Partnership，PPP）模式，通过与各类企事业单位共建项目，实现资源共享、风险分担和利益共享。建立明确的利益分享政策和机制，包括确定资源开发、生态补偿、生态税收等方面的具体政策，确保生态保护利益可以在不同利益相关方之间公平合理地分配。建立统一的利益分配规则和标准，明确各方的权利和义务，提高利益共享的透明度和可预见性。建立有效的公众参与机制及多层次、多方参与的协商机制，增加公众和社会组织在利益共享决策过程中的参与度，充分听取各方意见和建议，增强决策的公正性和可接受性。

7.3.4 强化"点面源"综合管控，创新流域综合管理模式（治理协同）

长江上游流域目前仍面临着一系列点源和面源污染的问题。首先，点源污染。点源污染通常是指有明确定位的固定污染源，如工业企业、城市污水处理厂、矿山、发电厂等，这些污染源通常会排放大量废气、废水或固体废物，对周围环境造成负面影响。工业企业通常是点源污染的主要来源之一。其次，面源污染。面源污染则主要来自以下3个方面：一是农业面源污染，包括农业化肥和农药的使用、养殖业废水排放等，这些来源污染物会通过农田渗漏、径流等方式进入河流水体，对水生态环境和人类健康带来影响。二是城市面源污染，主要来自城市雨水的径流、垃圾处理、废水排放等，这些污染物会通过市政排放口、河流支流等方式进入长江流域，造成水污染。三是交通运输面源污染，主要来自车辆尾气、道路扬尘、垃圾运输等，这些污染物会通过空气和道路表面进入河流水体。

为了缓解上述长江上游沿江点、面源污染问题，需要采取一系列措施强化对"点面源"污染的综合管控。第一，小流域综合治理。以上游地区小流域为单元，通过对小流域内的水文、地形、土壤等自然条件全面了解，结合环境监测数据和环境污染情况,采取针对性的措施,进行系统治理、综合治理及源头治理。在系统治理方面,通过科学的流域规划,可以合理划定不同功能区域,明确保护和开发的边界,同时考虑水资源、生态环境、农业、工业等多个因素的协调发展。此外,还可以采取生态工程手段,如湿地恢复、植被修复和河道整治等,改善流域的水循环和生态系统功能,减少洪涝灾害和水污染的风险。在综合治理方面,需要各部门和相关利益方的协同参与,政府、科研机构、社会组织和企业等应加强合作,形成联防联治的工作机制。在源头治理方面,应注重减少环境风险的发生和蔓延。加强对流域单元内重点行业和企业的监管,建立严格的环境准入制度,并推动清洁生产、节能减排和废弃物处理等低碳技术的运用。第二,流域一体化治理。以流域作为整体,将流域内各个区域和要素进行有机整合,促进水资源的合理分配和生态环境的协同治理。开展流域的综合评估和规划工作,明确不同地区和部门的责任与权限,形成多方合作的工作机制。建立健全的流域管理机构和协调机制,促进信息共享、资源整合和政策衔接,实现流域内各项治理措施的协同推进。制定严格的工业废水和废气排放标准,强化对工业企业的监管和执法力度,促使其采取减排措施,防止面源污染物进入水体和大气中。第三,重点行业污染治理。鼓励和引导重点污染行业采用清洁生产技术和节能减排措施。向企业提供财政支持和税收优惠等激励机制,引导企业进行技术改造和装备更新,推动清洁生产工艺和设备的应用,提高资源利用效率和环境风险控制能力。加强对重点行业的数据监控和共享,建立完善在线监测系统,实时监测重点行业的污染排放情况。明确重点行业的环境标准和排放限制,通过强制性的环评制度和许可证管理,确保企业污染物排放符合环境要求,并对排放超标的企业进行严厉处罚,形成威慑机制,推动企业依法自觉履行环保责任。

7.3.5 强化科学技术支撑,构建高效智能综合治理体系(技术协同)

长江上游沿江生态环境协同治理涉及的范围广、地区多、部门多,如果缺乏有效的技术支撑和信息共享,就容易因技术和信息壁垒,影响上下联动、地区联动、部门联动效率。因此，要实现流域生态环境治理的协调联动格局，需要加强科学技术创新，为一体化治理提供支撑。第一，构建跨域环境风险识别标准和评价技术体系。组织相关部门开展重点流域、重点生态系统的生态环境风险识别和评价，以明确生态环境风险的类型、分布特征、影响范围等风险信息，实现点、线、面多维空间尺度上的跨域环境风险识别与评价。统筹整合政府、企业、科研院所等信息渠道和数据资源，对流域水环境问题进行分析诊断，选取能够客观反映生态系统状况和潜在风险，并具有科学性、可操作性和适应性的环境风险评价指标，根据环境风险评价的目的和需要，制定相应的风险等级划分标准，并为每个等级确定具体的评价准则。综合考虑多个指标之间的相互关系和综合影响，制定生态环境风险评估标准，同时采用综合评估方法进行环境风险评估，以综合反映环境风险的整体情况。此外，还可以应用定性和定量分析手段，结合专家经验和科学数据，充分运用物联网、大数据、云计算等新技术，联合长江经济带各级重点实验室，建立"长江流域环境大数据平台"，数据共建共享，夯实科学支撑，提高评价结果的科学性和可信度。第二，加大对智能化技术在生态环境治理中的应用。在生态环境治理的各个步骤中，智能化技术的应用均具有重要意义。一是在资源综合利用过程中，人工智能技术的应用发挥重要作用。二是在环境监测过程中，人工智能技术的应用也至关重要。比如在水质监测上就可以利用人工智能技术进行无人机监测和自动监测，对水质数据和状况进行实时监控和上报，从而及时制定环境保护和修复措施。三是在环境预警和应急响应过程中，对于突发环境事件的发生，可以利用人工智能技术进行动态预测和快速响应。比如在灾害监测和预警上，利用传感器、遥感技术、物联网等技术，建立智能监测系统，实时监测环境污染物浓度、水质状况、气象条件等，并通过数据分析和预警模型，提前发现污染源和环境问题，及时采取措施应对。最后，可以利用人工智能技术中的自然语言处理和智能语音识别等技术，通过制定智能化的应用，来为公众提供环境信息查询和公众参与平台，促进公众对环境治理的参与和监督，提高治理的透明度和广泛性。第三，鼓励企业和科研机构开展创新研究。跨域协同治理生态环境，一定要有足够完备的技术支撑以消减信息壁垒。在市场经济中，企业和科研机构是技术进步的重要主体，因此技术的进步离不开发挥企业和科研机构的主动性。为了鼓励企业和科研机构创新，政府可以采取一些措施。首先，加大科技研发投入，强化研发投入主体意识，引导更多的社会资本和金融资本投入到科技创新领域中来。其次，加大对基础研究及产学研激励。狠抓关键核心技术攻关，组织实施新污染物治理基础研究和科技创新专项；推动企业、高校、科研机构深度融合，建立产学研联盟，搭建交流合作平台，促进产学研三方共同参与项目研发、技术转移等活动，整合各方资源，共同开展技术研发和人才培养，定期举办产学研交流会，加强合作关系和信息共享。最后，鼓励科研投入转化为科研成果，加强对高质量科研成果如发明专利的税收优惠力度，提高科研成果的质量以及创新效率。

7.3.6 协调多元主体参与，打造共建共治共享治理格局（部门协同）

长江上游流域的生态治理是一项系统工程，要实现跨区域的协同治理，必须协调好政府、企业、社会公众等多元主体共同参与，由政府单一主导的治理局面逐步转向政府主导、企业主体、社会组织和公众共同参与的生态治理体系。对于长江跨域生态治理，沿江工业污染源的治理是一项重要任务，相关部门要认真落实环境风险防控责任清单，强化分工负责，加强协调联动，形成齐抓共管的强大合力。第一，加强政府政策引导。各级政府出台相关政策加以引导，促使沿江工业企业做出环境保护的决策。对于牺牲部分自身利益而对环境产生正外部性的企业，政府应当适当给予补偿。对于超过污染排放标准的沿江工业企业，可以采取不同程度的惩治措施。第二，完善企业主体责任。企业应强化自身主体责任，树立自我约束意识。通过加强科技投入，提高生产技术水平，推广绿色环保的生产方式，降低污染物排放，实现减少污染风险、预防污染风险。同时，企业还应加强内部管理，建立环保意识，推广节能减排技术，最大限度地减少污染风险。第三，深化全民共同参与。不仅仅是政府和企业，公众参与也是实现生态环保的重要环节，更是环保意识的倡导者和传播者，长江上游生态环境的保护需要政府、企业、社会组织和公众的多元参与。应拓宽公众、社会组织了解参与生态环境保护的渠道，引导更多的人参与到生态环境治理工作中来。公众也可以通过自身的行为，如低碳环保、绿色消费，倡导周围的人，带动更多的人加入生态环保的行列中来。同时，公众也可以通过各种方式，如舆论监督、社会监管和举报，来揭露污染企业的违法行为，推动企业履行环保责任，形成集体环保的力量。

7.4 本章小结

本章以长江流域最敏感、最脆弱、最复杂的生态系统，即长江上游沿江为研究对象，针对长江上游沿江"重化工围江"问题，基于对长江上游沿江工业企业目录、空间分布及其风险评价等基础性认知，从工业企业分布对生态功能区划和生态保护红线区划的影响、风险动态监测及防控系统设计、协同管理政策等方面入手，探索环境风险化解策略，从长江上游沿江工业环境风险的多要素空间识别、风险动态监测与防控及风险协同管理策略三个层面构建长江上游沿江"1+1+1"工业环境风险化解体系。

首先，通过集成生态功能区划与生态红线区划，本研究对工业企业环境风险进行了多要素空间识别。为了更全面地评估长江上游工业企业可能对长江上游流域整体生态环境的影响，本研究在三类重要的微观风险受体识别的基础上，选取了两类关键的宏观图层要素进行研究：生态功能区划和生态红线区划。这两类要素与生态环境的健康和稳定密切相关，对于理解和缓解工业企业对生态环境可能造成的负面影响至关重要。在对生态功能区划的影响方面，本研究结合各级风险工业企业数据和生态功能区划数据，对各类别风险的工业企业分布情况与生态功能区进行空间叠置分析，绘制出 A~E 级风险工业企业在长江上游沿江不同功能区的分布情况。并通过对风险工业企业在不同生态功能区的分布情况进行分析，评估工业企业对不同生态功能区的影响程度，有针对性地开展风险防控和协同管理工作。从整体上看，A 级风险企业（含工业企业）主要分布在农产品提供区、重点城镇群等，其空间分布较为集中；B、C 级风险企业（含工业企业）主要集中分布于长江上游东南，如贵州贵阳、遵义等及川南泸州、内江等地，以及中、北地区，如四川成都、绵阳，及重庆市等。在对生态红线的影响方面，本研究基于3S技术集成，在生态红线矢量化的基础上，将不同等级的风险企业与生态红线区域进行空间叠置分析，以分析工业环境风险的空间分布对生态红线布局的影响，为精准、科学地制定流域工业布局红线、差异化的风险治理政策等提供支撑。从整体上看，长江上游沿江A级风险企业与生态红线划定区的空间邻接最低，而D级企业邻接度最高。以长江上游沿江A级风险工业企业的分布情况为例，在长江上游东、中部和南部的生态保护红线区与A级风险工业企业有一定程度的空间邻接，而西北部邻接程度相对较低。因此，长江上游东部、中部和南部的生态环境风险程度和生态环境敏感性相对较高，在经济活动过程中，必须严格管理和保护该区域，严守该区域的生态保护红线，确保生态环境安全。

其次，基于多要素集成的长江上游沿江工业环境风险动态监测及防控系统的原型系统设计。基于工业企业及其风险的空间分布，及其与生态功能区、生态红线的空间关系认知，本研究从空间静态层面对长江上游沿江工业企业的环境风险进行了分析。但对于工业环境风险防控而言，我们认为仅有静态的风险环境认知是远远不够的，具有实时动态、多要素、多部门的协同参与的风险监测及防控体系至关重要，因此，本研究从设计定位、设计内容等方面对原型系统的构建提出了设想。在报告中，本研究对原型系统的设计定位为致力于监测长江上游沿江的工业活动对环境的影响，并及时预警、防控环境风险。该系统拟依靠先进的环境监测设备、数据分析技术和智能决策支持系统，实时、准确地获取和分析环境数据。从而为科研人员提供丰富的数据资源和研究基础，从而开展环境影响评价、环境修复技术研发等科研工作。同时，该系统还将提供及时的监测结果和预警信息，为区域的决策者提供科学依据，以制定合理的环境保护政策和防控措施。长江上游沿江工业环境风险监测拟利用物联网技术、云计算技术、5G技术和业务模型技术，以数据为核心，把数据获取、传输、处理、分析、决策服务，形成一体化的创新、智慧模式。通过实时监测、精确预警和灵活防控，实现对长江上游沿江地区工业环境风险的全面掌控，形成沿江工业环境风险化解体系，促进可持续发展和生态环境保护。在设计内容方面，本研究围绕常规监测能力、数据采集与处理、风险评估模型、预警系统、防控措施等展开了详细论述。

此外，基于目前长江上游沿江"重化工围江"和工业环境风险识别与防范存在的一系列问题，本章进一步从目标协同、区域协同、制度协同、治理协同、技术协同、部门协同6个方面提出长江上游沿江工业环境风险防控和治理的协同策略。

第 8 章

主要结论、政策建议与讨论

本章主要是通过对前文工业环境风险化解的理论阐释和实证研究进行简要梳理,总结归纳出本研究的主要结论,并结合长江上游沿江工业企业环境风险的研究现状,进一步讨论本研究的不足之处以及对未来展望,为破解长江上游流域"重化工围江"式的工业环境困境提出相应的技术支持及决策建议,以期为后续的研究提供有益启示。

8.1 主要结论

本研究从长江上游沿江"重化工围江"和"工业企业生态环境风险"的重大现实问题出发,立足于解决当前长江上游工业企业生态环境风险空间识别、评价与防范问题,并构建一套多层级跨流域的环境风险识别、评价和防范体系,进一步丰富流域生态环境风险防范体系。本研究基于"资料准备→理论构建→企业分布→风险评价→风险地图构建→风险治理路径"的研究思路,以长江上游沿江各省市的工业企业(不仅局限于工业企业,本研究对具有环境风险的多门类企业均进行了研究)为研究对象,系统摸排了长江上游江段的工业企业空间分布情况、环境风险物质及风险受体等,并基于POI、AOI数据获取,综合运用遥感、空间信息技术和计量分析方法,对长江上游沿江工业企业环境风险进行了系统评价,形成了沿江工业环境风险量化成果及相应的工业环境风险地图,并从准入、监管、生态补偿、跨流域协同等多方着力,构建沿江工业环境风险防范路径。

在主要研究内容方面，第一，报告阐述了本研究的研究背景、研究目的及意义，回顾国内外相关研究进展，在对相关理论进行系统梳理的基础上，阐释了工业布局、工业环境风险、工业区位、工业环境风险化解等相关概念和理论基础，并对国内外工业环境风险评价与风险防范进行了系统分析，探讨工业企业环境风险的定量评价、空间识别、红线划定、协同治理等内容，构建工业环境风险的系统分析框架。第二，基于POI数据、遥感影像数据、企业生产经营数据，结合大数据、深度学习及空间信息技术，构建"流域—工业""政域—工业"的工业分布及工业布局数据"一张图"；宏微观数据相结合，实现长江上游干流左右岸不同距离（缓冲区）的工业企业布局的空间要素表达。第三，结合《企业突发环境事件风险分级方法》《涉及危险化学品安全风险的行业品种目录》等规范文件，基于专家意见，运用AHP，对长江上游沿江15个涉及危险化学品的行业门类的风险企业、风险类别、风险物质等进行了精准识别，构建了长江上游沿江工业企业环境风险的系统评价体系；基于MATLAB与ArcMap 10.4平台开展工业企业环境风险评价，并基于风险类型、作用强度等风险要素综合，进行工业环境风险等级划分。第四，基于空间信息技术，结合工业环境风险评价数据，开展长江上游沿江工业企业风险赋值、风险缓冲区分析、影响范围评价等空间识别及制图；结合水体、人口、自然保护区等环境风险受体与沿江工业企业环境风险图，基于ArcMap 10.4的空间统计及空间分析功能，进行流域、政域等地理分类尺度下的工业环境风险空间识别。第五，本研究不仅从微观角度观察的企业对长江上游沿江环境风险的影响进行了识别，还从长江上游沿江工业环境风险识别、风险动态监测与防控及风险协同管理策略3个层面构建了长江上游沿江"1+1+1"工业环境风险化解体系。

主要研究结论如下：

（1）长江上游沿江工业企业分布具有较高的空间异质性，企业省际分布差异较大，影响企业空间分布的因素存在差异。本研究在前期收集、整理《中国工商企业名录》《中国塑料工业名录》《中国电机制造业厂商名录》《全国化纤企业名录》等70余部全国性企业名录的基础之上，结合最新POI数据（截至2021年1月），经筛选、整理、剔除非存续状态企业等处理，获取了长江上游各省市企业名录数据集，并进行了二次数据挖掘、清洗、整理及赋属性工作，共获取长江上游各省市各类企业数据 1082.65 万条。鉴于名录数据量较大，结合本研究实际，仅筛选企业注册资本大于 100 万元的企业作为研究对象，共获取除云南省外的长江上游流域省市企业数据 782.61 万条。鉴于名录数据量较大，结合本研究实际，仅筛选企业注册资本大于 100 万元的企业作为研究对象，共获取企业 201.40 万例，工业企业 14.00 万条。

从工业企业的布局来看，工业企业数目最多的是四川省，共有 71821 家，占比 43.69%；贵州省拥有的工业企业数量分别为 29065 家，占比 17.68%；其次是重庆市，共有 23920 家工业企业，占比 14.55%；数量最少的是湖北省（上游段），共 15209 家，占比 9.25%。含工业企业在内的所有企业在各省市的分布与工业企业基本一致，四川省分布最多，共有 1139176 家企业，占比 45.76%，湖北省（上游段），共有 50441 家企业，占比 2.03%。在工业企业的沿江布局方面，本研究对长江上游干流左右岸不同缓冲区（0.5km～50km）内的工业企业分布情况进行了统计。结果表明，0.5km 缓冲区内工业企业数量最少，仅有 2469 家，占全部工业企业数量的 2.06%；2km 缓冲区内共有 9465 家工业企业，占比 7.91%；10km 缓冲区内共有 20463 家工业企业，占比 17.11%；50km 缓冲区内工业企业数量最多，共有 40608 家，占比 33.96%。此外，从涵盖工业企业在内的所有企业的分布情况来看，0.5km 缓冲区内共有 39608 家企业，占比 2.59%；2km 缓冲区内共有 138110 家企业，共占比 9.03%；10km 缓冲区内共有 321594 家企业，占比 21.04%；50km 内缓冲区内共有 462764 家企业，占比 30.27%。此外，本研究通过运用地理探测器分析方法，选取影响长江上游沿江工业企业空间布局的 3 个维度的 13 个影响因素构建指标体系，分析了各个因素对不同地区工业企业布局的影响，并讨论了这些影响因素之间的相互作用关系。结果表明：经济条件、人口条件、水网密度与路网密度指标对工业企业及企业影响强度 q 值结果比较接近，对工业企业的影响强度较深。交互探测结果为双因子增强和非线性增强两种类型，任意两个指标交互探测结果 q 值均大于单因子探测结果 q 值。其中海拔高程、年降水量、年均温、距国道距离等在单因子探测结果影响力较低的指标，在和其他因素相互作用后，影响力增强，产生非线性增强。单从长江上游流域整体的 q 值分布来看，经济人口条件（0.55）>地理环境（0.23）>要素距离（0.04），即经济人口条件与地理环境最能解释长江上游沿江工业企业空间集聚及呈现的分异现象。

（2）长江上游沿江风险企业分布呈现出不同的特征，主要表现为空间聚集特征，多中心化特征等。基于文本数据挖掘方法，本研究对长江上游企业目录中的各个企业的业务范围、行业门类等生产经营信息进行提取。并在此基础上，结合国务院安全生产委员会《涉及危险化学品安全风险的行业品种目录》进行企业生产经营中的风险物质、风险类型等进行赋值。结合专家意见，运用AHP法对行业门类相对风险程度进行成对比较，并对相对风险程度进行打分，并对各行业门类、企业的风险等级进行赋值、评估及空间统计、可视化。结果表明，长江上游各级风险企业在空间分布上呈现一定的空间集聚特征，风险企业主要集中于长江上游东北部和南部，西北部的阿坝藏族羌族自治州、甘孜藏族自治州和凉山彝族自治州各级风险企业的分布较少。A级风险企业主要集中于长江上游各省市的省会城市及其中心城区，其中四川省A级风险企业数最多，而D级风险企业的分布最均匀。工业企业的分布特征基本一致。具体到各省市，重庆市各级风险企业中，D级风险企业的数量更多，分布更为均匀，其多中心化的空间分布特征较为突出；其余四个等级的风险企业则在不同程度上呈现出一定的空间集聚特征，主要集中在主城区，各区县分布相对较少。四川省各级风险企业均呈现出一定的空间集聚特征，主要集中在东部，而甘孜藏族自治州、凉山彝族自治州、阿坝藏族羌族自治州等西部地州各级风险企业分布较少。贵州省各级风险企业的空间分布表现为多中心集聚的分布特征，其中，仍以D级敏感区的分布更为均匀。此外，省会城市贵阳市作为全省综合性工业中心，经济发展良好，基础设施完善，是贵州省各级风险企业的主要集聚地。湖北省（上游段）D级风险企业的数量更多，分布更为均匀，而A级风险企业则数量较少，分布更为分散。此外，本研究对长江上游干流左右岸不同缓冲区内的风险工业企业、企业分布进行了空间统计，结果表明，长江上游干流沿江不同缓冲区内各级风险工业企业的数目随着缓冲区半径的增大而递增。其中，0.5km缓冲区内各级风险工业企业数量最少，仅有2469家；50km缓冲区内各级风险工业企业数量最多，共有40608家。此外，从不同风险等级来看，A级风险工业企业在各缓冲区内分布数量最少，仅7580家；B级风险工业企业在各缓冲区内分布数量最多，共 76523 家；其他三个等级风险工业企业数量差距不大，分别为 C 级 13723 家，D 级 10568 家，E 级 11193 家。

（3）长江上游沿江河流水系、自然保护区、居住设施三类风险受体的空间分布特征存在差异。本研究结合专家意见，在参考《行政区域突发环境事件风险评估推荐方法》《建设项目环境风险评价技术导则》《企业突发环境事件风险分级方法》等规范性文件对环境风险敏感要素的分类与分级的基础上，将工业企业环境风险受体中的风险敏感要素确定为河流水系、居住设施、自然保护区 3 类。其中，河流水系按照其风险敏感程度、重要性、自然状态等划分不同级别。居住设施根据居住设施的密度、容纳人口规模、是否有敏感人群等因素进行分级。自然保护区则根据其重要性、生态脆弱性等划分为不同的级别。本研究从微观视角对长江上游工业企业及含工业企业在内的多门类企业的环境风险受体进行了识别，即分别选择了河流水系、居住设施、自然保护区 3 类主要的微观对象进行环境风险受体识别，并明确其敏感区范围。结果表明，从三大微观风险受体的空间分布特征来看，各级河流水系分布范围较为广泛；而与各级居住设施的空间分布不同，自然保护区的分布一般远离各省市的区域政治经济中心及工业、制造业发达的地区，而居住设施则主要分布在这类区域。另外，通过对各个缓冲区的分析和比较，我们发现 2km 的半径是最合理的选择。2km 的半径可以充分覆盖多数包括河流水系、居住设施和自然保护区所有的风险受体，因此，分别构建了 0.05km～2km 不同空间距离的缓冲区，并从长江上游流域整体、各省市的层面对缓冲区内的微观风险受体进行了空间统计及分析。

（4）本研究构建了基于微观视角的长江上游沿江工业环境风险地图，对不同风险等级的工业企业在各级敏感区内的分布进行了空间识别。在河流水系、自然保护区、居住设施等三类主要的微观风险受体空间识别的基础之上，本研究对环境风险敏感区进行了空间分类及识别。风险的敏感程度大小由 A～E 级依次递减，以此确定各类敏感等级区。通过将长江上游沿江各类风险企业与各级敏感区进行空间叠置分析，以获取不同等级风险企业的空间影响范围。其中，长江上游沿江 A 级区域主要分布在长江干流、各省市一些重要支流和长江上游区域内的几个世界自然遗产地及其周边地区；B 级敏感区主要沿长江上游沿江各国家级自然保护区等地分布，此外，在长江沿岸二、三、四级河流周边的城市也是 B 级敏感区空间分布的主要区域；C 级敏感区主要沿长江上游沿江各省级自然保护区及其周边地区分布，同时，长江上游部分五级河流周边也分布着一些 C 级敏感区；D 级敏感区的分布范围较小，其主要沿长江上游沿江内一些市（州）级自然保护区分布；E 级敏感区则主要沿长江上游沿江一些县级自然保护区进行分布。在不同风险等级的工业企业在各级敏感区的空间分布方面，本研究对长江上游流域整体及各省市的分布情况均进行了空间统计及空间可视化。结果表明，在空间分布上，各级风险工业企业主要集中于长江上游沿江各省会城市及中心区域的敏感区内，如四川省成都市、贵州省贵阳市和重庆市主城区等地。以 A 级敏感区为例，在 A 级敏感区中，风险等级越低的区域，各类风险工业企业的分布数量越多。其中，AA 级敏感区内各类风险工业企业的分布最少，共 8203 家；AB 级敏感区内分布各类风险工业企业共 52664 家；AC 级敏感区内分布各类风险工业企业 79434 个；AD 级分布各类风险工业企业 103329 家；AE 级敏感区内各类风险工业企业的分布最多，共有 119519 家。其次，在 AA～AE 敏感区内，B 级风险工业企业在各等级敏感区内分布数量均最多，与其他等级的风险工业企业数目存在巨大差距，共 205681 家；A 级风险工业企业分布的数量均是最少，共 19628 家。在工业企业环境风险评价的基础上，为了更加全面地识别长江上游沿江各行业风险企业在敏感区的空间分布状况，本研究对长江上游沿江涵盖风险工业企业在内的所有风险企业在各级敏感区内的分布也进行了统计、整理及空间呈现。

（5）集成生态功能区划与生态红线区划，本研究对工业企业环境风险进行了多要素空间识别。为了更全面地评估长江上游工业企业可能对长江上游流域整体生态环境的影响，本研究在三类重要的微观风险受体识别的基础上，选取了两类关键的宏观图层要素进行研究：生态功能区划和生态红线区划。这两类要素与生态环境的健康和稳定密切相关，对于理解和缓解工业企业对生态环境可能造成的负面影响至关重要。在对生态功能区划的影响方面，本研究结合各级风险工业企业数据和生态功能区划数据，对各类别风险的工业企业分布情况与生态功能区进行空间分析，绘制出 A～E 级风险工业企业在长江上游沿江不同功能区的分布情况。并通过对风险工业企业在不同生态功能区的分布情况进行分析，评估工业企业对不同生态功能区的影响程度，有针对性地开展风险防控和协同管理工作。从整体上看，A级风险企业（含工业企业）主要分布在农产品提供区、重点城镇群等，其空间分布较为集中；B、C级风险企业（含工业企业）主要集中分布于长江上游东南，如贵州贵阳、遵义等及川南泸州、内江等地，以及中、北部地区，如四川成都、绵阳，及重庆市等。在对生态红线的影响方面，本研究基于3S技术集成，在生态红线矢量化的基础上，将不同等级的风险企业与生态红线区域进行空间叠置分析，以分析工业环境风险的空间分布对生态红线布局的影响，为精准、科学地制定流域工业布局红线、差异化的风险治理政策制定等提供支撑。从整体上看，长江上游沿江A级风险企业与生态红线划定区的空间邻接最低，而D级企业邻接度最高。以长江上游沿江A级风险工业企业的分布情况为例，在长江上游东、中部和南部的生态保护红线区与A级风险工业企业有一定程度的空间邻接，而西北部邻接程度相对较低。因此，长江上游东北部和南部的生态环境风险程度和生态环境敏感性相对较高，在经济活动过程中，必须严格管理和保护该区域，严守该区域的生态保护红线，确保生态环境安全。

（6）多要素集成的长江上游沿江工业环境风险动态监测及防控系统的原型系统设计。基于工业企业及其风险的空间分布，及其与生态功能区、生态红线的空间关系认知，本研究从空间静态层面对长江上游沿江工业企业的环境风险进行了分析。但对于工业环境风险防控而言，我们认为仅有静态的风险环境认知是远远不够的，具有实时动态、多要素、多部门的协同参与的风险监测及防控体系至关重要，因此，本研究从设计定位、设计内容等方面对原型系统的构建提出了设想。在报告中，本研究对原型系统的设计定位为致力于监测长江上游沿江的工业活动对环境的影响，并及时预警、防控环境风险。该系统拟依靠先进的环境监测设备、数据分析技术和智能决策支持系统，实时、准确地获取和分析环境数据。从而为科研人员提供丰富的数据资源和研究基础，从而开展环境影响评价、环境修复技术研发等科研工作。同时，该系统还将提供及时的监测结果和预警信息，为区域的决策者提供科学依据，以制定合理的环境保护政策和防控措施。长江上游沿江工业环境风险监测拟利用物联网技术、云计算技术、5G技术和业务模型技术，以数据为核心，把数据获取、传输、处理、分析、决策服务，形成一体化的创新、智慧模式。通过实时监测、精确预警和灵活防控，实现对长江上游沿江地区工业环境风险的全面掌控，形成沿江工业环境风险化解体系，促进可持续发展和生态环境保护。在设计内容方面，本研究围绕常规监测能力、数据采集与处理、风险评估模型、预警系统、防控措施等展开了详细论述。

此外，本研究进一步从目标协同、区域协同、制度协同、治理协同、技术协同、部门协同6个方面提出长江上游沿江工业环境风险防控和治理的协同策略。并通过长江上游沿江工业环境风险识别、风险动态监测与防控及风险协同管理策略3个层面综合构建了长江上游沿江"1+1+1"工业环境风险化解路径体系。

8.2 政策建议

立足上述研究内容，本研究聚焦长江上游沿江不同空间尺度的环境风险问题，从实施工业园区分级分类动态管理、构建长江上游多尺度企业环境风险动态风险地图、"六协同"助力长江上游沿江工业环境风险防控3个层面提出了政策建议。

（1）实施工业园区分级分类动态管理

一是实施分级管理。科学评价企业环境风险，将工业企业、工业园区、其他风险企业及产业园区安全等级从高到低分为重大风险、较大风险、一般风险和低风险园区分级监管、分级检查，对于重大风险源进行开展常规及重点检查。如可充分应用本项目研究成果，将企业环境风险评价结果分为A～E级，对于A级、B级风险企业，实施常规检查及重点检查，年度实施三次或三次以上的全面、重点监管检查，对于C级、D级风险企业，年度实施一到两次的企业风险检查，对于E级风险企业原则上以企业自我核查为主，必要时可开展风险隐患排查。

二是实施分类管理。对工业企业、工业园区、其他风险企业及产业园区等实施分类管理，精准分类、科学施策，避免"一刀切"，实现经济利益、环境效益统筹、兼顾。以工业园区为例，将长江上游沿江已有的重化工园区可分为示范类园区、提升类园区、限制类园区、淘汰类园区4类，对不同类型的工业园区实行不同的管理措施。第一，示范类工业园区是在某一领域或特定目标下展示和推广新技术、新模式的工业园。对于这类园区，政府应给予一定优惠政策，推动其进行低碳技术创新，并将成功经验推广到其他类型工业园区。第二，提升类园区是指产业集聚发展到一定规模，有规划或改进潜力，从而采取一系列改进措施的工业园区。对于提升类园区，需要推动其在生产力能力范围内进行改造升级，引导其向清洁、低碳方向发展。第三，限制类园区是指责令整改、有望整改达标的重化工园区。对于这类园区，应严格控制其规模和排污标准，加强监管、定期开展审查评估。第四，淘汰类园区是指未经省级及以上人民政府依法认定、安全风险较高、距离长江干流和主要支流岸线一定距离内的园区。对淘汰类园区，应采取严厉的管控措施，确保其在规定期限内停产、关闭或转型。此外，地方人民政府要依法依规妥善做好未通过评估园区的整改和关闭，以及园区内企业的监管和处置工作。

  三是因地制宜、因时制宜，强化新建项目管控。一是因地制宜，因时制宜，合理统筹长江上游沿江不同流域、政域的空间用地需求，实现"三生空间"合理配置，强化在规划编制、实施中的企业环境风险防控前置。二是强化新建项目的严格管控，如根据本研究对于生态红线、生态功能区与企业环境风险的空间邻接关系研究表明生态红线与企业环境风险的影响区存在较多重叠。因此，应严格禁止在生态保护红线区、重要生态功能区、饮用水水源保护区以及其他环境敏感地段、地区选址，坚决贯彻落实长江干支流一公里范围内新建扩建化工园区和化工项目的相关规定。此外，在长江沿岸地区进行风险源由高到低过渡式的工业企业空间布局，风险系数越低的工业园区和工业企业分布离河流越近，风险系数越高的工业园区和工业企业分布离河流越远，以此降低工业企业对长江流域的辐射影响。同时，对于长江沿岸新建化工园区应设立更高的环境保护标准，并对其开展的工业项目进行更为严格的审核和准入控制。

（2）构建长江上游多尺度企业环境风险动态风险地图

  一是多尺度叠加，开展沿江工业环境风险精准空间识别与评价。从工业企业园区建设项目环境影响评价到突发环境事件应急处置，我国"点"状层面的工业环境风险评价及处置已日趋完善。但大江大河、重要地理分区及生态功能分区等"线、面"大空间尺度上的工业环境风险评价依然缺乏，就长江上游沿江而言，长江沿江工业环境风险缺乏精准摸底。因此，建议构建统一的工业环境风险识别及评价技术集成体系，组织相关职能部门、科研机构开展长江上游政域、流域尺度的工业环境风险精准识别及科学评价，以明确相关风险企业的空间分布、空间用地及其工业生产、仓储信息，以及明晰各工业企业的环境风险类型、作用半径、作用强度等风险信息。实现"点、线、面"多维空间尺度上的工业环境风险精准识别与评价。

二是多源数据整合，构建沿江多尺度工业环境风险动态、实时地图。围绕长江治污，近年来相关职业部门在环保、水利、国土、农业等领域多方发力，开展了包括卫片执法、水质断面监测、大气污染物监测等一系列监测活动，对于长江治污、控污具有积极的推动作用。但依然难以满足流域工业环境风险防控的实际需要，首先，数据实时性差，难以满足风险主动防控需要；其次，数据精准度低，难以反映企业环境污染及风险全貌；最后，数据整合能力差，数据使用效能低。鉴于此，建议在开展多尺度沿江工业环境风险精准识别的前提下，一要加大对沿江工业环境污染的物防、技防投入，可基于区块链技术架构，广泛采用5G、大数据、物联网等在内的高新技术手段强化对沿江工业环境风险源的主动、实时监控。要基于数据可视化技术、虚拟现实技术等，开展多源数据整合，搭建覆盖全流域、全尺度的沿江工业环境风险实时、动态地图（集成平台），提高工业环境风险应对能力。

三是多规合一，科学精准优化沿江工业布局红线。长江沿江的工业布局既要抓整治，也要抓建设，既要防"不作为"，也要防"一刀切"，因此，科学、精准的沿江工业布局规划是工业环境风险主动防控的重要前置性条件。建议一要强化沿江工业布局红线的精准划定。在明确沿江工业环境污染空间定位、污染类别及其作用半径现状的前提下，多规合一，结合道路交通、城乡建设用地、生态绿地、河岸带构造等多规专题要素，精准划定沿江工业布局红线，并融入"三线一单"的模式，在此基础上明确划定沿江生态保护红线、沿江环境质量底线、资源利用上限以及环境准入负面清单，不断优化沿江工业的空间布局；二要坚持规划先行，产业发展规划与空间规划并重。积极推动重化工业绿色转型的专项规划制定及实施，推动"产业生态化、生态产业化"的智能化、绿色化发展转型，同时坚决落实最严格的沿江工业准入管理制度，认真执行"三去一降一补"任务，坚决出清对环境质量影响大、危害高的工业企业及落后产能，严防高污染产能向上游、支流地区转移。

四是多头联动，深化流域工业环境风险协同治理机制。长江流域作为全国七大江河流域开展协同治理的先行样本，近年来，一系列针对性举措相继推出，但长江沿江工业环境风险的主动治理不足。因此建议，一要在现有基础上进一步健全长江沿江工业环境风险治理的统筹协调机制，"点线面"有机结合，联防联控，整体推进，最大化发挥工业环境风险主动防控效能；二要坚持区域协调，从全流域视角完善跨域协调与合作机制，对于转移的工业产业，列清单、划红线、强执法，做到精准严控无序输出，严把输入，源头治理，防范无序转移，同时坚持江河湖海联动，上下游、左右岸、干支流、江河湖海联动，重化工业与其他工业污染协同治理；三要在流域尺度健全和完善综合生态补偿体系，建立健全包括经济、文化、教育等多领域的综合生态补偿体系，深度挖掘"市场化、多元化"的综合生态补偿机制；四要全域统筹，加大中上游地区基础设施建设投入，鼓励发展飞地经济、园区经济、循环经济等利益共享、集约性强、循环程度高的工业发展新形态。

(3) "六协同"助力长江上游沿江工业环境风险防控

一是坚持全流域"一盘棋"，强化生态治理顶层设计（目标协同）。第一，积极贯彻系统性治理理论。加强生态环境治理顶层设计，明确总体目标和具体指标体系，把系统性思想融入长江上游流域生态环境治理，构建整体性、协同性的治理框架，强化流域统一规划、统一治理、统一调度、统一管理，推进流域联防联控联治。第二，完善流域协同治理法律法规。全面贯彻实施《长江保护法》，加强长江岸线和生态环境资源的管控和规划，加强地方开展立法协作的法律依据。完善长江上游流域协调机制的有关规定，深化国家协调机制与地方协作机制的实施细则，发挥协调机制与协作机制在长江上游流域生态环境协同治理中的作用。第三，制定统一生态保护标准和管理措施。相关职能部门应制定长江上游流域生态保护的总体规划和实施细则，明确统一的流域治理目标以及具体的评价指标体系，制订更加严格的污染物排放标准和环保准入制度，形成保护优先、结构优化的局面。

二是完善联防联控机制，建立多省跨域协调联动格局（区域协同）。第一，完善风险防控一体化工作机制。按照中央统筹、省负总责、市县抓落实的要求，依托现有长江流域协调机制，统筹安全环境重大事项和一体化防控机制；省级层面承上启下，把相关政策方针转化为实施方案，并指导市县开展具体工作；市县层面主要是因地制宜，推动相关工作落地生根。第二，实现各部门间信息的共采、共治、共传、共享、共用。建立跨省地环境信息共享平台，实施统一的数据标准、信息采集机制和共享规则，实现全面、高效、便捷的信息共享与利用。建立环境监测网络和监测站点，加强与气象、水利等部门的协作，共享天气、水文等信息数据，提前预警可能发生的环境事件。第三，建立沿江地区的环境应急响应机制。健全环境应急物资储备体系，建立应急处置队伍，加强应急演练和评估，提高应急响应能力。定期组织应急演练，模拟各类环境应急事件，并对演练结果进行评估和总结，发现问题并及时进行整改和提升。

三是强化体制机制创新，健全环境保护综合协调机制（制度协同）。第一，制定差异化的管理机制。针对长江上游不同流域的自然禀赋差异，建立适合于各流域自身特点的管理机制。完善各流域水资源监测和评估体系，根据对不同流域的水资源状况、生态环境状况等监测结果，及时调整差异化管理策略。第二，完善生态补偿机制。健全生态补偿相关法律法规，明确生态补偿的范围、标准、方式和程序，明确责任主体和权责关系。建立生态补偿专项基金，健全生态补偿监督和评估机制，动态调整生态补偿标准和措施，确保生态补偿机制的长效性。第三，强化利益共享机制。推广公私合作模式，通过与各类企事业单位共建项目，实现资源共享、风险分担和利益共享。建立明确的利益分享政策和统一的利益分配标准，明确各方的权利和义务，确保生态保护利益公平合理地分配。建立有效的公众参与机制及多层次协商机制，增加公众和社会组织的参与度，确保决策的公正性和可接受性。

四是强化"点面源"综合管控，创新流域综合管理模式（治理协同）。第一，小流域综合治理。以小流域为单元，通过对小流域内的水文、地形、土壤等自然条件全面了解,结合环境监测数据和环境污染情况,采取针对性的措施,进行系统治理、综合治理及源头治理。第二,流域一体化治理。以流域作为整体,将流域内各个区域和要素进行有机整合,促进水资源的合理分配和生态环境的协同治理。开展流域的综合评估和规划工作,明确不同地区和部门的责任与权限,形成多方合作的工作机制。建立健全的流域管理机构和协调机制,促进信息共享、资源整合和政策衔接,实现流域内各项治理措施的协同推进。第三,重点行业污染治理。鼓励和引导重点污染行业采用清洁生产技术,并进行技术改造和装备更新,推动清洁生产工艺的提升和应用。加强对重点行业的数据监控和共享,建立完善在线监测系统,实时监测重点行业的污染排放情况。明确重点行业的环境标准和排放限制,确保企业污染物排放符合环境要求。

五是强化科学技术支撑,构建高效智能综合治理体系(技术协同)。第一,构建跨域环境风险识别标准和评价技术体系。充分运用物联网、大数据、云计算等新技术,联合长江经济带省域各级重点实验室,建立"长江流域环境大数据平台",数据共建共享,实现点、线、面多维空间尺度上的跨域环境风险识别与评价。第二,加大对智能化技术在环境风险治理中的应用。在资源综合利用、环境监测、环境预警和应急响应等环节加大对智能化技术、设备的应用,提高环境风险治理效能,以及治理的透明度和广泛性。第三,鼓励企业和科研机构开展创新研究。加大科技研发投入,强化研发投入主体意识,引导更多的社会资本和金融资本投入到科技创新领域中来。另外,加大对基础研究及产学研激励,推动企业、高校、科研机构深度融合,建立产学研联盟,搭建交流合作平台,促进产学研三方共同参与项目研发、技术转移等活动。以及鼓励科研投入转化为科研成果,加强对高质量科研成果如发明专利的税收优惠力度,提高科研成果的质量以及创新效率。

六是协调多元主体参与,打造共建共治共享治理格局(部门协同)。第一,加强政府政策引导。积极出台相关政策加以引导,促使沿江工业企业做出环境保护的决策。对于牺牲部分自身利益而对环境产生正外部性的企业,政府应当适当给予补偿。第二,完善企业主体责任。企业应强化自身主体责任,树立自我约束意识,应督促相关企业主体采取一系列措施降低污染物排放,实现减少污染、预防污染。第三，深化全民共同参与。不仅仅是政府和企业，公众参与也是实现环境风险防治的重要环节，公众是政策的执行者之一，更是环保意识的倡导者和传播者。应拓宽公众、社会组织了解参与环境风险防治的渠道，引导更多的人参与到环境风险治理工作中来。

8.3 研究讨论

本研究对长江上游沿江工业企业环境风险进行研究，其中所构建环境风险评价体系以及对于风险防范的思路创新可对长江流域其他地区的研究与政策制定提供参考。由于数据的可获取性、研究方法的局限性、技术实现等问题，本研究在进行过程中尚存在一定的缺陷和不足：

（1）研究数据获取的多源性、准确性及动态性有待进一步提升。首先，本研究基于POI数据、AOI数据、遥感影像数据、企业经营数据等开展长江上游沿江企业（含工业企业）分布、风险评价、风险缓冲区分析等空间识别及制图。但由于企业分布数据量大、获取的难度高，研究数据的准确性受到一定约束。其次，数据动态性不足，受限于研究周期、研究基础设施等，不足以开展连续、多时相、动态的企业更新调查，从而满足风险主动、超前防控需要。上述问题的解决需要集成更高效、更多元、更高算力的数据更新和处理系统，以满足环境风险的主动、超前防控。

（2）流域工业企业环境风险评价方法有待进一步完善。当前，企业环境风险（含工业企业）评价多集中在单个企业、产业园区等微观层面，风险评价方法较为多元。但在政域、流域等大尺度的环境风险整体认知方面，尚无太多先例可借鉴，因此本研究结合专家意见，在参考《行政区域突发环境事件风险评估推荐方法》《建设项目环境风险评价技术导则（征求意见稿）》《企业突发环境事件风险分级方法》，以及国务院安全生产委员会《涉及危险化学品安全风险的行业品种目录》等相关规范文件的基础上，采用了层次分析法来开展大尺度的环境风险评价工作。一方面，专家意见虽然提供了丰富的专业知识和实践经验，但其意见的主观性可能一定程度上会影响到评价结果的客观性和全面性。因此，当前的工业环境风险评价方法在客观性和科学性方面有待进一步完善。另一方面，虽然层次分析法在行业风险等级划分中发挥了重要作用，但在流域层面的环境风险评价中，该方法可能无法充分考虑流域内不同工业活动间的相互作用和综合影响。因此，未来的研究需探索更为全面和系统的评价方法，以提高流域层面环境风险评价的准确性和适用性。

（3）工业环境风险化解路径有待进一步深化。本研究在长江上游沿江工业环境风险的定量评价、空间识别及制图研究的基础之上，从长江上游沿江工业环境风险识别、风险动态监测与防控及风险协同管理策略3个层面构建长江上游沿江"1+1+1"工业环境风险化解体系。尽管本研究充分讨论了长江上游沿江各省市的空间分布差异，构建了一套跨流域、多层级的风险防控与协同治理体系。但一方面，本研究所提出的长江上游沿江工业环境风险动态监测及防控系统仅为系统建设构想，其发挥效能需要更多元、更大体量的数据支持及算力支撑；另一方面，长江上游省市经济发展不均衡、资源禀赋优势各异，统筹长江上游省市的沿江工业环境风险防控需要充分考量各地区的差异化特征，以制定更为精细的防控策略、生态补偿措施。

参考文献

[1] Willett, Allan Herbert, The Economic Theory of Risk and Insurance [M]. Franklin Classics, 2018-10-11.

[2] 朱淑珍. 金融风险管理 [M]. 北京：北京大学出版社，2017.

[3] 顾传辉，陈桂珠. 浅议环境风险评价与管理 [J]. 新疆环境保护，2001（4）：38-41.

[4] 胡二邦. 环境风险评价实用技术和方法 [M]. 北京：中国环境科学出版社，2000.

[5] 陆雍森. 环境评价 [M]. 上海：同济大学出版社，2002.

[6] NRC. Science and judgment in risk assessment [M]. National Academy Press, Washington, DC. 1994.

[7] 何仔颖，吴超. 尾矿库地下水污染风险评价体系研究 [J]. 安全与环境学报，2011，11（4）.

[8] 让绿色成为高质量发展的底色. 中国政府网. https://www.gov.cn/xinwen/2021-03/09/content_5591617.htm，2021-03-09.

[9] 霍艳丽，刘彤. 生态经济建设：我国实现绿色发展的路径选择 [J]. 企业经济，2011，30（10）：63-66.

[10] 秦书生，胡楠. 中国绿色发展理念的理论意蕴与实践路径 [J]. 东北大学学报（社会科学版），2017，19（6）：631-636.

[11] 坚持绿色发展（深入学习贯彻习近平同志系列重要讲话精神）[N]. 人民日报，2015-12-22.

[12] 绿色发展是新发展理念的重要组成部分. 光明网. https://www.gmw.cn/xueshu/2022-09/09/content_36014762.htm，2022-09-09.

[13] 中华人民共和国中央人民政府. 中共中央关于制定国民经济和社会发展第十三个五年规划的建议. https：//www.mee.gov.cn，2015-11-03.

[14] 习近平：决胜全面建成小康社会，夺取新时代中国特色社会主义伟大胜利——在中国共产党第十九次全国代表大会上的报告［N］. 人民日报，2017-10-30.

[15] 习近平：高举中国特色社会主义伟大旗帜，为全面建设社会主义现代化国家而团结奋斗——在中国共产党第二十次全国代表大会上的报告. 新华网. http：//news.xinhuanet.com，2022-10-25.

[16] 王俭，路冰，李璇等. 环境风险评价研究进展［J］. 环境保护与循环经济，2017，37（12）：33-38.

[17] 保建. 企业区位理论的古典基础——韦伯工业区位理论体系述评［J］. 人文杂志，2002（4）：57-61.

[18] 王晓轩，张璞，李文龙. 佩鲁的增长极理论与产业区位聚集探析［J］. 科技管理研究，2012，32（19）：145-147+157.

[19] 秦岭. 区域经济学理论与主体功能区规划［J］. 江汉论坛，2010（4）：10-13.

[20] 吴义华，黄志福，刘洋等. 基于层次分析法的装配式波纹钢结构施工稳定性评价研究［J］. 工业建筑，2023，53（S2）：811-813.

[21] 张栋，刘桂华. 郑州市树木园植物群落景观综合评价［J］. 中南林业科技大学学报，2023，43（10）：178-186.

[22] 郭波. 环境风险评价实用技术和方法［M］. 北京：电子工业出版社. 2018.

[23] 周绍江. 突变理论在环境影响评价中的应用［J］. 人民长江，2003（2）：52-54.

[24] 陈克亮，时亚楼，林志兰，王金坑，欧阳玉蓉，蒋金龙. 基于突变理论的近岸海域环境风险综合评价方法——以罗源湾为例［J］. 应用生态学报，2012，23（1）：213-221.

[25] 陈伟炯，张盼飞，蒋少奇，康与涛，谢启苗，朱小林. 基于改进突变级数法的航道通航环境风险评价［J］. 安全与环境学报，2020，20（5）：

1617 – 1623.

[26] Tobler W. Acomputer movie is mulating urban growth in the detroit region [J]. Economic Geography, 1970, 46 (2): 234 – 240.

[27] Ebenezer Howard. Tomorrow: A peaceful path to real reform [M]. Swan Sonnenschein&Co. London, UK, 1889.

[28] Weber A. Theory of the location of industries [M]. Chicago: University of Chicago Press, 1929.

[29] 安虎森. 区域经济学 [M]. 北京: 高等教育出版社, 2018. (4): 62 – 64.

[30] Walker D F. Canada's industrial space – economy [M]. Great Britain: Biddles Ltd, Guildford, surrey, 1980 (12): 213 – 218.

[31] 黄亚平, 王智勇. 簇群式城市工业聚集区特征及布局优化研究 [J]. 城市规划, 2013, 37 (12): 43 – 50.

[32] 操小娟, 龙新梅. 从地方分治到协同共治: 流域治理的经验及思考——以湘渝黔交界地区清水江水污染治理为例 [J]. 广西社会科学, 2019 (12): 54 – 58.

[33] Scott P. J., Walker, D. R. F., Catalano, G., Hoyler, M. Diversity and power in the world city network [J]. Cities, 2002, 19 (4): 231 – 241.

[34] Brenner T, Weigelt N. The evolution of industrial clusters—simulating spatial dynamics [J]. Advances in Complex Systems, 2001, 4 (1): 127 – 147.

[35] Malmberg A, Sölvell Ö, Zander I. Spatial clustering, local accumulation of knowledge and firm competitiveness [J]. Geografiska Annaler: Series B, Human Geography, 1996, 78 (2): 85 – 97.

[36] Butko M P, Ivanova N V, Popelo O V, et al. Conceptual foundations of the regional industrial cluster formation based oneuropean experience and leading world tendencies [J]. Financial and credit activity problems of theory and practice, 2020, 1 (32): 319 – 329.

[37] Puga D, Venables A J. The spread of industry: spatial agglomeration in economic development [J]. Journal of the Japanese and International Economies,

1996, 10 (4): 440 -464.

[38] HARDJOKO A T, SANTOSO D B, SUMAN A, et al. The effect of industrial agglomeration on economic growth in East Java, Indonesia [J]. The Journal of Asian Finance, Economics and Business, 2021, 8 (10): 249 -257.

[39] Cainelli G. Spatial agglomeration, technological innovations, and firm productivity: Evidence from Italian industrial districts [J]. Growth and Change, 2008, 39 (3): 414 -435.

[40] Chapman K. The incorporation of environmental considerations into the analysis of industrial agglomerations—examples from the petrochemical industry in Texas and Louisiana [J]. Geoforum, 1983, 14 (1): 37 -44.

[41] Ahmad M, Khan Z, Anser M K, et al. Do rural – urban migration and industrial agglomeration mitigate the environmental degradation across China's regional development levels? [J]. Sustainable Production and Consumption, 2021, 27: 679 -697.

[42] Chung S. Building a national innovation system through regional innovation systems [J]. Technovation, 2002, 22 (8): 485 -491.

[43] Asheim B T, Smith H L, Oughton C. Regional innovation systems: Theory, empirics and policy [J]. Regional studies, 2011, 45 (7): 875 -891.

[44] Florida R. Toward the learning region [J]. Futures, 1995, 27 (5): 527 -536.

[45] Herstad S J, Aslesen H W, Ebersberger B. On industrial knowledge bases, commercial opportunities and global innovation network linkages [J]. Research policy, 2014, 43 (3): 495 -504.

[46] Ali Naqvi S A, Fahad M, Atir M, et al. Productivity improvement of a manufacturing facility using systematic layout planning [J]. Cogent Engineering, 2016, 3 (1): 1207296.

[47] Wineman J, Hwang Y, Kabo F, et al. Spatial layout, social structure, and innovation in organizations [J]. Environment and Planning B: Planning and Design, 2014, 41 (6): 1100 -1112.

[48] Zygiaris S. Smart city reference model: Assisting planners to conceptualize the building of smart city innovation ecosystems [J]. Journal of the knowledge economy, 2013, 4: 217 – 231.

[49] Myers S, Marquis D G. Successful industrial innovations: A study of factors underlying innovation in selected firms [M]. National Science Foundation, 1969.

[50] Sergio R P, Shenshinov Y. Human Resource Management In Selected Industrial Enterprises: Innovative Technology Towards Competitiveness [J]. Academy of Strategic Management Journal, 2021, 20: 1 – 10.

[51] ŠUJANOVÁ J, CAGÁŇOVÁ D, ŠOOŠ Ľ. Innovation, knowledge and multicultural management influence on intellectual capital in industrial enterprises [J]. Turkish Online Journal of Educational Technology, 2015, 2015: 289 – 300.

[52] Jardim – Goncalves R, Popplewell K, Grilo A. Sustainable interoperability: The future of Internet based industrial enterprises [J]. Computers in Industry, 2012, 63 (8): 731 – 738.

[53] Poloskov S, Zheltenkov A, Braga I, et al. Adaptation of high – tech knowledge – intensive enterprises to the challenges of industry 4. 0 [C] //E3S Web of Conferences. EDP Sciences, 2020, 210: 13026.

[54] Lambert A J D, Boons F A. Eco – industrial parks: stimulating sustainable development in mixed industrial parks [J]. Technovation, 2002, 22 (8): 471 – 484.

[55] Boix M, Montastruc L, Azzaro – Pantel C, et al. Optimization methods applied to the design of eco – industrial parks: A literature review [J]. Journal of Cleaner Production, 2015, 87: 303 – 317.

[56] Huisingh D, Zhang Z, Moore J C, et al. Recent advances in carbon emissions reduction: Policies, technologies, monitoring, assessment and modeling [J]. Journal of cleaner production, 2015, 103: 1 – 12.

[57] Lieder M, Rashid A. Towards circular economy implementation: A comprehensive review in context of manufacturing industry [J]. Journal of cleaner pro-

duction, 2016, 115: 36-51.

[58] Bocken N M P, De Pauw I, Bakker C, et al. Product design and business model strategies for a circular economy [J]. Journal of industrial and production engineering, 2016, 33 (5): 308-320.

[59] Madjidova T R, Boboeva G S, Keldiyarova G F. Environmental impact assessment of industrial enterprises (on the example of objects of category I, II of environmental impact in the Samarkand region) [C] //E3S Web of Conferences. EDP Sciences, 2021, 265: 04025.

[60] Fahad M, Naqvi S A A, Atir M, et al. Energy management in a manufacturing industry through layout design [J]. Procedia Manufacturing, 2017, 8: 168-174.

[61] Afanasieva E, Koreva O, Tikhii V. Environmental engineering as a tool to reduce the risks of industrial production in the region [C] //IOP Conference Series: Materials Science and Engineering. IOP Publishing, 2019, 537 (6): 062054.

[62] Lasi H, Fettke P, Kemper H G, et al. Industry 4.0 [J]. Business & information systems engineering, 2014, 6: 239-242.

[63] Golicic S L, Smith C D. A meta-analysis of environmentally sustainable supply chain management practices and firm performance [J]. Journal of supply chain management, 2013, 49 (2): 78-95.

[64] Seuring S, Sarkis J, Müller M, et al. Sustainability and supply chain management - an introduction to the special issue [J]. Journal of cleaner production, 2008, 16 (15): 1545-1551.

[65] Ogisi U M, Mrabure K O. Urban Planning and Applicable Environmental Laws: Challenges and Prospects [J]. IJOCLLEP, 2019, 1: 65.

[66] Campbell S. Green cities, growing cities, just cities?: Urban planning and the contradictions of sustainable development [J]. Journal of the American Planning Association, 1996, 62 (3): 296-312.

[67] Jacobs A, Appleyard D. Toward an urban design manifesto [M] //The city reader. Routledge, 2015: 640-651.

[68] American Planning Association. Planning and urban design standards [M]. John Wiley & Sons, 2006.

[69] Harrison C, Donnelly I A. A theory of smart cities [C] //Proceedings of the 55th Annual Meeting of the ISSS – 2011, Hull, UK. 2011.

[70] Angelidou M. The role of smart city characteristics in the plans of fifteen cities [J]. Journal of Urban Technology, 2017, 24 (4): 3 – 28.

[71] Kelly E D. Community planning: An introduction to the comprehensive plan [M]. Island Press, 2012.

[72] Ryan B D. Reading through a plan: A visual interpretation of what plans mean and how they innovate [J]. Journal of the American Planning Association, 2011, 77 (4): 309 – 327.

[73] Ulpiani G. On the linkage between urban heat island and urban pollution island: Three – decade literature review towards a conceptual framework [J]. Science of the total environment, 2021, 751: 141727.

[74] Cheshmehzangi A. Low carbon transition at the township level: Feasibility study of environmental pollutants and sustainable energy planning [J]. International Journal of Sustainable Energy, 2021, 40 (7): 670 – 696.

[75] NRC. Science and judgment in risk assessment [M]. National Academy Press, Washington, DC. 1994.

[76] 郭晓宏. 关于日本风险管理体系工业标准的制定 [J]. 中国安全科学学报, 2001 (5): 46 – 49 + 1.

[77] 毛小苓, 刘阳生. 国内外环境风险评价研究进展 [J]. 应用基础与工程科学学报, 2003 (3).

[78] Cachada A, Pereira M E, Ferreira da Silva E, et al. Sources of potentially toxic elements and organic pollutants in an urban area subjected to an industrial impact [J]. Environmental Monitoring and Assessment, 2012, 184: 15 – 32.

[79] Ajiboye T O, Oyewo O A, Onwudiwe D C. Simultaneous removal of organics and heavy metals from industrial wastewater: A review [J]. Chemosphere, 2021, 262: 128379.

[80] Subramaniam M, Hassan M Z, Sadali M F, et al. Evaluation and analysis of noise pollution in the manufacturing industry [C] //Journal of Physics: Conference Series. IOP Publishing, 2019, 1150 (1): 012019.

[81] Mardani M, Nowrouzi M, Abyar H. Evaluation and modeling of radiation and noise pollution in the north of the Persian Gulf (Case study: South Pars gas platforms) [J]. Advances in Environmental Technology, 2022, 8 (3): 229 – 238.

[82] Shen T T. Industrial pollution prevention [M] //Industrial Pollution Prevention. Berlin, Heidelberg: Springer Berlin Heidelberg, 1999: 15 – 35.

[83] Mohammadi A A, Zarei A, Esmaeilzadeh M, et al. Assessment of heavy metal pollution and human health risks assessment in soils around an industrial zone in Neyshabur, Iran [J]. Biological trace element research, 2020, 195: 343 – 352.

[84] Pobi K K, Satpati S, Dutta S, et al. Sources evaluation and ecological risk assessment of heavy metals accumulated within a natural stream of Durgapur industrial zone, India, by using multivariate analysis and pollution indices [J]. Applied water science, 2019, 9 (3): 1 – 16.

[85] Mohammadi A A, Zarei A, Esmaeilzadeh M, et al. Assessment of heavy metal pollution and human health risks assessment in soils around an industrial zone in Neyshabur, Iran [J]. Biological trace element research, 2020, 195: 343 – 352.

[86] Xie X, Semanjski I, Gautama S, et al. A review of urban air pollution monitoring and exposure assessment methods [J]. ISPRS International Journal of Geo – Information, 2017, 6 (12): 389.

[87] Ecology of industrial pollution [M]. Cambridge University Press, 2010.

[88] Paustenbach D J. The practice of exposure assessment: A state – of – the – art review [J]. Journal of Toxicology and Environmental Health Part B: Critical Reviews, 2000, 3 (3): 179 – 291.

[89] Markatos N C. Dynamic computer modeling of environmental systems for decision making, risk assessmentand design [J]. Asia – Pacific Journal of Chemical Engineering, 2012, 7 (2): 182 – 205.

[90] Xu Y, Szmerekovsky J. System dynamic modeling of energy savings in the

US food industry [J]. Journal of Cleaner Production, 2017, 165: 13 -26.

[91] Sezer M D, Selim H. Analysis of Product Sustainability by Using a Risk - Oriented System Dynamics Model [J]. Advanced Sustainable Systems, 2021, 5 (9): 2100065.

[92] McCarthy J, Zen Z. Regulating the oil palm boom: Assessing the effectiveness of environmental governance approaches to agro - industrial pollution in Indonesia [J]. Law & policy, 2010, 32 (1): 153 -179.

[93] Whitehead P G, Sarkar S, Jin L, et al. Dynamic modeling of the Ganga river system: Impacts of future climate and socio - economic change on flows and nitrogen fluxes in India and Bangladesh [J]. Environmental Science: Processes & Impacts, 2015, 17 (6): 1082 -1097.

[94] Isawi H, Abdelaziz M O, Zeed D A, et al. Semi industrial continuous flow photoreactor for wastewater purification in some polluted areas: Design, manufacture, and socio - economic impacts [J]. Environmental Nanotechnology, Monitoring & Management, 2021, 16: 100544.

[95] Walker G, Mitchell G, Fairburn J, et al. Industrial pollution and social deprivation: Evidence and complexity in evaluating and responding to environmental inequality [J]. Local environment, 2005, 10 (4): 361 -377.

[96] Kasperson J X, Kasperson R E. Global environmental risk [M]. Routledge, 2013.

[97] Kolk A, Van Tulder R. International business, corporate social responsibility and sustainable development [J]. International business review, 2010, 19 (2): 119 -125.

[98] Howes M. Politics and the environment: Risk and the role of government and industry [M]. Routledge, 2013.

[99] Mauelshagen C, Smith M, Schiller F, et al. Effective risk governance for environmental policy making: A knowledge management perspective [J]. Environmental Science & Policy, 2014, 41: 23 -32.

[100] Wakefield S E L, Elliott S J, Cole D C, et al. Environmental risk and

(re) action: Air quality, health, and civic involvement in an urban industrial neighbourhood [J]. Health & place, 2001, 7 (3): 163 – 177.

[101] Jiang R J, Bansal P. Seeing the need for ISO 14001 [J]. Journal of Management Studies, 2003, 40 (4): 1047 – 1067.

[102] Tarí J J, Molina – Azorín J F, Heras I. Benefits of the ISO 9001 and ISO 14001 standards: A literature review [J]. Journal of Industrial Engineering and Management (JIEM), 2012, 5 (2): 297 – 322.

[103] Rybaczewska – Błażejowska M, Palekhov D. Life Cycle Assessment (LCA) in Environmental Impact Assessment (EIA): Principles and practical implications for industrial projects [J]. Management, 2018, 22 (1): 138 – 153.

[104] Franks D M, Davis R, Bebbington A J, et al. Conflict translates environmental and social risk into business costs [J]. Proceedings of the National Academy of Sciences, 2014, 111 (21): 7576 – 7581.

[105] Sugak E. Sustainable development and social and Environmental risks of industrial regions of Siberia [C] //IOP conference series: Earth and environmental science. IOP Publishing, 2019, 395 (1): 012093.

[106] Lowe E A, Evans L K. Industrial ecology and industrial ecosystems [J]. Journal of cleaner production, 1995, 3 (1 – 2): 47 – 53.

[107] Gupta A K, Suresh I V, Misra J, et al. Environmental risk mapping approach: Risk minimization tool for development of industrial growth centres in developing countries [J]. Journal of Cleaner Production, 2002, 10 (3): 271 – 281.

[108] Sabadash V, Denysenko P. Economic and social dimensions of ecological conflicts: Root causes, risks, prevention and mitigation measures [J]. International Journal of Environmental Technology and Management, 2018, 21 (5 – 6): 273 – 288.

[109] Wang Y, Yu H, Yi M, et al. Spatial distribution, sources, and risks of heavy metals in soil from industrial areas of Hangzhou, eastern China [J]. Environmental Earth Sciences, 2023, 82 (4): 95.

[110] Manufacturing; Findings in Manufacturing Reported from INERIS

(Limitations of current risk assessment methods to foresee emerging risks: Towards a new methodology?) [J]. Journal of Technology Science, 2016.

[111] Tadeusz PiotrowskiAndrzej KubiKmirosław Łuckiewicz. Ocena ryzyka dla procesów produkcji żywic lakierniczych, spełniająca wymagania dyrektywy 96 – 82 – WE tzw. Seveso II [J]. Przemysl Chemiczny, 2006, (8 – 9).

[112] Agnieszka GajekJerzy S. Michalik. Nowa Dyrektywa Seveso III. Zmienione kryteria kwalifikacyjne [J]. Przemysl Chemiczny, 2011, (12).

[113] Kattel G R. Climate warming in the Himalayas threatens biodiversity, ecosystem functioning and ecosystem services in the 21st century: Is there a better solution? [J]. Biodiversity and Conservation, 2022, 31 (8 – 9): 2017 – 2044.

[114] Rojas O, Soto E, Rojas C, et al. Assessment of the flood mitigation ecosystem service in a coastal wetland and potential impact of future urban development in Chile [J]. Habitat International, 2022, 123: 102554.

[115] Blackwood L, Renaud F G, Gillespie S. Nature – based solutions as climate change adaptation measures for rail infrastructure [J]. Nature – Based Solutions, 2022, 2: 100013.

[116] Nassary E K, Msomba B H, Masele W E, et al. Exploring urban green packages as part of Nature – based Solutions for climate change adaptation measures in rapidly growing cities of the Global South [J]. Journal of Environmental Management, 2022, 310: 114786.

[117] Hellweg S, Benetto E, Huijbregts M A J, et al. Life – cycle assessment to guide solutions for the triple planetary crisis [J]. Nature Reviews Earth & Environment, 2023, 4 (7): 471 – 486.

[118] de Bortoli A, Bjørn A, Saunier F, et al. Planning sustainable carbon neutrality pathways: Accounting challenges experienced by organizations and solutions from industrial ecology [J]. The International Journal of Life Cycle Assessment, 2023: 1 – 25.

[119] Ai L, Ng S F, Ong W J. A prospective life cycle assessment of electrochemical CO_2 reduction to selective formic acid and ethylene [J]. ChemSusChem,

2022, 15 (19): e202200857.

[120] 王辑慈. 现代工业地理学 [M]. 北京: 中国科学技术出版社. 1994.

[121] 肖春梅. 我国工业布局的演变特征、存在问题与优化策略 [J]. 当代经济研究, 2011 (1): 6.

[122] 薛德升, 李川, 陈浩光等. 珠江三角洲乡镇工业空间分布的分散性研究——以顺德市北滘镇为例 [J]. 人文地理, 2001 (3): 7.

[123] 彭志刚. 珠江三角洲工业生产布局之战略探讨 [J]. 岭南学刊, 1992 (4): 6.

[124] 王会, 张光明. 长三角地区船舶工业分布现状与对策分析 [C] // 长三角地区船舶工业发展论坛. 上海市造船工程学会; 浙江省造船工程学会, 2007.

[125] 李拥军. 构建中国工业经济均衡发展新格局 [J]. 冶金经济与管理, 2022 (2): 1-1.

[126] 陈仲常, 徐云, 张建升. 对"国土均衡发展战略"的反思——基于我国工业结构区域布局变迁的分析 [J]. 经济学动态, 2007 (1): 5.

[127] 赵增耀, 夏斌. 市场潜能, 地理溢出与工业集聚——基于非线性空间门槛效应的经验分析 [J]. 中国工业经济, 2012, 11 (No.296): 73-85.

[128] 赵丹妮, 李镔, 汤子隆. 中国工业集聚空间配置分析 [J]. 贵州财经大学学报, 2014, 32 (1): 75.

[129] 张小刚. 基于绿色经济发展的长株潭城市群绿色空间布局探析 [J]. 学术交流, 2011 (8): 4.

[130] 王震霆, 陈雯. 重化工区域可持续发展战略与岸线布局演进——日本"川崎模式"的启示 [J]. 长江流域资源与环境, 2022, 31 (11): 12.

[131] 蒋震. 土地财政问题再思考——"消费补贴投资"的工业化和城镇化发展模式 [J]. 经济理论与经济管理, 2014, 34 (8): 20-30.

[132] 杨杰. 西部地区新型城镇化对新型工业化发展的影响研究 [J]. 中国物价, 2022 (8): 4.

[133] 钟书华. 生态工业园区: 可持续发展经济布局的新探索 [J]. 科学管理研究, 2004, 22 (1): 4.

[134] 夏平华,宋之光,肖贤明. 从可持续发展、科技进步视角看广东省工业行业产业空间分布 [J]. 科技管理研究, 2008, 28 (5): 3.

[135] 张雷,张文尝,李洪舰. 地区工业发展与布局防控研究——以长江上游沿江(四川重庆段)为例 [J]. 地理研究, 1998 (4): 25-31.

[136] 彭劲松. 长江上游经济带产业结构调整与布局研究 [J]. 经济前沿, 2005 (Z1): 57-65.

[137] 王毅. 四川三线建设企业布局与工业发展刍议 [J]. 当代中国史研究, 2020, 27 (3): 105-114+159.

[138] 程伟. 工业企业发展格局及空间演化研究 [D]. 华东师范大学, 2019.

[139] 张峥,李寅年. 石油化工项目环境风险评价实例分析 [J]. 环境科学研究, 1999 (2): 35-38.

[140] 张杰,唐根年. 浙江省制造业空间分异格局及其影响因素 [J]. 地理科学, 2018, 38 (7): 1107-1117.

[141] 张辉,杜鹏,刘万波. 沈阳市制造业空间格局演变及其影响因素分析 [J]. 资源开发与市场, 2020, 36 (10): 1100-1108.

[142] 王勇,杨凯,王云等. 石油化工企业环境风险评价的方法研究 [J]. 中国环境科学, 1995 (3): 161-165.

[143] 向启贵,熊军. 天然气输气管道环境风险评价 [J]. 石油与天然气化工, 2002 (S1): 71-75+0.

[144] 邓代永,孙国萍,郭俊等. 典型电器工业区河涌沉积物中重金属的分布和潜在环境风险 [J]. 环境科学, 2012, 33 (5): 1700-1706.

[145] 李军,焦亮,李开明等. 黄河兰州段城市河道重金属污染特征及健康风险评价 [J]. 中国给水排水, 2023, 39 (15): 81-88.

[146] 雷雷佳,刘俊,刘卫国等. 工业园周边土壤重金属污染特征及潜在环境风险评价 [J]. 江苏农业科学, 2021, 49 (16): 227-233.

[147] 卢宏玮,曾光明,谢更新等. 洞庭湖流域区域环境风险评价 [J]. 生态学报, 2003 (12): 2520-2530.

[148] 吴志炯,董秀成,皮光林. 我国石油化工合同能源管理项目风险

评价[J]. 天然气工业, 2017, 37 (2): 112-119.

[149] 凌虹, 孙翔, 朱晓东等. 江苏沿海化工快速发展下区域环境风险评价模型研究[J]. 生态环境学报, 2010, 19 (5): 1138-1142.

[150] 周亚薇, 张振永, 田姗姗. 地区等级升级后的天然气管道定量风险评价技术[J]. 天然气工业, 2018, 38 (2): 112-118.

[151] 董怡华, 张雪莹, 张新月等. 基于层次分析—模糊综合评价法的辽河流域农田面源污染治理技术评价[J]. 环境工程, 2023-07-13.

[152] 周海怡, 李淑祎, 蔡先锋等. 基于层次分析法和模糊理论的小型水库土石坝安全评价[J]. 水资源与水工程学报, 2023, 34 (4): 167-174.

[153] 周振瑶, 宋柳霆, 陈海洋等. 晋江流域工业环境风险评价研究[J]. 中国环境科学, 2012 (9): 1715-1721.

[154] 滕彦国, 左锐, 苏小四等. 区域地下水环境风险评价技术方法[J]. 环境科学研究, 2014, 27 (12): 1532-1539.

[155] 刘奕慧, 李海啸, 李俊龙等. 基于 Seveso Ⅲ 的区域环境风险评估方法及应用[J]. 中国环境监测, 2023, 39 (3): 50-57.

[156] 周贤波, 周贤杰, 李新宇等. 重庆市重点行业企业化学品及环境风险行业分布统计分析[J]. 三峡环境与生态, 2012, 34 (6): 20-22.

[157] 于兰, 唐丹. 重庆市工业园区的环境风险指数分析[J]. 中国资源综合利用, 2023.

[158] 杨铭, 费伟良, 刘兆香等. 长江经济带工业园区依托城镇污水处理厂处理工业废水问题分析与整改策略研究[J]. 环境保护, 2020, 48 (15): 4.

[159] 杨敏慧, 袁培炎, 罗天烈等. 基于层次分析法评估长江上游宜宾段工业园区环境风险[J]. 环境工程技术学报, 2022 (2): 012.

[160] 张金洋, 何艾红, 何蝶等. 沱江干流内江段沉积物汞和铬污染状况研究[J]. 四川环境, 2019, 38 (3): 7.

[161] 彭理通. 石油化工工业环境风险评价探讨[J]. 环境科学, 1998 (S1): 4.

[162] 吴小宁, 于鲁冀, 葛丽燕等. 河南省煤化工行业环境风险等级划分研究[J]. 环境污染与防治, 2013, 35 (7): 5.

[163] 马新月,罗帅,王东等.重庆市场地土壤污染特征分析及行业来源识别[J].生态环境学报,2020,29(4):9.

[164] 赵用明,罗祎青,袁希钢.石油供应链计划层优化与不确定性风险管理模型[J].化工学报,2017,68(2):13.

[165] 赵玉婷,李亚飞,董林艳等.长江经济带典型流域重化产业环境风险及对策[J].环境科学研究,2020,33(5):7.

[166] 田培,付青,郑丙辉,王国强,姚晓磊.红枫湖饮用水水源地的工业企业环境风险评价[J].环境科学研究,2013,26(7):787-792.

[167] 韩璐,宋永会,司继宏等.化学工业园区重大环境风险源监控技术研究与应用[J].2021(2013-3):334-340.

[168] 赵红静,李东.工业拆迁场地环境风险评价的不确定性与环境风险过程管理[J].三峡环境与生态,2009.

[169] 骆玲,史敦友.工业绿色化:理论本质,判定依据与实践路径[J].学术论坛,2020,43(1):8.

[170] 钭晓东.从"刚性规制"迈向"韧性治理":环境风险治理体系与治理能力现代化变革[J].中国高校社会科学,2022(5):15.

[171] 李尚昊,朝乐门.文本挖掘在中文信息分析中的应用研究述评[J].情报科学,2016,34(8).

[172] 郑双怡.文本挖掘及其在知识管理中的应用[J].中南民族大学学报(人文社会科学版),2005(4):127-130.

[173] 吴子玥.基于自然语言处理和机器学习的文本分类及其运用[J].电子技术与软件工程,2023(7):216-219.

[174] 周雪忠,吴朝晖.文本知识发现:基于信息抽取的文本挖掘[J].计算机科学,2003(1):63-66.

[175] 孟万尚,赵帅杰,李琳.基于人工神经网络的梯形闸门流量计算模型[J].长江科学院院报。

[176] 兰峰,林振宇,黄歆.基于POI数据的西安市多中心空间结构演变特征与驱动因素研究[J].干旱区资源与环境,2023,37(11).

[177] 闫夏,马安青,王云霞等.基于多源大数据和人口分布视角的青

岛市中心城区空间结构研究［J］．地域研究与开发，2023，42（2）．

［178］冯培华，向灵芝，罗亮等．基于灾害熵与层次分析法的泥石流危险性评价对比分析：以甘肃省迭部县为例［J］．科学技术与工程，2023，23（29）：12416－12426．

［179］刘健．区域开发多源环境风险评价方法研究与应用［D］．天津大学，2018．

［180］韩玉祥，陈亮．基于GIS的核密度分析方法在海上浮标平台选址中的应用研究［J］．中国航海，2023，46（3）：59－64＋71．

［181］孟德友，李小建，史焱文等．2010—2019年郑州市主城区餐饮业空间格局特征［J］．地域研究与开发，2021，40（6）：69－74＋80．

［182］王劲峰，徐成东．地理探测器：原理与展望［J］．地理学报，2017，72（1）：116－134．

［183］管祥楠，董士伟，刘玉等．土壤重金属含量变化的影响因素多目标识别方法［J/OL］．环境科学：1－15［2023－12－20］．

［184］陈艳艳，肖瑛，魏凤华等．2020—2022年湖北省钉螺扩散空间分布特征分析［J］．中国血吸虫病防治杂志，2023，35（4）：349－357．

［185］谢琼芳，陈来国，张宝春，李伟铿，樊少芬，韦凯翔，姜杉．广东省工业企业危险废物环境风险评价研究［J］．节能，2020－06－25．

［186］邢永健，王旭，可欣等．基于风险场的区域突发性环境风险评价方法研究［J］．中国环境科学，2016，36（4）：1268－1274．

［187］数据来源：中华人民共和国环境生态部．https：//www.mee.gov.cn/ywgz/fgbz/bz/bzwb/other/qt/201802/t20180207_431020.shtml，2018－03－01．

［188］赵伟伟，李广志．快速城市化背景下的西安市工业用地时空演变分析［J］．中国人口·资源与环境，2009，19（1）．

［189］戴忱．ArcMap 10.4缓冲区分析支持下的城市规划用地布局环境适宜性分析［J］．现代城市研究，2013，（10）．

［190］蒋含明．要素价格扭曲与异质性企业区位选择——基于泊松面板回归的实证研究［J］．中国经济问题，2018（6）：11．

［191］贾志军，赵泉林，董超芳，李晓刚．主成分分析法综合评价我国13

个大气腐蚀站点的气候因素 [J]. 中国腐蚀与防护学报, 2009 (5): 388-393.

[192] 薛靖裕, 高元. 基于地理探测器的黄土高原地区传统村落空间分异及影响因素研究——以晋陕黄河沿岸为例 [J]. 西安建筑科技大学学报: 自然科学版, 2022, 54 (6): 873-880.

[193] 谢国军. 萧山临江工业城环境气候评价与规划建设对策 [C] //中国气象学会会. 2008.

[194] 周飞, 王雪微, 曹卫东等. 基于地理探测器的长江经济带汽车零部件供应网络研究 [J]. 资源开发与市场, 2023, 39 (10): 1278-1285.

[195] 刘亚静, 冯郑文. 基于POI数据的城市商业服务业空间格局及其影响因素研究 [J]. 国土资源导刊, 2023, 20 (2): 37-48.

[196] 孙电, 李满春, 李谦等. GIS支持的区域工业用地立地条件评价与空间整合研究——以常州市沿江开发区域为例 [J]. 遥感信息, 2006 (4).

[197] 数据来源: 世界遗产中心. https: //whc. unesco. org/zh/list/.

[198] 洪步庭, 任平, 苑全治等. 长江上游生态功能区划研究 [J]. 生态与农村环境学报, 2019, 35 (8).

[199] 全国生态功能区划 [R]. 中国环境报, 2015-12-01.

[200] 高延利. 加强生态空间保护和用途管制研究 [J]. 中国土地, 2017-12-15.

[201] 朱延忠, 周娟, 赵艳民等. 长江流域生态环境保护的成效与建议 [J]. 环境保护, 2022, 50 (17): 24-26.

[202] 黄锡生, 尚睿. 长江流域环境司法协作的理论构造与制度完善 [J]. 河南财经政法大学学报, 2022, 37 (2): 8-16.

[203] 王生珍, 张忠民. 长江流域生态环境地方执法协作的困难与改进措施 [J]. 环境保护, 2023, 51 (5): 24-29.

[204] 文传浩, 张智勇, 赵柄鉴. 长江上游生态大保护"五域五治"创新模式初探 [J]. 学习与实践, 2022 (7): 54-64.

[205] 王春业, 费博. 论长江流域治理的协调机制 [J]. 河海大学学报 (哲学社会科学版), 2023, 25 (2): 84-96.

[206] 黎元生, 胡熠. 流域系统协同共生发展机制构建——以长江流域

为例 [J]. 中国特色社会主义研究, 2019, (5): 76-82.

[207] 长三角与长江经济带研究中心. 关于加强长江流域水资源保护和水污染防治的建议. https://cyrdebr.sass.org.cn/2020/1125/c5576a99478/page.htm, 2020-11-25.

[208] 王俊杰, 何寿奎, 梁功雯. 跨界流域生态环境脆弱性及协同治理策略研究 [J]. 人民长江, 2023, 54 (7): 22-31.

[209] 庄超, 尹正杰. 长江流域跨省横向生态补偿机制实践反思与完善 [J]. 长江科学院院报, 2023, 40 (6): 7-13.

[210] 竹怀林, 张雷, 孙宁等. 强化长江流域协同治理的思考 [J]. 环境保护, 2022, 50 (17): 27-29.

[211] 加强生态环境保护, 推进美丽中国建设 [N]. 人民日报, 2023-11-06 (15).

[212] 陈芳, 郝婧. 长江经济带跨界污染协同治理动力机制分析——基于扎根理论 [J/OL]. 生态经济: 1-19 [2023-12-10].

[213] 张笛, 曹宏斌, 赵赫等. 长江经济带重化工风险问题识别与防控建议 [J]. 环境工程技术学报, 2022, 12, 12 (2): 370-379.

[214] 《江苏省化工园区管理办法》[R]. 中国政府网, 2023-08.